高 等 学 校 环 境 类 教 材

环境学概论

张慧敏　张卫风　黄华军　冯　霄　主　编
邹成龙　方汉孙　李兴发　张　萌　副主编

清华大学出版社
北 京

内 容 简 介

本教材围绕环境保护,将绿色发展方式实现建设美丽中国的目标,人与自然和谐共生思想,"绿水青山就是金山银山"的理念以及作者长期在环境科学领域教学研究与改革的成果,国内外环境科学领域的教学和发展动态(最新环境保护相关法律、法规、标准、政策、导则)等材料整理融入编写而成。教材包括绪论、环境生态学基础,资源能源与环境,大气、水体、固体废物、土壤、物理性污染、新型环境污染物与控制,环境保护政策与法规,环境影响评价,可持续发展与循环经济等内容。本教材融入丰富的课程思政材料,以最大限度地发挥课程教学的育人作用,培养工科类学生环境保护意识的同时树立"爱国敬业、精益求精"的工匠精神,激发学生科技报国的家国情怀和使命担当。

本教材可作为高等院校工科类专业开设环境学基础通识教育的教学用书,也可作为其他学科专业师生和从事环境保护工作人员的学习参考书。

图书在版编目(CIP)数据

环境学概论/张慧敏等主编. —北京:清华大学出版社,2022.12(2025.6重印)
高等学校环境类教材
ISBN 978-7-302-62201-7

Ⅰ.①环… Ⅱ.①张… Ⅲ.①环境科学－高等学校－教材 Ⅳ.①X

中国版本图书馆 CIP 数据核字(2022)第 214817 号

责任编辑:王向珍
封面设计:陈国熙
责任校对:赵丽敏
责任印制:刘 菲

出版发行:清华大学出版社
   网   址:https://www.tup.com.cn,https://www.wqxuetang.com
   地   址:北京清华大学学研大厦 A 座   邮 编:100084
   社 总 机:010-83470000   邮 购:010-62786544
   投稿与读者服务:010-62776969,c-service@tup.tsinghua.edu.cn
   质量反馈:010-62772015,zhiliang@tup.tsinghua.edu.cn
印 装 者:大厂回族自治县彩虹印刷有限公司
经 销:全国新华书店
开 本:185mm×260mm 印 张:17.75 字 数:429 千字
版 次:2022 年 12 月第 1 版 印 次:2025 年 6 月第 3 次印刷
定 价:55.00 元

产品编号:095832-01

前　言

随着人类社会经济的快速发展，全球环境面临严峻考验，保护生态环境、建设生态文明是造福人类、保护人类的必由之路。教育部推进的工程教育专业认证中明确提出工程类专业毕业生要"能够理解和评价针对复杂工程问题的工程实践对环境、社会可持续发展的影响"，所以全国的高等教育学校工科专业开设了"环境学概论"等环境学基础通识教育，以培养学生树立生态文明理念，增强环保意识，提升应对环境工程伦理困境的思辨能力。2020年教育部《高等学校课程思政建设指导纲要》中指出全面推进课程思政建设是落实立德树人根本任务的战略举措，所以迫切需求新编融入思政材料的环境学概论教材。

本教材在习近平生态文明思想指引下，将绿色发展方式实现建设美丽中国的目标，人与自然和谐共生思想，"绿水青山就是金山银山"的理念以及最新的环境保护相关法律、法规、标准、政策、导则等材料整理融入，力求更详尽的涵盖环境学基础的相关理论知识和实践案例。在环境学基础知识、环境污染与控制、环境保护政策与法规中融入工程伦理观课程思政材料，最大限度地发挥课程教学的育人作用，培养工科类学生环境保护意识的同时树立爱国敬业、精益求精的工匠精神，激发学生科技报国的家国情怀和使命担当。

本教材共12章内容，包括绪论、环境生态学基础、资源能源与环境、环境污染与控制、环境保护政策与法规、环境影响评价、可持续发展与循环经济的基本理论，与现有其他教材相比，内容增加新型环境污染物与控制、二氧化碳环境影响评价及有关新法规、新标准、新政策、新导则等内容。每章的"环境思政材料"为教师课堂授课提供思政元素。

本教材由张慧敏统稿，张慧敏、张卫风、黄华军、冯霄为主编，邹成龙、方汉孙、李兴发、张萌为副主编，聂发辉、向速林、姚俊参与编写。具体编写分工如下：第1章由张慧敏、向速林编写，第2章由张慧敏、李兴发编写，第3章由张慧敏、黄华军编写，第4章由张卫风、邹成龙编写，第5章聂发辉、邹成龙编写，第6章由张慧敏、姚俊编写，第7章由黄华军、方汉孙编写，第8章由李兴发、聂发辉编写，第9章由冯霄、李兴发编写，第10章由张萌、姚俊、向速林编写，第11章由冯霄、向速林、张萌编写，第12章由方汉孙、向速林、张萌编写。周娈琪、刘静、李启明对稿件进行了资料查询、文字校对工作，在此表示感谢。

本教材编写过程中得到了清华大学出版社、华东交通大学、江西农业大学、华北水利水电大学、太原理工大学、台州学院、江西省生态环境科学研究与规划院等单位的大力支持，并得到华东交通大学教材出版基金资助，在此一并表示由衷的感谢。

本教材编写过程中，参考和引用了相关文献部分内容，在此向所引用参考文献的作者致以深切的谢意。特别是浙江工商大学马香娟教授为本书的编写提供了宝贵的建议,在此表示衷心的感谢。

由于本书内容涉及领域广泛,编者水平有限,书中难免有不足之处,敬请广大专家、读者批评指正。

编　者

2022 年 10 月

目录

第 **1** 章

绪　　论

1.1　环境

1.1.1　环境的概念

　　环境(environment)一词的概念较为抽象和复杂,不同领域对环境的定义并不一致。从哲学的角度出发,相对于某一特定主体而言,该主体周围分布的客体空间构成的相互关联系统即为该主体所处的环境。

　　环境科学中所研究的环境则是以人类为主体的外部世界,即人类生存与发展所必需的各种要素的总称,它包括自然环境和社会环境。自然环境的构成如图 1-1 所示,自然环境是人类赖以生存和发展必需的所有条件和自然资源的总称,即大气、土壤、水、气温、生物、太阳辐射等。在自然环境的基础上,人类通过长期的有意识的社会劳动所创造的人工环境,我们称之为社会环境,如图 1-2 所示,它是对我们所处的社会政治环境、经济环境、法治环境、科技环境、文化环境等宏观因素的综合。

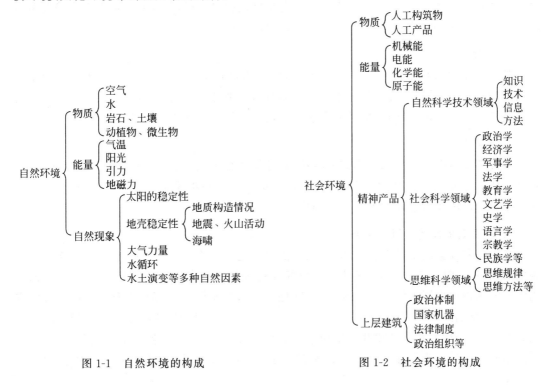

图 1-1　自然环境的构成　　　　　　　　　　　图 1-2　社会环境的构成

在某些特定领域,人类对环境也会有特殊的定义,我国颁布的《中华人民共和国环境保护法》(简称《环境保护法》)便从法学角度对环境概念进行阐述:"本法所称环境,是指影响人类生存和发展的各种天然的和经过人工改造的自然因素的总体,包括大气、水、海洋、土地、矿藏、森林、草原、湿地、野生生物、自然遗迹、人文遗迹、自然保护区、风景名胜区、城市和乡村等"。其目的是通过对环境一词的法律适用对象或其适用范围做出规定,从而保证实际工作中法律的准确实施。

1.1.2　环境要素及属性

环境要素(environmental elements)又称环境基质,指构成人类环境整体的各个独立的、性质不同而又服从整体演化规律的基本物质组分,分为自然环境要素和人工环境要素。

自然环境要素通常指水、大气、生物等一切非人类创造的直接或间接对人类生产或生活环境产生影响的自然界中各个独立的、性质不同而又有总体演化规律的基本物质组分。人工环境要素则是指由于人类活动而形成的环境要素,包括综合生产力、技术进步、人工产品和能量、政治体制、社会行为、宗教信仰等。环境要素组成环境结构单元,环境结构单元又组成环境整体或环境系统。例如,由水组成水体,全部水体总称水圈;由大气组成大气层,整个大气层总称大气圈;由生物体组成生物群落,全部生物群落构成生物圈。

环境要素是认识环境、评价环境、改造环境的基本单元,存在相互作用、相互制约的基本关系。基本属性特点如下:

1. 最差限制率

各环境要素对环境质量的影响并非是简单的平均或相加,环境要素之间不能相互替代,最终结果往往取决于处于"最差状态"的那个环境要素或多个环境要素的组合,且处于优良状态的其他要素无法弥补,形成了对环境质量好坏的控制,这种处于最差状态时环境要素或环境要素组合对环境质量好坏的控制称为最差限制率。

2. 等值性

处于最差状态的任意环境要素对于环境质量的影响作用没有本质区别,不论在数量或规模上的差异,还是对环境质量的影响作用都具有等值性。相比起最差限制率,等值性主要对各个要素的作用进行比较,而最差限制率更注重强调制约环境质量的主导要素。

3. 整体性

各环境要素在环境中都有不同的特性,对环境的影响既不是孤立存在也不是简单叠加,各环境要素之间相互作用、相互影响,对整体环境产生一种集体影响效应,其组合后显示出区别于单个环境要素影响的整体性影响作用。

4. 环境要素间的相互关联与依赖

环境的各要素之间存在相互作用、相互依赖的关系。首先从演化意义上看,各个要素出现的时间各不相同,有先有后,某些要素孕育着其他要素。在地球发展史上,岩石圈的形成为大气的出现提供了条件;岩石圈和大气圈的存在,为水的产生提供条件;上述三者的存在,又为生物的发生与发展提供条件。每一个新要素的产生,都能给环境整体带来巨大影响。其次,各环境要素之间相互作用和相互制约,是通过能量流在各个要素之间的传递,或通过不同的能量形式在各要素之间的转换实现的。例如,地表所接受的太阳辐射能,可以转换成增加气温的显热。这种能量形式转换影响到整个环境要素间的相互制约关系。最后，各环境要素间通过对物质的储存、释放、运转等环节的物质流通使全部环境要素联系在一起，形成环境整体性的自我调控系统。从生物界捕食关系的食物链可以清楚地看到环境诸要素间相互联系、相互依赖的关系。

1.1.3　环境质量与分类

20 世纪 60 年代，由于环境问题日趋严重，人们开始使用环境质量的好坏来评价环境问题的严重程度。例如，对环境污染程度的评价叫作环境质量评价，一些环境质量评价的指数称为环境质量指数。

环境质量（environmental quality）是指在一个具体环境内，环境的总体或环境的某些要素对人类以及社会经济发展的适宜程度，反映人类自身的生存与发展对环境的具体要求所形成的评定标准的一种概念。环境质量分为自然环境质量和社会环境质量，自然环境质量包括大气环境质量、水环境质量、土壤环境质量等；社会环境质量主要包括经济、文化和美学等方面的环境质量。影响环境质量的原因大致可分为自然原因和人为原因两种，人为原因比自然原因对环境状况的影响更大一些，人为原因包括人类生产活动对环境造成的污染的影响、人类对资源的利用是否合理等，某一区域内人群的文化状态也在一定程度上影响该区域的环境质量。

人们从不同的角度、按照不同的依据，可对环境做出不同的分类。如果不考虑环境伦理道德的约束，将人类看作环境的主体，则以人类为主体的环境可以分为自然环境和社会环境。

按照环境的范围来分类，可把环境分为特定空间环境、劳动环境、生活环境、城市环境、区域环境、全球环境和星际环境。随着人类社会的发展，人类生存的环境空间也在逐渐扩大，不再仅仅局限于地球表面，随着科技发展，人类对环境的探索上至星际宇宙，下至地底深处。

按照环境的主体，可把环境划分为以人或人类为主体的人类环境和以生物为主体的生态环境。

按照环境组成要素的属性，可将环境划分为自然环境和社会环境。其中自然环境是指未经人类改造和破坏的天然环境，如地质环境、地貌环境、大气环境、水环境、土壤环境、生物环境等；社会环境是指人类在长期的生产和生活活动中所创造和形成的环境，如经济环境、交通环境、聚落环境、政治环境、制度环境、文化环境、教育环境等。

按照环境是否受过人类活动的影响，可将环境划分为原生环境和次生环境。其中原生环境是指天然形成的、未受或少受人为因素影响的环境；次生环境是指在人类活动影响下，其物质交换、迁移和转化及能量、信息传递等发生了重大变化的环境。

1.1.4　环境的特性

1. 整体性

整体性是环境的最基本特性，各环境要素相互渗透、相互制约、相互联系，最终组成环境系统，当某一局部区域发生变化时，对其他区域的环境也会造成一定影响。例如，2005 年 12 月 12 日，英国第五大燃油储存库邦斯菲尔德油库发生爆炸，巨大的有毒蘑菇云烟雾弥漫了英格兰的天空,并随风飘移,直逼法国、西班牙等国。有毒烟雾飘向法国西北部上空,随后抵达西班牙,严重威胁沿途1200万居民的健康。由此可见,对环境的保护不仅仅局限于某一区域,全球应当作一个整体进行。

2. 有限性

供人类生存的地球生态系统相比宇宙来说是十分有限的,这也意味着人类环境的稳定性,供人类生存所需的资源,容纳污染物的能力以及环境本身的自净能力都有一定限度。环境对污染物的容纳能力或自净能力是有限性的。

在未受到人类干扰的情况下,环境中化学元素及物质和能量分布的正常值,称为环境本底值。环境对于进入其内部的污染物质或污染因素具有一定的迁移、扩散和同化、异化的能力。在人类生存和自然环境不破坏的前提下,环境可容纳的污染物质的最大负荷量称为环境容量(environmental capacity),又称环境负载容量或负荷量。

环境容量的大小与其组成成分和结构、污染物数量及其物理化学性质等有关。任何污染物对特定的环境及其功能要求,都有其确定的环境容量。由于环境时、空、量、序的变化,导致物质和能量的不同分布和组合,使环境容量发生变化,其变化幅度的大小,表现出环境的可塑性和适应性。污染物质或污染因素进入环境后,将引起一系列物理、化学和生物的变化,而自身逐步被清除,从而达到环境自然净化的目的。环境的这种作用称为环境自净。人类开发活动产生的污染物或污染因素,进入环境的量超越环境容量或环境自净能力时,就会导致环境质量恶化,出现环境污染。这正说明环境的有限性。

3. 不可逆性

环境系统的运行包括能量流动和物质循环两个过程。物质循环这一过程是可逆的,但能量流动则是不可逆的,所以环境一旦遭到破坏,利用物质循环规律,可以做到部分恢复,但需要消耗额外能量,而且也不一定能彻底恢复到原来状态。这就是破坏环境容易,而恢复生态环境就很困难。美丽的塞罕坝从茂密的森林变成荒漠只用短短几年时间,而我们却要通过几代人的艰辛努力才能做到基本恢复,想再现塞罕坝曾经的美丽仍需国人的继续努力。

4. 隐显性

事故性的污染和破坏(如森林大火等)后果是显而易见的,然而日常的环境污染与环境破坏一般都需要一段时间的显现才能发现对人类的影响。如有机氯农药在生物体内残留,10年后依旧能从生物体内检测出来。发达国家在20世纪60年代末就开始禁止使用有机氯农药。

5. 持续反应性

环境污染很多不仅只影响当代人的生活发展,还有可能会对后续很多代产生遗传隐患。例如,因为人类对自然资源的不合理规划与开发利用,黄河流域土壤植被严重破坏,继而雨水冲刷引起表层土壤的流失,原有的清澈河流变成了浑浊不堪的"泥沙河"。

6. 灾害放大性

有些环境污染与破坏经过环境作用后,其危害性或灾害性从深度和广度上都会明显放大。如第六期《全球环境展望》所说:过去和现在正在发生的温室气体排放使世界承受很长时期的气候变化,导致全球空气和海洋变暖、海平面上升、冰川、永久冻土和北极海冰融化,生物地球化学和全球水循环变化,粮食安全危机、淡水短缺以及更频繁发生极端天气事件。大气中二氧化碳浓度升高还导致海洋酸化,并影响生态系统的组成、结构和功能。以上例子足以说明环境对危害或灾害的放大作用何等强大。

1.2　环境问题

1.2.1　什么是环境问题

环境问题(environmental issues)是指自然变化或人类日常活动而引起的环境破坏和环境质量变化,以及由此给人类的生存和发展带来的不利影响。环境问题是目前全人类面临的几个主要问题之一。根据其不同成因,环境问题可分为原生环境问题和次生环境问题。

1. 原生环境问题

原生环境问题又称第一环境问题,是指由于自然力引起的,没有人为因素或人为因素很少的环境问题,如由地壳运动引起的火山喷发、地震、海啸、台风、洪水、山体滑坡等自然灾害发生时所引起的一系列环境问题。原生环境问题不属于环境科学研究的范畴,近年出现的灾害学这一新兴学科主要研究的是原生环境问题。

2. 次生环境问题

次生环境问题又称第二环境问题,是环境科学研究的主要对象,指由于人为因素所造成的环境问题,次生环境问题又可分为环境破坏和环境污染与干扰两类。人们日常生活中所说的环境问题一般都是指次生环境问题。

1) 环境破坏

环境破坏又称生态破坏,主要指人类的社会活动引起的生态退化及由此衍生的有关环境效应,其导致环境结构与功能的变化,对人类生存与发展产生不利影响。环境破坏主要是由人们对有限的自然资源进行的不可持续的、盲目的开发利用所造成的。其表现形式多种多样,按对象性质可以分两类:一类是生物环境破坏,因过度放牧引起的草原退化,因滥肆捕杀引起的许多动物物种濒临灭绝等;另一类属于非生物环境破坏,如盲目占地造成耕地减少,过度砍伐引起的森林覆盖率锐减,毁林开荒造成水土流失和沙漠化,地下水过度开采造成地下水漏斗、地面下沉等,所有这些不合理开发利用造成地质结构破坏,地质地貌景观破坏等。

2) 环境污染与干扰

环境污染与干扰又包括环境污染与环境干扰两部分。

(1) 环境污染是指有毒有害污染物或污染因素进入环境,在环境中通过扩散、迁移、转化,最终环境中的污染物含量超过环境容量和自净能力,使环境中的化学组成或物理状态发生改变,生态循环系统被扰乱和破坏,环境质量恶化,同时对人类的日常生活与生产活动产生一定的不良影响。这种现象简称污染,引起环境污染的物质或因素称为环境污染物(简称污染物)。污染物不仅仅由人类活动产生,自然活动或两种活动共同作用都可能产生污染物。通常情况下,环境污染主要是指人类活动导致环境质量的下降。

(2) 环境干扰则是指人类活动所排出的能量进入环境,达到一定程度,产生对人类不良的影响。环境干扰主要包括噪声、振动、电磁波干扰、热干扰等。环境干扰一般都具有局部性、区域性的特点,在环境中不会有残留物质的存在,当污染源停止作用后,环境干扰也就立即消失。

1.2.2　环境问题的发展历程

人类与自然环境长期处于对立与统一的发展过程中,伴随着人类工艺技术的提高,生产方式的演变与社会生产力的发展,环境问题也随之逐渐由早期的轻度污染、轻度破坏、轻度危害向重污染、重破坏、重危害方向发展。环境问题大致经历了以下三个阶段的发生与发展。

1. 工业革命以前的环境问题

以工业革命为分界线,从人类的出现到蒸汽机广泛使用的工业革命,这个阶段被称为环境问题的萌芽阶段。该阶段,人类最初凭借一些简单的工具,通过采摘植物的根茎果实或者进行一些简单的狩猎来维持生活的日常所需。但随着人类数量的不断增长,人类的居住区域因为采集和渔猎过度引起生物资源匮乏,破坏了人类的食物来源,产生食物危机。因此人类不得不踏上迁徙的道路。而此时地球上的人类数量较少,一个区域的人类活动停止后,该区域的生态系统就会慢慢自我恢复,而人类则开始从一个居住地迁徙到另一个居住地,以此来满足日常生活所需的物资。此时的人类仅仅是为了向大自然获取生存的资源,更多的是依赖和利用大自然,而非有意识地对大自然进行改造。距今约8000年前,随着生产力的逐渐发展,出现了耕作业与渔牧业的劳务分工,人类社会发展到一个新的阶段,开始进入农业社会。

农业是人类自觉地利用对自己有利的物种,农业的兴起使人类开始按照自身需求有目的地对自然界进行改造,自觉利用土地、生物、陆地水体和海洋等自然资源,使人类的生存资源逐渐丰富稳定起来,人类早期的生存危机也随之解决。农业的产生创造了人类史上光辉灿烂的古代文明,但正如恩格斯所说:我们不要过度陶醉于对自然界的胜利。对于每一次这样的胜利,自然界都报复了我们。每一次胜利,在第一步都确实取得了我们预期的结果,但是在第二步和第三步却有了完全不同、出乎预料的影响,常常把第一个结果又取消了。随着人口数量逐渐增长,小片用于耕种和畜牧的土地已不能满足人类的生存发展。因此人类开始通过"刀耕火种"的方式,不断砍伐和焚烧森林,开垦平地和草原,将燃烧后产生的草木灰铺在农田里用于增肥。这些有目的的改造最终导致土壤破坏,引起严重的水土流失、土壤盐渍化或沼泽化等问题。

2. 城市环境问题

城市环境问题恶化阶段又称近代城市环境问题阶段,此阶段从产业革命到1984年发现南极臭氧空洞为止。蒸汽机的发明与广泛使用,迎来了英国的工业革命。18世纪后期欧洲工艺技术快速提高,社会生产力获得飞跃式发展。同时随着工业化的飞速发展,产业化、城市化也随之急剧发展,城市人口与结构布置规模迅速增加扩大。由于日渐增加的人口数量,以及因工业革命飞速发展的工业化城市,燃煤量与燃油量剧增,城市中的人们饱受空气之苦,之后还伴随着日益严重的水污染、垃圾污染、工业"三废"、车尾气等,使得环境随着社会经济的发展变得污染和衰退的更加严重。20世纪40年代末至60年代初,近地表范围内的环境污染达到高峰,这一时期世界公害事故发生次数和公害显著增加。表1-1为20世纪50年代前后出现的"八大公害"事件。

表 1-1 20世纪50年代前后出现的"八大公害"事件

公害事件名称	主要污染物	发生地点	发生时间	中毒情况	中毒症状	致害原因	公害形成原因
马斯河谷烟雾事件	烟尘及 SO_2	比利时马斯河谷（长 24km，两侧山高 90m）	1930 年 12 月	几千人呼吸道发病，约 60 人死亡	流泪、喉痛、声嘶、咳嗽、呼吸短促、胸闷、恶心、呕吐	硫氧化物——SO_2 和 SO_3 烟雾的混合物，加上空气中的金属氧化物颗粒，加剧对人体的刺激作用	工厂集中，排烟尘量大；天气反常，逆温天气时间长，雾较大
多诺拉烟雾事件	烟尘及 SO_2	美国多诺拉镇（位于一个马蹄形河湾内侧，两边山高 120m）	1948 年 10 月 26 日	4 天内有 43%（约 6000 人）患病，17 人死亡	咳嗽、喉痛、胸痛、呕吐、腹泻	SO_2，SO_3，金属元素及硫酸盐类气溶胶对呼吸道的影响	工厂过多；河谷盆地内适遇雾天和长时间逆温天气
伦敦烟雾事件	烟尘及 SO_2	英国伦敦	1952 年 12 月	5 天内 4000 人死亡，后又连续发生三次	胸闷、咳嗽、喉痛、呕吐	SO_2 在金属颗粒物催化作用下生成 SO_3 及硫酸和硫酸盐气溶胶吸入肺部	煤烟中 SO_2，粉尘量大；适遇逆温和大雾天气
洛杉矶光化学烟雾事件	光化学烟雾	美国洛杉矶	1943 年发生，今后每年 5—11 月	—	刺激眼、喉、鼻，引起眼病、喉头炎、头痛	NO_x 及碳氢化合物在阳光（紫外线）作用下产生的二次污染物——光化学烟雾	汽车排气，使大量碳氢化合物和 NO_x 排入大气；适合的地理位置，三面环山，阳光充足，静风等不利的气象条件适合时
水俣事件	甲基汞	日本九州南部熊本县的水俣镇	1953 年开始发现	第一次发生怪病，有人身亡，至 1972 年 180 人患病，死亡 50 人	口齿不清，步态不稳，面部痴呆，进而耳聋眼瞎，全身麻木，最后精神失常	甲基汞中毒，人通过食用受甲基汞毒的鱼类而患病	生产氯乙烯和醋酸乙烯是采用氯化汞和硫酸汞承催化剂，使含汞废水排入海湾，形成甲基汞对鱼、贝类的污染

续表

公害事件名称	主要污染物	发生地点	发生时间	中毒情况	中毒症状	致害原因	公害形成原因
富山事件(痛痛病)	镉	日本富士县神通川流域	1955年发现直至1972年3月	患者超过280人,死亡34人	开始关节痛,后经神经痛和全身骨痛,最后骨骼软化萎缩,自然骨折,直到饮食不进,在疼痛中死去	吃含镉污染的大米,饮用含镉污染的水	炼锌厂排放含镉废水进入河流污染农田和饮水
四日市事件	SO₂、煤尘重金属粉末	日本四日市	1961年	患者500多人,其中有10多人在气喘病中死亡	支气管炎、支气管哮喘、肺气肿	有毒重金属微粒及SO₂吸入人肺部	工厂排出SO₂和粉尘的数量大,并含有钴、锰、钛等重金属粉末
米糠油事件	多氯联苯	日本九州爱知县等23个府县	1968年3月	患病者5000多人,死亡16人,实际受害者超过1万人	眼皮肿,手掌出汗,全身起红疙瘩,重者呕吐恶心,肝功能下降,肌肉痛,咳嗽不止,甚至死亡	误食多氯联苯的米糠油所致	生产米糠油中用多氯联苯作热载体,因管理不善,使有毒物混进米糠油中

这一时期环境污染的特点有：由工业污染向城市污染和农村污染发展；点源污染向面源(江河湖海)污染发展；局部污染向区域性和全球性污染发展，构成了世界第一次环境问题的高潮。在这种严峻形势下，人类不得不开始正视环境问题。但随着发达国家对国内环境治理颇有成效，全球技术革命的发展，许多发展中国家也走上了发达国家之前的老路，以牺牲环境为代价发展本国经济，走"先污染后治理"的传统发展模式。这又带来一系列新的问题。

3. 全球环境问题

1972 年在斯德哥尔摩召开的"联合国人类环境会议"上提出"只有一个地球"的著名口号，并规定每年 6 月 5 日为"世界环境日"，这是人类历史上具有划时代意义的首届环境会议。1984 年英国科学家发现，1985 年美国科学家证实在南极上空出现"臭氧空洞"以来，全球范围生态环境退化产生许多环境问题，越来越多的人意识到日益严重的环境问题正威胁人类的生存与社会发展。2019 年举办的联合国环境规划署联合国环境大会第六期表明，健康的环境是经济繁荣、人类健康与福祉的最佳基础。人类行为对生物多样性、大气层、海洋、水和土地造成各种影响。程度严重、甚至不可逆转的环境退化对人类健康产生负面影响。

1) 全球气候变暖

气候变化会影响到自然系统——空气、生物多样性、淡水、海洋和土地——并改变这些系统之间复杂的相互作用，也会影响到人类健康和生存系统。伴随着工业化的迅速发展，化石燃料的燃烧等人类活动所排放温室气体导致其浓度大幅增加，这些温室气体主要包括 CO_2、CH_4、O_3、氯氟烃(CFCs)等。2021 年，全球与能源燃烧和工业过程产生的 CO_2 排放量高达 363 亿 t，且仍在不断增长。CO_2 是一种主要的温室气体，而温室气体是全球变暖的主要原因之一。这些温室气体对来自太阳辐射的可见光具有高度透过性，而对地球反射的长波辐射具有高度吸收性，也就是常说的"温室效应"，气候变化会改变天气模式，而天气又对环境、经济和社会产生广泛而深刻的影响，威胁到人们的生计、健康、水、粮食和能源安全。

世界气象组织发布的《2020 年全球气候状况》报告显示，2020 年是有气象记录以来三个最暖年份之一。2020 年 6 月，北极圈内的一个西伯利亚小镇达到 38℃ 高温，这是北极圈内有气象记录以来的最高温度。极地表面温度的上升幅度是全球平均升温幅度的两倍以上，这种升温加剧的情况对极地气候系统的其他组成部分产生连锁效应，北极地区的海冰退缩，永久冻土融化，积雪范围减少，且冰盖、冰架和山地冰川的规模继续缩小。这些效应反过来又产生全球后果，如全球海平面上升加速以及气候和天气模式受到干扰。其实，不只是北极，2020 年全球平均气温比工业化前上升了大约 1.2℃，气温的上升速度远超出预期。

为共同应对气候变化挑战，减缓全球变暖趋势，2015 年 12 月，近 200 个缔约方共同通过了《巴黎协定》(*The Paris Agreement*)，对 2020 年后全球如何应对气候变化做出了行动安排。这一协议的主要目标是将 21 世纪全球气温升幅控制在比工业化前水平高 2℃ 内，并努力将气温升幅进一步控制在 1.5℃ 内。如果温室气体排放持续下去，全球平均气温将继续以目前的速度上升，有很大的可能性会超过《巴黎协定》商定的 2030—2052 年期间的温度目标。

为推动我国低碳绿色发展，应对全球气候变化，2020 年 9 月 22 日，习近平主席在第七十五届联合国大会一般性辩论上提出"中国将提高国家自主贡献力度，采取更加有力的政策和措施，二氧化碳排放力争于 2030 年前达到峰值，努力争取 2060 年前实现碳中和"，正式向世界递交了我国减排时间表。

所谓碳达峰是指二氧化碳排放量达到历史最高值,然后经历平台期进入持续下降的过程,是二氧化碳排放量由增转降的历史拐点,标志着碳排放与经济发展实现脱钩,达峰目标包括达峰年份和峰值。而碳中和则是指某个地区在一定时间内(一般指 1 年)人为活动直接和间接排放的二氧化碳,与其通过植树造林等吸收的二氧化碳相互抵消,实现二氧化碳"净零排放"。

目前已有大量国家做出碳中和承诺。截至 2020 年 10 月,碳中和承诺国达到 127 个,这些国家的温室气体排放总量已占到全球排放的 50%,经济总量在全球的占比超过 40%,并且全球十大煤电国家中的 5 个已做出相应承诺,这些国家的煤电发电量在全球的占比超过60%。作为碳排放大国和煤电大国,中国的碳中和承诺无疑为提升碳中和行动影响力,提振全球气候行动信心做出重要贡献。

2) 臭氧层的损耗与破坏

自然界中的臭氧有 90% 都存在于距地球表面 10~50km 的大气平流层中,其中距离地面 25km 处的臭氧浓度最大,形成了一个约为 3mm 厚(在标准条件压缩下)的臭氧集中层,这个集中层称为臭氧层。臭氧层起到吸收太阳紫外线,保护地球上的生命免遭过量紫外线伤害,并将能量储存在上层大气,起到调节气候的作用。臭氧层十分脆弱,当有一些对臭氧造成破坏的气体进入臭氧层,就会对其造成一定破坏。臭氧层一旦被破坏,地面受到的紫外辐射强度就会增强,这会给地球上的生命体带来很大危害。

动物试验证明,过量的紫外线照射会减少人们对皮肤类疾病的免疫反应,如紫外线UV-B 段的增加能增加人们患皮肤病的概率,尤其是对儿童的影响最大,严重者会引发皮肤癌;紫外线的过多照射也会对眼晶状体和角膜产生影响,导致眼睛模糊;它辐射到眼睛周围时,会使视网膜的细胞发生变异,轻者会引发眼睛刺痛、流泪,严重者会引发眼角膜永久性损伤;平流层的臭氧层含量降低 1%,地球上白内障的发病人数会增加 8% 左右,由此会引发 10000 人失明。且地球生物对波长为 280~320nm 的紫外线有强烈反应,科学家对 200种不同植物进行敏感测试,有将近 2/3 受到影响,如对棉花、豆类、瓜果和部分蔬菜激素和叶绿素产生影响,均出现了生长缓慢的现象。

3) 生物多样性减少

生物多样性是指所有形形色色的生物体的物种内部、物种之间和生态系统的多样性,这些生物体来源包括陆地、海洋和其他水生生态系统及其所构成的生态综合体。纵观历史,环境污染已严重影响生态系统各个层次的结构、功能和动态,进而导致生态系统退化。

环境污染对生物多样性的影响目前有两个基本观点:①环境污染会影响生物生存环境,生存局限性会使生物多样性丧失,更为严重的是物种灭绝现象的发生会损害地球的完整性,降低地球满足人类需求的能力;②环境污染会改变生物原有的进化和适应模式,生物多样性可能会向着污染主导的条件发展,从而偏离其自然或常规轨道,导致生物多样性在遗传、种群和生态系统三个层次上降低。

虽然生物面对环境污染会有抵抗适应能力,但最终会导致遗传多样性减少。目前,42%的陆地无脊椎动物、34% 的淡水无脊椎动物和 25% 的海洋无脊椎动物被认为濒临灭绝,1970—2014 年间,全球脊椎动物物种种群丰度平均下降了 60%。

4) 酸雨蔓延

酸雨是指排放的二氧化硫和氮氧化物等形成酸碱度(pH)低于 5.6 的降水,现在泛指酸性物质以湿沉降或干沉降形式从大气转移到地面上。世界最严重的三大酸雨区是西北欧、北美和中国。欧洲北部的斯堪的纳维亚半岛是最早发现酸雨,并引起注意的地区。在 20 世纪 70 年代,西北欧的降水 pH 曾降至 4.0,还向海洋和东欧方面不断扩展,北美的东部降水 pH 已降至 4.5,中国、日本、亚非区国家降水 pH 也在下降。根据《2020 中国环境状况公告》,截至 2020 年,我国酸雨区面积约为 46.6 万 km^2,占国土面积的 4.8%,比 2019 年下降 0.2%,其中较重酸雨区面积占国土面积的 0.4%。

酸雨可导致土壤酸化,加速土壤中含铝的原生和次生矿物风化而释放大量铝离子,形成植物可吸收的形态铝化合物。植物长期和过量吸收铝,会中毒甚至死亡。进而对人体健康、生态系统和建筑设施都有直接或潜在危害。酸雨可使儿童免疫功能下降,慢性咽炎、支气管哮喘发病率增加,同时可使老人眼部、呼吸道患病率增加。

5) 森林锐减

森林是陆地生态系统的主体,它不仅是一种自然资源,也是生态环境中最重要的组成部分。森林资源是林地、宜林地和种树资源、木材蓄积量等的总称。在生态环境系统中,森林是陆地生命的摇篮、是天然的制氧机。但从全球看,森林植被破坏是许多发展中国家所面临的重要问题,所导致的一系列环境恶果引起人们的高度关注。森林植被破坏和减少的主要原因包括砍伐林木、开垦林地、采集薪材、大规模放牧、空气污染等。在今天的地球上,我们的绿色屏障——森林正以平均每年 $4000km^2$ 的速度消失。森林的不断减少,将给人类和社会带来很大危害:一是产生气候异常;二是增加二氧化碳排放;三是物种灭绝和生物多样性减少;四是加剧水土侵蚀;五是减少水源涵养,加剧洪涝灾害。

6) 土地荒漠化

土地荒漠化是由自然力或人类土地利用中的不当措施或两者共同作用而导致土地质量变劣的过程和结果。人类社会发展过程中,通过各种途径改善土地质量是主流,但土地退化现象亦屡见不鲜,如沙漠外侵及不当开垦造成的荒漠化,草原的过度放牧或不适当打草而导致的草场退化,水土流失造成的土地退化,耕地施肥不足导致土壤肥力下降,不合理灌溉引起的土壤盐渍化以及污染造成的土地退化等,这不仅使土地质量下降,甚至有使其丧失使用价值的可能。人类不正确的活动正使荒漠化进程有加快之势,因此必须采取有效的防治措施。全球陆地面积占 60%,其中沙漠和沙漠化面积 29%。每年有 600 万 hm^2 的土地变成沙漠,经济损失达 423 亿美元/年。全球共有干旱、半干旱土地 50 亿 hm^2,其中 33 亿 hm^2 遭到荒漠化威胁。致使每年有 600 万 hm^2 的农田、900 万 hm^2 的牧区失去生产力。

7) 大气污染

大气污染系指由于人类活动或自然过程引起某些物质进入大气中,呈现出足够的浓度,达到足够的时间,并因此危害人体的舒适、健康和福利或危害生态环境。所谓人类活动不仅包括生产活动,也包括生活活动,如做饭、取暖、交通等。自然过程,包括火山活动、森林火灾、海啸、土壤和岩石的风化及大气圈中空气运动等。一般来说,由于自然环境所具有的物理、化学和生物机能(自然环境的自净作用),会使自然过程造成的大气污染经过一定时间后自动消除(生态平衡自动恢复)。可以说,大气污染主要是人类活动造成的。而大气污染对人体的舒适、健康造成严重危害,包括对人体的正常生活环境和生理机能的影响,引起急性病、慢性病乃至死亡等。

8) 淡水资源紧缺、污染

全球淡水资源总量不低,但分布不均匀,随着人口增加、社会经济发展,用水量不断增加,目前,据估计全球约有 36 亿人(近一半全球人口)生活在每年至少有一个月处于缺水状态的地区,而到 2050 年这一数字可能会增加至 48 亿~57 亿人。加之水污染十分严重,全世界每年污水排放量超过 4000 亿 m^3,造成 5.0 万亿~6.0 万亿 m^3 水体污染,约占全球径流总量的 14%。

The United Nations World Water Development Report 2018 表示自 20 世纪 90 年代以来,非洲、亚洲和拉丁美洲几乎所有河流中的水污染情况均出现恶化。污染物接触量增幅最大的为低收入和中低收入国家,主要原因在于这些国家的人口和经济增长涨幅较大以及缺乏污水管理系统。预计在未来几十年内,水质恶化将进一步加剧,这必将增加对人类健康、环境和可持续发展的威胁。全球范围内,营养负荷(水体富营养化)因地区而异,但通常与病原体负荷有关,是最为普遍的水质挑战。对水质造成影响的还有数百种化学品。

9) 海洋酸化、海洋污染

海洋酸化是指由于海洋吸收大气中过量 CO_2,使海水正在逐渐变酸。工业革命以来,人类活动释放的 CO_2 有超过 1/3 被海洋吸收,使表层海水的氢离子浓度近 200 年间增加了约 30%,pH 下降了 0.1。作为海洋中进行光合作用的主力,浮游植物的门类众多、生理结构多样,对海水中不同形式碳的利用能力也不同,海洋酸化会改变物种间竞争的条件。美国《科学》杂志 2015 年 4 月 10 日发表的一项最新研究显示,海洋酸化可能是造成 2.5 亿年前地球上生物大灭绝的"元凶"。由英国爱丁堡大学领衔的这项研究发现,当时西伯利亚火山猛烈喷发,释放出大量 CO_2,导致海洋变酸,结果地球上 90% 的海洋生物与 2/3 的陆地生物灭绝,这也是地球史上 5 次生物大灭绝中规模最大的一次。

海洋污染通常是指人类改变了海洋原来的状态,使海洋生态系统遭到破坏。有害物质进入海洋环境而造成的污染,会损害海洋生物资源、损坏海水质量和环境质量,妨碍捕鱼和人类在海上的其他活动乃至危害人类健康等。海洋面积辽阔,储水量巨大,因而长期以来是地球上最稳定的生态系统。由陆地流入海洋的各种物质被海洋接纳,而海洋本身却没有发生显著变化。然而近几十年来,随着世界工业的发展,海洋污染日趋严重,局部海域环境发生了很大变化,并有继续扩展的趋势。

日本政府在 2021 年 4 月 13 日召开内阁会议上正式决定将福岛第一核电站核污水排入太平洋海域。这在国际上引起广泛关注,据德国海洋科学研究机构计算,福岛沿岸拥有世界上最强的洋流,从排放日起 57 天内放射性物质将扩散至太平洋大半区域,3 年后核污染将影响美国和加拿大,10 年后将蔓延至全球海域。这无疑会对全球海洋环境、食品安全以及人类健康造成不可估量的影响。因此这一问题绝不仅仅是日本国内的问题,而是涉及全球海洋生态和环境安全的国际问题。

海平面上升、海洋温度变化和海洋酸化等变化同时也使海中的珊瑚礁受到破坏。由长期高温引起的大规模珊瑚白化现象,已使许多热带珊瑚礁受到破坏而无法恢复。珊瑚礁的丧失对渔业、旅游业、社区健康、海洋生境造成影响。据估计,珊瑚礁每年创造的总价值为 290 亿美元。

10) 危险废物越境转移

危险废物是指除放射性废物以外,具有化学活性或毒性、爆炸性、腐蚀性和其他对人类生存环境存在有害特性的废物。美国在资源保护与回收法中规定,所谓危险废物是指一种固体废物或几种固体的混合物,因其数量和浓度较高,可能造成或导致人类死亡,或引起严重的难以治愈疾病或致残。危险废物中的有毒有害物质对人体和环境构成很大威胁,一旦其危害性质爆发出来,不仅可以使人畜中毒,还可以引起燃烧和爆炸事故,也可因无控焚烧、风扬、升华、风化而污染大气。此外,还可通过雨雪渗透污染土壤、地下水,由地表径流冲刷污染江河湖海从而造成长久的、难以恢复的隐患及后果。

随着工业的发展,工业生产过程排放的危险废物日益增多。据估计,全世界每年的危险废物产生量为 3.3 亿 t。由于危险废物带来的严重污染和潜在的严重影响,在工业发达国家危险废物已被称为"政治废物",公众对危险废物问题十分敏感,反对在自己居住的地区设立危险废物处置场,加上危险废物处置费用高昂,为摆脱危险废物污染的困扰,许多工业国家采取了一种最简单的处理方式,就是将危险废物向工业不发达国家和地区转移。危险废物的这种越境转移量有多少尚难统计,但显然正在增长。据绿色和平组织的调查报告显示,发达国家正在以每年 5000 万 t 的规模向发展中国家转运危险废物,1986—1992 年,发达国家已向发展中国家和东欧国家转移总量为 1.63 亿 t 的危险废物。危险废物的越境转移对发展中国家乃至全球环境具有不可忽视的危害。

1.3 环境科学及环境学

1.3.1 环境科学的研究对象和任务

人类具有双重属性,生物属性决定了人类必然是自然界中的一员,必然要和自然界的其他事物发生关系;社会属性是人类不同于其他生物的属性,决定了人类的行为和活动具有社会特性。这两个属性共同影响、制约着人类的行为,因此,人类与环境之间的关系是复杂的。环境科学(environmental science)是以"人类与环境"系统作为特定的研究对象,是一门研究"人类与环境"系统的发生和发展、控制和调节以及改造和利用的科学。其目的在于多层次、多角度探索并建立人类与环境协调发展与演化的途径。因此,环境科学可被定义为"研究人类社会发展活动与环境演化规律的相互作用关系,寻求人类社会与环境协同演化、持续发展途径与方法的科学"。

环境科学的基本任务,从宏观上说是研究人类环境的发展规律,调控人类与环境间的相互作用关系,探索两者可持续运行的途径与方法;从微观上来说,是研究环境中的物质的迁移转化规律及它们与人类的关系。环境科学的主要任务如下:

(1) 探索人类社会持续发展对环境的影响及其环境质量的变化规律,了解全球环境变化的历史、演化机理、环境结构及基本特征等,从而为改善和创造新的环境提供科学依据;

(2) 揭示人类活动同自然环境之间的关系,探索环境变化对人类生存和地球环境安全的影响。

环境科学以"可持续发展"的观点为指导,对二者的关系进行协调,使环境在为人类提供资源的同时,又不遭到破坏,实现人类社会和环境的协调发展。物理、化学、生物和社会等因素及其相互作用都会引起环境变化,因此,环境科学研究污染物在环境中的迁移、转化、作用机理及对人体的影响,探索污染物对人体健康危害的机理及环境毒理学研究,从而为人类正常、健康的生活提供服务。帮助人类树立正确的社会发展观,研究和探讨环境污染控制技术和管理手段,对不同时空尺度下环境问题的解决途径进行系统优化,推进可持续发展战略的实施。从区域环境整体上调节控制"人类环境"系统,寻求解决区域环境问题的最佳方案,综合分析自然自身的状况、调节能力及人类对其进行改造所采取的技术措施,为制定区域环境管理体制提供理论指导。

1.3.2 环境科学的形成与发展

环境科学作为一门独立的学科从兴起到形成只有四五十年的历史。1962 年美国海洋生物学家蕾切尔·卡逊出版《寂静的春天》一书通俗地说明了杀虫剂污染造成严重生态危害,是人类全面反省的信号,也是近代环境科学开始产生并发展的标志。生物学、地理学、医学等学科的专家学者从自身研究角度,运用其理论与方法进行环境问题研究,形成了以各自原有学科为基础的分支学科,如环境生物学、环境地理学、环境生态学等。环境问题从提出到深入研究,经历了自然和社会时空的考验,诞生了环境科学的雏形,完成了环境科学发展史上第一次质的飞跃。

1968 年国际科学联合会理事会设立了环境问题科学委员会,1972 年英国经济学家 B. 沃德和美国微生物学家 R. 杜博斯受联合国人类环境会议秘书长的委托主编出版了《只有一个地球》一书,主编者试图不仅从整个地球的前途出发,而且也从社会、经济和政治的角度探讨环境问题,要求人类明智地管理地球。这部环境科学的绪论性著作出版,说明环境科学思想已不再是一种纯粹经验性概念,而是具有理性的反思。这一时期环境科学研究的基本模式已经形成,出现了以环境科学为书名的综合性专门著作,随着环境科学和工程技术基础的不断发展,环境科学逐渐扩大到社会学、经济学、法学等领域。20 世纪 80 年代至今是环境科学蓬勃发展的阶段,环境问题的日益加剧引起公众对环境问题的普遍关注,可持续发展理论兴起,环境科学研究内容进一步扩展。

近年来环境科学把地球作为一个有生命的整体进行研究是一次重要飞跃。这种新的思考观察和研究角度帮助人们从"头疼医头,脚痛医脚"的局部治污思维方式拓展到全球一体化解决污染和资源破坏问题。有学者预言:这一重要的认识飞跃将帮助人类在 21 世纪走出困境,开始一次全新的工业革命,让人与地球生命系统的和谐关系形成 21 世纪的主宰。

1.3.3 环境科学的分科

环境科学本身就是一个多层次相互交错的网络结构系统,每个子系统都可能自成一个环境学科。经过近几十年的发展,环境科学的概念与内涵日益丰富,已逐步形成各种学科交叉渗透的庞大的学科体系。环境科学目前正处于蓬勃发展阶段,对环境科学的分科体系还没有成熟一致的看法。不同学者从不同角度提出各种不同的分科方法,图 1-3 是其中一种分科体系。由图 1-3 可见,环境科学可分为三大部分,每部分又由许多学科组成。

1. 环境学
这是环境科学的核心,它着重于对环境科学基本理论和方法论的研究。

2. 基础环境学
它是环境科学发展过程中所形成的基础学科。由于主体(国家、政府、团体、个人)对资

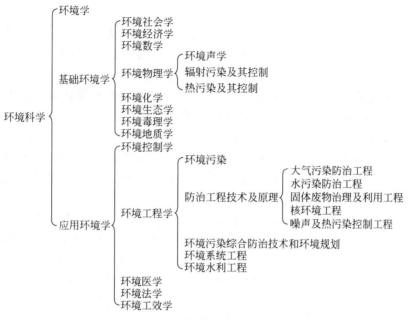

图 1-3 环境科学的学科体系

源开发、调拨和利用决策对环境的负面影响远强于经济杠杆对环境污染与破坏的制约,所以把环境经济学列入基础环境学范围。这样,环境科学就包括环境社会学、环境经济学、环境数学、环境物理学、环境化学、环境生态学、环境毒理学和环境地质学等。

3. 应用环境学

它是环境科学中实践应用的学科,包括环境控制学、环境工程学、环境医学、环境工效学和环境法学等。

每一个分支学科还可能由若干个次级分支学科组成。图 1-3 中标出环境物理学、环境工程学的分支学科情况,其他从略。总之,环境科学所涉及的学科范围非常广泛,各个学科领域多边缘互相交叉渗透;同时,不同地区的环境条件、生产布局和经济结构千差万别,而人与环境间的具体矛盾也各有差异,污染物运动的过程又很复杂,结果使环境科学具有强烈的综合性和鲜明的区域性。因此,环保工作实践中必须组织多学科、多专业的协同作战,而在环境工程中控制和消除污染危害时,也必须采取多途径综合防治措施,因地制宜,选择最优方案,沿着经济合理和技术先进的途径,走中国自己的环境保护道路,为我国社会经济发展做出更大的贡献。

1.4 环境思政材料

1. 习近平生态文明思想——建设生态文明的六项原则

党的十八大以来,我们党深刻回答了为什么建设生态文明、建设什么样的生态文明、怎样建设生态文明的重大理论和实践问题,提出了一系列新理念、新思想、新战略。新时代推进生态文明建设,必须坚持好以下原则。

"坚持人与自然和谐共生"是基本要求。习近平总书记曾强调"生态兴则文明兴",从人类社会发展史来看人与自然从来都是一个整体,而不是对立面。人类的破坏活动会遭遇大灾大难的自然回应,给予人类文明惨重打击,中国古人就倡导"天人合一""道法自然"的和谐思想,也有"劝君莫打三春鸟,子在巢中望母归"的人与自然相处思想。历史、实践和文化传统告诉我们,生态文明建设必须坚持人与自然和谐相生,学会尊重、保护自然,实现共生共享。

"绿水青山就是金山银山"是辩证指导。人类对经济活动同环境影响的认识从来都不是一步到位的。中国自改革开放以来对其认识大致经历了三个阶段:一是要金山银山,忽视绿水青山;二是既要金山银山,也要绿水青山;三是绿水青山就是金山银山。这个认识过程是螺旋上升的,是共产党人始终坚持马克思主义辩证法的艰辛探索历程。要实现"两个一百年"奋斗目标、实现全面建成小康社会、实现中华民族伟大复兴,生态文明建设必不可少,坚持"绿水青山就是金山银山"必不可少。

"良好生态环境是最普惠的民生福祉"是价值取向。习近平总书记在党的十九大报告中庄严宣告:"中国共产党人的初心和使命就是为中国人民谋幸福、为中华民族谋复兴"。当前中国社会,随着消费升级、需求升级,人民群众对蓝天、碧水等环境要求越来越高,中国共产党对环境生态建设要求的回应就是对民生要求的回应,是国之大事,是民生幸事。"利民之事,丝发必兴;厉民之事,毫末必去",生态文明建设作为"五位一体"、协同发展的重要组成部分,作为促进民生福祉的重要体现,需始终坚持、一以贯之。

"山水林田湖草是生命共同体"是系统思维。生态环境系统是一个有机统一系统,山水林田湖草生命共同体从来都不是割裂的,而是共生共存的生态关系,相互涵养、相互滋润。"不谋全局者,不足谋一域",所以生态文明建设不能用割裂开、局部的、短期的眼光看待,必须坚持系统思维,从整体出发、从系统着手,综合考量、综合治理,才能让广大人民群众"望得见青山、看得见绿水、留得住乡愁"。

"用最严格制度最严密法治保护生态环境"是法律保障。一方面,改革与法治如车之双轮、鸟之双翼,缺一个不动、少一只不飞。进一步加强生态文明建设,改革生态文明建设体制必不可少,动则全动,促进生态文明建设,法治保障必须跟上;另一方面,法治国家建设全面深入推进,全民知法、懂法、守法、敬法风尚正普遍形成,法律制度严不严格、周密不周密直接关系到后续执法及司法效果,关系到生态法治是否有效,生态建设是否有法可依。

"共谋全球生态文明建设"是大国智慧。建设生态文明关乎人类未来。中国始终以负责任的大国态度积极参与应对全球气候变化,践行国际环保相关约定并承诺争取到 2020 年实现碳强度降低 40%～45%的目标,宣布建立 200 亿元人民币的气候变化南南合作基金。随着中国越来越接近世界舞台的中央,中国有责任、有义务、有能力、有方法去推动全球治理,共同构筑尊崇自然、绿色发展的生态体系,为人类可持续发展贡献中国智慧、中国力量。

2. 中国哲学中的生态智慧

生态文明建设是关系中华民族永续发展的根本大计。中华民族向来尊重自然、热爱自然,绵延 5000 多年的中华文明孕育着丰富的生态文化。《易经》中说,"观乎天文,以察时变;观乎人文,以化成天下""财成天地之道,辅相天地之宜"。《老子》中说:"人法地,地法天,天法道,道法自然"。《孟子》中说:"不违农时,谷不可胜食也;数罟不入洿池,鱼鳖不可胜食也;斧斤以时入山林,材木不可胜用也"。《荀子》中说:"草木荣华滋硕之时,则斧斤不入山林,不夭其生,不绝其长也"。《齐民要术》中有"顺天时,量地利,则用力少而成功多"的记述。这些观念都强调要把天地人统一起来、把自然生态同人类文明联系起来,按照大自然规律活动,取之有时,用之有度,表达了我们的先人对处理人与自然关系的重要认识。

同时,我国古代很早就把关于自然生态的观念上升为国家管理制度,专门设立掌管山林川泽的机构,制定政策法令,这就是虞衡制度。《周礼》记载,设立"山虞掌山林之政令,物为之厉,而为之守禁""林衡掌巡林麓之禁令,而平其守"。秦汉时期,虞衡制度分为林官、湖官、陂官、苑官、畴官等。虞衡制度一直延续到清代。我国不少朝代都有保护自然的律令并对违令者重惩,比如,周文王颁布的《伐崇令》规定:"毋坏室,毋填井,毋伐树木,毋动六畜。有不如令者,死无赦"。古人早已认识到生态环境的重要性。生态兴则文明兴,生态衰则文明衰。综上所述,传统文化价值为环境保护提供了朴素的价值取向。

3. 中国"双碳"之路

地球大气层的温室效应维护着人类及万物赖以生存的各种生态循环系统的微弱平衡,一旦这种平衡被打破,人类的生存与发展就会面临严峻的威胁。1972年联合国人类环境会议要求人们关注工业化过度排放的温室气体所产生的气候变化问题。20世纪80年代后期,联合国组织了政府间气候变化专门委员会(Intergovernmental Panel on Climate Change,IPCC),开始研究气候变化问题。经过历时5年的研究,IPCC于1990年向联合国提交了第一次评估报告,明确指出工业化以来,地球表面温度的变化超过了历史记录的自然变化幅度,这种变化正威胁着人类赖以生存的大气、水循环系统,需要积极应对。中国高度重视气候问题,并积极参与全球气候环境治理,1988年IPCC成立时,时任世界气象组织主席的原国家气象局局长邹竞蒙就推动其创建。

工业化过程中排放的二氧化碳等温室气体是造成这种变化的主要原因,减排温室气体是延缓气候变化的有效措施。正是这种警告,促使各缔约方在1992年里约联合国环境与发展大会上达成了《联合国应对气候变化框架公约》,要求各缔约方本着"共同但有区别的责任"原则和各自能力原则,努力控制温室气体排放,并按照科学家们的建议,到2050年全球的温室气体排放总量要比1990年减少50%,确保地球大气层中的二氧化碳等温室气体的浓度不超过450ppm(1ppm $=10^{-6}$),其中二氧化碳的浓度不超过400ppm,确保到21世纪末,地球的表面温度变化不超过2℃。因此,持续减少温室气体排放是全球应对气候变化的重要目标和任务。1998年,中国签署了《联合国气候变化框架公约的京都议定书》,人类首次以法规形式限制温室气体排放。

2007年7月20日,中国绿化基金会中国绿色碳基金成立,碳基金旨在积极实施以增加森林储能为目的的造林护林等林业碳汇项目,缓解气候变化带来的影响,这是与"碳中和"相关的概念首次在中国官方层面展现。

2009年,英国标准协会(BSI)提出碳中和标准,将其定义为没有温室气体净排放,主要通过碳减排或碳补偿抵消自身产生的温室气体。同年,时任国务院总理温家宝在哥本哈根气候大会上承诺,我国2020年单位国内生产总值(GDP)的 CO_2 排放比2005年下降40%～45%,该目标已提前3年完成。

2015年中国向联合国提交《强化应对气候变化行动——中国国家自主变化》。中国确定了到2030年的自主行动目标:二氧化碳排放2030年左右达到峰值并争取尽早达峰;单位国内生产总值二氧化碳排放比2005年下降60%～65%,非化石能源占一次能源消费比重达到20%左右,森林蓄积量比2005年增加45亿 m^3 左右。中国还将继续主动适应气候变化,在农业、林业、水资源等重点领域和城市、沿海、生态脆弱地区形成有效抵御气候变化风险的机制和能力,逐步完善预测预警和防灾减灾体系。

2015 年 12 月缔约《联合国气候变化框架公约》的近 200 个经济体在巴黎气候变化大会上达成《巴黎协定》,协定提出各缔约方将加强对气候变化威胁的全球应对,把全球平均气温较工业化前水平升高控制在 2℃之内,并为把升温控制在 1.5℃之内努力。《巴黎协定》中明确提出"要尽快达到温室气体排放的全球峰值",并加快采取减排,力争在 21 世纪下半叶实现温室气体源的人为排放与汇的清除之间的平衡。2016 年,时任国务院副总理张高丽作为习近平主席特使在巴黎气候大会上签署了《巴黎协定》并做出了包括 2030 年前后实现碳达峰等四大承诺。

政治承诺见之于国家治理实践。到 2019 年,我国单位国内生产总值二氧化碳排放比 2015 年和 2005 年分别下降约 18.2% 和 48.1%,已超过中国对国际社会承诺的 2020 年下降 40%～45% 的目标,基本扭转了温室气体排放快速增长的局面,也明显优于同期印度碳强度下降 20%。此外,我国非化石能源占一次能源消费比重从 2005 年的 7.4% 提高到 2019 年的 15.3%;可再生能源总消费量占世界比重从 2005 年的 2.3% 上升至 2019 年的 22.9%,已经超过美国比重(20.1%);森林面积比 2005 年增加了 4500 万 hm^2,森林蓄积量也增加了 51 亿 m^3。当今人类社会应对全球气候变化已成为世界共识。

2020 年 9 月 22 日,在第七十五届联合国大会一般性辩论中,国家主席习近平指出"应对气候变化《巴黎协定》代表了全球绿色低碳转型的大方向,是保护地球家园需要采取的最低限度行动,各国必须迈出决定性步伐。中国将提高国家自主贡献力度,采取更加有力的政策和措施,二氧化碳排放力争于 2030 年前达到峰值,努力争取 2060 年前实现碳中和。各国要树立创新、协调、绿色、开放、共享的新发展理念,抓住新一轮科技革命和产业变革的历史性机遇,推动疫情后世界经济'绿色复苏',汇聚起可持续发展的强大合力"。

这一重大宣示标志着中国正式做出碳中和承诺,展示了中国应对全球气候变化做出的新努力、新贡献,体现了中国对多边主义的坚定支持,不仅涉及应对气候变化和生态环境保护问题,更涉及能源革命和发展方式问题,彰显了中国积极应对气候变化、走绿色发展道路的决心和信心,为推动疫情后全球经济可持续和韧性复苏提供了重要政治动能和市场动能,充分展现了中国作为负责任大国推动各国树立创新、协调、绿色、开放、共享的新发展理念,建设全球生态文明,凝聚全球可持续发展强大合力,推动构建人类命运共同体的大国担当,受到国际社会广泛认同和高度赞誉。

同年 9 月 30 日,在联合国生物多样性峰会上习近平主席建议:"《生物多样性公约》《联合国气候变化框架公约》及其《巴黎协定》等国际条约是相关环境治理的法律基础,也是多边合作的重要成果,得到各方广泛支持和参与。面对全球环境风险挑战,各国是同舟共济的命运共同体,单边主义不得人心,携手合作方为正道"。

他表示,中国将秉持人类命运共同体理念,继续做出艰苦卓绝努力,提高国家自主贡献力度,采取更加有力的政策和措施,为实现应对气候变化《巴黎协定》确定的目标做出更大努力和贡献。

在 2020 年 11 月第三届巴黎和平论坛上,习近平主席提出:"绿色经济是人类发展的潮流,也是促进复苏的关键。中欧都坚持绿色发展理念,致力于落实应对气候变化《巴黎协定》。不久前,我提出中国将提高国家自主贡献力度,力争 2030 年前二氧化碳排放达到峰值,2060 年前实现碳中和,中方将为此制定实施规划。我们愿同欧方、法方以明年分别举办生物多样性、气候变化、自然保护国际会议为契机,深化相关合作"。

2020 年 11 月二十国集团领导人利雅得峰会"守护地球"主题边会上,习近平主席指出:"地球是我们的共同家园。要秉持人类命运共同体理念,携手应对气候环境领域挑战,守护好这颗蓝色星球"。主张"加大应对气候变化力度。二十国集团要继续发挥引领作用,在《联合国气候变化框架公约》指导下,推动应对气候变化《巴黎协定》全面有效实施"。中方宣布中国将提高国家自主贡献力度,力争二氧化碳排放 2030 年前达到峰值,2060 年前实现碳中和。中国将坚定不移加以落实。

同年 12 月,习近平主席在气候雄心峰会上宣布到 2030 年,中国单位国内生产总值二氧化碳排放将比 2005 年下降 65% 以上,非化石能源占一次能源消费比重将达到 25% 左右,森林蓄积量将比 2005 年增加 60 亿 m^3,风电、太阳能发电总装机容量将达到 12 亿 kW 以上。中央经济工作会议明确提出做好碳达峰、碳中和工作是 2021 年八项重点任务之一,成为中国加快实现碳排放达峰的元年,但是也仅给中国留下 40 年的时间。这是党中央具有极其重大意义的战略决策,如同 1978 年党的十一届三中全会决定以经济建设为中心开启改革开放时代,以人民福祉为中心开启绿色低碳无碳时代。

2021 年 3 月 5 日,李克强总理代表国务院在十三届全国人大四次会议上作《政府工作报告》:"扎实做好碳达峰、碳中和各项工作。制定 2030 年前碳排放达峰行动方案。优化产业结构和能源结构。推动煤炭清洁高效利用,大力发展新能源,在确保安全的前提下积极有序发展核电。扩大环境保护、节能节水等企业所得税优惠目录范围,促进新型节能环保技术、装备和产品研发应用,培育壮大节能环保产业,推动资源节约高效利用。加快建设全国用能权、碳排放权交易市场,完善能源消费双控制度。实施金融支持绿色低碳发展专项政策,设立碳减排支持工具。提升生态系统碳汇能力。中国作为地球村的一员,将以实际行动为全球应对气候变化做出应有贡献"。

2021 年 10 月 21 日习近平主席在《生物多样性公约》第十五次缔约方大会领导人峰会上表示:"为推动实现碳达峰、碳中和目标,中国将陆续发布重点领域和行业碳达峰实施方案和一系列支撑保障措施,构建起碳达峰、碳中和'1+N'政策体系。中国将持续推进产业结构和能源结构调整,大力发展可再生能源,在沙漠、戈壁、荒漠地区加快规划建设大型风电光伏基地项目,第一期装机容量约 1 亿 kW 的项目已于近期有序开工"。

中国历来重信守诺,将以新发展理念为引领,在推动高质量发展中促进经济社会发展全面绿色转型,脚踏实地落实上述目标,为全球应对气候变化做出更大贡献。中国已正式将"碳中和"理念纳入生态文明建设顶层布局,相比于其他国家而言显示了强大的政策效率和执行力度,时间目标更为清晰和明确。

思考题

1. 如何定义环境?
2. 环境具有哪些特性?
3. 什么是环境问题? 环境问题有哪些分类方法? 分哪几类?
4. 当前世界关注的全球环境问题有哪些?
5. 环境容量与环境自净能力有何区别与联系?
6. 环境科学研究的对象、任务是什么?

第 2 章

环境生态学基础

2.1 生态学概念

2.1.1 生态学的定义

著名的生态学家 E. P. Odum 认为：生态学是研究生态系统结构和功能的科学。他编写的著名教材《生态学基础》(1971 年出版)就是以生态系统为中心构成教材体系的,对全世界许多大学的生态学教学和研究产生了很大影响,也因此荣获了美国生态学的最高荣誉——泰勒生态学奖(1977 年)。我国著名生态学家马世骏先生对生态学的定义为：生态学是研究生命系统和环境系统相互关系的科学。

生态学早期主要是植物生态学,后来衍生出动物生态学,随着环境问题和环境科学、现代科学技术的发展,把自然环境、人类生活和社会形态等整个生物圈为研究对象,以系统性阐明整个生物圈与环境之间相互关系问题。

2.1.2 生态学的研究对象

经典生态学是以研究各种环境因子(如太阳、大气、水分、温度、湿度、土壤等)对生物个体、种群、群落等生物系统的影响,主要关注生物个体生长发育、繁殖能力和生物种群及其动态行为方式的改变等。种群是指同一时空中同种生物个体所组成的集合体,新个体产生的数量多于现有个体死亡数量则种群繁衍存续,反之则消亡灭绝,它是物种存在的基本单位。种群生态学主要是研究生存环境的变化对生物种群的空间分布和数量变动的影响规律。种群生态学的理论是生态恢复和生态工程设计的科学依据。

在一定自然区域中许多不同种类的生物的总和称为群落;生物群落是指同一时空中能有机地、有规律地共存多个生物种群的集合体。群落生态学主要研究自然界中共生的各种生物之间物质循环和能量转化的联系。

生态系统生态学主要是研究生物群落与其生存环境相互作用下,生态系统结构和功能的变化及其稳定性。生态系统理论使人们对生命系统的复杂性、多变性、多功能性有了更深刻的认识,促进了自然科学与社会科学的结合,对环境生态学的形成和发展起到极大的推动作用。全球性环境问题的严重性和发展态势,如全球性气候变化、酸雨、臭氧空洞、荒漠化及生物多样性减少等,受到生态学家的日益重视,全球生态学应运而生,并已成为备受关注的领域。

现代生态学以生态系统作为学科研究的重点对象,向宏观和微观两个方向发展,即宏观扩展到生物圈、生态链的尺度,微观向分子领域深入分化为生态毒理学和分子生态学等。

2.2　生态系统

2.2.1　生态系统概述

生态系统(ecosystem)一词是由英国植物生态学家坦斯利(Tansley)于 1935 年提出,与苏联地植物学家所提出的生物地理群落(biogeocoenosis)是同义的。任何一个生物群落与其周围非生物环境的综合体就是生态系统。所谓生态系统是指一定时间和空间范围内栖居的所有生物与非生物的环境之间由于不停地进行物质循环和能量流动而形成的一个相互影响、相互作用,并具有自我调节功能的统一整体。

生态系统如图 2-1 所示,可以概括为非生物和生物两部分,其中生物部分可以分为生产者、消费者和分解者三类。所以生态环境的基本成分也可分为非生物环境、生产者、消费者和分解者四种。

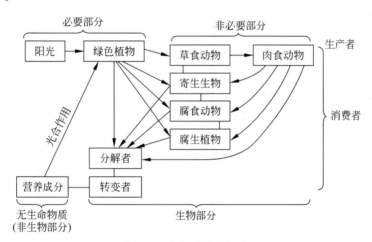

图 2-1　生态系统的组成

1. 非生物环境

非生物环境是生态系统的生命保障系统,是生物的生活场所,具备生物生存所必需的条件,也是生物能量的源泉。非生物环境主要包括驱动整个生态系统运转的能量及其他气候因子、生物生长的基质和介质、生物生长和代谢的原料三方面。驱动生态系统运转的能量主要是太阳能,它是所有生态系统甚至整个地球气候变化的最重要能源,它提供了生物生长发育所必需的热量。此外,地热和化学能也是生态系统的重要能源。气候因子包括光照、风、温度和湿度等。生物生长的基质和介质则主要指岩石、土壤、水、空气等,它们构成生物生长和活动的空间。生物生长和代谢的原料包括 CO_2、O_2、H_2、N_2、无机盐、腐殖质、脂肪、蛋白质、糖类等。

2. 生产者

生产者(producer)主要是绿色植物,包括一切能进行光合作用的高等植物、藻类和地衣。这些绿色植物体内含有光合作用色素,可利用太阳能把二氧化碳和水合成有机物,同时释放出氧气。除绿色植物外,还有利用太阳能和化学能把无机物转化为有机物的光能自养微生物和化能自养微生物。

生产者在生态系统中不仅可以生产有机物,而且也能在将无机物合成有机物的同时,把太阳能转化为化学能,储存在生成的有机物当中。生产者生产的有机物及储存的化学能,一方面供给生产者自身生长发育的需要;另一方面,也用来维持其他生物全部生命活动的需要,是其他生物类群包括人类在内的食物和能量的供应者。因此,生产者是生态系统中最基本和最关键的成分。

生产者通过光合作用固定太阳能生成有机物的过程称为初级生产,因此,生产者又称为初级生产者。太阳能只有通过生产者的光合作用才能源源不断地输入生态系统中,然后再被其他生物所利用。

3. 消费者

消费者(consumer)是不能用无机物制造有机物的生物,它们直接或间接地依赖于初级生产者所制造的有机物质,是异养生物。根据食性不同可将其分为以下几类。

1)草食动物

又称植食动物,指以植物为食的动物,是初级消费者,如马、牛、羊、兔子、池塘中的草鱼及许多陆生昆虫等。

2)肉食动物

以草食动物或其他肉食动物为食的动物。肉食动物又可分为:一级肉食动物(或称为二级消费者),即以草食动物为食的捕食性动物,如池塘中某些以浮游动物为食的鱼类,在草地上以草食动物为食的捕食性鸟兽;二级肉食动物(或称为三级消费者),是以一级肉食动物为食的动物,如池塘中的黑鱼或鳜鱼,草地上的鹰隼等猛禽;三级肉食动物,也称四级消费者或顶部肉食动物,是以二级肉食动物为食的动物,如狮子、老虎、狼等。

3)杂食动物

也称兼食性动物,是介于草食和肉食动物之间,既吃动物也吃植物的动物。人就是典型的杂食动物,现代人的食物88%为植物性产品,其中约20%是谷类。

消费者在生态系统中起着重要作用,它不仅对初级生产物起着加工、再生产的作用,而且对其他生物的生存、繁衍起着积极作用。

将生物按营养阶层或营养级进行划分,生产者是第一营养级,草食动物是第二营养级,以草食动物为食的动物是第三营养级,依此类推,还有第四营养级、第五营养级等。而一些杂食性动物则占有好几个营养级。

4)寄生生物

寄生生物通过寄生在宿主的体内或者体表,并从宿主体内获得生存所需的营养物质,体内寄生生物常见的有:蛔虫、丝虫、三化螟虫和一些细菌、病毒等。在其生命活动过程中,除了消耗寄主的营养物质外,有些还毒害甚至破坏寄主的细胞、组织,使寄主受害生病甚至死亡。体表寄生生物主要是一些菌类、虱、蚜虫和红蜘蛛等。它们附着在寄主的体表,吸食寄主的营养汁液或血液,使寄主产生体表疾病甚至感染传染病。

5)食碎屑生物

死亡的植物性物质或动物性物质以及粪便废弃物等构成大量有机物,称为碎屑。这些有机物能量和养分都很高,能够为秃鹫、蚯蚓、白蚁等提供生活所需的营养。以碎屑为食物的生物被单独划为一类消费者,称为食碎屑生物。

4. 分解者

分解者(decomposer)亦称还原者,主要包括细菌、真菌、放线菌等微生物。它们在生态系统中连续地进行分解作用,把复杂的有机物质逐步分解为简单的物质,最终以无机物的形式回归到环境中,再被生产者利用。所以,分解者对生态系统中的物质循环具有非常重要的作用。

分解者能把酶分泌到动植物残体的内部或表面,使残体消化为极小的颗粒或分子,再分解为无机物回到环境中。分解作用不是一类生物所能完成的,往往有一系列复杂的过程,各个阶段由不同的生物去完成。例如,草地上有生活在枯枝落叶和土壤上层的细菌和真菌,池塘中的分解者有细菌和真菌。

2.2.2　生态系统的结构

1. 生态系统的物种结构

物种结构又称组分结构,是指生态系统中的生物组分由哪些生物种群所组成,以及它们之间的量比关系。生物种群是构成生态系统的基本单元,不同的物种(或类群)以及它们之间不同的量比关系,构成了生态系统的基本特征。物种在生态系统中所起的作用较为公认的假说有两种,即铆钉假说和冗余假说。所谓铆钉假说,是将生态系统中的每个物种比作一架精致飞机的每颗铆钉,飞机上任何不起眼的铆钉的丢失都会导致严重事故,而生态系统中任何一个物种丢失,都会使生态系统发生改变。该假说认为生态系统中每个物种都具有同样重要的功能。

冗余假说则认为,生态系统中不同物种的作用有显著差异,某些物种在生态功能上有相当程度的重叠。因而,从物种的角度看,一些种是起主导作用的,可比作飞机的"驾驶员",而另外一些种则被称为"乘客"。若丢失前者,将引起生态系统的灾变或停摆,而丢失后者则对生态系统造成很小的影响。

2. 生态系统的空间结构

生态系统的空间结构包括垂直结构和水平结构。垂直结构是指生态系统内部的分层现象,它是生态系统内生物之间、生物与环境之间相互关系的一种特殊形式。生物由于各种生态幅和适应性不同,占据一定的垂直空间,形成了不同的层次结构。例如,在发育成熟的森林中,上层乔木可以充分利用阳光,而林冠下被那些能有效利用弱光的耐荫乔灌木所占据。穿过乔木层的光,有时仅占到达树冠全部光照的1/10,但林下灌木层却能利用这些微弱的、并且光谱组成已被改变的光。在灌木层中的草本层能够利用更微弱的光,草本层往下还有更耐荫的苔藓层。

生态系统的水平结构是指生态系统中生物的种类、密度等在二维空间中的不均匀配置,是群落表现为斑块相同的分布格局,称为镶嵌性。这种现象的产生原因有环境因素的不均匀性、人类活动的影响和生物自身的生态学和生物学特性等。镶嵌性提高了生物对水平空间的利用率。例如,森林的镶嵌性是由于林内的光斑、草本层、苔藓层、下木层的密度、小地形、腐朽倒木的不均匀性等引起的。

3. 生态系统的时间结构

生态系统的时间结构主要表现在生态系统的结构和外貌随着时间的不同而变化,反映出生态系统在时间上的动态性。一般可用三个时间段来度量：一是长时间量度，以生态系统进化为主要内容；二是中等时间量度，以群落演替为主要内容；三是昼夜、季节和年份等短时间量度的周期性变化为主要内容，短时间周期性变化在生态系统中是较为普遍的现象。

4. 生态系统的营养结构

生态系统的营养结构是指生态系统中无机环境与生物群落之间，生产者、消费者与分解者之间，通过营养或食物传递形成一种组织形式，它是生态系统最本质的结构特征。生态系统各组成成分之间的营养联系通过食物链和食物网实现。

食物链（food chain）是指生态系统中不同生物之间在营养关系中形成的一环套一环似链条式的关系。生态系统中各种成分之间最本质的联系是通过食物链实现的，把生物与非生物、生产者与消费者、消费者与消费者连成一个整体。自然生态系统中食物链有捕食食物链、碎屑食物链和寄生食物链几类。

食物网（food web）是指生态系统中不同的食物链相互交叉，所形成的复杂的网状结构。在任何一个系统中食物链很少是单条、孤立出现的，它们形成交叉链索形式的食物网。食物网形象地反映了生态系统内各种生物有机体之间的营养位置和相互关系。在生态系统中，一种生物往往同时属于数条食物链，生产者如此，消费者也如此，图 2-2 为一简化的食物网。

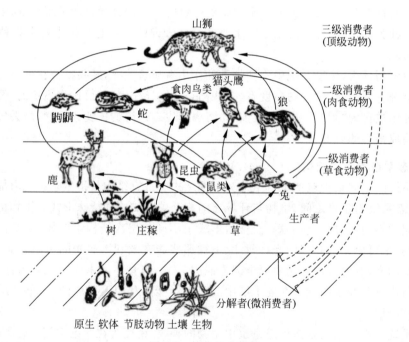

图 2-2　简化的食物网

生态系统中各种生物成分间通过食物网直接或间接的联系，保持生态系统结构和功能的相对稳定性。生态系统内部营养结构不是固定不变的，而是不断发生变化的。如果食物网中某一条食物链发生障碍，可以通过其他食物链进行必要的调整和补偿。有时营养结构网络上某一环节发生变化，如初级生产者被破坏，会影响波及整个生态系统。生态系统通过食物营养，把生物与生物、生物与非生物有机地结合成一个整体。

2.2.3　生态系统的特征

1. 生态系统具有自动调节的能力

自动调节功能是指生态系统受到外来干扰而使内部稳定状态发生改变时,系统靠自身机制再返回稳定状态的能力。生态系统的调节能力与结构复杂程度呈正相关。

2. 生态系统是动态功能系统

生态系统具有有机体的一系列生物学特性,如发育、代谢、生长和衰老等。这就意味着生态系统具有动态变化的能力。任何一个生态系统总是处于不断发展、进化和演变中,这就是通常所说的系统演替。

3. 生态系统具有一定的区域特性

生态系统都是与特定的空间相联系,包括一定地区和范围的空间概念。各种空间都存在不同的环境条件,栖息着与之相适应的生物类群,使生态系统的结构功能反映出一定的区域特性。

4. 生态系统的开放特性

生态系统并不是孤立存在的,不仅在系统内部时刻进行物质和能量交换、信息传递,生态系统还与其外部环境之间进行物质和能量交换及信息传递,从而表现出生态系统的开放特性。

2.3　生态系统中的物质能量循环

生态系统中的绿色植物从地球的大气、水体和土壤等环境中获得营养物质,通过光合作用合成有机质,被消费者利用,物质流向消费者,动植物残体被微生物分解利用后,又以无机物的形式归还给环境,供生产者再利用,这就是物质循环。物质循环又称为生物地球化学循环。这种循环可以发生在不同层次、不同大小的生态系统内,乃至生物圈。一些循环可能沿着特定的途径从环境到生物体,再到环境中。那些生命必需元素的循环通常称为营养物质循环。

2.3.1　物质循环的三大类型

1. 水循环

水循环的主要储存库是水体,水循环是物质循环的核心,陆地生态系统和水生生态系统通过水循环连接在一起,是局部的生态系统与整个生物圈相联系,起着传递能量的作用。水循环包括大循环和小循环。大循环又称外循环,是指从海洋表面蒸发到高空的水汽,在大气环流的作用下,被运送到陆地上空,由于温度发生变化,凝结成水降落到地面,一部分经地表径流汇入江河,最后流入大海;另一部分渗入地下形成地表径流,最后也流入大海的运动过程;小循环又称内循环,是指海洋或陆地上的水经蒸发升入空中,由于温度降低,又凝结成水降落到海洋或陆地表面的水分运动过程。

2. 气相型循环

气相型循环的主要储存库是在大气圈和水圈中。气相型循环是相当完善的系统,因为大气或海洋储存库的局部变化,很快就会分摊开来,各种元素过分聚集或短缺的现象都不会发生,具有明显的全球性特点。凡属于气相型循环的物质,其分子或某些化合物常以气体的形式参与循环过程。属于这一类循环的物质有碳、氮和氧等，如 O_2、CO_2、N_2、Cl_2、Br_2 和 HF 等气体的循环。

3. 沉积型循环

沉积型循环的储存库主要是岩石、沉积物和土壤，循环物质分子或化合物主要是通过岩石的风化和沉积物的分解转变为可供生态系统利用的营养物质。这种循环过程缓慢，循环是非全球性的。属于沉积型循环的物质有 P、Ca、K 等。沉积型循环大都不是很完善的循环，一种元素的局部过量或短缺经常发生。

2.3.2 三种主要养分的循环

1. 碳循环

碳，是生命世界的栋梁之材，生命的基本单元——氨基酸、核苷酸等是以碳元素做骨架变化而来的。碳是一切生物体中最基本的成分，有机体干重的 45% 以上是碳。在无机环境中，碳主要以 CO_2 和碳酸盐的形式存在。碳的主要循环形式是从大气的 CO_2 储存库开始，经过生产者的光合作用，将碳固定，生成糖类，然后经过消费者和分解者，在呼吸和残体腐败分解后，再回到大气储存库中。植物通过光合作用，将大气中的 CO_2 固定在有机体中，包括合成多糖、脂肪和蛋白质，而储存于植物体内。然后通过生物呼吸作用和细菌分解作用又从有机物质转换为 CO_2 从而进入大气。

海洋也是碳的一大储存库，它的含碳量是大气的 50 倍，更重要的是海洋对调节大气中的含碳量起着重要作用。海洋中的碳循环是全球碳循环的重要组成部分，是影响全球变化的关键控制环节。海洋作为一个巨大的碳库，具有吸收和储存大气 CO_2 的能力，影响着大气 CO_2 的收支平衡，研究碳在海洋中的转移和归宿，对于预测未来大气中 CO_2 含量乃至全球气候变化具有重要意义。在水体中，同样由水生植物将大气中扩散到水上层的 CO_2 固定转化为糖类，通过食物链经消化合成，各种水生动植物呼吸作用又释放 CO_2 到大气。动植物残体埋入水底，其中的碳也可以借助于岩石的风化和溶解、火山爆发等返回大气圈。有部分则转化为化石燃料，燃烧过程使大气中的 CO_2 含量增加。

CO_2 能吸收地表的红外辐射，是一种典型的温室气体。自从 100 年前瑞典化学家阿伦尼乌斯(Svante Arrhenius)提出大气中 CO_2 丰度的变化会影响地表温度的假说以来，越来越多的科学家致力于大气中 CO_2 与环境关系的研究。时至今日，大量的研究表明，大气中 CO_2 浓度的增长，将继续使全球气候发生变化，从而给人类社会带来深远的影响。科学家们提供的种种研究都说明，CO_2 正在逐渐改变着全球气候，无论是对全球气温还是对大气降水，这种效应正日益明显。因此，很自然地就会影响到人类社会，其后果可能是复杂的，甚至是极其严重的，全球碳循环如图 2-3 所示。

2. 氮循环

氮是构成蛋白质和核酸的主要元素，在生物学上具有重要意义。大气中，氮的含量可高达 78%，因此大气是氮的巨大储存库。然而，氮是一种惰性气体，大气这一巨大储存库中的氮对大部分生物是无效的。地球上多数植被类型的净生产受氮的限制。因此，大气中的氮必须通过固氮作用经游离氮与氧结合成为硝酸盐或亚硝酸盐，或与氢结合成氨才能为大部分生物所利用，参与蛋白质的合成。因此，氮被固定后，才能进入生态系统，参与循环。

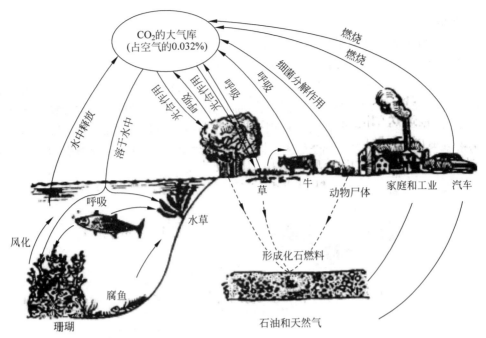

图 2-3　全球碳循环

　　自然生态系统中,一方面通过各种固氮作用使氮进入物质循环;另一方面又通过反硝化作用,淋溶沉积等作用使氮不断重返大气,从而使氮的循环处于一种平衡状态。

　　在氮循环中,由于人类活动的影响使停留在地表的氮进入江河湖泊或沿海水域,是造成地表水体出现富营养化的重要原因之一。另外,大气圈中有一部分氮氧化合物与碳氢化合物等经光化学反应,形成光化学烟雾,对生物和人类造成危害,全球氮循环如图 2-4 所示。

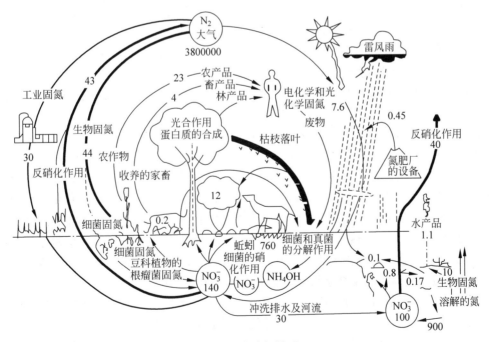

图 2-4　全球氮循环

3．磷循环

如图 2-5 所示为全球磷循环,磷的循环是比较典型的沉积型循环,这种类型的循环物质实际上都有两种存在相:岩石相和溶盐相。磷灰石构成了磷的巨大储备库。由于风化、侵蚀作用和人类的开采活动,磷才被释放出来。一些磷经由植物、植食动物和肉食动物在生物之间流动,待生物死亡被分解后又重返环境。陆地生态系统中,磷的有机化合物被细菌分解为磷酸盐,其中一些被植物吸收,另一些则转化为不能被植物利用的化合物。陆地的一部分磷则随水流进入湖泊和海洋,它们使近海岸水中的磷含量增加,并供给浮游生物及其他消费者需要。

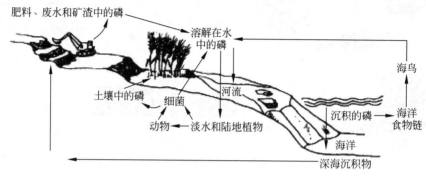

图 2-5　全球磷循环

2.3.3　生态系统的能量传递定律

能量是生态系统的动力,是一切生命活动的基础。能量流动是生态系统的重要功能之一。能量在生态系统内的传递和转化规律服从热力学第一定律和热力学第二定律。

热力学第一定律又称为能量守恒定律,可表述为:自然界发生的所有现象中,能量既不能消失也不能凭空产生,它只能以严格的当量比例由一种形式转变为另一种形式。依据这个定律,若体系的能量增加,环境的能量就要减少,反之亦然。生态系统也是如此,如光合作用产物所含的能量多于光合作用反应物所含有的能量,其增加的能量等于环境中太阳辐射所减少的能量,但总能量不变,所不同的是太阳能转化为化学能输入了生态系统,故表现为生态系统对太阳能的固定。

热力学第二定律是对能量传递和转化的一个重要概括:在封闭系统中,一切过程都伴随着能量的改变,在能量传递和转化过程中,除了一部分可以继续传递和做功外,总有一部分不能继续传递和做功,而以热的形式消散,这部分能量使系统的熵和无序性增加。对生态系统来说,当能量以食物的形式在生物之间传递时,食物中相当一部分能量转化为热而消散掉(使熵增加),其余则用于合成新的组织而作为潜能储存下来。所以,动物在利用食物中的潜能时把大部分转化成了热,只把一小部分转化为新的潜能。因此,能量在生物之间每传递一次,大部分的能量就被转化为热而损失掉,这也就是为什么食物链的环节和营养级数一般最多不会超过 6 个以及能量金字塔必定呈尖塔形的热力学解释。

在生态系统中,能量的流动途径大约有三条。第一条途径:能量沿食物链中各营养级流动,每一营养级都将上一级转化来的部分能量固定在本营养级的生物有机体中,但最终随着生物体的衰老死亡,经微生物分解将全部能量归还于非生物环境;第二条途径:在各营养级中都有一部分死亡的生物有机体,排泄物或残留体进入腐食食物链,在分解者作用下,有机物被还原,有机物中的能量以热的形式散发于非生物环境;第三条途径:无论哪一级有机体在生命代谢过程中都进行呼吸作用,将化学能转化为热散发于非生物环境,如图2-6所示。

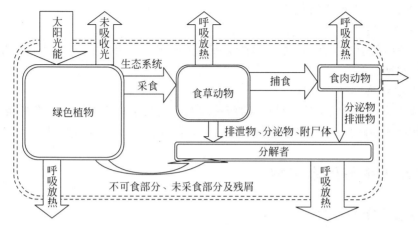

图 2-6　生态系统能量流动路径示意

2.3.4　营养级和生态金字塔

1. 营养级

营养级(trophic level)是指处于食物链某一环节的所有生物物种的总和。应注意的是:营养级之间的关系不是一种生物和另一种生物之间的营养关系,而是一类生物和处于不同营养层次上另一类生物之间的关系;随着营养级的升高,营养级内生物种类和数量在逐渐减少;营养级的数目不可能很多,一般限于3～5个;很难将所有动物依据它们的营养关系放在某一特定的营养级中,实际中常依据主要食性来确定其营养级。

2. 生态金字塔

生态金字塔(ecological pyramid)是指各个营养级之间的数量关系,这种关系可采用生物量单位、能量单位和个体数量单位表示,其变化趋势像金字塔。如图2-7所示,生态金字塔有以下3类。

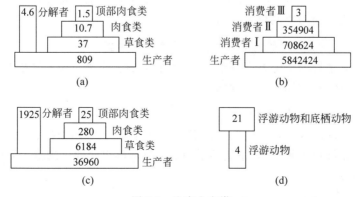

图 2-7　生态金字塔

(a) 数量金字塔(个体数/m²);(b) 生物量金字塔(g/m²);(c) 能量金字塔(kJ/(m²·a));(d) 倒置生物量金字塔(g/m²)

1）生物量金字塔

以生物的干重或湿重表示每一个营养级中生物的总量，能够确切地表示出生态系统中能量在各营养级中的分布。其中在水域生态系统中，浮游动物的生物量超过浮游植物的生物量，出现颠倒的生态金字塔现象。

2）能量金字塔

表示生物间的能量关系，把各个营养级的生物量换算为能量单位，以表示能量的传递、转化的有效程度。

3）数量金字塔

各个营养级以生物的个体数量比较，所得的图形为数字金字塔。每个营养级包括个体数量沿食物链逐渐减少，生产者个体数最多，而消费者越靠近塔尖数量越少。

2.4　生态平衡与生态失调

2.4.1　生态平衡的概念

所谓生态平衡（ecological balance），是指一个生态系统在特定时间内的状态，在这种状态下，其结构和功能相对稳定，物质与能量输入输出接近平衡，在外来干扰下，通过自我调节机制能恢复到最初的稳定状态。也就是说，生态平衡应包括三个方面，即结构上的平衡、功能上的平衡以及物质输入与输出数量上的平衡。

生态系统可以忍受一定程度的外界压力，并且通过自我调节机制恢复其相对平衡，因此生态系统一直处于动态变化中。然而生态系统的自我调节机制有一定限度，这个限度称为生态阈值。生态阈值的大小与生态系统的成熟性有关，系统越成熟，生物种类越多，营养结构越复杂，稳定性越大，阈值越高；反之，系统结构越简单、功能效率不高，对外界压力的反应越敏感，抵御剧烈生态变化的能力较脆弱，阈值就愈低。另外它还与外界干扰因素的性质、方式及作用的持续时间等因素密切相关。生态平衡阈值的确定是自然生态系统资源开发利用的重要参量，也是人工生态系统规划与管理的理论依据之一。

判断一个生态系统是否平衡，可以重点从以下方面进行分析。

1．生态系统的生物与其生存环境是协调的

这种协调包括生物个体、种群乃至群落等不同水平与环境的协调统一。所谓生态平衡就是生物与其环境之间的协调稳定状态。

2．生态系统内物质和能量的输入和输出两者间的平衡

这主要从生态系统的功能方面考虑，当一个生态系统的物质循环和能量流动在长时间内保持稳态，可以认为生态系统是平衡的。

3．生态系统内部结构的稳定性

生态平衡是群落内各物种之间相互作用的结果，物种数量趋于稳定的生态系统比物种数量波动的生态系统更平衡，生态系统的平衡是随着群落组分数量的增多而增加，群落稳定性是多样性的函数。

4．生态系统的平衡应是负熵不断增加的过程

生态系统内存在两个过程，一个是伴随着生物的生长发育过程，生态系统不断固定太阳

能,使分散杂乱的无机物质转化为有机物质,并使生物之间、生物与环境之间保持和谐的关系,这个过程是增加系统负熵即有序性的过程。另一个是伴随着生物的死亡腐烂,集中的化学能转变为分散的热能,集中的复杂有机物质变成分散的简单无机物质,有序的生物种之间的关系以及生物与环境之间的关系被破坏,退化成不稳定的、无序的状态,这个过程是一个不可逆的过程和熵增加的过程。对一个生态系统而言,只有负熵的增加超过了熵值的增加,这个系统才是不断趋向稳定的、有序性增加的、平衡的系统。

2.4.2　生态失调的概念

对生态系统的破坏超过生态阈值后,生态系统的自我调节机制就会降低或消失,这种相对平衡就遭到破坏甚至使系统崩溃。这种破坏是长期的,生态系统重新回到和原来相当的状态需要很长时间,甚至造成不可逆转的变化,这就是生态失调。

生态平衡破坏首先表现在结构上,包括一级结构损失和二级结构变化。一级结构指的是生态系统的各组成成分,即生产者、消费者、分解者和非生物成分组成的生态系统的结构。二级结构是指组成一级结构成分的划分及其特征,如生物的种类组成、群落和群落层次及其变化特征等。平衡失调的生态系统从结构上讲就是出现了缺损或变异。当外部干扰巨大时,可造成生态系统一个或几个组分的缺损而出现一级结构的不完整。如大面积的森林采伐就是典型例子,它不仅可使原有生产者层次的主要种类从系统中消失,而且各级消费者也因栖息地的破坏而被迫迁移或消失,系统内的变化也非常剧烈。当外部干扰不甚严重时,如林业中的择伐、水体的轻度污染等,都可使生态系统的二级结构产生变化。二级结构的变化包括物种组成比例的改变,种群数量的丰度变化,群落垂直分层结构减少等。

这些变化会直接造成营养关系的破坏,包括分解者种群结构的改变,进而引起生态系统的功能受阻或功能下降。水域生态系统出现的过度捕捞、草原过度放牧造成的退化等都属这方面的例证。二级结构水平的改变虽不如一级结构破坏的影响剧烈,但结果也使生态多样性减少,系统趋于"生态单一化"。干扰若进一步加重同样会造成生态系统的崩溃。

生态平衡破坏表现在功能上的标志,包括能量流动受阻和物质循环中断。能量流动受阻是指能量流动在某一营养级上受到阻碍。如森林被砍伐后,生产者对太阳能的利用会大大减少,即能量流动在第一个营养级受阻,森林生态系统会因此而失衡。物质循环中断是指物质循环在某一环节上中断。如草原生态系统,枯枝落叶和牲畜粪便被微生物分解后,把营养物质重新归还给土壤,供生产者利用,是保持草原生态系统物质循环的重要环节。但如果枯枝落叶和牲畜粪便被用作燃料烧掉,其营养物质不能归还土壤,造成物质循环中断,长期下去土壤肥力必然下降,草本植物的生产力也会随之降低,草原生态系统的平衡就会遭到破坏。

2.4.3　生态平衡调节机制

生态平衡的调节主要是通过系统的反馈机制、抵抗力和恢复力来实现的。

1. 反馈机制

一个系统,如果其状况能够决定输入,就说明它有反馈机制的存在。系统加进反馈环节后变成了可控制系统。要使反馈系统能起控制作用,系统应具有某个理想的状态或位置点,系统围绕该位置点进行调节。

反馈可分为正反馈和负反馈,两者的作用相反。对任何系统来说,要使其维持平衡,只有通过负反馈机制,这种反馈就是系统的输出变成了决定系统未来功能的输入。种群数量调节中,密度制约作用是负反馈机制的体现。负反馈调节作用的意义在于通过自身功能减缓系统内的压力以维持系统稳定。

负反馈控制可使系统保持稳定,而正反馈使系统加剧偏离。例如,生物的生长、种群数量的增加等均属正反馈。在生物生长过程中个体越来越大,种群持续增长过程中,种群数量不断上升,这都属于正反馈。正反馈也是有机体生长和存活所必需的。但是,正反馈不能维持稳定,因为地球和生物圈是一个有限的系统,其空间、资源都是有限的,不可能维持生物的无限制生长。所以,对生物圈及其资源管理只能用负反馈来调节,并使其成为能持久地为人类谋福利的系统。

2. 抵抗力

所谓抵抗力是指生态系统抵抗外在干扰并维持系统结构和功能的能力,抵抗力是生态系统维持平衡的重要方面之一。抵抗力与系统的发育阶段有关,发育越成熟,结构越复杂,抵抗外在干扰的能力就越强。例如,我国长白山红松针阔混交林生态系统,生物群落垂直层次明显、结构复杂,系统自身储存了大量的物质和能量,这类生态系统抵抗干旱和虫害的能力远超过结构单一的农田生态系统。环境容量、自净作用等是系统抵抗力的表现形式。

3. 恢复力

遭受外界干扰破坏后,系统恢复到原状的能力称为生态系统的恢复力。切断污染水域的污染源后,生物群落的恢复就是系统恢复力的表现。生态系统恢复能力是由生命成分的基本属性决定的,即由生物顽强的生命力和种群世代延续的基本特征所决定。所以,恢复力强的生态系统,生物的生活世代短,结构比较简单。例如,杂草生态系统遭受破坏后其恢复速度要比森林生态系统快得多。生物成分生活世代长,结构越复杂的生态系统,一旦遭到破坏则长期难以恢复。但就抵抗力的比较而言,两者的情况却完全相反,恢复力越强的生态系统其抵抗力一般比较低;反之亦然。

2.5 生态学在环境保护中的应用

2.5.1 自净作用

上文在论述生态平衡时,曾经讲到生态系统可以忍受一定程度的外界压力,并且通过自我调节机制恢复其相对平衡,因此生态系统一直处于动态变化中。也就是说,当系统内部分出现问题或发生机能异常时,能够通过其余部分的调节而得到解决或恢复正常。结构复杂的生态系统能比较容易地保持稳定;结构简单的生态系统,其内部的这种调节能力则较差。

在环境污染防治中,这种调节能力又称为生态系统的自净能力。被污染的生态系统依靠其本身的自净能力,可以恢复原状。我们应该尽量有目的地、广泛地利用这种自净能力来防治环境污染。

关于生态系统自净能力在环境保持中的应用,国内、外都已开展了大量工作,并取得了很好的成绩,例如,植树造林、水体自净、土地处理系统等。

1．植物对大气污染的净化作用

（1）绿色植物有吸收 CO_2，放出 O_2 的作用。

如图 2-8 所示，绿色植物在可见光的照射下，经过光反应和暗反应，利用光合色素，将 CO_2（或 H_2S）和水转化为有机物，并释放出 O_2（或 H_2）。

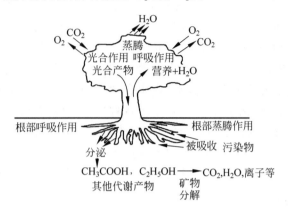

图 2-8　植物对大气污染的净化作用

（2）绿色植物对降尘和飘尘有滞留和过滤作用。

绿色植物对降尘和飘尘有滞留和过滤作用，滞尘量的大小与树种、林带、草皮面积、种植情况及气象条件等都有关系。树木滞尘的方式有停着、附着和黏着三种。叶片光滑的树木其吸尘方式多为停着；叶面粗糙、有绒毛的树木，其吸尘方式多为附着；叶或枝干分泌树脂、黏液等，其吸尘方式为黏着。绿色树木减尘效果十分明显，绿化树木地带比非绿化带飘尘量低得多。

（3）绿色植物有吸收大气中有害物质的作用。

绿色植物对大气中的有害气体有吸收作用。通过相关部门试验，认为对二氧化硫抗性强的植物主要有侧柏、白云松、云杉、香柏、臭椿、榆树等近 80 种草木。

（4）植物还有减轻光化学污染、吸收和净化某些重金属、减轻空气中的含菌量以及降低城市噪声的作用。

2．水体对污染物的净化作用

水体对污染物的净化作用见第 5 章。

3．土地——植物系统的净化作用

（1）植物根系的吸收、转化、降解和合成作用。

（2）土壤中的真菌、细菌和放线菌等微生物区系对污染物的降解、转化和生物固化作用。

（3）土壤中的动物区系对含有氮、磷、钾有机物质的代谢作用。美国从土壤中分离出反硝化小球菌，它的酶提取液能除去三氯酸或三氯丁酸中的氯。日本从土壤中分离出红酵母和蛇癣菌，能分别降解 $30\%\sim40\%$ 的多氯联苯。

（4）土壤中有机和无机胶体的物理化学吸附、络合和沉淀等作用。

（5）土壤的离子交换。

（6）土壤的机械截留过滤作用。

（7）土壤的气体扩散或蒸发作用。

2.5.2　生态监测

1．生态监测的概念

美国环境保护署（U. S. Environmental Protection Agency，US EPA）的 Hirsch 认为生态监测是对自然生态系统的变化及其原因的监测，主要监测内容是人类活动对自然生态系统结构和功能的影响及改变。全球环境监测系统（global environmental monitoring system，GEMS）认为生态监测是一种综合技术，它能够相对便宜地收集大范围内生命支持系统的数据。国内有学者认为生态监测是以生态学原理为理论基础，运用可比的和成熟的方法，通过物理、化学、生物化学、生态学原理等各种技术手段，在时间和空间上对特定区域范围内生态环境中的各个要素、生物与环境之间的相互关系、生态系统结构和功能进行系统测定和观察的过程。监测的结果用于评价和预测人类活动对生态环境的影响，从而评价生态环境质量，为保护生态环境、恢复重建生态系统、合理利用自然资源等提供决策依据。

2．生态监测的分类

国内对生态监测的划分有许多种，一般按照生态系统的类型划分，可分为城市生态监测、农村生态监测、森林生态监测、草原生态监测、湿地生态监测、水体生态监测及荒漠生态监测等。这类划分突出了生态监测对象的价值尺度，旨在通过生态监测获得关于各生态系统生态价值的现状资料、受干扰（特别是人类活动的干扰）程度、承受影响的能力及发展趋势等。

在空间尺度上，生态监测又可分为宏观生态监测和微观生态监测两大类。

（1）宏观生态监测是指利用遥感技术、生态图技术、区域生态调查技术及生态统计技术等，对区域范围内各类生态系统的组合方式、镶嵌特征、动态变化和空间分布格局等及其在人类活动影响下的变化情况所进行的监测。宏观生态监测一般是以原有的自然本底图和专业图件为基础，所得的几何信息多以图件的方式输出，从而建立地理信息系统；监测的内容多为区域范围内具有特殊意义的生态系统的分布及面积的动态变化，如热带雨林生态系统、沙漠化生态系统、湿地生态系统等。宏观生态监测的地域等级可从小的区域生态系统（包括流域生态系统和行政区域生态系统）扩展到全球生态系统。

（2）微观生态监测是指对一个或几个生态系统内各生态因子的监测，监测对象是某一特定生态系统或生态系统聚合体的结构和功能特征及其在人类活动影响下的变化。微观生态监测通常以物理、化学及生物学的方法提取生态系统各个组分的信息。根据监测的具体内容，微观生态监测又可分为干扰性生态监测、污染性生态监测、治理性生态监测以及环境质量现状评价生态监测。

① 干扰性生态监测。

通过对生态因子的监测，研究人类生产活动对生态系统结构和功能的影响，分析生态系统结构对各种干扰的响应。

② 污染性生态监测。

在生态系统受到污染后，通过监测生态系统中主要生物体内的污染物浓度以及敏感生物对污染的响应，可了解污染物在生态系统中的残留蓄积、迁移转化、浓缩富积规律及其响应机制。

③ 治理性生态监测。

受破坏或退化的生态系统实施生态修复重建过程中,为全面掌握修复重建的实际效果、恢复过程及趋势等,对其主要生态因子开展监测,可为评价修复重建效果、调整修复重建措施提供依据。

④ 环境质量现状评价生态监测。

通过对生态因子的监测,获得相关数据资料,为环境质量现状评价提供依据。

宏观生态监测必须以微观生态监测为基础,而微观生态监测又必须以宏观生态监测为主导,二者相互独立,又相辅相成。一个完整的生态监测应包括宏观生态监测和微观生态监测两种尺度所形成的生态监测网。

2.5.3　生态工程

1. 生态工程概述

生态工程(ecological engineering)于 1962 年由美国生态学家 H. T. Odum 首先使用,他定义为"人类通过运用少量的辅助能而对以自然能为主的系统进行的环境控制"。1971 年他又指出生态工程即是人对自然的管理。1983 年,他修订此定义为设计和实施经济与自然的工艺技术。此外,国外不少人还提出生态工艺,定义为在深入了解生态学原理的基础上,通过最少代价和对环境的最少损伤,将管理技术应用到生态系统中。

按照马世骏教授 1984 年对生态工程较详细和明确的定义,生态工程是应用生态系统中物种共生与物质循环再生原理、结构与功能协调原则,结合系统工程的最优化方法,设计的分层和多级利用物质的生产工艺系统。生态工程的目标就是在促进自然界良性循环的前提下,充分发挥资源的生产潜力,防止环境污染,达到经济效益与生态效益同步发展。

生态工程遵循生态学和生态系统的有关原理,有与其他工程措施不同的五点基本原则。

(1) 生态工程的建设有应用生态系统和自然界的自我设计和组织能力。

(2) 生态工程是进行基础生态学研究的工具。

(3) 生态工程的建设特别强调将生态系统作为一个整体考虑,而不是其中的若干物种或成分,需要综合一系列的生物学、生态学、系统科学、物理、化学等相关学科原理,使用建模、边际分析等方法来理解并处理设计生态系统中所遇到的问题。

(4) 生态系统是以太阳能为支持的一个自我发展的系统。系统在萌生之后,几乎全部依靠太阳能,通过自我设计和组织能力来发展。现代的环境技术大多依赖于不可更新的化石能源,而生态工程在设计和建设之初,需要使用部分不可更新能源,然后依赖于太阳能系统能量,如同自然生态系统一样的发展。因而,生态工程在解决环境问题中,积极保护不可再生能源。

(5) 生态工程选择能满足人类的生态系统,以及那些适应于现存的生态系统的人类需要,来设计新的生态系统。生态工程的方法是一项保护生态和环境,使人类与自然和谐相处,共同持续发展的战略。

2. 生态工程的应用

1) 生态恢复生态工程

生态恢复是相对于生态破坏而言的,就是要恢复被破坏了的生态系统合理的结构、高效的功能和协调的关系。具体地讲,就是从生态和社会需求出发,恢复生态系统的合理结构和功能,实现所期望达到的生态社会经济效益,通过对系统物理、化学、生物甚至社会文化要素的控制,带动生态系统的恢复过程,达到系统的自维持状态。生态恢复并不意味在所有场合下恢复到原有生态系统状态,这没有必要也不可能,其本质是恢复系统的必要功能并实现系统自维持。例如,湿地的生态恢复、矿区废弃地的生态恢复、沙地和山地的生态恢复。

2) 生物防治病虫害工程

传统防治病虫害的方法主要是化学方法,即施加农药。该方法存在不利影响,如可直接或间接通过食物链危及人的健康,甚至引起中毒;许多农药难于被生物降解,而长期残留于果实和土壤中。另外,长期使用一种农药会使害虫形成抗药性;在灭杀害虫的同时,也严重伤害其天敌——各种益鸟和益虫。

生物防治是指用生物或生物产物来防治有害生物的方法。主要有以虫治虫和以菌治虫两种。以虫治虫就是利用天敌防治有害生物的方法。以菌治虫就是利用病原微生物在害虫种群中引起流行病,以达到控制害虫的目的。这些可以利用的微生物有细菌、真菌和病毒。例如,利用绿僵菌防治棉铃虫、稻包虫、玉米螟;利用白僵菌防治大豆食心虫和玉米螟;利用赤小蜂防治蔗螟等。目前发现的昆虫病原性病毒也很多,如多角体病毒,可用于防治棉花、白菜等作物上的鳞翅目幼虫;我国利用核型多角体病毒防治桑毛虫、松毛虫和棉铃虫等。

此外,还有利用耕作防治(改变农业环境)、不育昆虫防治(控制昆虫繁殖能力)和遗传防治(改变昆虫基因)等方法。

3) 生态工业与生态农业

20 世纪 90 年代以来,可持续发展思想成为工农业生产的指导原则,要求积极推进清洁生产和循环生产,从根本上解决生态环境问题。提倡循环再生原理在工农业生产中的应用,实现物质和能量输入最少,能量利用率最大,产生废物最少,在生产和消费的各个阶段对环境的影响最小。在工农业生产中,大力开发可再生性资源;在减少能耗和能源需求的同时,大力开发风力、水力和太阳能等可再生性能源;减少温室气体和其他污染物的排放。

倡导生态(无污染)工业,即仿照自然界的生态过程物质循环模式规划工业生产系统的一种工业生产模式。在生态工业系统中,各生产过程不是孤立的,而是通过物料流、能量流和信息流相互联系,一级生产过程的废物可作为另一级生产过程的原料加以利用。生态工业追求的是系统内各生产过程从原料、中间产物、废物到产品的物质循环,达到能源、资源和资金的最优利用及最小环境影响。例如,粪便发酵产生沼气提供绿色能源,沼液用来无土栽培青绿饲料或蔬菜,沼渣再制混合饲料等多种生产项目及工艺结合,既分层多级处理了废物,又可获得可观的综合效益。建立无(少)废工艺系统:进行工业系统的内环境治理,如新建工厂或工业项目要加强无污染工艺的设计,建立废物再生和利用系统,包括废热的再利用、工业废渣的资源化、一些工厂废水的净化和再循环利用等,达到无废或少废,即无污染或少污染。

提倡生态农业(持续农业),即利用生态学原理,依据生态系统内物质循环和能量转化的基本规律建立的一种农业生产方式。其生产结构是农、林、牧、副、渔多种经营联合体,使初级生产者农作物的产物能沿食物链的各营养级进行多层次利用,以发挥各种资源的经济效益。生态农业强调利用生物防治技术和综合控制技术防治农作物病虫害,尽量减少农用化学品的使用,以减少污染,达到在最大限度地保护土地资源、水资源和能源的基础上,获取高产的目的。

4) 废物资源化

(1) 污水的土地利用

对于那些不含或含有较少有害成分的生活污水,可采用土地处理系统进行污水处理。在污水处理过程中,农作物可利用污水中的营养成分,主要是 N 和 P 等。这对于我国干旱的北方地区,污水的土地处理具有灌溉土地和地下水填充等作用,具有现实意义。

(2) 污泥的土地利用

随着污水处理事业的发展,大量的污泥被不断生产出来。污泥从本质上讲是一类可利用的重要资源。因为其含有许多农作物必需的营养元素,而且还是很好的土壤团粒结构促进剂。但是污泥中也含有一些有毒的微量元素,以及某些病原体和寄生虫,可以通过食物链危及人体健康。因此,污泥土地利用的关键在于,必须根据污泥的物理化学特性和化学组成,应用于不同的场地(农业用地、森林、牧场、公园、高尔夫球场、矿区,或边缘地带的土地复垦等)。特别是,当污泥中含有高浓度的有毒重金属或有毒有机物质时,应禁止土地利用。

(3) 生活垃圾等固体废弃物的再循环

土地填埋法处理垃圾,不仅会消耗大量的土地,还会在处理过程中产生垃圾渗滤液的棘手问题。因此,可将垃圾进行分选收集的方法实现资源化:废纸进入造纸工业再循环;废金属和废玻璃通过金属工业和玻璃工业实现再利用;有机易腐物通过堆肥变成农业肥料。

2.6　环境思政材料

1. 塞罕坝精神

59 年前的塞罕坝,是一片"黄沙遮天日,飞鸟无栖树"的荒凉景象。但再难也要上。369 名平均年龄不到 24 岁的建设者听从党的召唤,从全国 18 个省份集结上坝,在荒漠沙地上艰苦奋斗,创造了荒原变林海的人间奇迹,用实际行动诠释了"绿水青山就是金山银山"的理念。塞罕坝的建设不是一蹴而就的,他们吃苦耐劳、坚忍不拔造就了这片绿色奇迹。

面对荒山秃岭、全年风沙、零下四十多度的严寒等恶劣条件,塞罕坝人在实践中不断摸索,积累高寒地区的造林经验,组织开展技术攻关,走过了从一棵树到一片林的艰辛造林路。但他们没有停下前行的脚步,完成从拓荒植绿到护林营林的角色转变,协调推进森林经营利用。在什么都没有的条件下,是他们点亮了前行的路灯,以科学求实、开拓创新为支撑,最终走出了一条生态效益、经济效益和社会效益并重的绿色发展道路。

"天当床,地当房,草滩窝子做工房",艰苦的生活条件并没有影响到塞罕坝人的工作热情。造林事业处在生死存亡的关键时刻,4 位场领导毅然决然地把家从各地搬到了塞罕坝。塞罕坝机械林场几代人面对为首都阻沙源的神圣使命,艰苦奋斗、无私奉献,把个人理想与林业事业、个人选择与国家需要、个人追求与人民利益紧密结合起来,坚持先治坡、后治窝,先生产、后生活,不仅使沙丘荒坡变成了绿水青山,更用实际行动谱写了建设生态文明的华美乐章。

2. 中国的生物多样性保护(部分)

"生物多样性"是生物(动物、植物、微生物)与环境形成的生态复合体以及与此相关的各种生态过程的总和,包括生态系统、物种和基因三个层次。生物多样性关系人类福祉,是人类赖以生存和发展的重要基础。人类必须尊重自然、顺应自然、保护自然,加大生物多样性保护力度,促进人与自然和谐共生。

1972年,联合国召开人类环境会议,与会各国共同签署了《人类环境宣言》,生物资源保护被列入二十六项原则之中。1993年,《生物多样性公约》正式生效,公约确立了保护生物多样性、可持续利用其组成部分以及公平合理分享由利用遗传资源而产生的惠益三大目标,全球生物多样性保护开启了新纪元。

中国幅员辽阔,陆海兼备,地貌和气候复杂多样,孕育了丰富而又独特的生态系统、物种和遗传多样性,是世界上生物多样性最丰富的国家之一。中国的传统文化积淀了丰富的生物多样性智慧,"天人合一""道法自然""万物平等"等思想和理念体现了朴素的生物多样性保护意识。作为最早签署和批准《生物多样性公约》的缔约方之一,中国一贯高度重视生物多样性保护,不断推进生物多样性保护与时俱进、创新发展,取得显著成效,走出了一条中国特色生物多样性保护之路。

党的十八大以来,在习近平生态文明思想引领下,中国坚持生态优先、绿色发展,生态环境保护法律体系日臻完善、监管机制不断加强、基础能力大幅提升,生物多样性治理新格局基本形成,生物多样性保护进入新的历史时期。当前,全球物种灭绝速度不断加快,生物多样性丧失和生态系统退化对人类生存和发展构成重大风险。2020年9月30日,习近平主席在联合国生物多样性峰会上指出,要站在对人类文明负责的高度,探索人与自然和谐共生之路,凝聚全球治理合力,提升全球环境治理水平。中国将秉持人类命运共同体理念,继续为全球环境治理贡献力量。

中国生物多样性保护以建设美丽中国为目标,积极适应新形势新要求,不断加强和创新生物多样性保护举措,持续完善生物多样性保护体制,努力促进人与自然、人与人、人与社会和谐共生、良性循环、全面发展、持续繁荣。

面对全球生物多样性丧失和生态系统退化,中国秉持人与自然和谐共生理念,坚持保护优先、绿色发展,形成了政府主导、全民参与,多边治理、合作共赢的机制,推动中国生物多样性保护不断取得新成效,为应对全球生物多样性挑战做出新贡献。

(1)坚持尊重自然、保护优先。牢固树立尊重自然、顺应自然、保护自然的理念,在社会发展中优先考虑生物多样性保护,以生态本底和自然禀赋为基础,科学配置自然和人工保护修复措施,对重要生态系统、生物物种及遗传资源实施有效保护,保障生态安全和生物安全。

(2)坚持绿色发展、持续利用。践行"绿水青山就是金山银山"理念,将生物多样性作为可持续发展的基础、目标和手段,科学、合理和可持续利用生物资源,给自然生态留下休养生息的时间和空间,推动生产和生活方式的绿色转型和升级,从保护自然中寻找发展机遇,实现生物多样性保护和经济高质量发展"双赢"。

(3)坚持制度先行、统筹推进。不断强化生物多样性保护国家战略地位,长远谋划顶层设计,分级落实主体责任,建立健全政府主导、企业行动和公众参与的生物多样性保护长效机制。强化中国生物多样性保护国家委员会统筹协调作用,持续完善生物多样性保护、可持续利用和惠益分享相关法律法规和政策制度,构建生物多样性保护和治理新格局。

(4)坚持多边主义、合作共赢。加强生物多样性保护,促进人与自然和谐共生,已成为国际交流对话的重要内容。中国坚定支持生物多样性多边治理体系,切实履行《生物多样性公约》及其他相关环境条约义务,积极承担与发展水平相称的国际责任,向其他发展中国家提供力所能及的援助,不断深化生物多样性领域交流合作,携手应对全球生物多样性挑战,为实现人与自然和谐共生美好愿景发挥更大作用。

思考题

1. 阐述生态学定义与内涵。
2. 生态系统的能量流动服从什么规律?
3. 什么是生态系统,其主要组成成分包括哪些? 其结构和功能是什么?
4. 解释食物链、食物网和营养级的含义?
5. 何谓生态平衡? 破坏生态平衡的因素有哪些?
6. 什么是生态系统的自净作用?

第 3 章

资源能源与环境

3.1 资源

3.1.1 资源的概念与分类

1. 资源的概念

资源的概念通常指自然资源,《辞海》将资源定义为:"资源是资财的来源。天然存在的自然物,如土地资源、水利资源、生物资源和海洋资源,是生产的原料来源和布局的场所,不包括人为加工制造的原料"。马克思和恩格斯认为"劳动和自然界一起才是一切财富的源泉,自然界为劳动提供一切材料,劳动把材料变为财富"。因此,广义的资源应当包括自然资源和劳动创造的社会经济资源,一切土地、水、生物、空气、岩石、矿物及其群聚体,如森林、草地、矿产和海洋等自然物以及太阳能、生态系统的环境功能、地球物理化学的循环功能等,人类生产创造的物质要素、社会、经济、技术因素、信息等社会经济要素都是资源的范畴。

2. 资源的分类

为了研究及开发利用上的方便,通常把资源分为自然资源和社会经济资源,再依据资源的一些共同特征将资源进行统一分类,见图 3-1。

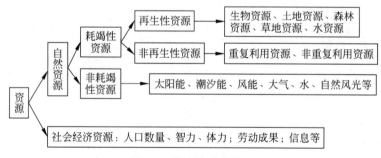

图 3-1 资源的分类体系

自然资源是指在一定的技术经济条件下,能作为人类生产和生活所用的一切自然物质和自然能量的总和,通常包括矿产资源、土地资源、水资源、生物资源、气候资源、海洋资源等。再生性资源在正确的管理和维护下,可以不断更新和利用,反之,再生性资源就会退化、解体并有耗竭之忧。非再生性资源中一些非耗竭性金属,如黄金、铂等可以重复利用,而另一些非再生性资源,如石油、煤炭、天然气等,当它们作为能源利用时,从物质不灭观点看,地球上的元素数量虽没有改变,但它们的物质形式和位置都发生了变化。自然界中还存在一些资源,在目前的生产条件和技术水平下,不会在利用过程中导致明显的消耗,即非耗竭性资源,如太阳能、潮汐能、风能、地表水、大气、自然风光等。

社会经济资源是作为人类生产和生活所用的人力(人口、智力、体力等)和劳动成果的总和。

1)自然资源按地理特性的分类

(1)矿产资源(岩石圈)

矿产资源是指在地壳形成之后,经过一定的地质作用而形成的埋藏于地下或露出地表的具有利用价值的自然资源。

(2)土地资源(土壤圈)

土地是地球陆地表面部分,作为一种自然资源。土地资源是指在当前和将来的技术经济条件下能为人类所利用、能够创造财富和产生经济价值的那部分土地。

(3)水资源(水圈)

水资源是指在目前的技术和经济条件下,容易被人类利用的、补给条件好的淡水资源,主要包括河川径流,也包括湖泊、地下水等。

(4)生物资源(生物圈)

生物资源是指生物圈中对人类具有实际或潜在用途或价值的生物组成部分。地球上所有的植物、动物和微生物都属于生物资源的范畴。

(5)气候资源(大气圈)

气候资源是指广泛存在于大气圈中的光能、热能、降水、风能等可以为人们直接或间接利用,能够形成财富,具有使用价值的自然物质和能量。

(6)海洋资源

海洋资源是指来源、形成和存在方式都直接与海水有关的物质和能量,如海洋生物资源、海底矿产资源、海水化学资源、海洋动力资源等。

2)自然资源按可利用性的分类

自然资源可分为耗竭性资源和非耗竭性资源。耗竭性资源是在地球演化过程中的特定阶段形成的,质与量是有限的,空间分布是不均匀的。

(1)耗竭性资源

耗竭性资源可分为:

① 可再生资源也称可更新资源,指能够通过自然力量,使资源增长率保持或增加蕴藏量的自然资源。只要使用得当,会不断得到补充、再生,可反复利用,不会耗竭。例如,太阳能、大气、农作物、鱼类、野生动植物、森林等是可再生资源,推广而言,也可包括社会资源、信息资源等。这类资源中的部分资源用量不受人类活动的影响,如太阳能,当代人的消费不论多少,都不会影响后代人的消费数量。但是多数可再生资源的持续利用受人类利用方式、利用力度等影响,只有在合理开发利用的情况下,资源才可以恢复、更新甚至增加,不合理开发、过度开发,会使更新过程受到破坏,使蕴藏量减少甚至耗竭。例如,鱼类、水产资源只要合理捕捞,资源总量可以维持平衡,过度捕捞,破坏鱼类繁殖周期,降低自然增长率,会使之逐步枯竭。

大面积砍伐森林资源将造成森林所构成的植物群落逆演替,从而使得森林面积锐减,生物多样性丧失,生物种质资源减少,林地退化成草地或沙漠。这方面的例子不胜枚举。像塞罕坝林场及很多国家一级保护动物大熊猫、藏羚羊等,都是差一点变成不可再生资源的可再生资源。

② 不可再生资源也称可耗竭资源,指在对人类有意义的时间范围内,资源的质量保持不变,资源储藏量不再增加的资源。这些资源是亿万年的地质作用形成的,如铜、铁等金属矿产资源和石棉、云母、矿物质等这类资源是有限的,更新能力极弱、会慢慢枯竭殆尽。按其能否重复利用,又可分为可回收类资源和不可回收类资源两类。部分金属类和非金属类资源经人类加工成产品,当使用价值丧失后,可回收原产品再使用或经加工后作为其他功能使用,属于可回收类资源。而像石油、煤、天然气等经燃烧后产生热能,其组分分解为二氧化碳和水,无法恢复到原有组分,使用过程不可逆,使用后不能恢复原状,属于不可回收类资源。

（2）非耗竭性资源

非耗竭性资源随地球形成及其运动而存在,基本上是持续稳定产生的,又称为无限资源,如太阳能、空气、风、降水等。

此外,自然资源按产业分类分为农业资源、水产资源、工业资源、能源资源、旅游景观资源、人文资源、医药卫生资源等。也有一些可归属多个类别,如湿地公园既有水资源、土壤资源还有观赏性和人文性;另外,像近期我国启动的国家森林公园计划,就是尽可能保护这些自然资源,保护生物多样性,为人类研究提供宝贵的财富,同时也丰富了人类的精神生活,可以包含在多个类别里。

3. 自然资源的属性

1) 资源在空间上的共生性与整体性

气候资源、水资源、生物资源、土地资源、矿产资源等自然资源是相互联系、相互制约的一个有机整体,它们在地球上是共生且彼此间不断地进行物质和能量交换。人们对某一类资源的合理利用或破坏,会对其他资源产生有利或不利的影响。例如,某一特定地区森林生物资源的采伐、草原放牧,就可能造成水土流失与土地沙化等土地退化甚至导致土地资源的荒废,因此,资源的存在与发展表现出明显的整体性。如果脱离对资源的整体性考虑,只顾及某一特定资源合理利用与保护是难以达到目的的。资源的共生性与整体性决定了对资源合理利用管理的综合性。农业生产是对全部农业资源的利用,即是对土地资源、水资源、生物资源、气候资源的同时利用,各类农业资源对农业生产具有同等重要性。可以断言,单一农业自然资源的农业利用不存在。农业生产是一类生物生产,由于土地利用的排他性,所以农地作为农业生产的同时不能作为非生物生产所用。由于这一原因,常常出现资源整体性与资源管理立法的单一性之间的矛盾。

2) 资源分布的地域性

资源的分布具有一定的空间范围和分布规律,表现出明显的地域性。气候资源、水资源、生物资源和土地资源的地域性分布规律主要受地带性因素的影响,但同时也受非地带性因素的制约;矿产资源包括化石能源等地域性分布规律主要受非地带性因素制约。此外,资源开发利用的社会经济条件和技术工艺水平也具有地区发展的不均衡性,使社会经济资源也表现出一定的区域性特征。由于资源分布的区域性特征,要求对资源的保护与开发利用做到因地制宜。

3) 资源的相对有限性与绝对无限性

时间、空间和运动是无限的,物质与能量也是无限的,但在具体时间与空间范围内,就人与资源的关系而言,资源又是有限的。从哲学观点出发,自然资源是相对有限性与绝对无限性的辩证统一。沿人类历史长河溯源,可以看到,人类不断繁衍,持续消耗更多的资源,而探明的资源储量则不断增加,尤其是新的资源种类不断涌现,这显然应归功于社会发展与科技进步的无限性。资源特别是自然资源的绝对无限性是人类无限生存下去和社会无限发展、进步的重要条件。而资源的有限性则为经济合理利用资源,有效保护和管理资源提供了依据。

4) 资源的多功能性与多用途性

无论是单项自然资源,还是复合性的资源,都具有多功能、多用途甚至具有多效益的特征。例如,土地资源可以用于农业、林业、牧业、渔业、建筑业、交通运输业等;一条河流既是农业灌溉水源,又可作为电力部门的动力源,还可以是交通部门的运输线,当然可以作为工业的水源以及旅游所用等;森林资源的多功能性与多用途性更为明显。自然资源的多用途性,带来资源利用的复杂性。有的资源如土地资源还具有多宜性,即同一土地既适宜于农业,也适宜于林业等。显然,土地资源的多宜性在经济社会发展中不是都具有同等重要的意义。因此,在土地资源开发、区域规划和地区发展战略研究时,需全面权衡利弊,特别是面对社会多种需求、资源广泛利用时,对土地资源的多宜性功能抉择更显重要。

5) 资源系统的全球性

资源的全球性是资源系统的地域性与整体性在全球尺度上的具体体现。首先,全球自然资源是一个整体系统,一个国家或地区的资源利用后果往往会超过其主权范围而波及世界其他地区,如国际河流上游国家水资源的利用对该河流下游国家可利用水资源的影响。其次,全球资源分布的地域性与不平衡性,导致全球区域性的资源短缺与优势互补问题出现。再次,有些资源是全球性共享资源,如公海中的自然资源、南极和北极的资源,以及界河、多国流域和迁移性资源等。研究资源开发时,除了要立足本国,也要放眼世界,了解国际上资源的供需状况及发展前景,根据需要,有的资源开发利用必须以国际合作的方式进行。

6) 资源利用的层次性

资源的开发利用具有明显的层次性特征。以生物资源为例,开发利用的可以是一种植物的有用化学成分或植物体部分,也可以是物种、种群到生态系统。在空间范围上,对资源的开发可以是一个地块,一个小的自然区域(如小流域等)或经济区域,也可以是一个生态系统或大的经济区等,应根据资源开发所处的水平和等级,采取相应对策。

3.1.2　可更新资源的利用问题

可更新资源理论上能持续不断的利用,然而事实并非如此,人类改造自然创造了物质财富,但也破坏了可更新资源的更新。工业或生活污水若未经处理渗入地下土壤,会污染地下淡水资源,淡水资源就会遭到破坏;或者局部地区抽取地下水的速度比水恢复渗入地下的速度快,就会打乱水的更新平衡,那地下水丧失更新的能力也会干涸;矿区土壤、大量施用氮肥的土壤、过度放牧的土壤等因为缺少保护措施未正确利用,导致土壤更新能力严重受损;曾经的蓝天碧水因为雾霾而导致空气资源质量严重下降,严重影响人类身体健康和生存环境;许多水生生物包括鱼类、野生动植物等,由于江河湖海受污染导致生存环境或繁殖地遭受破坏或改变,而濒临灭绝或已经灭绝,有些物种来不及更新就永远消失了。

利用资源的同时充分保护好资源,保证使用和消耗它们的速度不超过其更新的速度和能力,需要一个合理最大值作为衡量指标,这就是最大持久性产量的概念。对于生物种群来说,不减少种群再生的能力(即繁殖和生长的能力)而去收获的最大数目的个体;对于土壤来说,匹配一定量牲畜长期放牧而不退化的最大面积;地下水长久地供给不断的最大供水量;在最大持久性产量的限度内使用可更新资源,妥善保护自然资源。可现实中可更新资源却常常超过最大持久性产量,原因有以下几点。

1. 掠夺

掠夺只考虑自身眼前最大利益而不考虑该资源的未来。

2. "公有资源的灾难"

经济学上的"公有资源的灾难"故事,说的是一块草场作为公有资源大家都有使用权,结果是大家蜂拥而上拼命在这里放牧,直到放牧过度,草场被啃得光秃秃为止。还有一个捕捞龙虾的典型例子,在英格兰有一片产龙虾的公有海区,允许任何人自由捕捞。虽然捕龙虾的人意识到龙虾已经过度捕捞,捕获量已经下降,但人们仍不断地争相捕捞。因为只要有人在继续捕捞,其他人就不会停止,结果谁也不会停止捕捞,这里的龙虾将可能会被捞光。

3. 生存的需要

假如人类生存要建立在破坏资源的基础上,资源的可持久性开发和人性的生存欲望是对立不可调和的。

3.1.3   不可更新资源的利用问题

不可更新资源主要包括各种金属和非金属矿物质及各种矿物燃料(如煤、石油和天然气)。约 97% 的地球地壳仅由 7 种元素组成,其成分分别为氧 46.6%、硅 27.7%、铝 8.3%、铁 5.8%、钙 3.6%、钾 2.6%、镁 2.1%,其他如金、银、汞等所占的百分率都只在 0.0001% 以下。

这些不可更新资源的开发利用在促进经济和社会发展、改善人类生活质量的同时,也带来一些严重问题,主要表现在资源的不断耗竭和生态环境的日趋恶化。

实行可持续发展战略,要求资源与环境科学在研究资源的发生、演化规律及时空规律性,人类社会发展与资源和环境的关系和发展规律,人类活动对资源与环境的影响基础上,探讨资源的优化配置和合理使用,保持良好生态环境的途径,以实现资源的可持续利用及经济和社会的可持续发展。

3.2   资源的利用与环境保护

3.2.1   资源利用与环境保护的关系

人类赖以生存生活和生产所必需的土地、水、森林、动植物等自然资源也是地形、地貌、气候、水文、植被和生态系统等自然环境的组成部分。自然环境中有的自然资源演化是不可逆的,有的自然资源是可恢复(再生)的。人类创造现代文明的同时对环境污染和生态破坏日趋严重,幸运的是人们已逐步认识到合理地利用资源、保护资源就是保护自然环境,就是保护人类生存、生活和生产的条件,正在逐渐摒弃传统的对环境要素中各种自然因子任意使用的做法,而是将环境因素作为资源加以开发、保护和利用。

1. 资源利用过程中对环境的影响

农耕时期人类社会对资源的利用不会超过其再生能力,随着第一次工业革命和第二次工业革命,人类对自然资源的需求急剧增加,对可再生资源和非再生资源的过度开发,引发了一系列环境问题。

可再生资源中森林和草地是破坏最严重的,很多遗传资源的丧失、水土流失减弱了对气候的调节作用,减弱了对自然灾害的抵御能力,加剧了洪水、飓风等自然灾害爆发。

非再生资源的开发利用中采矿和冶炼对环境带来不利影响,地面塌陷是煤矿和其他地下开采矿山存在的较为严重的地质灾害。据统计,每开采万吨原煤造成地面塌陷 $2000\mathrm{m}^2$。塌陷区面积一般为采煤区面积的 1.2 倍。矿物资源的开发与利用还带来严重的环境地球化学问题。亿万年来人类和其他生物一样适应了地表的硅酸盐和铝硅酸盐环境,然而许多本来深埋在地层中的物质被人为地迁移到地表上来,如汞、镉、砷、铬等,其中许多重金属元素及其化合物对人类和其他生物是有毒的,因而发生了一系列的"公害"病,如众所周知的水俣病和骨痛病等。

2. 资源利用过程中的环境保护

自然资源是一个由大气圈(气候资源)、水圈(水资源)、生物圈(生物资源)、土壤圈(土地资源)、岩石圈(矿产资源)组成的大系统,各圈层之间和圈层内部都存在不停的物质、能量交换和信息传递,相互影响、相互依存、互为存在条件、互为运动因果。人类要和自然界和谐共生,再也不能以大自然的主人自居,而要真正成为自然界中平等的一员。

为实现对自然资源的可持续利用,近年来我国对土地资源、矿产资源、水资源、森林资源、草地资源、渔业资源、生物多样性、水土保持、荒漠化防治、自然保护区、风景名胜区和文化遗迹地等进行了一系列的立法。以下介绍我国与自然资源保护有关的一些法律制度。

(1) 土地资源保护:土地管理法及其实施条例、基本农田保护条例、水土保持法及其实施条例等。

(2) 矿产资源保护:矿产资源法及其实施细则,石油及天然气勘查、开采登记管理暂行办法,矿产资源补偿费征收管理规定,煤炭法,煤炭生产许可证管理办法,乡镇煤矿管理条例等。

(3) 水资源保护:水法、城镇供水条例、河道管理条例等。

(4) 森林资源保护:森林法及其实施细则、第五届全国人民代表大会第四次会议关于开展全民义务植树运动的决议、国务院关于开展全民义务植树运动的实施办法、森林和野生动物类型自然保护区管理办法、森林防火条例、城市绿化条例、森林病虫害防治条例、森林采伐更新管理办法等。

(5) 草地资源保护:草原法、草原防火条例等。

(6) 渔业资源保护:渔业法及其实施细则、水产资源繁殖保护条例、水生野生动物资源保护实施条例等。

(7) 生物多样性保护:野生动物保护法、陆生野生动物保护实施条例、水生野生动物保护实施条例、水产资源繁殖保护条例、野生植物保护条例、野生药材资源保护管理条例、进出境动物检疫法、植物检疫条例等。

(8) 水土保持和荒漠化防治:水土保持法及其实施条例,其他法律法规,如环境保护法、土地管理法、水法、农业法、森林法、草原法等相应的规定。

（9）自然保护区：自然保护区条例、森林和野生动物类型自然保护区管理办法、自然保护区土地管理办法等。

（10）风景名胜区和文化遗迹地保护：文物保护法及其实施细则、风景名胜区管理暂行条例及其实施办法、地质遗迹保护管理规定等，以及环境保护法、城市规划法、矿产资源法中相关的规定。

3.2.2　资源与环境的辩证统一

人类只有一个地球，人类生存环境空间有限、稳定性有限、资源有限、容纳污染物能力有限、对污染物自净能力有限。资源与环境是自然与各种人为因素相互作用的复杂过程。要解决资源与环境问题既需要从宏观角度观察问题，把握其实质，又要在微观上分析其产生机理及影响因素，用辩证统一的、科学的态度找出解决办法。

1. 资源与环境的全球一体化

许多资源与环境问题是全球性的，如全球气候变化、臭氧层破坏、酸雨、土地荒漠化、海洋污染等。有些问题虽然发生在局部，但是会通过地球循环系统扩散至全球。例如，酸雨的发生开始于工业化国家，随着第三世界国家的工业化进程，酸雨的范围逐渐扩大，以至于成为全球问题。而且，导致酸雨产生的化学物质也由以二氧化硫为主，扩大到现在包括二氧化硫、氮氧化合物和氨等在内的多种物质。海洋石油污染开始时也只是局部的，随着石油泄漏事故的频繁发生，加上绝大部分海洋的公海性质和海洋环流的作用，已经演化为全球性问题。

地球系统内各种资源之间、资源与环境之间通过地球循环系统的物理过程、化学过程和生物过程不断进行物质与能量的转换与交换，形成一个相互联系、相互影响的有机整体，任何一个反应过程的变化都会带来连锁反应甚至导致一系列生态环境问题。例如，开发矿产资源的采矿活动不仅会引起塌陷和尾矿堆积，改变一个地区的地貌景观，还需要占用土地并对周边地区的土壤性质产生影响，此外，还对水文循环、水体质量、生物群落和生态系统产生一系列影响。林地和草地的大面积开垦，导致水土流失、河道淤积、土地荒漠化，进一步影响水分循环、气候变化和大气颗粒物含量增加，危害人类健康。

2. 资源与环境和谐共生的可持续发展观

人类能够制造工具、进行社会分工、具有高级的思维活动，是整个地球自然生态系统的一个组成部分，人与自然存在一种既对立又统一的辩证关系，必须遵循自然规律和生物学规律。人类利用和开发自然资源应以自然环境所能承受的能力为最高限度，要考虑人类未来对资源与环境的需要，不能无限制。人类不是一般的自然物和生物体，在人与自然的关系中，人类需要从伦理学角度，调整人与自然的关系，承认自然界的价值，尊重自然界的权利，实现资源与环境的和谐共生可持续发展。首先，要尊重和善待自然，包括尊重地球上的各种生命，尊重自然的和谐与稳定，顺应自然生活。其次，要关心个人，更要关心整个人类，从人类的整体利益出发，谋求在自然环境上的社会正义、公正和权利平等。最后，既着眼当前，又思虑未来，实行可持续发展战略。可持续发展就是协调好人口、资源、环境与发展的关系，有效控制人口增长、提高人口质量，尽可能使用再生性资源替代耗竭性资源，通过控制使用率和收获率保护可更新资源的可持续更新发展，通过科学与技术进步、资源的高效利用、推广清洁生产和进行环境监测等对各种污染源进行有效污染控制,保证生态环境安全。

3. 同一个地球同一个家

地球诞生 46 亿年来,孕育了世间万物,但却不再意气风发。人类在漫长的历史发展过程中,对地球的索取日益变本加厉,不可再生资源在迅速消耗,大片原始森林、矿产资源消耗巨大,工业废水、废气、废物的排放,使地球上的水源、空气和土地遭受严重污染,造成生态系统失衡,环境恶化,水土流失加剧,灾害频发,人类面临巨大挑战。所有这一切都在向人类发出警示:人类在破坏地球环境的同时,也在毁灭自己。合理利用资源、保护生态环境要成为全民共识和自觉行动。为此,必须从战略高度树立可持续发展的思想,要明白人类只有一个地球,"同一个地球同一个家",拯救地球就是拯救人类,每个人都应该同呼吸共命运爱护地球,崇尚科学,树立节约资源、保护环境的意识,自觉地从自己做起,从身边做起,为保护和改善地球环境做出应有贡献。

3.3 能源

3.3.1 能源的定义与分类

我国的《能源百科全书》中说:"能源是可以直接或经转换提供人类所需的光、热、动力等任一形式能量的载能体资源"。能源,就是指能够直接或经过转换而提供能量的资源。从广义上讲,自然界中有一些自然资源本身就拥有某种形式的能量,它们在一定条件下能够转换成人们所需的能量形式,这种自然资源显然就是能源,如薪柴、煤、石油、天然气、水能、太阳能、风能、地热能、波浪能、潮汐能、海流能和核能等。但在生产和生活过程中,由于需要或为便于运输和使用,常将上述能源经过一定的加工、转换,使之成为更符合使用要求的能量来源,如煤气、电力、焦炭、蒸汽、沼气和氢能等,它们也称为能源,因为它们同样能为人们提供所需的能量。

从能源的来源、形成、使用技术、环保等角度进行分类,展现能源的不同特性。

1. 按地球上能源的来源分类

1) 外源性能源

太阳光辐射地球,给了地球直接能源,绿色植物在太阳光照射下经光合作用形成有机质而长成根、枝、叶、茎供动物食用,动植物的遗骸深埋地下后经过漫长的地质运动形成化石燃料(煤、石油、天然气等),此外如生物质能、流水能、风能、海洋能和雷电等,也都是由太阳能经过某些方式转换而形成的。所以,地球的"能源之母"是太阳。另外,地球和太阳、月球等天体间有规律运动而形成的潮汐能也是外源性能源的一种。

2) 内源性能源

地球的中心是熔融的金属中心,地热能资源、温泉及自身的地壳运动带来地震、火山喷发等源自地球自身的能量。

2. 按获得的方法分类

1) 直接能源

直接能源即在自然界中天然存在的,可供直接利用的能源,如煤、石油、天然气、风能、水能和地热能等。

2）间接能源

间接能源是由直接能源加工或转换而来,如电力、蒸汽、焦炭、煤气、氢气及各种石油制品等。大部分直接能源都转换成容易输送、分配和使用的间接能源,以适应消费者的需要。间接能源经过输送和分配,在各种设备中使用,即终端能源。

3. 按被利用的程度、生产技术水平和经济效果等分类

1）常规能源

常规能源是在一定的科学技术水平下已经被人类长期广泛利用的能源,开发利用时间长、技术成熟、能大量生产并广泛使用,如煤炭、石油、天然气、薪柴燃料、水力和电力等。

2）新能源

新能源是指采用新近开发的科学技术才能开发利用的能源,所占比例很小但属于很有发展前途的能源,如太阳能、地热能、潮汐能、生物质能、核能。

4. 按再生性分类

1）可再生能源

可再生能源是在自然界中可以有规律地更新再生的能源,不会随其本身的转化或人类的利用而日益减少,如太阳能和由太阳能转换而成的水能、风能、生物质能等。

2）不可再生能源

不可再生能源是指形成周期很长、短期内无法恢复的能源,如煤、石油、天然气、核燃料等。随着大规模地开采利用,其储量越来越少,总有枯竭之时。

5. 按是否能作为燃料分类

1）燃料能源

燃料能源是可作为燃料使用的能源,包括矿物燃料(煤炭、石油、天然气),生物质燃料(薪柴、沼气、有机废物等),化工燃料(甲醇、酒精、丙烷以及可燃原料铝、镁等),核燃料(铀、钍、氘等)四大类。

2）非燃料能源

非燃料能源是不可作为燃料使用的能源,多具有机械能,如水能、风能等;有的含有热能,如地热能、海洋热能等;有的含有光能,如太阳能、激光等。

6. 按对环境的污染情况分类

1）清洁能源

清洁能源即对环境无污染或污染很小的能源,如太阳能、水能、海洋能、氢能等。

2）非清洁能源

非清洁能源即对环境污染较大的能源,如煤、石油等。

另外还有一些有关能源的术语或名词,如商品能源、非商品能源、农村能源、绿色能源和终端能源等。它们都是从某一方面反映能源的特征。例如,商品能源是指流通环节大量消费的能源,如煤炭、石油、天然气和电力等,而非商品能源则指不经流通环节而自产自用的能源,如农户自产自用的薪柴、秸秆,牧民自用的牲畜粪便等。

3.3.2　不可再生能源

1. 煤炭

人类用煤炭作加热燃料的历史至少已有 4000 年,18 世纪初期的工业革命正是由于煤动力蒸汽机的发展推动人类文明的快速发展,但在改变世界的同时也重创了自然环境。燃煤电站废气与汽车尾气一起推高大气 CO_2 水平导致温室效应愈加严峻。

1) 煤的组成

煤是大部分由碳和硫、氧、氢、氮和其他元素构成的有机岩石,主要来源于植物。

如表 3-1 所示,从上到下对应煤的品级从高到低,高品级煤含挥发分的百分含量也趋向更低,无烟煤是最高级别和最深级别的煤,其组成包括 0~3.75% 的氢、0~2.5% 的氧以及约 1.6% 的硫。挥发分是当煤在隔绝空气的情况下加热至高温时馏出的物质。

表 3-1　煤分类

类　　别	符　　号	分类指标	
		V_{daf}/%	PM/%
无烟煤	WY	<10.0	—
烟煤	YM	>10.0	—
褐煤	HM	>37.0	<50

注:V_{daf} 表示干燥无灰基挥发分;PM 代表透光率。

据地质学家研究,所有分级或品级的煤都形成于相同的过程,起初都是死亡的植物。在沼泽地,沉积下来的植物可以在地层中聚集并由于缺氧而免于腐烂和燃烧。随着时间的推移、海平面的升降,有机质地层像三明治一样夹杂于砂泥层之间,沉积物将转变成岩石,并伴随着挥发分在压力和热作用下排出,有机层的压实和碳浓度的升高发生成煤过程("煤化作用")。根据这一现象,不同品级的煤,褐煤→烟煤→无烟煤,构成了一个时间序列,这一过程在任意给定的地区可能因经历的时间、压力或热不同而仅仅达到某个中间阶段。

基于上述序列可以看出,煤的品级从低到高的变化不是简单地根据碳含量定义的人工分类,而是一个演化的时间序列。成煤理论有三方面的证据:

(1) 煤总是见于煤层或地层中;

(2) 煤层有时含有植物化石;

(3) 高品级煤往往:①见于埋深大的地方;②见于经历更高温度和压力的地方;③更致密;④含挥发分更少;⑤能量含量更高。

随着碳含量的上升可变为纯碳质的石墨。纯石墨甚至可变为金刚石,但压力需要超过 14500atm(1.45×10^9 Pa)。

2) 资源基数

煤是最丰富的化石燃料,根据世界能源委员会的数据,截至 2013 年,全球已探明煤炭可采储量约 8915 亿 t,主要分布在亚太地区、北美和欧洲及欧亚大陆,三地合计储量占全球可采储量的 95%,其中,亚太地区占比 32%,北美地区占比 28%,欧洲及欧亚大陆占比 35%。从国别来看,煤炭资源储藏最丰富的国家为美国、俄罗斯、中国、印度、澳大利亚和南非,上述 6 国的煤炭储藏占比约 75%,其中美国、俄罗斯、中国和印度的占比均超过全世界总储藏的 10%。

2．石油和天然气

1）石油和天然气（简称油气）的组成

石油是由 83%～87% 的碳、10%～14% 的氢、0～6% 的硫以及低于 2% 的氮和氧组成的复杂分子液态烃。天然气是气态的烃，主要为甲烷（CH_4）和乙烷（CH_3CH_3）。石油来自海洋动植物腐烂微生物的残留体而不是长的植物纤维，微生物产生的烃具有不同长度的链，短链烃以气体（天然气）形式存在，长链烃以液体（油或石油）形式存在。

2）油气的资源基数

跟煤的情况一样，世界的石油储量在全球范围内分布相当不均。尽管中东国家占有主要的探明储量（56%），但北美（16%）、非洲（9%）、南美（主要为委内瑞拉，8%）和欧亚（7%）的储量也非常显著。

3）油气的形成和场所

油气主要形成于包括藻类在内的腐烂微型海洋有机质（浮游生物）。与煤的另一个不同在于油气能通过多孔隙岩层向上渗透。因此，油气通常形成于烃源岩中，接着向上运移到渗透性的储层中。油气藏能够保存下来需要有不渗透的盖层覆盖到储层之上使之形成圈闭，否则油气将不能聚集，油田就不存在。当然，这对固体的煤而言是没有必要的。油气存在于多孔隙岩石的微孔中。

页岩油或页岩气的成藏方式有所不同。烃聚集于非渗透性页岩中并在此形成圈闭。水压裂形成空隙并使流体能被采出。

鉴于油气藏须有非常特殊的岩层组合，地质学家可结合地震记录识别不同位置岩层的层序和结构，对其进行勘探，接着进行探井钻探。钻探可能是一个费用很高的过程，取决于钻井深度。许多有前景的位置可能位于海底，这当然也使得石油钻探和开采过程的费用更高、风险更大。

海底也是甲烷大量储存之地，甲烷以笼形化合物或称为甲烷水合物的形式存在，是一种类似于冰的基于结晶水的固体，可封存甲烷。事实上，估计有 6.4×10^{12} t 甲烷封存于海底甲烷水合物矿藏中，但距离经济开采还较远。石油的形成需要一定的温压条件。如果温度太低，可能形成天然气但不能形成石油。在较高温度（生油窗）的情况下，油和气都可形成。高于此温度时油将破坏，转化为甲烷。

与石油不同，天然气除了有生物成因，也可能来源于非生物成因。理论上，在地球非常深的部位，高温高压可将埋藏的有机质转化为热成因的天然气。没有这样一种备用的非生物成因形成过程，将难以理解在不曾有过生命存在的巨型气体行星（包括木星）及其卫星中何以有大量的甲烷生成。

4）油气开采

油井开钻后的初期阶段，压力通常足以自发地驱油至地表。通常情况下，一次采油阶段可持续达到油藏容量的 5%～15%。一旦压力降低且开采进入第二阶段，必须使用泵或向井中注水将油带到地表。在某些情况下甚至这些方法也不起作用，必须利用提高采收率方法采油，其中包括注蒸汽加热（以减小原油黏度）或表面活性剂（清洁剂）以减低其表面张力。20 世纪 40 年代提高采收率方法主要有水力压裂、水压裂或简单压裂，其中水力压裂为了诱发岩层的裂缝而将流体注入岩层中，并由此为圈闭于岩石孔隙中的油提供到达地表的通道。

因此,注入的流体(通常是水、化学品及悬浮砂状颗粒的混合物)具有开启和增大裂缝的双重目的,并有助于悬浮颗粒在流体中传输、保持通道开放。压裂被用于天然气和石油开采,可显著提高可采储量,油气开采的岩层深度可达到 20000ft(1ft＝0.3048m),经济上可适用于以往未考虑的地层,如天然渗透性非常低的页岩,当采用水平井联合压裂新技术时效果更明显。这种新技术只用一口垂直钻井而不是 10 口就可实现大面积开采。

5) 油气炼制

一般来说,原油和天然气在使用前需经过处理或炼制。炼油厂是庞大的极其复杂的化工厂,绵延数里的管道连接着各个处理单元。通过分离杂质和各种非甲烷烃净化原料天然气,以产生"符合管道外输标准"的干天然气。炼油厂通常每天可处理几十万桶原油,往往是连续处理而非分批处理。石油炼化的基本处理涉及分馏,根据挥发程度分离各种有用的原油组分。原油包含许多不同的有用组分,包括汽油、煤油、柴油、燃油、润滑油、石蜡和沥青等。每一种原油组分由许多不同的分子构成,其结构上可预期的属性使它适合在燃料、润滑剂、焦油或生产石化产品的原料等方面发挥应用。与由单分子单沸点构成的物质不同,原油的馏分各自以沸点范围定义。因此,煤油是沸点在 150～200℃ 的馏分。

石油馏分越轻,其沸点越低。通常将它们分成三类:轻质油、中质油、重油或渣油(轻质组分剔除后的剩余物)。例如,轻质油的馏分包括液化石油气(LPG)、汽油和石脑油,中质馏分包括煤油(及其相关喷气燃料)和柴油。这些被当作燃料的馏分最重要的是要清除非烃的组分,如硫可用于其他用途(如制硫酸)。燃料也以其他方式做深度处理,包括将它们混合以达到适当的辛烷值,测量自燃温度。

3. 核能

1) 核能的来源

核能是一种将核子(质子和中子)保持在原子核中非常强大的短程作用力,科学家在研究原子核结合时发现,原子核结合前后核子质量亏损现象正是缘于核子间存在的强大核力。由于核力比原子和与外围电子之间的相互作用力大得多,因此核反应中释放的能量要比化学能大几百万倍。科学家将核反应中由核子结合成原子核时所释放的能量称为原子核的总结合能。由于各种原子核结合的紧密程度不同,原子核中核子数不同,因此总结合能也会随之变化。由于结合能上的差异,于是产生了两种不同的利用核能的途径:核裂变和核聚变。

(1) 核裂变又称核分裂,它是将平均结合能比较小的重核设法分裂成两个或多个平均结合能大的中等质量的原子核,同时释放出核能。核裂变现象和理论是由德国放射化学家奥托·哈恩于 1939 年提出的,他通过试验证实了铀原子在中子轰击下发生了裂变反应,并用质能公式算出了铀裂变产生的巨大能量。重核裂变一般有自发裂变和感生裂变两种方式。自发裂变是由于重核本身不稳定造成的,因此其半衰期都很长:如纯铀自发裂变的半衰期约为 45 亿年,因此要利用自发裂变释放出的能量是不现实的,如 $1.0×10^5$kg 铀的自发裂变发出的能量一天还不到 1kW·h 电量。感生裂变是重核受到其他粒子(主要是中子)轰击时裂变成两块质量略有不同的较轻的核,同时释放出能量和中子。核感生裂变释放出的能量才是人们可以加以利用的核能。

(2) 核聚变又称热核反应,它是将平均结合能较小的轻核,如氘和氚,在一定条件下将它们聚合成一个较重的平均结合能较大的原子核,同时释放出巨大能量。由于原子核间有很强的静电排斥力,因此一般条件下发生核聚变的概率很小,只有在几千万度的超高温下,轻核才有足够的动能去克服静电斥力而发生持续的核聚变。由于超高温是核聚变发生必需的外部条件,所以又称核聚变为热核反应。

到目前为止,达到工业应用规模的核能只有核裂变能,而核聚变能只实现了军用,即制造氢弹,通过有控制地缓慢地释放核聚变能达到大规模的和平利用,叫作受控核聚变或受控热核反应。

2) 开发和应用核能的重大意义

核能的开发和应用除了军用外主要是核电。核能的优越性主要表现在以下几方面:

(1) 核能是高浓缩的能源

1t 金属铀裂变所产生的热量相当于 2.7×10^6 t 标准煤,故核电站的燃料运输量很小,特别适合于建在缺煤少油而又急需用电的地区。

(2) 核能是地球上储量最丰富的能源

聚变反应堆是利用氢的同位素(氘或氚)的合成聚变核能,聚变能比裂变能更浓集,1t 氘产生的能量相当于 5.0×10^7 t 标准煤。自然界无论海水或河水中都含有 1/7000 的重水,所以也可以说,聚变堆成功后,1t 海水即相当于 350t 标准煤,到那时,人类将不再为能源问题所困扰。

(3) 核电远比火电清洁,有利于保护环境

核电站严格按照国际通用的安全规范和卫生规范设计,对放射三废按照"尽力回收储存,不往环境排放"的原则严格处理,排往环境的尾水尾气,只是经过处理回收后余下的一点,数量甚微。国外运行的核电厂每发电 1000×10^8 kW·h,排放的总剂量率约为 $1.2\mu Sv$,而燃煤电厂排放的灰尘中所含钋、镭等放射性物的总剂量率约为 $3.5\mu Sv$。

(4) 核电的经济性优于火电

火电厂每度电的成本是由建造费、燃料费和运行费三部分组成,主要是建造费和燃料费。核电厂建造费高于火电厂,一般要高出 $30\% \sim 50\%$,但燃料费比火电厂低得多(火电厂燃料费占发电成本的 $40\% \sim 60\%$,而核电厂的燃料费则只占发电成本的 $20\% \sim 30\%$)。总的算起来,核电厂的发电成本比火电低 $15\% \sim 50\%$。

(5) 核电站的风险是可接受的

人们在承认核电站优点的同时,往往担心核电站会发生事故,污染环境和危害居民。苏联切尔诺贝利核电站发生事故以及日本核电站事故以后,这种担心骤增。事实上,任何方式的能源生产都有一定的风险。例如,1988 年 7 月英北海油田平台的爆炸,死亡 166 人;井下采煤的危险性是众所周知的,每年都难免为采煤死亡一些人。比较起来,核电站的风险还是可以接受的。

(6) 核电技术能带动国家科技水平的综合提高

核电技术属于高技术领域,它是核物理、反应堆物理、热工、流体力学、结构力学、机械、材料、控制、检测、计算技术、化学和环保等多种学科的综合。反应堆等核装置,既是重型设备,又是由精密构件所组成的,既要能耐高温、耐高压、耐辐照、耐腐蚀、高度密封,又要满足抗地震、抗振动、抗冲击、抗疲劳断裂等一系列要求。核电站系统错综复杂,高度集中,必须做到互相协调,配合得当,以组成完整的核能→热能→机械能→电能转换体系。由于带有强放射性,必须靠自动控制和遥感技术进行操作和检测,而且必须高度可靠,万无一失。所以,

发展核电,不仅使技术本身得到发展,而且使一系列相关学科和技术领域登上新的台阶。一个国家能否自行设计和建造核电站,是该国家技术水平和工业能力的重要标志。

3.3.3　可再生能源

1. 太阳能

1) 太阳热辐射

太阳是一个表面辐射温度约为 5760K 的巨大炽热球体,其中心温度高达 2×10^7 K。在太阳内部进行着激烈的热核反应,使四个氢原子聚变为一个氦原子,并释放出大量能量(每 1g 氢原子聚变为氦放出 6.5×10^8 kJ),它以电磁波形式不断向宇宙中辐射能量。通过植物和其他生产者机体中的光合作用进入生物系统,其中一部分作为化学能储存在植物和动物机体内,在合适的地理条件下经过数百万年转变成煤、矿物油、天然气等化石能源。

2) 太阳能资源

通常所说的太阳能资源,不仅包括直接投射到地球表面上的太阳辐射能,而且包括像水能、风能、海洋能和潮汐能等间接的太阳能资源,生物质能、化石能源等。水能是由水位高差所产生的,由于受到太阳辐射的结果,地球表面(包括海洋)的水分蒸发,形成雨、云在高山地区降水后,即形成水能的主要来源。风能是由于受到太阳辐射,在大气中形成温差和压差,从而造成空气的流动而产生的。潮汐能则是由于太阳和月亮对地球上海水的万有引力作用的结果。总之,严格来说,除了地热能和原子核能外,地球上的所有其他能源都源自太阳能。

3) 太阳能资源的特点

与常规能源相比,太阳能资源具有的优点,包括以下四个方面。

(1) 数量巨大

每年到达地球表面的太阳辐射能约为 1.8×10^{14} t 标准煤,即约为目前全世界所消费的各种能量总和的 1 万倍。

(2) 时间长久

根据天文学研究的结果表明,太阳系已大约存在 130 亿年。根据目前太阳辐射的总功率以及太阳上氢的总含量进行估算,太阳尚可存续约 1000 亿年。

(3) 获取方便

太阳能分布广泛,无论大陆、海洋、高山或岛屿都有太阳能,其开发和利用都很方便。

(4) 洁净安全

太阳能安全卫生,对环境无污染,不损害生态环境。

太阳能资源虽有上述几方面常规能源无法比拟的优点,但也存在以下三个方面的缺点。

(1) 分散性

到达地球表面的太阳辐射能的总量尽管很大,但是能源密度却很低,北回归线附近夏季晴天中午的太阳辐射强度最大,平均为 $1.1 \sim 1.2$ kW/m^2,冬季大约只有其一半,阴天只有 1/5 左右。因此,想要得到一定的辐射功率,一是增大采光面积;二是提高采光面积的集光比。但前者将需占用较大的地面,后者则会使成本提高。

(2) 间断性和不稳定性

由于受昼夜、季节、地理纬度和海拔高度等自然条件的限制,以及晴、阴、云、雨等随机因素的影响,太阳辐射是间断和不稳定的。为使太阳能成为连续、稳定的能源,就必须很好地解决蓄能问题,即把晴朗白天的太阳辐射能尽量储存起来以供夜间或阴雨天使用。

(3)效率低和成本高

太阳能利用有些虽然在理论上是可行的,技术上也成熟,但因其效率较低和成本较高,目前还不能与常规能源竞争。

太阳能利用的方法主要有九种:

① 太阳能发电。主要是把太阳的能量聚集在一起,加热来驱动汽轮机发电。

② 太阳能光伏发电。将太阳能电池组合在一起。

③ 太阳能水泵。

④ 太阳能热水器。

⑤ 太阳能建筑。主要有三种形式,即被动式、主动式和"零能建筑"。

⑥ 太阳能干燥。用于对许多农副产品的干燥。

⑦ 太阳灶。可以分为热箱式和聚光式两种。

⑧ 太阳能制冷与空调。这是一种节能型的绿色空调,无噪声、无污染。

⑨ 淡化海水,治理环境等其他用途。

特别受人关注的利用方法主要有太阳能发电、太阳能热水器和太阳能建筑等。

2.风能

1)风能概述

风能是一种可再生能源,是由于太阳的辐射引起的,是太阳能的一种能量转换形式。据测算,全球的风能约为 $2.74 \times 10^9 \, \mathrm{MW}$,其中可利用的风能为 $2 \times 10^7 \, \mathrm{MW}$,比地球上可开发利用的水能总量还要大 10 倍。风能作为一种无污染和可再生的新能源,特别是对沿海岛屿、交通不便的边远山区、地广人稀的草原牧场,以及远离电网和近期内电网还难以到达的农村、边疆,是解决生产和生活能源的一种可靠途径。

2)风的特性

(1)风随时间的变化

风随时间而变化,包括每日的变化和季节的变化。通常一天之中风的强弱在某种程度上可以看作是周期性的,如地面上夜间风弱,白天风强。由于季节变化,太阳和地球的相对位置也发生变化,使地球上存在季节性的温差。因此,风向和风的强度也会发生季节性变化。我国大部分地区风的季节性变化情况是:春季最强,冬季次之,夏季最弱。沿海的浙江省温州地区则是夏季季风最强,春季季风最弱。

(2)风随高度的变化

从空气运动的角度,通常将不同高度的大气层分为三个区域。离地面 2m 以内的区域称为底层;2~100m 的区域称为下部摩擦层,二者总称为地面境界层;100~1000m 的区段称为上部摩擦层,以上三个区域总称为摩擦层。摩擦层之上是自由大气层。地面境界层内空气流动受涡流、黏性和地面植物及建筑物等影响,风向基本不变,但越往高处风速越大。

(3)风的随机性变化

如果用自动记录仪记录风速,就会发现风速是不断变化的,一般所说的风速是指变动部位的平均风速。通常自然风是一种平均风速与瞬间激烈变动的紊流相重合的风。

(4)风能特点

风能就是空气流动所产生的动能。风速为 9~10m/s 的五级风,吹到物体表面上的力

约为 $0.1kN/m^2$。风速为 $20m/s$ 的九级风吹到物体表面上的力约为 $0.5kN/m^2$。台风的风速可达 $50\sim60m/s$，它对物体表面的压力可超过 $2kN/m^2$。

风能与其他能源相比，既有其明显的优点，又有其突出的局限性。风能具有蕴藏量巨大、可再生、分布广泛、无污染四个优点。但同时风能也存在明显的局限：

（1）密度低

这是风能的一个重要缺陷。由于风能来源于空气流动，而空气的密度很小，因此风力的能量密度也很小，只有水力的 1/1000。

（2）不稳定

由于气流瞬息万变，因此风的脉动、日变化、季变化以至年际变化都十分明显，波动很大，极不稳定。

（3）地区差异大

由于地形的影响，风力的地区差异非常明显。一个邻近的区域，有利地形下的风力，往往是不利地形下的几倍甚至几十倍。

东部沿海水深 $5\sim20m$ 海域的近海风能丰富，但限于技术条件，实际的技术可开发风能资源量远小于陆上的。

3．生物质能

生物质能来源广泛，种类繁多，主要包括薪柴、农作物秸秆、动物粪便、海洋生物、城市生活垃圾以及生活、工业污水与油污等。生物质能源是仅次于煤炭、石油和天然气的世界第四大能源，地球陆地和海洋每年分别生产 1000 亿～1250 亿 t 和 500 亿 t 生物质。生物质能源的年生产量相当于目前世界能源总能耗的 10 倍左右，因而生物质能源的发展潜力巨大。但由于生物质能比较分散、能量密度低，就目前的技术与经济条件，其利用率还较低，2010 年生物质能燃料的生产量达到 5900 万 t 油当量，仅占全球能源消耗的 13%（《世界能源统计年鉴 2011》）。另外，生物质能属于低污染可再生的清洁能源，其可以改善和保护环境；减少温室气体的净排放量；增加土地资源的利用效率、降低石油进口的依存度，保障能源安全；发展农村经济，增加农民收入，优化农林业结构以及促进社会和谐等。

1）生物质能的相关概念

（1）生物质

生物质是指利用大气、水、土地等通过光合作用而产生的各种有机体。广义上讲，生物质是指包括所有的植物、微生物以及以植物、微生物为食物的动物及其生产的废弃物。例如，农作物、农作物废弃物、木材、木材废弃物、动物粪便等。狭义上讲，生物质主要是指农林业生产过程中除粮食、果实以外的秸秆、树木等木质纤维素（简称"木质素"）、农产品加工业下脚料、农林废弃物及畜牧业生产过程中的禽畜粪便和废弃物等物质。生物质资源具有无净碳排放、硫含量低和可生物降解等环境友好可再生性，低污染性，广泛分布性等特点。

（2）生物质能

生物质能是指直接或间接来源于植物的光合作用，将太阳能以化学能形式储存在生物质中的能量形式，生物质能以生物质为载体，可通过转化为不同形态的燃料来替代常规化石燃料的可再生能源。

（3）生物燃料

生物燃料是指以生物有机体及其新陈代谢排泄物为原料制取的燃料，包括气态、液态和固态三种形式,可以用来替代化石能源。生物燃料一般是指生物乙醇、甲醇和生物柴油之类的液态生物燃料,生物燃料与化石燃料相比主要功效在于对温室气体减排具有巨大贡献。生物质和生物质能源及生物燃料的区别:生物能源是指用来生产热能、动能和电能的那部分生物质资源,也是作为能源生物燃料的主要构成部分。需要说明的是:生物质资源都是潜在的生物质能源,只有当生物能源是用来生产热能、动能和电能时才能被称为生物能源;生物燃料是人类所要利用的那部分生物质能源的载体。

(4) 第一代、第二代和第三代生物能源

生物燃料根据原料与生产技术来源的不同,可以分为第一代生物燃料、第二代生物燃料和第三代生物燃料。

① 第一代生物燃料。第一代生物燃料主要指以玉米、大豆、甘蔗和油菜籽等传统粮食和食用油料作物作为原料来生产的生物液体燃料,主要提炼加工物是生物乙醇和生物柴油,是最主要的交通替代能源,生物乙醇主要是通过小麦、玉米等原料经过发酵、蒸馏、脱水等步骤制成,生物柴油则为以动植物油脂等为原料,经过酯交换反应加工而成的脂肪酸甲酯或乙酯燃料。

第一代生物燃料主要问题是原料成本高,而且如果把运输和加工过程都计算在内的话,该类生物燃料所造成的温室气体净排放量几乎与化石能源使用产生的排放相当。另外,第一代生物燃料还存在与粮争地的问题,引起农产品市场混乱,会威胁粮食安全。尽管第一代生物燃料的生产技术已很成熟,但考虑到以上问题,对发展第一代生物燃料必须进一步加强生物质资源潜力评估、原料品种的选育改造、技术改进以及生物燃料生产过程的全生命周期经济技术分析和优化研究等方面的研究。

② 第二代生物燃料。纤维素乙醇、非粮作物乙醇和生物柴油是第二代生物燃料的代表产品。通过富含纤维素或半纤维素等生物质原料生产第二代生物燃料主要包括两种工艺流程,一是原料经过预处理、酶降解和糖化发酵、蒸馏、脱水等步骤完成;二是经高温快速裂解、气化、冷凝后得到的生物质原油,再经"气化-费托合成"等化工工艺处理后得到的精炼油产品——生物合成第二代生物柴油。与第一代生物燃料生产相比,增加了生物质原料的预处理和纤维素、半纤维素的降解和多个生物催化反应,因而其生产技术要求更高。第二代生物燃料的原料主要使用非粮作物,秸秆、枯草、甘蔗渣、稻壳、木屑等农林业废弃物,以及主要用来生产生物柴油的动物脂肪、工业藻类等。所以第二代生物燃料和第一代生物燃料之间最重要的区别之一,在于是否以粮食作物为原料。总的来说,由于纤维素乙醇的生产涉及多个环节,目前其生产成本很高。因而要大力发展纤维乙醇,必须加强培育能源作物新品种、开发完善农林剩余物生产的工艺流程、提高纤维素降解和木糖发酵的效率等方面研发工作,并对整个过程进行经济、环境等方面的可行性评价。

③ 第三代生物燃料。第三代生物燃料是指生产原料是柳枝稷、麻疯树、黄连木、玉绿树等多年生草本植物、快速生长的树木及藻类,用作商业化的作物,一般称为能源作物而专门用作生物燃料的生产,生产过程同第二代生物燃料。主要特点是来源稳定、产量高,并且能够保证燃料产业化生产需求,能源作物将是可持续生物燃料产业发展的重要组成部分。

目前,生物燃料正在由第一代向第二、三代发展。但由于生产第二、三代生物燃料关键性技术没有得到大的突破,估计其商业化生产还有很长的路要走。

2）生物质能源的来源

（1）农林业废弃物

农林废弃物包括两类：农作物秸秆和森林生产剩余物。

① 农作物秸秆。秸秆是农作物成熟后茎叶(穗)部分的总称。通常指小麦、水稻等和其他农业生产收获籽实后的剩余部分。农作物秸秆是农村传统的农户炊事、取暖燃料，而且还用作饲料和工业原料。农作物产量、自然地理和农业生产条件等因素对农作物秸秆资源量影响较大，而且由于农作物秸秆分布比较分散，其产量通常根据农作物产量、草谷比和收获指数等来间接估算获得。

农业生产的秸秆产量相当惊人，根据联合国环境规划署报道，世界上种植的农作物每年可提供各类秸秆约 20 亿 t，其中大部分没有得到利用。

② 森林生产剩余物。林业"三剩物"主要包括采伐剩余物、造材剩余物、木材加工剩余物。据统计，全世界林业三剩物达 26 亿 m^3，相当于 7 亿～10 亿 t 标准煤，占世界能源结构的 10%。

（2）能源作物

能源作物是指专门用来规模化人工栽培生产加工并形成食品和饲料以外的，以能源为主的生物基产品的植物，生物能源作物主要指多年生的纤维和油料植物，除生产化学材料和天然纤维外，主要用来生产商业生物能源的作物。能源植物是指一年生和多年生植物，栽培目的是生产固体、液体、气体或其他形式的能源。能源作物和能源植物的主要区别在于能源作物是经一定人工驯化而广泛应用于农业生产，后者则包括还没有应用于栽培生产的能源植物种类。

目前，许多国家或地区都通过引种栽培驯化能源植物或石油植物，并建立石油植物园、能源农场、能源林场等能源基地生产生物燃料。常用的新型能源作物主要有柳枝稷、芒属植物、柳属植物、麻疯树、芦竹等。

（3）城市生活垃圾（MSW）

城市生活垃圾是指在城市日常生活中或为日常生活提供服务的活动中产生的固体废物，以及法律、行政法规规定视为生活垃圾的固体废物(《中华人民共和国固体废物污染环境防治法》)。城市生活垃圾的产生量与经济发展、城市规模、人口增长速度及城市居民生活水平成正比关系。我国城市垃圾历年堆存量已达 60 多亿 t，2/3 以上的城市处于垃圾围城的状态，1/4 的城市已经无垃圾填埋堆放场地，城市生活垃圾占用的土地超过 5 亿 m^2。

城市生活垃圾危害严重，主要表现在：淋滤液的排放污染了附近地下水源或地表水源及其周围环境；居民生活和健康受到严重影响；增加了大气中温室气体的含量，据统计，全球 6%～18% 的甲烷来自垃圾填埋场，是全球第三大甲烷排放源；城市生活垃圾占用很多土地。垃圾的处理方法主要有填埋、堆肥、焚烧和资源回收。填埋是目前最主要的处理方式，占全国垃圾处理量的 70% 以上，如果城市生活垃圾被充分利用，不仅可以减少污染，减少温室气体排放，而且还可发电和回收生物能源。目前世界上约有 500 多个垃圾填埋场进行垃圾的回收利用，从城市生活垃圾中回收的能量相当于每年 200 万 t 原煤产生的能量。随着垃圾处理技术的发展，目前很多地区利用循环经济中的减量化、再利用、再循环的 3R 原则处理城市生活垃圾，进行源头控制，终端处理，加强垃圾的回收利用。而分级处理在垃圾回收中确实可以起到很好的作用,在城市生活垃圾总量一定的前提下,分类收集率越高,可利用的垃圾数量就越高,因此这也是未来有效控制垃圾回收的主要手段。

3) 生物质的生产转化技术及其应用

生物质是由光合作用产生的所有生物有机体的总称,主要包括农林牧废弃物、林产品加工废弃物、能源作物、海产物(海藻等)和城市垃圾(食物、纸张、天然纤维等有机部分)。能量密度低、不便运输或存储、季节性差异显著、地带性强是生物能源的主要特征,而且生物能源的生产需要中介能量系统以连接新的初始能源和能量消耗装置。目前,生物质能转化利用途径主要包括物理法、热化学法和生物化学法等,最终形成热量或电力、固体燃料、液体燃料和气体燃料,转化的二次能源最终被应用于建筑、电力和运输等部门。

(1) 物理法

物理法转化亦即生物质固化成型技术,由于农林业生产过程所产生的大量废弃物松散、分布范围广、堆积密度低,通过压缩成型和炭化工艺等物理手段,可以获得具有块状、粒状、棒状等各种高容量和热值的生物质颗粒,这样不仅改变其燃烧性能,平均提高20%的燃烧效率,而且可以成为方便收集、运输、储藏的商品能源。

(2) 热化学法

热化学法转化是指在高温加热条件下,通过化学手段将生物质转换成生物燃料物质的技术,主要包括直接燃烧、气化、直接液化和热裂解等技术。

直接燃烧是最普通直观的转化技术,通过直接燃烧可以获得需要的热量,但生物质直接燃烧利用效率低,燃烧过程中大量的能量被浪费。

气化是指以氧气、水蒸气或氢气等作为气化介质,在高温条件下通过热化学反应将生物质中可燃的部分转化为可燃气的过程。气化产物可直接用来发电、供热或加工处理得到液体燃料。另外,通过生物质气化生产出的生物质合成气,经过调整碳氢比例,净化处理,最后通过费托合成法催化生成费托燃料油,费托合成燃料是一种具有无硫、无氮、低芳烃含量、对环境友好的运输燃料。

直接液化通过热化学或生物化学方法将生物质部分或全部转化为液体燃料,包括生物化学法和热化学法。该技术可对水含量较高的生物质直接加工,获得优质生物油,其能量密度大大提高,可直接用于内燃机,热效率是直接燃烧的4倍以上。

热裂解是指生物质在完全没有氧或缺氧条件下热降解,通过烧炭、干馏和热解液化途径,最终生成木炭、可燃气体和生物油。

可用于热裂解的生物质种类非常广泛,包括农业生产废弃物及农林产品加工业废弃物。

(3) 生物化学法

生物化学法是依靠微生物或酶的作用,对生物质能进行生物转化,生产出如乙醇、氢、甲烷等液体或气体燃料。酯化是指将植物油与甲醇或乙醇发生酯化反应,生成生物柴油,并获得副产品甘油。其产物生物柴油可以为柴油机车提供替代燃料外,也可为非移动式内燃机行业提供燃料。

4. 水能资源

1) 水能资源的概念

水能资源指水体的动能、势能和压力能等能量资源。广义的水能资源包括河流水能、潮汐水能、波浪能、海流能等能量资源;狭义的水能资源指河流的水能资源。河流水能是人类大规模利用的水能资源;潮汐水能也得到较成功的利用;波浪能和海流能资源则正在进行开发研究。

人类利用水能的历史悠久,但早期仅将水能转化为机械能,直到高压输电技术发展、水力交流发电机发明后,水能才被大规模开发利用。目前水力发电几乎为水能利用的唯一方式,故通常把水电作为水能的代名词。

构成水能资源的最基本条件是水流和落差(水从高处降落到低处时的水位差),流量大,落差大,所包含的能量就大,即蕴藏的水能资源大。

水力发电是利用河流、湖泊等位于高处具有位能的水流至低处,将其中所含之位能转换成水轮机之动能,再借水轮机为原动力,推动发电机产生电能。水力发电在某种意义上讲是水的位能转变成机械能,再转变成电能的过程。

2)世界水能资源

全世界江河的理论水能资源为48.2万亿 kW·h/年,技术上可开发的水能资源为19.3万亿 kW·h/年。水能是清洁的可再生能源,但和全世界能源需要量相比,水能资源仍然很有限,即使把全世界的水能资源全部利用,也不能满足其需求量的10%。

3)水力发电的特点

水力发电区别于其他能源,具有以下几个特点:

(1)水能的再生

水能来自于江河中的天然水流,水的循环使水电站的水能可以再生。

(2)水能的综合利用

水力发电只利用水流中的能量,不消耗水量。因此,水能可以综合利用,除发电以外,可同时兼得防洪、灌溉、航运、给水、水产养殖、旅游等方面的效益。

(3)水能的调节

水能可存蓄在水库里,根据电力系统的要求进行发电,水库是电力系统的储能库。水库调节提高了电力系统对负荷的调节能力,增加供电的可靠性与灵活性。

(4)水力发电的可逆性

把高处的水体引向低处驱动水轮机发电,将水能转换成电能;反过来,通过水泵将低处的水送往高处水库储存,将电能又转换成水能。利用这种水力发电的可逆性修建抽水蓄能电站,对提高电力系统的负荷调节能力有独特作用。

(5)水力发电机组工作的灵活性

水力发电机组设备简单,操作灵活方便,易于实现自动化,具有调频、调峰和负荷调整等功能,可增加电力系统的可靠性。水电站是电力系统动态负荷的主要承担者。

(6)水力发电生产成本低、效率高

与火电相比,水力发电厂运行维修费用低,不用支付燃料费用,故发电成本低廉。水电站的能源利用率高,可达85%以上,而火电厂燃煤热能效率只有30%~40%。

(7)有利于改善生态环境

水电站生产电能基本不产生"三废",不污染环境,扩大的水库水面面积调节了所在地区的小气候,调整了水流的时空分布,有利于改善周围地区的生态环境。

3.4 可持续发展框架下的能源利用

3.4.1 能源利用对环境的影响

环境污染与生态破坏问题与能源生产和消费活动密切相关。一方面,能源大量开采对地区生态环境造成严重污染和破坏;另一方面,在能源生产供应和消费等环节,都会产生大量有害气体、废水和固体废弃物,严重影响生态环境和人体健康。

1. 能源开发利用中的环境问题

1) 矿质能源开发利用中的环境问题

最典型的是采煤过程中的环境影响。它包括两方面的内容:①开采工人事故与职业性伤亡;②地表环境和生态系统破坏。前者以井下采煤最为严重,后者则以露天采矿最为明显。

煤矿瓦斯是煤形成过程中生成的气体,主要成分是甲烷(占94%以上)。它储存于煤层及其邻近岩层中,以自生自储式为主,吸附在煤的表面并存储在煤层中。煤矿采煤时,由于卸压作用使煤层气解吸并泄出到采煤工作表面及巷道中,当空气中甲烷浓度超过4%时,就有爆炸的危险,并可使人窒息死亡,严重威胁煤矿的安全生产。此外,排放出的甲烷是除CO_2以外目前最为主要的温室气体,其全球增温潜势(GWP)约为CO_2的21倍。据专家估算,2004年我国煤矿瓦斯排放量为$1.2\times10^{10}\,\mathrm{m}^3$,与西气东输工程年输气量相当,平均利用率不到20%。

井下开采破坏了地壳内部原有的力学平衡状态,容易引起地表沉陷,从而导致地面工程设施破坏和农田毁坏。据调查测算,我国煤矿采空区平均塌陷系数为$2.4\times10^{-5}\,\mathrm{hm}^2/\mathrm{t}$,目前的采空区地表塌陷面积约为$4\times10^5\,\mathrm{hm}^2$。我国东部平原煤矿区,塌陷土地大面积积水受淹,或出现次生盐碱化,不仅使区内耕地面积减少,而且加剧了人口与土地、煤炭和农业的矛盾;在西部矿区,由于地面塌陷,加速了水土流失和土地荒漠化。同时采煤引起的地表塌陷还可能诱发山体滑坡、崩塌和泥石流等自然灾害,严重破坏矿区的土地资源和生态环境。

能源生产加工过程中的固体废弃物排放主要来源于煤炭行业。目前我国露天煤矿挖损土的总面积约为$1.2\times10^4\,\mathrm{hm}^2$,排土场所占压的土地面积约为$1.9\times10^4\,\mathrm{hm}^2$。平均每生产1t煤产生约0.13t煤矸石。据不完全统计,全国现有矸石山1600余座,累计堆存矸石$4\times10^9\,\mathrm{t}$,占地面积$1.6\times10^4\,\mathrm{hm}^2$,并且仍以每年200~300$\mathrm{hm}^2$的速度递增。煤矸石中的黄铁矿在空气中易氧化,放出热量聚集,使煤矸石中含碳物质自燃。我国现有约30%的矸石正在自燃,释放出大量含SO_2、CO等有毒有害气体,严重污染大气环境。

煤炭开采过程中会产生大量矿井水,这些矿井水中含有很多污染物(悬浮物(SS)、化学需氧量(COD)硫化物和生化需氧量(BOD_5)等),如果直接外排,将对矿区周围水环境造成严重污染。目前全国煤矿每年排出的矿井水约为$2.3\times10^9\,\mathrm{m}^3$,平均利用率不到30%。此外抽排矿井水使矿区地下水位不断下降,在煤炭资源集中的干旱和半干旱地区,会直接影响矿区生态系统的景观结构与生态功能,以及工农业生产与居民生活用水的获得。

煤矿水污染的另一个主要来源就是洗煤水。目前炼焦煤每洗选1t原煤平均消耗0.2~0.4m^3水,动力煤每洗选1t原煤平均消耗0.02~0.05m^3水。这些洗煤水含有大量煤泥和泥沙等悬浮物,以及石油类药剂、酚、甲醇和有害重金属离子(如 As、Cr、Pb、Hg 和 Mn 等)。全国每年要排放洗煤水 5×10^7 t。

原油开采过程中,一般要向钻井泥浆内加入烧碱、铁铬盐或盐酸等化学试剂,这些都会对井场周围水域和农田造成一定的不良影响。原油开采过程中的井喷事故还可能造成人员伤亡,并污染农田和海域,破坏生态平衡。

天然气开采过程中,易产生污染大气的硫化氢和污染河流的伴生盐水。如果发生井喷事故,则会造成严重人员伤亡。例如,2003 年 12 月 23 日 22 时中石油川东北气矿发生天然气井喷事故,造成 243 人死亡,其中很多人是在睡梦中被逸出的硫化氢气体毒死的。

2) 水电开发利用中的环境问题

水电是一种经济、清洁、可再生的能源,不会产生环境污染问题。但是,一般需要建设水库才能获得电能。水库建造过程中与建成后,对环境的影响主要反映在以下四个方面。

（1）自然方面的影响

大型水库可能引起地面沉降和地表活动,甚至诱发地震。例如,意大利的法恩特(Vaiont)大坝于 1963 年坍塌,导致 2000 多人死亡,在大坝坍塌的前几年中,常常出现小的地震。此外,建造大坝还会引起流域水文环境改变,如坝体下游水位降低甚至断流,从而造成土壤碱化;或来自上游的泥沙减少,补偿不了海浪对河口一带的冲刷作用,使三角洲受到侵蚀。水库建成后,由于蒸发量加大,库区气候将变得较为凉爽和稳定,降雨量减少,小气候得到改观。

（2）地球化学方面的影响

主要是流入和流出水库的水会在物理化学性质方面发生改变。水库中各层次水的密度、温度甚至溶解氧等会有所不同,深层水的水温低,沉积库底的有机物不能充分氧化而处于厌氧状态,水体的 CO_2 含量可显著增加。

（3）生物方面的影响

这种影响与水库的地理位置和季节有关。水库建成后,大量野生动植物将被淹没死亡,甚至灭绝,而且腐烂的动植物尸体会大量消耗水中的溶解氧,进一步造成水库内鱼类的死亡。与此同时,其他一些生物可能大量繁殖,使原有生态平衡被打破。最为明显的是,上游原来是陆地生态系统,建设水库后则变成水域生态系统,而下游则正好相反。同时,上游水域面积扩大会使某些病原生物的栖息地点增多,并为一些地区性疾病的蔓延创造条件。

（4）社会经济方面的影响

修建大型水库需要搬迁大量居民并使之重新定居,会对社会结构产生影响。如果计划不周,安排不当,还会引起一系列社会经济问题。修建大型水库还可能淹没、破坏文物古迹,造成文化和经济上的损失。

3) 核能开发利用中的环境问题

（1）慢性辐射影响问题

核电站对周围 8km 以内居民的辐射剂量相当于宇宙辐射剂量的 $1/5 \sim 1/6$,而每天看 1h 电视,半年时间所受到的辐射剂量就会超过核电站 1 年内的辐射剂量。因此,核电站对人的体外慢性辐射影响可以忽略不计。

（2）放射性废物的环境问题

由于需要换装燃料和清除放射性废物,反应堆大约每年应停车一次。因此,反应堆会定期排放出大量放射性物质。这些放射性物质主要来自两方面:裂变碎片产物和反应堆中其他材料受堆芯强中子场作用产生的中子活化产物。换装燃料时,从反应堆取出的,具有强放射性的废燃料组件,在堆址要暂存一段时期,让大量短寿命的放射性核素衰变后,再用屏蔽运输车送去后处理。后处理时,废燃料组件被切碎并溶于硝酸中,回收未反应的铀,并从中提取钚,其余一些核素仍留在浓缩液或固体中,等待最终处置。因此,正常情况下,核电的主要问题是核废料的处置问题。

（3）反应堆的安全问题

核电站发生事故的概率很低,加上人们的高度重视,采取一切措施加以预防,一般反应堆对环境的污染与危害比一些工业企业要少得多。不过,一旦核电站发生重大事故,放射性伤害则非常大。1986年发生在苏联的切尔诺贝利核电站事故可以说是原子能发展史上最严重的核失控事故。

2. 能源消费过程中的环境问题

目前,化石能源除极少数用作化工原料外,基本上都用作燃料,其中石油制品主要用于交通运输,煤炭主要用于取暖和发电。可以说,化石能源在消费过程中的环境影响,主要是燃烧时的各种气体与固体废物和发电时的余热所造成的污染。其中燃煤的环境污染影响最大,燃油次之,燃烧天然气造成的环境污染最小。下面分别对矿物燃料燃烧过程中的大气污染和热污染问题进行简要介绍。

1）矿物燃料燃烧造成的大气环境污染问题

CO_2 是主要的温室气体,据估计我国燃煤行业排放 CO_2 量约占全国 CO_2 总排放量的85%。我国煤炭平均硫分为1.10%,硫分小于1%的煤占63.5%,硫分大于2%的煤占24%。由于原煤入洗比例不足40%,因此,SO_2 排放主要来源于燃煤过程。据统计,2005年我国 SO_2 排放总量为 2.549×10^7 t,燃煤排放的 SO_2 占各类污染源总排放量的87%。从各地区 SO_2 排放情况看,山东、河北、山西、江苏等煤炭消费大省及西南的贵州、四川、重庆等高硫煤省(市)排放量处于前列。

我国氮氧化物(NO_x)的主要排放源是以天然气、煤炭和重油为燃料的发电锅炉、工业锅炉和窑炉,以及硝酸、氮肥、炸药等化工生产工艺过程和机动车尾气。据估计,2004年我国氮氧化物排放量约为 1.3×10^7 t,其中约40%来自火力发电。

此外,我国燃煤排放的粉尘和烟尘约占粉尘总排放量的70%。排放量大小按行业排序分别是:电力蒸汽及热水生产和供应业、非金属矿物制品业、金属冶炼及延压工业和化学原料及化学制品制造业。

受上述污染物排放影响,我国酸雨分布非常普遍,酸雨危害严重。据2005年全国酸雨监测结果,我国酸雨控制区的111个城市中,降水年均 pH 在 $4.02\sim6.79$,出现酸雨的城市有103个,占92.8%;降水年均 $pH\leqslant5.6$ 的城市有81个,占73.0%。从酸雨出现城市比例和降水酸度来看,"十五"期间,以重庆、贵阳为代表的西南酸雨区酸雨污染有所减轻;华中酸雨区(湖南、江西等省)、华东酸雨区(特别是浙江省)和华南酸雨区的珠江三角洲地区的酸雨污染均有所加重。国家发展和改革委员会能源研究所估计,我国酸雨造成的污染损失在各地区有所不同,每吨 SO_2 造成的污染损失在 $1300\sim8000$ 元之间。世界银行《碧水蓝天:展望21世纪的中国环境》估计,我国1997年大气污染与水污染损失约占当年 GDP 的7.7%。

2）热电的热污染问题

一般火电站借助于燃烧化石燃料得到热量,产生高温高压蒸汽,推动发电机组以获得电能。目前运转的各类火电站中热能利用的平均效率约为33％,燃料潜能的2/3没有得到利用,而成为余热排放掉。如果作为热水供工厂或居民使用,或供暖房生产和育种、发展温/热水养殖等,就可以降低这部分能源的消耗。尽管如此,由火电站排入环境的余热在多数情况下会引起热污染。这种废热水进入水域时,其温度比水域的温度平均要高出7～8℃,以致明显改变原有的生态环境。

首先,废热水进入环境水体使水温上升,将促进含氮有机物的矿化,水中溶解性铵盐浓度增加,水体化学性质发生改变。同时,水温升高可促进某些藻类的繁殖和代谢,增加固氮藻的固氨速率,改变藻类种群结构。以淡水浮游藻类为例,在水温10～15℃时硅藻占优势,27～32℃时绿藻占优势,大于35℃则蓝藻占绝对优势。藻类种群的改变直接影响鱼类饵料的质量。硅藻和绿藻是鱼类良好的饵料,而蓝藻难被鱼类消化吸收。再者,水体温度增加也影响浮游生物(如原生生物、轮虫、棱角类和桡足生物)的生存。当水温升至27～28℃时,浮游动物数量减少;当水温升至30℃以上,又是强增温水域($\Delta T > 3$℃)时,则大多数浮游动物将停止繁殖,甚至死亡,但如果是弱增温水域($\Delta T \leq 3$℃),浮游动物的数量则会显著增加,如桡足类可增加7.5倍之多。在强增温水域内,底栖生物也会显著增加,一些腹足类(螺)的增加量可高达70倍,双壳类(蚌)可增约10倍。在热水排放区,由于水体周围气温较高,栖息在该区域的昆虫将会提前苏醒,而远离该区域的昆虫可能仍处于冬眠状态。昆虫苏醒次序的更迭,会造成有关生态系统中食物链的中断,破坏生态平衡,使提前苏醒的昆虫大批死亡,甚至灭绝。

3.4.2　中国能源可持续发展的对策

为实现中国能源的可持续发展,需要加强政府的宏观管理和行政管理,运用市场机制的调节作用,利用经济增长的机遇。

当前应采取以下对策:

(1) 努力改善能源结构。包括优先发展优质、洁净能源,如水能和天然气;在经济发达而又缺能的地区,适当建设核电站;进口一部分石油和天然气。

(2) 提高能源利用率,厉行节约。包括:①对直接能源生产,应降低自身能耗;②开发和推广节能新工艺、新设备和新材料;③发展煤矿、油田、气田、炼油厂、电站的节能技术,提高生产过程中余热、余压的利用;④加强节能技术改造工作,如限期淘汰低效率、高能耗设备,更新工业锅炉、风机、水泵、电动机、内燃机等量大面广的机电产品;⑤调整高能耗工业产品结构;⑥设计和推广节能型房屋建筑;⑦节约商业用能,推广冷冻食品、冷库储藏的节能新技术。

(3) 加速实施洁净煤技术。所谓洁净煤技术,就是旨在减少污染和提高效率的煤炭加工、燃烧、转换和污染控制新技术的总称,是世界煤炭利用的发展方向。这是解决我国能源问题的重要举措。

(4) 合理利用石油和天然气,改造石油加工和调整油品结构。禁止直接燃烧原油并逐步压缩商品燃料油的生产。

（5）加快电力发展速度。应根据区域经济的发展规划,建立合理的电源结构,提高水电的比重。

（6）积极开发利用新能源。应积极开发利用太阳能、地热能、风能、生物质能、潮汐能、海洋能等新能源,以补充常规能源的不足。

（7）建立合理的农村能源结构,扭转农村严重缺能的局面。因地制宜地发展小水电,太阳灶、太阳能热水器、风力发电、风力提水、沼气池、地热采暖、地热养殖等是解决我国农村能源的主要举措。

（8）改善城市民用能源结构,提高居民生活质量。大力发展城市煤气,实现集中供热和热电联产是城市能源的发展方向。

（9）重视能源的环境保护。这是能源利用中长期的也是最困难的任务。

根据国家发展改革委与国家能源局于 2022 年 3 月 22 日发布的《"十四五"现代能源体系规划》,该规划给出了我国"十四五"时期现代能源体系建设的主要目标是:

（1）能源保障更加安全有力

到 2025 年,国内能源年综合生产能力达到 46 亿 t 标准煤以上,原油年产量回升并稳定在 2 亿 t 水平,天然气年产量达到 2300 亿 m^3 以上,发电装机总容量达到约 30 亿 kW,能源储备体系更加完善,能源自主供给能力进一步增强。重点城市、核心区域、重要用户电力应急安全保障能力明显提升。

（2）能源低碳转型成效显著

单位 GDP 二氧化碳排放五年累计下降 18%。到 2025 年,非化石能源消费比重提高到20% 左右,非化石能源发电量比重达到 39% 左右,电气化水平持续提升,电能占终端用能比重达到 30% 左右。

（3）能源系统效率大幅提高

节能降耗成效显著,单位 GDP 能耗五年累计下降 13.5%。能源资源配置更加合理,就近高效开发利用规模进一步扩大,输配效率明显提升。电力协调运行能力不断加强,到2025 年,灵活调节电源占比达到 24% 左右,电力需求侧响应能力达到最大用电负荷的 3%~5%。创新发展能力显著增强。新能源技术水平持续提升,新型电力系统建设取得阶段性进展,安全高效储能、氢能技术创新能力显著提高,减污降碳技术加快推广应用。能源产业数字化初具成效,智慧能源系统建设取得重要进展。"十四五"期间能源研发经费投入年均增长 7% 以上,新增关键技术突破领域达到 50 个左右。

（4）普遍服务水平持续提升

人民生产生活用能便利度和保障能力进一步增强,电、气、冷、热等多样化清洁能源可获得率显著提升,人均年生活用电量达到 1000kW·h 左右,天然气管网覆盖范围进一步扩大。城乡供能基础设施均衡发展,乡村清洁能源供应能力不断增强,城乡供电质量差距明显缩小。

展望 2035 年,能源高质量发展取得决定性进展,基本建成现代能源体系。能源安全保障能力大幅提升,绿色生产和消费模式广泛形成,非化石能源消费比重在 2030 年达到 25%的基础上进一步大幅提高,可再生能源发电成为主体电源,新型电力系统建设取得实质性成效,碳排放总量达峰后稳中有降。

3.5　环境思政材料

"人与自然生命共同体"理念,汲取中国传统生态智慧,借鉴人类文明有益成果,是对马克思主义关于人与自然关系思想的继承和发展,对世界积极应对气候变化挑战、加强生态文明建设、谋求人与自然和谐共生之道,具有重要意义。从坚持人与自然和谐共生、坚持绿色发展、坚持系统治理、坚持以人为本、坚持多边主义、坚持共同但有区别的责任原则等方面,深刻把握"人与自然生命共同体"理念的丰富内涵。

习近平主席用六个"坚持"全面系统阐释"人与自然生命共同体"理念的丰富内涵和核心要义,从人与自然和谐共生出发,强调"我们要像保护眼睛一样保护自然和生态环境,推动形成人与自然和谐共生新格局"。

(1) 坚持人与自然和谐共生

"万物各得其和以生,各得其养以成"。大自然是包括人在内一切生物的摇篮,是人类赖以生存发展的基本条件。大自然孕育抚养了人类,人类应该以自然为根,尊重自然、顺应自然、保护自然。不尊重自然,违背自然规律,只会遭到自然报复。自然遭到系统性破坏,人类生存发展就成了无源之水、无本之木。我们要像保护眼睛一样保护自然和生态环境,推动形成人与自然和谐共生新格局。

(2) 坚持绿色发展

绿水青山就是金山银山。保护生态环境就是保护生产力,改善生态环境就是发展生产力,这是朴素的真理。我们要摒弃损害甚至破坏生态环境的发展模式,摒弃以牺牲环境换取一时发展的短视做法。要顺应当代科技革命和产业变革大方向,抓住绿色转型带来的巨大发展机遇,以创新为驱动,大力推进经济、能源、产业结构转型升级,让良好生态环境成为全球经济社会可持续发展的支撑。

(3) 坚持系统治理

山水林田湖草沙是不可分割的生态系统。保护生态环境,不能头痛医头、脚痛医脚。按照生态系统的内在规律,统筹考虑自然生态各要素,从而达到增强生态系统循环能力、维护生态平衡的目标。

(4) 坚持以人为本

生态环境关系各国人民的福祉,必须充分考虑各国人民对美好生活的向往、对优良环境的期待、对子孙后代的责任,探索保护环境和发展经济、创造就业、消除贫困的协同增效,在绿色转型过程中努力实现社会公平正义,增加各国人民获得感、幸福感、安全感。

(5) 坚持多边主义

要坚持以国际法为基础、以公平正义为要旨、以有效行动为导向,维护以联合国为核心的国际体系,遵循《联合国气候变化框架公约》及其《巴黎协定》的目标和原则,努力落实2030 年可持续发展议程;强化自身行动,深化伙伴关系,提升合作水平,在实现全球碳中和新征程中互学互鉴、互利共赢。要携手合作,不要相互指责;要持之以恒,不要朝令夕改;要重信守诺,不要言而无信。

(6) 坚持共同但有区别的责任原则

共同但有区别的责任原则是全球气候治理的基石。发展中国家面临抗击疫情、发展经济、应对气候变化等多重挑战。我们要充分肯定发展中国家应对气候变化所做贡献,照顾其特殊困难和关切。发达国家应该展现更大雄心和行动,同时切实帮助发展中国家提高应对气候变化的能力和韧性,为发展中国家提供资金、技术、能力建设等方面支持,避免设置绿色贸易壁垒,帮助他们加速绿色低碳转型。

在当前纷繁复杂的国际形势下,习近平主席阐释"人与自然生命共同体"理念,更释放出中国积极对待气候治理的鲜明信号,彰显中国应对气候问题的大国担当,为处于关键节点的全球环境治理指明了通往清洁美丽世界的金光大道。"人与自然生命共同体"理念并非一时之念,在应对气候变化挑战方面,中国始终坚持正确方向、始终积极作为。

本章扩展思政材料

思考题

1. 简述资源的概念、分类及自然资源的属性。
2. 应该如何对可更新自然资源加以保护?
3. 如何实现资源的可持续发展?
4. 资源利用与保护有何关系? 如何在资源利用过程中有效实施环境保护?
5. 简述能源的分类。
6. 因能源利用造成的环境问题有哪些?
7. 可再生能源与不可再生能源相比有何优势?
8. 描述一下我们在日常生活中该如何节约能源。

大气环境污染与控制

4.1 大气环境

4.1.1 大气的组成

大气(atmosphere)是人类生存环境的重要组成部分,是满足人类生存的基本物质。按照国际标准化组织(International Organization for Standardization,ISO)对大气和空气的定义:大气是指环绕地球的全部空气的总和;环境空气是指人类、植物、动物和建筑物暴露于其中的室外空气。由此可见,大气与空气是作为同义词使用的,其区别仅在于大气所指的范围相对于空气来说更大。

自然状态下,大气由干洁空气、水汽和杂质组成。干洁空气的主要成分是约78.09%的N_2,约20.94%的O_2,约0.93%的Ar。这三种气体约占总量的99.96%,其他各项微量气体,包括氖、氦、氪、氙等稀有气体,含量总计不到0.1%。近地层大气中上述气体的含量几乎可认为是不变化的,称为恒定组分。表4-1列出了乡村或远离大陆的海洋上空典型的干洁空气的化学组成。

表 4-1 干洁空气的化学组成

成　　分	相对分子质量	体积分数/%	成　　分	相对分子质量	体积分数/10^{-6}
氮(N_2)	28.01	78.084±0.004	氖(Ne)	20.18	18
氧(O_2)	32.00	20.946±0.002	氦(He)	4.003	5.2
氩(Ar)	39.94	0.934±0.001	甲烷(CH_4)	16.04	1.2
二氧化碳(CO_2)	44.01	0.033±0.001	氪(Kr)	83.80	0.5
			氢(H_2)	2.016	0.5
			氙(Xe)	131.30	0.08
			二氧化氮(NO_2)	46.05	0.02
			臭氧(O_3)	48.00	0.01~0.04

4.1.2 大气的结构

大气层中空气质量在垂直方向上的分布不均匀,在地心引力作用下,大气的密度随着高度的增加而显著下降,总体来看,大气的主要质量集中在下部,其质量的50%集中在距地表5km以下的范围,75%集中于10km以下范围内,90%集中在地面30km以下范围内。

1. 按照大气温度随高度垂直变化特征分类

大气圈垂直方向有各种各样的分层方法。目前世界各国普遍采用的分层方法是 1962 年世界气象组织（World Meteorological Organization，WMO）执行委员会正式通过大地测量和地球物理联合会（International Union of Geodesy and Geophysics，IUGG）所建议的分层系统，即根据大气温度随高度垂直变化的特征，如图 4-1 所示，图中纵轴刻度只表示示意刻度，比例失调，未精准表示。将大气分为对流层、平流层（同温层）、中间层、热成层（增温层）和逸散层。

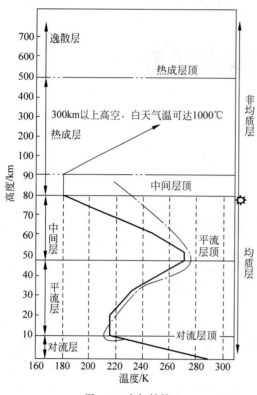

图 4-1 大气结构

1) 对流层

对流层（troposphere）处于大气圈的最底层，其厚度随纬度和季节而变化。在赤道低纬度地区为 17～18km；中纬度地区为 10～12km；两极附近高纬度地区为 8～9km。对流层相对大气圈的总厚度来说很薄，但其质量却占整个大气总质量的 75%。

对流层具有两个特点：一是气温随高度升高而递减，每上升 100m，温度约降低 0.65℃；二是空气具有强烈的对流运动。贴近地面的空气受地面辐射增温的影响膨胀上升，上层冷空气下沉，故在垂直方向上易形成强烈的对流，对大气污染物的扩散和传播起着重要作用。对流层中存在极其复杂的天气现象，如云、雾、雨、雪、雹的形成均出现在此层。因此，对流层是对人类生产、生活影响最大的一个层次，大气污染现象也主要发生在这一层，特别是靠近地面的 1～2km 范围内。

2) 平流层

自对流层顶以上到大约 50km 的大气层为平流层（stratosphere）。平流层能大量吸收紫外线，使地球生物免受紫外线的照射，同时又对地球起保温作用。

温度先随着高度升高缓慢升高，从 20km 起，温度随高度增加升温迅速，其原因是地表辐射影响的减少和氧气及臭氧被太阳辐射而吸收加热，使大气温度上升。平流层向上，距地面大约 50km 的地方温度达到最高值，这就是平流层顶。这种温度结构抑制了大气垂直运动的发展。因此平流层的空气没有垂直对流运动，水平运动占显著优势，空气比对流层稀薄得多且干燥，水汽、尘埃的含量甚微，大气透明度好，很难出现云、雨等天气现象。

3) 中间层

从平流层顶到 80km 高度的一层称为中间层（mesosphere），该层空气更为稀薄，有强烈的垂直对流，气温随高度增加而下降，该层顶部温度可降至−83℃以下，是大气中最冷的一层。

中间层内，大气又存在垂直对流运动。该层水汽浓度很低，但由于对流运动的发展，某些条件下仍能出现夜光云。在大约 60km 的高度上，大气分子白天开始电离。因此，在

60～80km 之间是均质层转向非均质层的过渡层。

4）热成层

从中间层顶到约 800km 处的范围称为热成层(thermosphere)。该层空气密度很小,仅占大气质量的 0.05%。由于空气稀薄,在太阳紫外线和宇宙射线照射下,该层大部分空气分子发生电离,成为原子、离子和自由电子。由于在热成层中太阳辐射强度的变化,使各种化学成分在解离过程中表现出不同的特征。因此大气化学组成也随着高度的增加而发生很大的变化,这就是非均质层的由来。

该层的特点为:

(1) 气温随着高度增高而普遍上升。

(2) 空气十分稀薄,分子和原子可获得很高的动能,声波在这层不能传播。

(3) 空气处于高度电离状态,具有导电性,能反射无线电波,从这一特征来说,又称为电离层。电离层能将地面发射的无线电波返回地面,对全球的无线电通信具有重要意义。

5）逸散层

在热成层顶至 2000～3000km 以外空间的大气层统称为逸散层(exosphere),它是大气圈的最外层,所以又称为外大气层。该层大气密度很小,是向星际空间过渡的大气圈层。该层大气在宇宙射线作用下完全发生电离,空间温度随着高度而急剧上升,各粒子间很少发生碰撞,中性粒子基本上呈抛物线轨迹运动,有些运动速度较快的粒子能够克服地球引力而逸入宇宙空间。

2. 按照分子组成分类

按照分子组成,大气可分为两个大的层次:均质层(同质层)和非均质层(异质层)。

均质层是指,从地表至约 90km 高度的大气层,其密度随高度的增加而减小。除了水汽有较大的变动外,它们的组成基本是稳定均一的。这是大气低层的风和湍流连续运动的结果。

均质层上面是非均质层,根据其成分又可分为 4 个层次:氮层(90～200km);原子氧层(200～1100km);氦层(1100～3200km);氢层(3200～9600km)。在这 4 个层次之间,都存在过渡带,并没有明显的分界面。

3. 按照大气的化学和物理性质分类

按照大气的化学和物理性质,大气圈也可分为光化学层和电离层,两层大致以平流层顶为分界线。

4.2　大气污染及其危害

4.2.1　大气污染

按照 ISO 的定义,大气污染(atmospheric pollution)通常是指由于人类活动和自然过程引起某种物质进入大气中,呈现出足够的浓度达到足够的时间,并因此而危害人群的舒适、健康和福利或危害环境的现象。

所谓对人群的舒适、健康的危害,包括对人体正常生理机能的影响,如引起急性病、慢性病甚至死亡等;所谓福利,则包括与人类协调并共存的生物、自然资源及财产、器物等。人类活动包括生活活动和生产活动两方面,但作为大气污染防治的主要对象,首先是工业生产活动。所谓自然过程,包括火山活动、山林火灾、海啸、土壤和岩石风化及大气圈的空气活动等。一般来说,由于自然环境所具有的物理、化学和生物机能,即自然环境的自净作用,会使自然过程中造成的大气污染经过一定时间后自动消除,从而使生态平衡自动恢复。

按照大气污染的影响范围,可以将其分为以下四类:

1. 局部性大气污染

由某个污染源造成的较小范围的大气污染,如某工厂烟囱排气造成的较小范围的污染。

2. 区域性大气污染

涉及一个地区的大气污染,如工业区及其附近地区或整个城市大气受到污染。

3. 广域性大气污染

涉及比一个地区或大城市更广泛地区的,超过行政区域的广大地域的大气污染,如比一个城市更大区域范围的酸雨污染。

4. 全球性大气污染

全球性大气污染是指某些超越国界乃至涉及整个地球大气层,具有全球性影响的大气污染,如温室效应、臭氧层破坏等。

4.2.2　大气污染源

大气污染源(atmosphere pollution sources)通常是指向大气环境排放有害物质而对大气环境产生有害影响的场所、设备和装置。

1. 按照大气污染源区分

大气污染物的来源可分为自然污染源和人为污染源两类。自然污染源是指自然原因向环境释放污染物的地点或地区,如火山喷发、森林火灾、飓风、海啸、土壤和岩石的风化及生物腐烂等自然现象。人为污染源是指人类生活活动和生产活动形成的污染源。

人为污染源是由于人们从事生产和生活活动而形成的污染。由于人为污染源普通和经常地存在,所以比起自然污染源来更为人们所密切关注。人为污染源中,按照其分布特点可分为固定的(如烟囱、工业排气筒)和移动的(如汽车、火车、飞机、轮船)两种。按照其来源领域可分为:工业污染源、交通污染源、生活污染源、农业污染源等。

1) 工业污染源

工业企业是大气污染的主要来源,也是大气卫生防护工作的重点之一。随着工业的迅速发展,大气污染物的种类和数量日益增多。由于工业企业的性质、规模、工艺过程、原料和产品种类等不同,其对大气污染的程度也不同。产生大气污染的企业主要有钢铁、有色金属冶炼、火力发电、水泥、石油炼制以及造纸、农药、医药等企业。建筑施工工地的扬尘也不容忽视。

2) 交通污染源

近几十年来,由于交通运输事业的发展,城市行驶的汽车日益增多,火车、轮船、飞机等客货运输频繁,其中具有重要意义的是汽车排出的废气。汽车污染大气的特点是排出的污染物距人们的呼吸带很近,能直接被人吸入。汽车内燃机排出的废气中主要含有一氧化碳、氮氧化合物、烃类(碳氢化合物)、铅化合物等,据统计,汽车排放尾气中的铅占大气中铅含量的97%。

3) 生活污染源

人们由于做饭、取暖、沐浴等生活需要造成大气污染的污染源称为生活污染源。这类污染源具有分布广、排放污染物量大、排放高度低等特点。生活污染源主要包括生活燃料的污染、居住环境的污染及其他生活污染。

4）农业污染源

农药和化肥的使用,对提高农业产量起着重大作用,但也给环境带来了不利影响。例如,田间施用农药时,一部分农药会以粉尘等颗粒形式散逸到大气中,残留在作物体上或黏附在作物表面的农药仍可挥发到大气中,进入大气的农药可以被悬浮颗粒物吸附并随气流向各地输送,造成大气污染。此外,收获后庄稼秸秆的集中焚烧也会引起季节性的大气污染问题。

2. 按照大气污染源预测模式的模拟形式区分

大气污染源按预测模式的模拟形式分为点源、面源、线源、体源四种类别。

点源:通过某种装置集中排放的固定点状源,如烟囱、工业排气筒等。

面源:在一定区域范围内,以低矮密集的方式自地面或近地面的高度排放污染物的污染源,如工艺过程中的无组织排放、储存堆、渣场等排放源。

线源:污染物呈线状排放或者由移动源构成线状排放的污染源,如城市道路的机动车排放源等。

体源:由源本身或附近建筑物的空气动力学作用使污染物呈一定体积向大气排放的污染源,如焦炉炉体、屋顶天窗等。

4.2.3 大气污染物

大气污染物(atmospheric pollutants),指由于人类活动或自然过程排入大气的并对环境或人类产生有害影响的物质。排入大气的污染物种类很多,据不完全统计,目前被人们注意到或已经对环境和人类产生危害的大气污染物大约有 100 种。其中,影响范围广,对人类环境威胁较大、具有普遍性的污染物有颗粒物、SO_2、NO_x、CO、碳氢化合物、氟化物(即光化学氧化剂)等,主要大气污染物分类见表 4-2。依据与污染源的关系,可将其分为一次污染物(原发性污染物)与二次污染物(继发性污染物)。一次污染物是从污染源直接排出的污染物,如颗粒物、SO_2、CO、NO_x、有机化合物等。一次污染物还可以分为反应性物质和非反应性物质。非反应性物质比较稳定,在大气中不与其他物质反应或反应速度缓慢;反应性物质化学性质不稳定,还可能与大气中的其他物质发生化学反应。

表 4-2 主要大气污染物分类

形 态	污 染 物	一次污染物	二次污染物
颗粒污染物	固体和液体粒子	尘粒、粉尘	MSO_4
气态污染物	硫氧化合物	SO_2、H_2S	SO_3、H_2SO_4、MSO_4
	氮氧化合物	NO、NH_3	NO_2、HNO_3、MNO_3
	碳氧化合物	CO、CO_2	无
	有机化合物	C_1～C_{10} 化合物	醛、酮、过氧乙酰硝酸酯

若由污染源排出的一次污染物与大气中原有成分或几种一次污染物之间,发生一系列的化学变化或光化学反应,形成与原污染物性质不同的新污染物,则所形成的新污染物称为二次污染物,如伦敦型烟雾中 H_2SO_4、光化学烟雾中过氧乙酰硝酸酯、酸雨中 H_2SO_4 和

HNO_3 等。二次污染物颗粒小,一般在 $0.01\sim1.0\mu m$,其毒性比一次污染物还强。

1. 颗粒污染物

进入大气的固体粒子和液体粒子均属于颗粒污染物。对颗粒污染物可作如下分类。

1)粉尘

粉尘(dust)是指悬浮于气体介质中的细小固体粒子,受重力作用能发生沉降,但在短时间内能保持悬浮状态。通常是由于固体物质的破碎、研磨、分级、输送等机械过程或土壤、岩石的风化等自然过程形成的。颗粒的状态往往是不规则的。颗粒的粒径一般在 $1\sim200\mu m$ 之间。属于粉尘类大气污染物的种类很多,如黏土粉尘、石英粉尘、粉煤、水泥粉尘、各种金属粉尘等。

我国的环境空气质量标准中,还根据粉尘颗粒的大小,将其分为总悬浮颗粒物(total suspended particles,TSP)和可吸入颗粒物(inhalable particles,IP)。

总悬浮颗粒物(TSP)指能悬浮在空气中,空气动力学当量直径 $\leqslant100\mu m$ 的颗粒物,可吸入颗粒物(PM_{10})指能悬浮在空气中,空气动力学当量直径 $\leqslant10\mu m$ 的颗粒物。此外,研究表明:直径小于 $2.5\mu m$ 的颗粒物($PM_{2.5}$)被吸入人体后会直接进入支气管,干扰肺部气体交换,引发哮喘、支气管炎和心血管疾病等方面的疾病,而且进入肺泡的 $PM_{2.5}$ 可迅速被吸收、不经过肝脏解毒,直接进入血液循环分布到全身,其吸附的有害气体、重金属等溶解在血液中,对人体健康影响更大。

2)烟

烟(fume)是指在冶金过程中形成的固体颗粒气溶胶。它是熔融物质挥发后生成的气态物质的冷凝物,在生成过程中总是伴随有诸如氧化之类的化学反应。烟颗粒的粒径很小,一般为 $0.01\sim1\mu m$。烟的产生是一种较为普遍的现象,如有色金属冶炼过程中产生的氧化铅烟、氧化锌烟和在核燃料后处理场中的氧化钙烟等。粉尘与烟的界限难以划分,常统称为烟尘。

3)飞灰

飞灰(fly ash)是指随燃料燃烧后,在烟道气中所悬浮呈灰状的细小粒子。以粉煤为燃料燃烧时排出的飞灰比较多。

4)黑烟

黑烟(smoke)是指在燃烧固体或液体燃料过程中所生成的细小粒子,在大气中漂浮出现的气溶胶现象。黑烟中含有煤烟尘和硫酸微粒。黑烟微粒成为大气中水蒸气的凝结核后可形成烟雾。一些国家是以林格曼数、黑烟的遮光率、玷污的黑度或捕集沉降物的质量来定量表示黑烟的污染程度。黑烟微粒的粒径为 $0.05\sim1\mu m$。

5)霾(或灰霾)

霾(haze)天气是大气中悬浮的大量微小尘粒使空气浑浊,能见度降低到 10km 以下的天气现象,易出现在逆温、静风、相对湿度较大等气象条件下。

6)雾

雾(fog)是指气体中液滴悬浮体的总称。在气象中指造成能见度小于 1km 的小水滴悬浮体。

在工程中,雾一般泛指小液体粒子悬浮体,它可能是由于液体蒸汽的凝结、液体的雾化及化学反应等过程形成的,如水雾、酸雾、碱雾、油雾等。

2. 气态污染物

气态污染物是指以分子状态存在的污染物。气态污染物的种类很多,总体上可以分为五大类:以 SO_2 为主的含硫化合物,以 NO 和 NO_2 为主的含氮化合物、碳的氧化物、有机化合物及卤素化合物等,其大部分为无机气态污染物,且分一次污染物和二次污染物。大气污染控制中,受到普遍重视的一次污染物主要有硫氧化合物(SO_x)、氮氧化合物(NO_x)、碳氧化合物(CO、CO_2)及有机化合物($C_1 \sim C_{10}$ 化合物)等;二次污染物主要有硫酸烟雾和光化学烟雾。对上述主要气态污染物的特征、来源等简单介绍如下。

1) 一次污染物

(1) 硫氧化合物

硫氧化合物(sulfur oxides,SO_x)主要指 SO_2、SO_3,其中 SO_2 的数量最大、危害最大,是影响大气质量的主要污染物。大气中 SO_2 的来源很广,主要来自化石燃料的燃烧过程,以及硫化物矿石的焙烧、冶炼等热过程。燃烧过程中,硫先被氧化产生 SO_2,其中约有 5% 在空气中又被氧化成 SO_3。它与大气中的水雾结合后便形成硫酸烟雾。

(2) 氮氧化合物

氮和氧的化合物有 N_2O、NO、NO_2、N_2O_3、N_2O_4 和 N_2O_5,总体用氮氧化合物(nitrogen oxides,NO_x)表示。其中,造成大气污染的氮氧化合物主要包括 NO、NO_2。NO 的毒性不大,但进入大气后可被缓慢地氧化成 NO_2,当大气中有 O_3 等强氧化剂时,或在催化剂作用下,其氧化速率会加快。NO_2 的毒性约为 NO 的 5 倍。当 NO_2 参与大气中的光化学反应,形成光化学烟雾后,其毒性更强。自然形成的氮氧化合物主要是生物源,包括生物死亡后机体腐烂形成的硝酸盐,经细菌作用生成 NO 及水随后缓慢氧化产生 NO_2、生物源产生的 N_xO 氧化形成的 NO_x 以及有机体中氨基酸分解产生的氨经过羟基自由基氧化形成的 NO_x。

人类活动产生的 NO_x 主要来自燃料的燃烧过程、机动车和柴油机的排气,其次是生产和使用硝酸的工厂、氮肥厂、有机中间体厂及黑色和有色金属冶炼厂排放的尾气。

(3) 碳氧化合物

大气中的碳氧化合物(carbon oxides)主要是 CO 和 CO_2。CO 主要是由含碳物质不完全燃烧产生,天然源较少,其中主要来源是汽车尾气的排放。此外,家庭炉灶、煤气加工等工业过程也排放大量的 CO。CO 的天然源较少,主要包括甲烷的转化、海水中 CO 的挥发、植物叶绿素的光解、森林火灾等。CO 的化学性质稳定,在大气中不宜与其他物质发生化学反应,可以在大气中停留较长时间。一般条件下,大气中的 CO 可以转化为 CO_2,但其转变速率很低。一般城市空气中 CO 水平对植物及微生物均无害,但对人类则有害。因为血红蛋白与 CO 的结合能力远大于与氧的结合能力,CO 可以与血红素作用生成羰基血红素,从而使血液携带氧的能力下降而引起缺氧,产生头痛、眩晕等症状,严重时会致人死亡。

CO_2 是大气中的正常组分,是无毒气体,对人体无显著危害,它主要来源于生物的呼吸作用和化石燃料的燃烧。CO_2 参与地球上的碳循环,对碳平衡具有重要作用。然而,当今世界人口急剧增加,化石燃料的大量使用使得大气中 CO_2 浓度逐渐增高,这将对整个地-气系统中的长波辐射收支平衡产生影响,并可能导致温室效应,从而造成全球性的气候变化。

（4）有机化合物

有机化合物种类很多，从甲烷到长链聚合物的烃类。大气中的挥发性有机物（volatile organic compounds，VOCs），一般是 $C_1 \sim C_{10}$ 化合物，不完全相同于严格意义上的碳氢化合物，因为它除含有碳和氢原子外，还常含有氧、氮和硫的原子。甲烷被认为是一种非活性烃，所以人们以总非甲烷烃类（NMHCs）的形式来报道环境中烃的浓度。特别是多环芳烃类（polycyclic aromatic hydrocarbons，PAHs）中的苯并[a]芘，是强致癌物质，因而作为判断大气受 PAHs 污染的依据。VOCs 是光化学氧化剂臭氧和过氧乙酰硝酸酯的主要贡献者，也是温室效应的贡献者之一，所以必须控制。VOCs 主要来自机动车和燃料燃烧排气，以及石油炼制和有机化工生产。

2）二次污染物

（1）硫酸烟雾

硫酸烟雾系大气中的 SO_2 等硫氧化合物，在有水雾、含有重金属悬浮颗粒物或氮氧化合物存在时，发生一系列化学或光化学反应而生成的硫酸雾或硫酸盐气溶胶。硫酸烟雾引起的刺激作用和生理反应等危害，比 SO_2 气体大得多。

（2）光化学烟雾

光化学烟雾（photo-chemical smog）的形成如图 4-2 所示。光化学烟雾是在阳光照射下，大气中的氮氧化合物、碳氢化合物等一次污染物之间发生一系列光化学反应而生成的蓝色烟雾（有时带些紫色或黄褐色）。其主要成分有臭氧、过氧乙酰硝酸酯（PAN）、酮类和醛类等二次污染物。光化学烟雾的成分非常复杂，具有强氧化性，刺激人的眼睛和呼吸道黏膜，伤害植物叶子，加速橡胶老化，并使大气能见度降低。

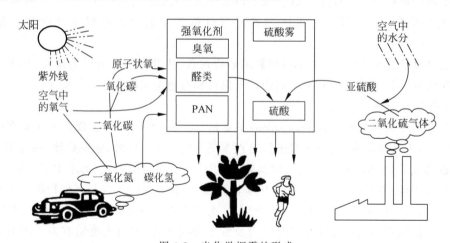

图 4-2　光化学烟雾的形成

4.2.4　大气污染的危害

1. 大气污染对人的影响

大气污染后，由于污染物质的来源、性质、浓度和持续时间不同，污染地区的气象条件、地理环境等因素的差别，甚至人的年龄、健康状况的不同，对人均会产生不同的危害。

大气中的有害物质主要通过下述 3 种途径侵入人体造成危害：①通过人直接呼吸进入

人体；②附着在食物上或溶于水,随着饮食侵入人体；③通过接触或刺激皮肤而进入人体,尤其是溶脂性物质更易从皮肤渗入人体。首先是感觉上不舒服,随后生理上出现可逆性反应,再进一步就出现急性危害症状。大气污染对人的危害大致可分为急性中毒、慢性中毒、致癌作用三种。

1) 急性中毒

大气中污染物浓度较低时,通常不会造成人体急性中毒,但在某些特殊条件下,如工厂在生产过程中出现特殊事故,大量有害气体泄漏外排,外界气象条件突变等,便会引起人群的急性中毒。英国伦敦近百年来多次发生烟雾事件,其中最严重的一次发生在 1952 年 12 月 5—9 日。浓雾持续 5 天,伦敦住户的采暖壁炉排出大量烟,与浓雾混合,停滞于城市上空,整个城市被浓烟吞没,死亡人数达 3500～4000 人。这就是震惊世界的“伦敦烟雾事件”。

2) 慢性中毒

大气污染对人体健康慢性毒害作用主要表现为污染物质在低浓度、长时间连续作用于人体后,出现的患病率升高等现象。目前,虽然直接说明大气污染与疾病之间的因果关系还很困难,但根据临床发病率的统计调查研究证明,慢性呼吸道疾病与大气污染有密切关系。通过调查发现,城市与农村相比呼吸器官疾病的发生率和死亡率存在显著差别,城市的慢性支气管炎发病率与死亡率明显高于农村的。

3) 致癌作用

这是长期影响的结果,是由于污染物长时间作用于肌体,损害体内遗传物质,引起突变,如果生殖细胞发生突变,使后代机体出现各种异常,称致畸作用；如果引起生物体细胞遗传物质和遗传信息发生突然改变作用,又称致突变作用；如果诱发成肿瘤的作用称致癌作用。这里所指的癌包括良性肿瘤和恶性肿瘤。环境中致癌物可分为化学性致癌物,物理性致癌物,生物性致癌物等。致癌作用过程相当复杂,一般有引发阶段、促长阶段。能诱发肿瘤的因素,统称致癌因素。由于长期接触环境中致癌因素而引起的肿瘤,称环境瘤。

2. 大气污染对工农业的影响

大气污染对工农业生产的危害十分严重,这些危害可影响经济发展,造成大量人力物力和财力的损失。大气污染物对工业的危害主要有两种：一是大气中的酸性污染物如二氧化硫、二氧化氮等,对工业材料、设备和建筑设施的腐蚀；二是飘尘增多给精密仪器、设备的生产安装调试和使用带来的不利影响。大气污染对工业生产的危害,从经济角度来看就是增加了生产费用,提高了成本,缩短了产品的使用寿命。

大气污染对农业生产也造成很大危害。在高浓度污染物影响下产生急性危害,使植物叶表面产生伤斑(或成坏死斑),或直接使植物叶片脱落枯萎；在低浓度污染物长期影响下产生慢性危害,使植物叶片褪绿,或产生所谓不可见危害,即植物外表不出现受害症状,但生理机能受到影响,造成植物生长减弱,降低对病虫害的抵抗能力。

3. 对大气和气候的影响

大气污染物质还会影响天气和气候。颗粒物能使大气能见度降低,减少到达地面的太阳光辐射量。尤其是在大工业城市,在烟雾不散的情况下,日光比正常情况减少 40%。大气污染对全球大气环境的影响目前主要表现在臭氧层破坏、酸雨及全球变暖三大环境问题,如果不对这些问题及时控制,很有可能会给地球带来灾难性危害。

4.3 影响大气污染物扩散的因素

4.3.1 风对大气污染扩散的影响

空气的水平运动称为风。风是一个表示气流运动的物理量,不仅具有数值(风速),还具有方向(风向)。风对大气污染扩散的影响包括风向和风速两个方面:

(1) 风向影响污染物的扩散方向,决定着污染物排放后所遵循的路径。污染物依靠风的输送作用顺风而下在下风向地区稀释,因此污染物排放源上风向地区基本不会形成大气污染,而下风向地区则较严重。

(2) 风速是决定大气污染物浓度稀释程度的重要因素之一。由高斯扩散模式的表达式可以看出,风速和大气稀释扩散能力之间存在直接对应关系,当其他条件相同时,下风向上任意一点污染物浓度与风速成反比关系,风速越高,扩散稀释能力越强,反之则越弱。

通常采用风向频率和污染系数表示风向和风速对空气污染物扩散的影响:

(1) 风向频率就是指某方向的风占全年各风向总和的百分率。

(2) 污染系数表示风向、风速联合作用对空气污染物的扩散影响。其值可由下式计算:

$$污染系数 = \frac{风向频率}{该风向的平均风速} \qquad (4-1)$$

显然,不同方向的污染系数不尽相同,某方向污染系数的大小正好表示该方向空气污染的轻重。

4.3.2 大气稳定度对大气污染扩散的影响

污染物在大气中的扩散与大气稳定度有密切关系。大气稳定度是指垂直方向上大气稳定的程度,即是否易于发生对流。对于大气稳定度可以做这样的理解,如果一空气块受到外力作用,产生上升或下降运动,当外力去除后,可能发生三种情况:

(1) 气块减速并有返回原来高度的趋势,称这种大气是稳定的;

(2) 气块加速上升或下降,称这种大气是不稳定的;

(3) 气块既不加速也不减速,保持静止或匀速运动,称这种大气是中性的。

假若此准静力平衡状态下的空气块中含有污染物,那么空气块未来的运动趋势,就揭示了污染物的运动趋势和影响范围,故判定大气稳定度,有利于分析大气污染物的扩散状况和影响范围。

大气的稳定性通常用环境大气的气温垂直递减率(γ)与上升空气团的气温干绝热垂直递减率(γ_d)的对比来判断。

以图 4-3 为例,用气块(气团)理论讨论大气稳定度的判别问题,即在大气中假想割取出与外界绝热密闭的气块,由于某种气象因素有外力作用于气块,使它产生垂直方向运动,则以此气块在大气中所处的运动状态来判别大气的稳定度(由于气块在升降过程中与外界没有热交换,所以可认为是绝热过程,此时,每升降 100m 气块温度变化 1℃,记为 γ_d)。

首先看图 4-3(a)。已知距地面 100m 高度处的大气温度为 12.5℃,200m 处为 12℃,300m 处为 11.5℃(即 $\gamma = 0.5$℃/100m $< \gamma_d = 1$℃/100m)。由于某种气象因素作用,迫使大气做垂直运动,如把 200m 处割取的绝热气块(此气块温度为 12℃)推举到 300m 处,气块内

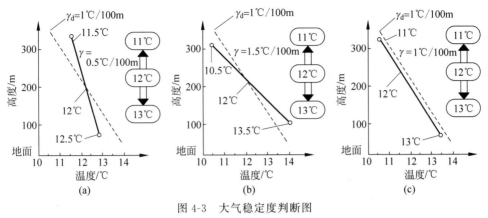

图 4-3　大气稳定度判断图

（a）当 $\gamma < \gamma_d$ 时；（b）当 $\gamma > \gamma_d$ 时；（c）当 $\gamma = \gamma_d$ 时

部的温度将按 $\gamma_d = 1℃/100m$ 的递减率下降到 11℃。则这时,在 300m 处气块内部的温度为 11℃,气块外部大气的温度为 11.5℃。气块内部的气体密度大于外部大气密度,于是气块的重力大于外部的浮升力,即受外力推举上升的气块总要下沉,力争恢复到原来的位置,反之亦然。综上所述,不论何种气象因素使大气做垂直上下运动,都是力争恢复到原来状态。对于这种状态的大气,称为稳定状态。

同理,在 $\gamma > \gamma_d$ 时,如图 4-3(b)所示,由于某种气象因素使大气做垂直上下运动,它的运动趋势总是远离平衡位置。这种状态下的大气称为不稳定状态。图 4-3(c)表示 $\gamma = \gamma_d$ 时的大气状态,气块因受外力作用上升或下降,气块内的温度与外部的大气温度始终保持相等,气块被推到哪里就停在哪里。这时的大气状态称为中性状态。

γ 越小,大气越稳定。

4.3.3　烟云形态与大气稳定度的关系

大气稳定度与烟云的扩散形态有着密切关系。由于大气层结构状况的不同,从污染源排放到大气环境中的气块携带着污染物呈现出不同的运动特征,表现出不同的烟云形态。图 4-4 为烟流在五种不同条件下,形成的典型烟云。

1．波浪型

这种烟型发生在不稳定大气中,即 $\gamma > \gamma_d$ 时。大气湍流强烈,烟流呈上下左右剧烈翻卷的波浪状向下风向输送,多出现在阳光较强的晴朗白天。污染物随大气运动向各个方向迅速扩散,地面落地浓度较高,最大浓度点距排放源较近,大气污染物浓度随远离排放源而迅速降低,对排放源附近的居民有害。

2．锥型

大气处于中性或弱稳定状态,即 $\gamma = \gamma_d$ 时。烟流扩散能力弱于波浪型,离开排放源一定距离后,烟流沿基本保持水平的轴线呈圆锥形扩散,多出现阴天多云的白天和强风的夜间。大气污染物输送距离较远,落地浓度比波浪型低。

3．扇型

这种烟型出现在逆温层结的稳定大气中,即 $\gamma - \gamma_d < -1$ 时。大气几乎无湍流发生,烟流在竖直方向上扩散速度很小,其厚度在漂移方向基本不变,从上方看,烟流呈扇形展开,多

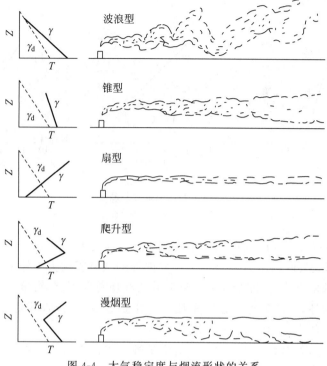

图 4-4　大气稳定度与烟流形状的关系

出现于弱风晴朗的夜晚和早晨。由于逆温层结的存在,污染物不易扩散稀释,但输送较远。若排放源较低,污染物在近地面处的浓度较高,遇到高大障碍物阻挡时,会在该区域聚积造成污染。如果排放源很高时,近距离的地面上不易形成污染。

4．爬升型

爬升型为大气某一高度的上部处于不稳定状态,而下部为稳定状态时出现的烟流扩散形态。如果排放源位于这一高度,则烟流呈下侧边界清晰平直,向上方湍流扩散形成屋脊状,故又称为屋脊型。这种烟云多出现于地面附近有辐射逆温日落前后,而高空受冷空气影响仍保持递减层结。由于污染物只向上方扩散而不向下扩散,因而地面污染物的浓度小。

5．漫烟型（熏烟型）

与爬升型相反,漫烟型为大气某一高度的上部处于稳定状态,即 $\gamma-\gamma_d<1$,而下部为不稳定状态,即 $\gamma-\gamma_d>0$ 时出现的烟流运动形态。若排放源在这一高度附近,上部的逆温层结好像一个盖子,使烟流向上扩散受到抑制,而下部的湍流扩散比较强烈。这种烟云多出现在日出之后,近地层大气辐射逆温消失的短时间内,此时地面的逆温已自下而上逐渐被破坏,而一定高度上仍保持逆温。这种烟流迅速扩散到地面,在接近排放源附近区域的污染物浓度很高,地面污染最严重。

上述典型烟云可以简单地判断大气稳定度的状态和分析大气污染的趋势。但影响烟流形成的因素很多,实际中的烟流往往更复杂。

4.3.4　降水对大气污染扩散的影响

由于雨、雪等各种形式降水的作用而使污染物从大气中清除到地表的过程,称为降水清除或降水洗脱过程。降水净化大气的作用包含两个方面：

(1) 许多污染微粒物质充当了降水凝结核，随降水一起降落到地面。

(2) 雨滴下降过程中碰撞、捕获了部分颗粒物。两者既发生在云中，也发生在云下降水下落过程中。通常称云中的清除过程为"雨除"或"雪除"，降水下落过程中的清除过程为"冲洗"。这种冲洗清除过程实际上比"雨除"要有效得多，其效率和速率取决于降水速率、雨滴大小以及它们和污染物携带的电荷。

4.3.5　雾对大气污染扩散的影响

雾像一顶盖子，会使空气污染状况加剧。城市车辆的增多、城市建设的加快以及不合理清扫都会引起城市里粉尘增多，粉尘悬浮在空中落不下来，形成悬浮物，为雾的形成提供充分的条件。

雾天，污染物与空气中的水汽相结合后将变得不易扩散与沉降，这使得污染物大部分聚集在人们经常活动的高度。而且，一些有害物质与水汽结合，毒性会更大，如二氧化硫变成硫酸或亚硫化物，氯气水解为氯化氢或次氯酸，氟化物水解为氟化氢。因此，雾天空气污染比平时要严重。组成雾的颗粒很容易被人吸入，并容易在人体内滞留，特别是在雾天锻炼身体，吸入的颗粒物会很多，这更加剧了有害物质对人体的损害程度。

4.3.6　混合层高度对大气污染扩散的影响

混合层高度实质上是表征污染物在垂直方向被热力湍流稀释的范围，即低层空气热力对流与湍流所能达到的高度。混合层高度随时随地变化。在一天中，早晨的混合层高度一般较低，表明早晨垂直方向稀释能力较弱；下午的混合层高度达最高值，意味着午后垂直方向稀释能力最强。这是因为日出以后，地面受热后对流发展，垂直混合的高度升高，地面排放的污染物可以在较大的空间范围内扩散，对降低地面污染浓度十分有利。

4.3.7　空气污染事故日与污染指数

上述诸气象因素达到什么水平才会使空气污染加剧至发生事故的程度呢？一般，如果一个地区连续几天低混合层高度、低风速和无雨，就最可能发生空气污染。事故日的多少可以表示大气污染的可能性。经验表明，发生事故日的条件大致是：持续 2 天混合层高度小于 1500m，风速小于 4m/s 和无大雨。

最近，人们又采用污染指数来概括风、大气稳定性、降水及混合层高度等气象因素影响污染物扩散的共同作用。

污染指数可按下式计算求得：

$$I_d = \frac{sp}{vh} \tag{4-2}$$

式中：I_d——d 方向上的污染指数；

　　　s——大气的稳定性；

　　　v——风速；

　　　h——混合层高度；

　　　p——降水。

s、v、h、p 在计算时均按实际气象资料的数值转化为无量纲的相对值；这样经过计算所

得的 I_d 也是一个无量纲的数。I_d 值越大,说明 d 方向下侧的污染越重。

　　大量实际资料的计算发现,$I_d \leqslant 0.8$ 时,为洁净型大气。换言之,这些地区不易发生空气污染事故,可作为工业区。

4.4　大气污染控制技术

4.4.1　颗粒污染物控制技术

　　除尘是指将气体中固态或液态粒子分离出来的过程,除尘根据介质环境可分为湿式除尘、干式除尘两类,按分离原理可分为机械式除尘、过滤式除尘、湿式除尘、静电除尘等,其中机械式除尘包括重力除尘、惯性除尘、离心除尘。

1. 机械式除尘器

　　机械式除尘器是通过质量力的作用达到除尘目的的除尘装置。质量力包括重力、惯性力和离心力,主要有重力除尘器、惯性除尘器和旋风除尘器。

　　1) 重力除尘器

　　重力除尘器(gravity separators)是利用粉尘与气体的密度不同,使含尘气体中的尘粒依靠自身重力从气流中自然沉降下来,达到净化目的的一种装置。其机理为含尘气流进入沉降室后,扩大了流动截面积而使得气流速度大大降低,使较重颗粒在重力作用下缓慢向灰斗沉降。重力除尘器是各种除尘器中最简单的一种,只能捕集粒径较大的尘粒,只对 $50\mu m$ 以上的尘粒具有较好的捕集作用,因此除尘效率低,只能作为初级除尘手段。

　　重力沉降室的主要优点是:结构简单,投资少,压力损失小(一般为 $50\sim130Pa$),维修管理容易,但其体积大,效率低,因此只能作为高效除尘预除尘装置,除去较大和较重的粒子。

　　2) 惯性除尘器

　　惯性除尘器(inertial separators)是利用粉尘与气体运动中的惯性力不同,使尘粒从气流中分离出来的方法。常用方法是使含尘气流冲击在挡板上,气流方向发生急剧改变,气流中的尘粒惯性较大,不能随着气流急剧转弯,便从气流中分离出来,如图 4-5 所示。一般情

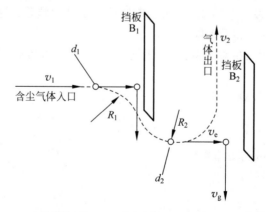

v_1、v_2—气体速度;d_1、d_2—尘粒粒径;R_1、R_2—曲率半径;v_g—尘粒自由沉降速度;v_e—该点切向速度

图 4-5　惯性除尘器的除尘机理

况下,惯性除尘器中的气流速度越高,气流方向转变角度越大,气流转换方向次数越多,对粉尘的净化效率越高,但压力损失也会越大。惯性除尘器适于非黏性、非纤维性粉尘的去除,设备结构简单,阻力较小,但其分离效率较低,为 $50\% \sim 70\%$,只能捕集 $10\mu m$ 以上的粗尘粒,故只能用于多级除尘的第一级除尘。

惯性除尘器的结构类型可分为冲击式和反转式两种,分别如图 4-6、图 4-7 所示。

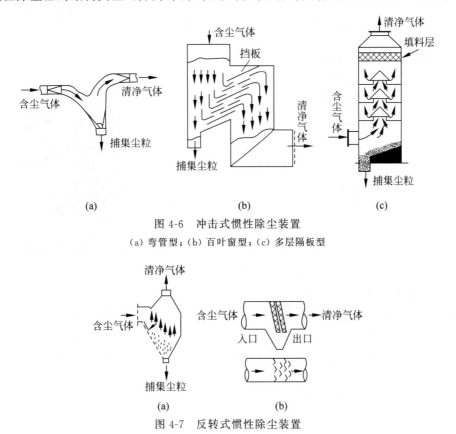

图 4-6　冲击式惯性除尘装置

(a) 弯管型；(b) 百叶窗型；(c) 多层隔板型

图 4-7　反转式惯性除尘装置

(a) 单级型；(b) 多级型

惯性除尘器一般用于净化密度和粒径较大的金属或矿物性粉尘,净化效率不高,一般只用于多级除尘中的一级除尘,捕集 $10 \sim 20\mu m$ 之间的粗颗粒。压力损失 $100 \sim 1000Pa$。

3) 旋风除尘器

旋风除尘器(centrifugal separators)是使含尘气流沿某一方向做连续的旋转运动,尘粒在随气流旋转中获得离心力,使尘粒从气流中分离出来的装置,也称为离心式除尘器,如图 4-8 所示。在机械式除尘器中,旋风除尘器是效率最高的一种。它适用于非黏性及非纤维性粉尘的去除,结构简单、占地面积小,投资低,操作维修方便,对 $5\mu m$ 以上的颗粒具有较高的去除效率,属于中效除尘器,可用于高温烟气的净化,因此是应用广泛的一种除尘器。多用于锅炉烟气除尘、多级除尘及预除尘。其主要缺点是对细小尘粒($<5\mu m$)的去除效率较低,一般用于预除尘。

2. 过滤式除尘器

过滤式除尘器(filter dust separator)使含尘气体通过多孔滤料,把气体中的尘粒截留下来,使气体得到净化。按照滤尘方式有内部过滤与外部过滤之分。内部过滤是把松散多孔的滤料填充在框架作为过滤层,尘粒是在滤层内被捕集,如颗粒层过滤器就属于这类过滤器。外部过滤是用纤维织物、滤纸等作为滤料,通过滤料的表面捕集尘粒,故称为外部过滤。图 4-9 为机械振动袋式除尘器,机械振动袋式除尘器就是最典型的外部过滤装置,它是过滤式除尘器中应用最广泛的一种。

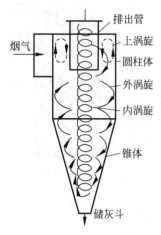

图 4-8 旋风除尘器的结构及内部气流运动状况

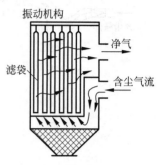

图 4-9 机械振动袋式除尘器

3. 湿式除尘器

湿式除尘器(wet scrubbers)俗称除雾器,湿式除尘也称为洗涤式除尘。该方法是用液体(一般为水)洗涤含尘气体使尘粒与液膜、液滴或雾沫碰撞而被吸附,凝集变大,尘粒随液体排出,气体得到净化。由于洗涤液对多种气态污染物具有吸收作用,因此它既能净化气体中的固体颗粒物,又能同时脱除气体中的气态有害物质,这是其他类型除尘器无法做到的。某些洗涤器也可以充当吸收器使用。

湿式除尘器种类很多,根据湿式除尘器的净化机理,大致分为各种形式的喷淋塔和文丘里洗涤器等,表 4-3 为主要湿式除尘装置的性能与操作范围。

表 4-3 主要湿式除尘装置的性能和操作范围

装 置 名 称	气流速度/(m/s)	液气比/(L/m³)	压力损失/Pa	分割直径/μm
喷淋塔	0.1～2	2～3	100～500	3.0
填料塔	0.5～1	2～3	1000～2500	1.0
旋风洗涤塔	15～45	0.5～1.5	1200～1500	1.0
转筒洗涤器	300～750r/min	0.7～2	500～1500	0.2
冲击式洗涤器	10～20	10～50	0～150	0.2
文丘里洗涤器	60～90	0.3～1.5	3000～8000	0.1

湿式除尘器结构简单、造价低,除尘效率高,在处理高温、易燃、易爆气体时安全性好,除尘的同时还可去除气体中的有害物质。不足是用水量大,易产生腐蚀性液体,产生的废液或泥浆需要进行处理,并可能造成二次污染,在寒冷地区和季节易结冰。

4．静电除尘器

静电除尘器(electrostatic precipitators)是含尘气流在高压直流电源产生的不均匀电场中使尘粒电荷的尘粒在电场库仑力作用下集向集尘极而达到除尘目的的一种除尘装置,其除尘机理如图 4-10 所示。常用的除尘器有管式与板式两大类。含尘气体进入除尘器后,通过以下 3 个阶段实现尘气分离。

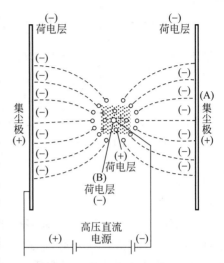

图 4-10　静电除尘器的除尘机理示意

(1)粒子荷电——在放电极与集尘极间施以很高的直流电压时,两极间形成一不均匀电场,放电极附近电场强度很大,集尘极附近电场强度很小。在电压加到一定位时,发生电晕放电,故放电极又称为电晕极。电晕放电时,生成的大量电子及阴离子在电场力作用下,向集尘极迁移。迁移过程中,中性气体分子很容易捕获这些电子或阴离子形成负气体离子,当这些带负电荷的粒子与气流中的尘粒相撞并附着其上时,就使尘粒带上负电荷,实现了粉尘粒子的荷电。

(2)粒子沉降——荷电粉尘在电场中受库仑力的作用被驱往集尘极,经过一定时间到达集尘极表面,尘粒上的电荷便与集尘极上的电荷中和,尘粒放出电荷后沉积在集尘极表面。

(3)粒子清除——集尘极表面上的粉尘沉积到一定厚度时,用机械振打等方法,使其脱离集尘极表面,沉落到灰斗中。

静电除尘器是一种高效除尘器,对细微粉尘及雾状液滴捕集性能优异,除尘效率达 99％以上,对于<0.1μm 的粉尘粒子,仍有较高的去除效率;由于静电除尘器的气流通过阻力小,所消耗的电能是通过静电力直接作用于尘粒上,因此能耗低;静电除尘器处理气量大,又可应用于高温、高压的场合,因此被广泛应用于工业防尘。静电除尘器的主要缺点是设备庞大、占地面积大,因此一次性投资费用高。

4.4.2　气态污染物的治理技术

工农业生产、交通运输和人类生活活动中所排放的有害气态污染物质种类繁多,依据这些物质不同的化学性质和物理性质,需采用不同的技术方法进行治理。目前用于气态污染物治理的主要方法有:吸收法、吸附法、催化法、燃烧法、冷凝法等。

1．吸收法

吸收法是采用适当的液体作为吸收剂,使含有有害物质的废气与吸收剂接触,废气中的有害物质被吸收于吸收剂中,使气体得到净化的方法。吸收过程中,依据吸收质与吸收剂是否发生化学反应,可将吸收分为物理吸收和化学吸收。在处理以气量大、有害组分浓度低为特点的各种废气时,化学吸收效果要比单纯物理吸收好得多,因此用吸收法治理气态污染物时,大多情况下物理吸收和化学吸收同时存在。

图 4-11 为气液吸收双膜模型,气液吸收一般遵循双膜理论,吸收过程中,溶质首先由气

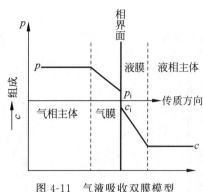

图 4-11　气液吸收双膜模型

相主体以涡流扩散方式到达气膜边界,再以分子扩散方式通过气膜到达气液相界面,在界面上溶质不受任何阻力由气相进入液相,然后在液相以分子扩散的方式穿过液膜到达气液膜边界,最后又以涡流扩散的方式转移到液相主体。

吸收法具有设备简单、捕集效率高、应用范围广、一次性投资低等特点。但由于吸收过程是将气体中的有害物质转移到液体中,因此对吸收液必须进行处理,否则容易引起二次污染。此外,由于吸收温度越低吸收效果越好,处理高温烟气时,必须对排气进行降温预处理。

2. 吸附法

吸附法是使废气与一批表面多孔性固体物质相接触,将废气中的有害组分吸附在固体表面,使其与气体混合物分离,达到净化目的的方法。具有吸附作用的固体物质称为吸附剂,被吸附的气体组分称为吸附质。当吸附进行到一定程度时,为了回收吸附质及恢复吸附剂的吸附能力,需要采用一定的方法使吸附质从吸附剂上解脱下来,称为吸附剂的再生。吸附法治理气态污染物应包括吸附及吸附剂再生的全过程。

吸附的全过程分为外扩散、内扩散、吸附和脱附四个阶段。外扩散是指吸附质通过吸附剂外部的气膜,扩散到吸附剂表面的过程。内扩散是指吸附质分子从吸附剂表面进入吸附剂微孔的过程。吸附是扩散到吸附剂内表面的吸附质被吸附在其表面的过程。脱附是被吸附的吸附质分子重新回到气体中的过程。吸附与脱附同时进行,从吸附开始时,吸附速度大于脱附速度,以吸附为主,随着吸附的进行,脱附速度不断增加,当吸附速度与脱附速度相同时,达到吸附平衡。

吸附法的净化效率高,特别是对低浓度气体具有很强的净化能力。因此,吸附法特别适用于对排放标准要求严格或有害物质浓度低,用其他方法达不到净化要求的气体净化。因此,常作为深度净化手段或联合应用几种净化方法时的最终控制手段。吸附效率高的吸附剂如活性炭、分子筛等,价格一般都比较昂贵,因此必须对失效吸附剂再生,重复使用吸附剂,以降低吸附费用。常用的再生方法有升温脱附、减压脱附、吹扫脱附等。再生操作比较麻烦,限制了吸附法的应用。另外,由于一级吸附剂的吸附容量有限,因此对高浓度废气的净化不宜采用吸附法。

3. 催化法

催化法是利用催化剂的催化作用将气态污染物转化为无害物质或易于去除物质的一种方法。采用催化法能去除的气态污染物有 SO_2、NO_x、CO 等,特别适用于汽车尾气中 CO、CH 化合物和 NO_x 的净化。

催化剂是参与了化学反应,改变了反应速度,而反应前后其本身的化学性质和物质量均不发生变化的物质。催化剂性能指标有活性、选择性和稳定性等,催化剂的活性是衡量催化剂性能的指标。工业催化剂的活性常用催化剂在单位时间所得到的产品质量来表示;催化剂的选择性是指如果化学反应可能向几个方向进行,而催化剂只能对某一方向反应起催化作用；催化剂的稳定性是指催化剂参与催化反应，并保持催化活性的能力。

催化法净化气态污染物效率较高，净化效率受废气中污染物浓度影响较小，在治理过程中无需将污染物与主气流分离，可直接将主气流中的有害物质转化为无害物质，避免了二次污染。但所用催化剂价格较贵，操作上要求较高，废气中的有害物质很难作为有用物质进行回收等是该法的缺点。

4. 燃烧法

燃烧法是对含有可燃有害组分的混合气体进行氧化燃烧或高温分解，从而使这些有害组分转化为无害物质的方法。燃烧法主要应用于碳氢化合物、CO、异味物质、沥青烟、黑烟等有害物质的净化处理。实用中的燃烧法有三种：直接燃烧、热力燃烧与催化燃烧。直接燃烧是把废气中的可燃有害组分当作燃料直接烧掉。热力燃烧是利用辅助燃料燃烧放出的热量将混合气体加热到要求的温度，使可燃有害物质进行高温分解变为无害物质。直接燃烧与热力燃烧的最终产物均为 CO_2 和 H_2O。催化燃烧是在催化剂作用下将混合气体加热到一定温度使可燃的有害物质转化为无害物质。

燃烧法工艺比较简单，操作方便，可回收燃烧后的热量；但不能回收有用物质，并容易造成二次污染。具体讲，直接燃烧是有火焰燃烧，燃烧温度高（＞1100℃），一般炉窑均可作为直接燃烧的设备，因此只适用于净化含可燃组分浓度高或有害组分燃烧时热值较高的废气。热力燃烧有火焰燃烧，燃烧温度较低（760～820℃），燃烧设备为热力燃烧炉，在一定条件下也可用一般锅炉进行，因此热力燃烧一般用于可燃有机物含量较低的废气或燃烧热值低的废气治理。催化燃烧只适用于某些特殊的场合。

5. 冷凝法

冷凝法是采用降低废气温度或提高废气压力的方法，使一些易于凝结的有害气体或蒸汽态的污染物冷凝成液体并从废气中分离出来的方法。

冷凝法只适用于处理高浓度的有机废气，常用作吸附、燃烧等方法净化高浓度废气的预处理方法，以减轻这些方法的负荷。冷凝法设备简单，操作方便，并可以回收到纯度较高的产物，因此也成为气态污染物治理的主要方法之一。

4.5　环境思政材料

习近平在气候雄心峰会上发表的讲话

2020 年 12 月 12 日，国家主席习近平在气候雄心峰会上通过视频发表题为《继往开来，开启全球应对气候变化新征程》的重要讲话，宣布中国国家自主贡献一系列新举措。

当前，国际格局加速演变，新冠肺炎疫情触发对人与自然关系的深刻反思，全球气候治理的未来更受关注。在此提出 3 点倡议。

第一，团结一心，开创合作共赢的气候治理新局面。在气候变化挑战面前，人类命运与共，单边主义没有出路。我们只有坚持多边主义，讲团结、促合作，才能互利共赢，福泽各国人民。中方欢迎各国支持《巴黎协定》，为应对气候变化做出更大贡献。

第二，提振雄心，形成各尽所能的气候治理新体系。各国应该遵循共同但有区别的责任原则，根据国情和能力，最大程度强化行动。同时，发达国家要切实加大向发展中国家提供资金、技术、能力建设支持。

第三,增强信心,坚持绿色复苏的气候治理新思路。绿水青山就是金山银山。要大力倡导绿色低碳的生产生活方式,从绿色发展中寻找发展的机遇和动力。

中国为达成应对气候变化《巴黎协定》做出重要贡献,也是落实《巴黎协定》的积极践行者。2020年9月,中方宣布中国将提高国家自主贡献力度,采取更加有力的政策和措施,力争2030年前二氧化碳排放达到峰值,努力争取2060年前实现碳中和。

在此,中方愿进一步宣布:到2030年,中国单位国内生产总值二氧化碳排放将比2005年下降65%以上,非化石能源占一次能源消费比重将达到25%左右,森林蓄积量将比2005年增加60亿 m³,风电、太阳能发电总装机容量将达到12亿 kW 以上。

中国历来重信守诺,将以新发展理念为引领,在推动高质量发展中促进经济社会发展全面绿色转型,脚踏实地落实上述目标,为全球应对气候变化做出更大贡献。

习近平主席的重要讲话为全球气候治理注入信心和力量,展现了中国坚定支持多边主义,坚定支持《巴黎协定》全面有效实施的一贯立场,彰显了中国推动构建人类命运共同体的大国胸怀和责任担当。

本章扩展思政材料

思考题

1. 简述大气的结构和组成。
2. 什么是大气污染?大气污染的来源有哪些?
3. 什么是大气污染物?主要的大气污染物有哪些?
4. 哪些气象条件与空气污染密切相关?
5. 典型的烟流形状有哪些?
6. 光化学烟雾是如何形成的?
7. 大气污染物是如何侵入人体的?它对人体的健康产生哪些影响?
8. 大气污染是如何危害植物生长的?

第 5 章

水体环境污染与控制

5.1 水体环境

5.1.1 水资源状况

水资源是人类在生活和生产活动中是不可或缺的重要的物质基础。地球上的水总体积高达 $13.6 \times 10^8 \, \mathrm{km^3}$，可谓非常巨大。但是，其中有 97% 的水不可以被人类直接利用，因为这部分水为海洋咸水。淡水占据全球总体水量的 3%，总体积约为 $3.8 \times 10^7 \, \mathrm{km^3}$，主要存在于冰帽和冰川、地下水和土壤水、江河湖泊等。其中，以冰帽和冰川形式存在的淡水大都在极地或高山上，占据淡水资源的 77.24%；以地下水和土壤水形式存在的淡水占据淡水资源的 22.4%，并且地下水中大概有 2/3 在地下深处，难以利用；以江河湖泊等地面水形式存在的淡水占据淡水资源的 0.36%，体积约为 $23 \times 10^4 \, \mathrm{km^3}$。人类易于利用的淡水大约占总淡水资源的 20%。人类生活和生产活动对水的需求量巨大，由此可见这部分易于取得的淡水十分有限。而由于人类生产活动的影响，很多水体遭到污染，使得水体无法达到被人类利用的标准，在一定程度上制约了经济发展。所以，积极研究水污染控制技术可以很好地控制水污染，使水体环境得到改善，更好地促进经济和环境的协调发展。

5.1.2 水循环

水不能新生，只能通过水的大循环再生。水循环在大气圈、岩石圈、土壤圈之间相互联系，并且在传递能量和物质流动方面起着重要作用，以属性为划分依据，可以将地球上水的循环分为自然循环和社会循环。

1. 自然循环

自然循环是水的基本运动形式，它是由自然力促成的，内因为水的物理特性，外因为太阳辐射和地心引力。地球表面的广大水体，在太阳辐射和地球表面热能的作用下，大量水分被蒸发成为水蒸气，上升到空中，被气流带动输送到各地，水蒸气遇冷凝聚，在重力作用下以雨、雪或其他降水形式落到地面或水体，再由河道或地下流入海洋，这样形成的水分往复循环、不断转移交替的现象叫作水的自然循环，水的自然循环如图 5-1 所示。在流动过程中，形成海洋至内陆再至海洋的循环为大循环，在小的自然地理区域内的循环为小循环。

2. 社会循环

人类社会为满足生活和生产的需求，要从各种天然水体中获取大量的水。生活用水和工业用水在使用后，就成为生活污水和工业废水被排出，最终又流入天然水体。这样，水在

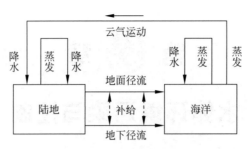

图 5-1　水的自然循环

人类社会中构成的局部循环体系,称为社会循环,水的社会循环如图 5-2 所示。为保证给水能满足用户的使用要求(水量、水质和水压)而采取的整套工程设施,称为给水工程。为保证废水(包括雨水)能安全排放或再用而采取的整套工程设施,称为排水工程。给水工程和排水工程构成水的社会循环。

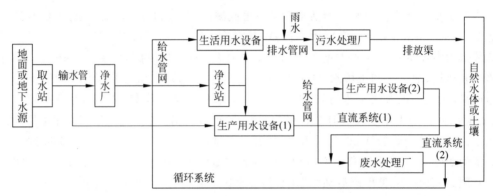

图 5-2　水的社会循环

5.1.3　天然水的组成

天然水一般含有可溶性物质和悬浮物质,且可溶性物质成分十分复杂。天然水中的物质组成除水本身外,还主要包括溶解气体、溶解物质、胶体物质以及悬浮物质等,详见表 5-1。

表 5-1　天然水中的主要物质

溶解气体		溶解物质			胶体物质(1～100nm)		悬浮物质
主要气体	微量气体	主要离子	生物生成物	微量元素	无机胶体	有机胶体	
N_2、O_2	H_2、CH_4	Cl^-、SO_4^{2-}	NH_4^+	Br^-、I^-	SiO_3^{2-}	腐殖质胶体	细菌
CO_2	H_2S	HCO_3^-	NO_3^-	F^-、Ni	$Fe(OH)_2$		藻类
		CO_3^{2-}	NO_2^-	Ti、V	$Al(OH)_3$		原生物
		Mg^{2+}	HPO_4^{2-}	Au、Ba、Rn			泥土、黏土
		Na^+	$H_2PO_4^-$				其他不溶物质
		Ca^{2+}	PO_4^{3-}				
			Fe^{2+}、Fe^{3+}				

5.2 水体污染与自净

5.2.1 水体污染

水体污染是指排入水体的污染物在数量上超过了该物质在水体中的本底含量和水体的环境容量,从而导致水体的物理特征、化学特征和生物特征发生不良变化,破坏了水中固有的生态系统,破坏了水体的功能及其在经济发展和人民生活中的作用。

点源污染和面源污染是造成水体污染的重要原因。点源污染包括没有经过妥善处理的城市污水被收集并且统一排放进入水体。面源污染包括大气中的有毒物质随着雨水或自身重力沉降进入水体以及农药等污染物随雨水径流进入水体。点源污染的特点是污染集中,污染性大,破坏性强,相对比较容易控制;面源污染的特点是污染面积大,难以控制,涉及面广,污染对水体环境影响时间长,后期破坏尤其严重。现在,点源污染已得到很好的控制。面源污染相对于点源污染来说较难控制和管理,会逐渐成为影响水体环境的主要污染形式。

5.2.2 水体污染类型及危害

水体污染根据污染性质可以分为物理性污染、化学性污染和生物性污染三种类型。

1. 水体的物理性污染及危害

水体的物理性污染是指由于水体温度、色度、臭味等物理学因素导致水体污染。这种污染可以被人们的感官察觉,且会引发人们感官上的不舒适。常见的物理性污染有:热污染、悬浮物污染、放射性污染等。

1)热污染

热污染是指高温度的水,比如温度超过 $60℃$ 的工业废水(直接冷却水),排入水体后,使得水体水温升高,物理性质发生变化,危害水生动植物的繁殖与生长。热污染对水体的危害:①加快藻类的繁殖,使水体的富营养化加剧;②水体的饱和溶解氧浓度和水体温度成反比关系,温度升高使水体溶解氧浓度降低,从而对原有水生生物的繁殖和生长产生不良影响;③温度升高,使得水体中化学反应速率加快,从而引发水体物理化学性质发生变化,比如溶解度、离子浓度变化,水体臭味加剧。

2)悬浮物污染

悬浮物是水体中主要污染物的一种。水体在受到悬浮物污染后,浊度增加,透光度减弱,使得水中藻类的光合作用减弱,不利于鱼类等水生生物的生长。

悬浮物污染对水体的危害:①悬浮物进入水体,会使水体的浊度增加,极大地破坏水体的观赏价值;②透光度减弱,影响水生植物的光合作用,妨碍水体的自净作用;③影响水生动物生存,如纸浆等悬浮物易堵塞鱼鳃从而导致鱼的窒息死亡;④悬浮物可以被其他污染物作为载体,对水中污染物进行吸附并随着水流扩大污染范围;⑤部分悬浮物会沉至河底形成污泥层,随着底泥的积累,会使水体水质出现恶化;⑥微生物会对有机悬浮物进行代谢作用,导致水体中的溶解氧会因消耗减少。

3)放射性污染

放射性物质主要指正常运行的核单位排放的放射性废物和以事件(包括大气层内核试

验落下的灰和核事故等)产生的放射性残余物,主要污染物是^{131}I(碘131)、^{90}Sr(锶90)、^{137}Cs(铯137)、^{60}Co(钴60)和^{235}U(铀235)等。放射性物质通过自身衰变放出 α、γ射线等具有一定能量的射线。这些射线可损伤人体组织,导致贫血等疾病的产生,甚至会造成癌症和遗传变异。

2. 水体的化学性污染及危害

1) 酸、碱及无机盐污染

工业废水排放的酸、碱及降雨淋洗受污染空气中的二氧化硫、氮氧化合物所产生的酸雨都会使水体受到酸、碱污染。水体的酸、碱污染往往伴随无机盐污染。

酸、碱污染的危害:可使水体的 pH 发生变化,微生物生长受到抑制,影响水体自净能力。无机盐污染的危害:使水体溶解性无机盐浓度增加,如果水体作为给水水源时,水的味道涩口,甚至会引起腹泻,对人体健康造成危害。

2) 氮、磷污染

氮、磷为植物的营养物质,但其含量过多时就会引起水体富营养化。自然条件下,随着河流夹带冲积物和水生生物残骸在湖底不断沉降淤积,湖泊会从平营养湖过渡为富营养湖,进而演变为沼泽和陆地,这是一种极为缓慢的过程。但由于人类的活动,将大量工业废水和生活污水及农田径流中的植物营养物质排入湖泊、水库、河口、海湾等缓流水体后,水生生物特别是藻类将大量繁殖,使生物量的种群种类数量发生改变,破坏水体的生态平衡。受到氮、磷等植物营养物质污染的水体中藻类疯狂生长,呈胶体状藻类覆盖水面,色泽呈现暗红,如果发生在海域称为赤潮,如果发生在湖泊、水库、江河则称为水华。

水体富营养化的危害:①使水的气味变得腥臭难闻;②降低水体的透明度;③消耗水体的溶解氧;④向水体释放有毒物质;⑤影响供水水质并增加制水成本;⑥破坏水生生物生态平衡。

3) 重金属污染

重金属是构成地壳的物质,在自然界分布非常广泛,是指相对密度大于或等于 5.0 的金属。重金属污染物最主要的特性是:不能被生物降解,有时还可能被生物转化为毒性更大的物质,能被生物富集于体内。水生生物对常见重金属的平均富集倍数(以水体中的含量为1 单位计)如表 5-2 所示。

表 5-2　水生生物对常见重金属的平均富集倍数

重金属	淡 水 生 物			海 水 生 物		
	淡水藻	无脊椎动物	鱼类	海水藻	无脊椎动物	鱼类
汞	1000	100000	1000	1000	100000	1700
镉	1000	4000	300	1000	250000	3000
铬	4000	2000	200	2000	2000	400
砷	300	330	330	330	330	230
钴	1000	1500	5000	1000	1000	500
铜	1000	1000	200	1000	1700	670
锌	4000	40000	1000	1000	10^5	2000
镍	1000	100	40	250	250	100

（1）汞污染

无机金属汞升华为汞蒸气，可被淀粉类果实、块根吸收并积累，人体摄入后在血液中循环。汞离子与酶蛋白的硫基结合后，活性受到抑制，对细胞的正常代谢产生不良影响。有机汞是无机汞在厌氧条件下由微生物作用而转化得到的。水体中的有机汞被人体摄入后，会侵入中枢神经，其毒性远大于无机汞。摄入人体内的无机汞可通过药物治疗，使其从泌尿系统排出。而有机汞非常难以用药物排出。

《地表水环境质量标准》（GB 3838—2002）规定，总汞≤0.00005～0.001mg/L（取决于水域功能分类）。

（2）镉污染

镉是一种富集型毒物，被人体摄入后富集于骨骼中，使肾功能失调，骨质疏松，患骨痛病（又称痛痛病）。

《地表水环境质量标准》（GB 3838—2002）规定，总镉≤0.001～0.01mg/L（取决于水域功能分类）。

（3）铬（Cr）的污染

铬在水体中以六价铬和三价铬的形态存在，并且六价铬的毒性要大于三价铬。铬被摄入人体后，会引起神经系统中毒。

4）油脂类污染

油脂类污染会使水体呈现五颜六色，感官性状很差。油脂类污染的危害：浓度高时水面上会结成一层油膜，隔绝水面与大气接触，使得水面富氧停止，从而影响水生生物的生长和繁殖，还会堵塞鱼鳃，使其窒息死亡。

3. 水体的生物性污染及危害

水体生物性污染是指致病微生物、寄生虫和某些昆虫等生物进入水体，或某些外来入侵植物、藻类大量繁殖，使水质恶化，直接或间接危害人类健康或影响渔业生产，包括水生动物性污染、水生植物性污染和水生微生物污染。

水体生物性污染的危害主要有：①最常见的危害是居民通过饮用、接触等途径而引起介水传染病的暴发流行，对人体健康造成危害。这类疾病包括霍乱、伤寒、痢疾、肝炎等肠道传染病及血吸虫病、贾第虫病等寄生虫病以及钩端螺旋体病等；②外来入侵植物如凤眼莲，对其生活的水面采取了野蛮的封锁策略，挡住阳光，导致水下植物得不到足够光照而死亡，破坏水下动物的食物链，导致水生动物死亡，凤眼莲死后腐烂体沉入水底形成重金属高含量层，直接杀伤底栖生物；③在富营养化水体中藻类大量繁殖聚集成团块，漂浮于水面影响水的感官性状。有些藻类能产生毒素，如麻痹性贝毒、腹泻性贝毒、神经性贝毒等，而贝类能富集此类毒素，人食用了毒化的贝类后可发生中毒甚至死亡。藻类毒素一旦进入水中，一般供水净化处理和家庭煮沸不能使之全部失活。

5.2.3　水体自净

污染物随污水排入水体后，经过物理、化学与生物化学的作用，使污染浓度降低或总量减少，受污染的水体部分或完全恢复原状，这种现象称为水体自净。水体所具备的这种能力称为水体自净能力。但是，在一定的时间和空间范围内，如果污染物大量排入天然水体并超过水体的自净能力，就会对水体造成污染。

水体自净过程十分复杂,以作用的机制为划分依据可以分为以下 3 类。

1. 物理净化作用

水体中的污染物通过稀释、混合、沉淀与挥发,使浓度降低,但总量不减。物理净化作用过程如图 5-3 所示。

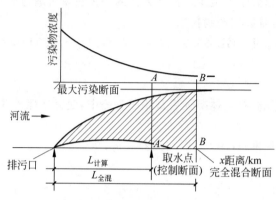

图 5-3   水体的物理净化作用过程

稀释即为污水排入水体后,在流动过程中逐渐和水体混合,使污染物的浓度不断降低。在下游某个断面处污水与河水完全混合,该断面称为完全混合断面,该断面的特点为污染物浓度分布均匀,并且远低于排污口处的浓度。完全混合不易出现于大江大河中,因为大江大河的河床宽阔,污水只能与一部分河水混合,在排污口的一侧形成长度与宽度都比较稳定的污染带。稀释效果受到对流与扩散这两种运动形式的影响。污染物随水流方向即纵向 x 运动称为对流。对流是沿纵向 x、横向 y 和深度方向 z 运动的统称。扩散有三种方式:由于污染物分子的布朗运动引起的物质分子扩散,使浓度降低称为分子扩散;由于水体的紊流造成的污染物浓度降低称为紊流扩散;由于水体各水层之间的流速不同,使污染物浓度分散称为弥散。对于流动水体,扩散方式主要是紊流扩散和弥散,分子扩散可忽略不计。对于湖泊水库等静水体,在没有风生流、异重流、行船等产生的紊流作用时,扩散稀释的主要方式是分子扩散。

污水与水体水混合后,污染物浓度降低。河流的混合稀释效果取决于混合系数。混合系数受河流形状、污水排污口形式等因素的影响。

污染物中的可沉物质通过沉淀去除,使水体中污染物的浓度降低,但底泥中污染物的浓度增加,如果长期沉淀淤积于河床,一旦受到暴雨的冲刷或扰动,就会对河水造成二次污染。如果污染物属于挥发性物质,可由于挥发作用而使水体中的污染物浓度降低。

2. 化学净化作用

水体中的污染物通过氧化还原、酸碱反应、吸附与凝聚等过程,使存在形态发生变化及浓度降低,但总量不减。

氧化还原是水体化学净化的主要作用。水体中的溶解氧可以和某些污染物发生氧化反应。还原反应则大多在微生物作用下进行。

水体中存在的地表矿物质及游离二氧化碳等对排入水体的酸碱有一定的缓冲能力,可使水体的 pH 保持稳定。但是当排入的酸碱量超过其缓冲能力后,水体的 pH 就会发生变化。如果水体变为偏碱性,则会引起某些物质的逆向反应。

吸附与凝聚属于物理化学作用。产生吸附与凝聚的原因在于天然水中存在大量具有很大表面能并带电荷的胶体颗粒,胶体颗粒有使能量变为最小及同性相斥、异性相吸的物理现象,它们将吸附和凝聚水体中各种阴阳离子,然后扩散或沉降,达到净化的目的。

3. 生物化学净化作用

水体中的污染物通过水生生物特别是微生物的生命活动,使其存在形态发生变化,有机物无机化,有害物无害化,浓度降低,总量减少。生物化学净化作用是水体自净的主要原因。生物化学净化作用如图 5-4 所示。

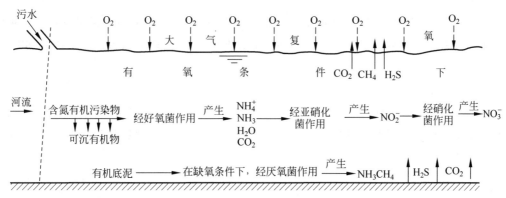

图 5-4　水体中含氮有机物生物化学净化示意

5.2.4　水环境容量

一定水体所能容纳污染物的最大负荷,称为水环境容量,即某水域所能承受外加的某种污染物的最大允许负荷量。水体对某些污染物的水环境容量与水体的自净能力、污染物本身的性质以及水体的用途和功能等密切相关,它们之间有如下关系:

$$W = V(C_s - C_b) + C \tag{5-1}$$

式中:W——某地面水体对某污染物的水环境容量,kg;

　　　V——地面水体的体积,m^3;

　　　C_s——地面水体中某污染物的环境标准值或水质目标,g/L;

　　　C_b——地面水体对某污染物的环境背景值,g/L;

　　　C——地面水体对某污染物的自净能力,kg。

5.3　水质指标

水质指标是指水和其他包含于其中杂质一起表现出来的物理、化学及生物方面的综合特性。通常可以根据水质指标来评判水质好坏以及已经被污染水体的污染程度。水质指标可以分为三类:物理指标、化学指标和生物指标。

5.3.1　物理指标

物理指标包括水温、色度、臭味和固体含量等。

1．水温

水体温度会对水的性质产生很大影响。水体温度升高,氧气在水中的溶解度会随之下降,同时也会加快耗氧反应速率,从而导致水体缺氧。

2．色度

色度是水的感官性指标之一,它是对水进行颜色定量测定时的指标。色度可由悬浮固体、胶体或溶解物质形成。生活污水的颜色通常呈灰色,生产废水的色度多种多样,各企业的性质不同所造成的色度相差很大。污水排放标准对色度有严格要求。

3．臭味

生活污水中有机物发生腐败时会产生大量臭味,而生产废水中的臭味主要是由各种挥发性化合物引起的。臭味主要会引起人感官上的不舒适,严重时会对人体健康产生危害,引发干呕、呼吸困难等。

4．固体含量

固体含量为一定水样在 $105\sim110℃$ 的烘箱中进行烘干操作,直至将其烘到恒定质量。污水中的固体根据存在形态可分为悬浮固体、胶体和溶解固体。总固体量(TS)为固体含量的指标。

5.3.2　化学指标

化学指标以水中所含物质的化学性质为划分依据,分为无机物指标和有机物指标。

1．无机物指标

无机物指标包含酸碱度、氮、磷、无机盐类及重金属离子等。

酸碱度利用 pH 来表示,它是氢离子浓度的负对数。当 pH<7 时,废水为酸性,数值越小,酸性越强;当 pH=7 时,废水为中性;当 pH>7 时,废水为碱性。废水 pH 应当维持在 $6\sim9$,否则会对废水处理过程产生不利影响。

氮、磷对于植物来说,是非常重要的营养物质,对于废水生物处理过程中的微生物也是重要的营养物质。但是,当氮、磷的量累积到一定,会引起水体富营养化。氮的水质指标可以分为非离子氮、氨氮、硝酸盐氮、亚硝酸盐氮和凯氏氮等。其中,凯氏氮(KN)包括有机氮和氨氮。磷的水质指标可以分为有机磷和无机磷。

重金属离子是指原子序数在 $21\sim83$ 和相对密度大于 4 的金属。很多重金属对于人类来说是必需的,但前提是它们的量必须非常小。如果其浓度超过一定数值后,就会对人体产生毒害作用,其中汞、铅、铬及其化合物尤为突出。

2．有机物指标

有机物指标包括水体中各种有机污染物,但是因其种类繁多而无法区分并定量。常用的用来反映有机物总量的综合指标有:生物化学需氧量(简称生化需氧量)、化学需氧量、总需氧量以及总有机碳。

生化需氧量(biochemical oxygen demand,BOD)为微生物在水体温度为 $20℃$ 时通过其生活活动将有机物氧化为无机物时需要消耗的溶解氧量。生化需氧量代表了水体中可生物降解有机物的数量。有机物的生物化学过程时间比较长,在 $20℃$ 水体温度下,完成两个阶段生化需氧量大致需要 100d 以上。通过试验表明,5d 的生化需氧量为总碳氧化需氧量(BOD_u)的 70%～80%,所以可以利用 BOD_5 作为可生物降解有机物的综合指标。可生物降解有机物的降解及微生物新细胞的合成过程如图 5-5 所示。

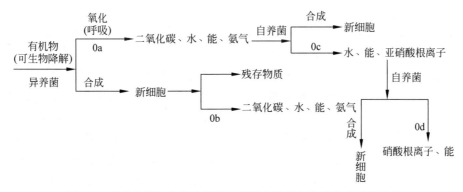

图 5-5　可生物降解有机物的降解及微生物新细胞的合成过程示意

化学需氧量(chemical oxygen demand,COD)为利用强氧化剂在酸性条件下将有机物氧化分解为二氧化碳和水而消耗的氧化剂中的氧量。强氧化剂通常采用重铬酸钾,在一定情况下也可用高锰酸钾代替。化学需氧量可以准确表达污水中的有机物含量,测定时间比 BOD_5 的测定要短得多,只需要几个小时,并且化学需氧量的测定不会受到水质条件的限制。COD 比 BOD_5 要大,它们的差值为废水中难生物降解有机物的含量。可以通过 BOD_5/COD 的比值来判断废水的可生化性。其值越大,表明废水越容易被生物处理。

总需氧量(total oxygen demand,TOD)为将有机物中的 C、H、O、N、S 等组成元素氧化生成 CO_2、H_2O、NO_2、SO_2 过程中需要消耗的氧量。TOD 的测定只需要几分钟。TOD 的测定原理为将一定量的水样注入已知含氧量的氧气流里,然后通过用铂钢作为触媒的燃烧管中,在 900℃温度下对其充分燃烧使水样中的有机物完全氧化。原有含氧量已知,剩余含氧量通过电极测定,它们的差值即为总需氧量。

总有机碳(total organic carbon,TOC)的测定原理和总需氧量相同,只是前者通过含碳量来表示有机物数量,而后者则是通过消耗的氧量来表示。

5.3.3　生物指标

生物指标包括大肠菌群数与大肠菌群指数、病毒和细菌总数。

1. 大肠菌群数与大肠菌群指数

大肠菌群数为单位体积水样中的大肠菌群的数目,单位为个/L;大肠菌群指数为单个大肠菌群需要的最少水量,单位为 mL。它们之间满足:

$$大肠菌群指数=1000/大肠菌群数 \tag{5-2}$$

2. 病毒

病毒可通过数量测定法和蚀斑测定法测定。目前污水中已经被检测出来的病毒多达一百多种。

3. 细菌总数

细菌总数为大肠菌群数、病原菌、病毒及其他细菌数的总和,用 1mL 水样里边的细菌菌落总数表示。

5.4　水体污染控制技术

　　废水处理系统按处理废水程度可分为一级处理、强化一级处理、二级处理、三级处理和再生水处理。一级处理是二级处理的预处理，对废水进行初步处理，从而为二级处理提供适宜的水质条件。一级处理主要是通过沉淀、浮选、过滤的物理方法去除污水中悬浮状固体物质。强化一级处理是基于一级处理的基础上，通过物理、化学或者生物化学方法絮凝废水中的一些悬浮物和胶体物质从而更好地通过沉降从废水中去除。二级处理可以很好地去除废水中大部分生化需氧量和化学需氧量，同时也可以实现对废水的脱氮除磷处理。三级处理也叫深度处理，是基于一级处理和二级处理之上进一步去除废水中大部分难降解的有机物、氮磷等可以引起水体富营养化的可溶无机物。再生水处理是指废水经过一定处理后达到相应的国家规定的水质标准，从而被重复利用于满足某种要求，这样的水被称为再生水处理。

　　按原理划分废水处理技术分为物理处理技术、化学处理技术、生物处理技术、物理化学处理技术和高级氧化处理技术。

5.4.1　废水的物理处理技术

1. 过滤法

　　过滤法通常用格栅和筛网作为污水处理的第一道工序，主要作用是除去污水中比较粗大的悬浮物质，保证后续处理的顺利进行。

　　格栅是由一组平行的金属栅条或筛网制成，安装在污水渠道，泵房集水井进口处或污水处理厂的端部，格栅计算如图 5-6 所示。被格栅截留的物质称为栅渣。按格栅栅条的间距可分为粗格栅、中格栅、细格栅。粗格栅的间距为 50～100mm，中格栅的间距为 10～40mm，细格栅的间距为 3～10mm。按清渣方式可分为人工清渣和机械清渣两种。人工清渣适用于小型污水处理厂。

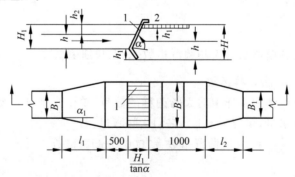

1—栅条；2—工作平台；B—栅槽宽度；B_1—进水渠道宽度；H—栅槽总高度；H_1—栅前槽高；h—栅前水深；h_1—过栅水头损失；h_2—栅前渠道超高；α—格栅倾角；α_1—进水渠展开角，一般取 $20°$；l_1—进水渠道渐宽部分长度；l_2—栅槽与出水渠连接渠的渐缩长度

图 5-6　格栅计算

筛网往往适用于需要从水中去除纤维、纸浆、藻类等稍小的杂物。针对不同情况,选择不同孔径的筛网。孔径为 10mm 的筛网主要用于工业废水预处理。孔径小于 0.1mm 的筛网用于处理后出水的最终处理或用于回用前的处理。筛网装置有转鼓式、旋转式、转盘式和振动筛网等。

2. 沉淀法

沉淀法是利用水中悬浮颗粒的可沉降性能,在重力作用下下沉,以达到固液分离的一种过程。沉淀法可去除水中的砂粒、化学沉淀物、混凝处理所形成的絮体和生物处理的污泥,也可用于浓缩沉淀污泥。根据悬浮物质的性质、浓度及絮凝性能,沉淀可以分为以下四类。

1) 自由沉淀

自由沉淀是指当悬浮物质浓度不高,沉淀过程中颗粒之间互不碰撞,呈单颗粒状态,完全沉淀的过程。典型例子是砂粒在沉砂池中的沉淀以及悬浮物质浓度较低的污水在初次沉淀池中的沉淀过程。自由沉淀过程可用牛顿第二定律及斯托克斯公式描述。

2) 絮凝沉淀

絮凝沉淀也可叫作干涉沉淀。当悬浮物质浓度为 50~500mg/L 时,沉淀过程中,颗粒之间可能互相碰撞产生絮凝作用,使颗粒粒径与质量逐渐加大,沉淀速度不断加快,故实际沉淀速率很难用理论公式计算,主要靠试验测定。这类沉淀的典型例子是活性污泥在二次沉淀池中的沉淀。

3) 区域沉淀

区域沉淀也可以叫作成层沉淀或拥挤沉淀。当悬浮物质浓度大于 500mg/L 时,沉淀过程中,相邻颗粒之间互相妨碍、干扰,沉速大的颗粒无法超越沉速小的颗粒,各自保持相对位置不变,并在聚合力作用下,颗粒群结合成一个整体向下沉淀,与澄清水之间形成清晰的液固界面,沉淀显示为界面下降。典型例子是二次沉淀池下部的沉淀过程及浓缩池开始阶段。

4) 压缩沉淀

压缩沉淀是区域沉淀的继续。颗粒之间相互支撑,上层颗粒在重力作用下,挤出下层颗粒的间隙水,使污泥得到浓缩。典型例子是活性污泥在二次沉淀池的污泥斗中及浓缩池中的浓缩过程。

沉淀处理设备主要包括沉砂池和沉淀池。沉砂池的功能是去除密度较大的无机颗粒(如泥沙、煤渣等,其相对密度大约为 2.65)。沉砂池一般设置在泵站、倒虹管前,以便减轻无机颗粒对水泵、管道的磨损;也可设置在初沉池前,用来减轻沉淀池的负荷并且改善污泥处理构筑物的处理条件。沉淀池按工艺布置的不同,可分为初沉池和二沉池。初沉池是一级污水处理厂的主体处理构筑物,或者作为二级污水处理厂的预处理构筑物设置在生物处理前方;二沉池设置在生物处理构筑物后方,作用为通过沉淀去除活性污泥或腐殖污泥。常用的沉砂池有平流沉砂池、曝气沉砂池、多尔沉砂池和钟式沉砂池;沉淀池按池内水流方向的不同,可以分为平流式沉淀池、辐流式沉淀池和竖流式沉淀池,其中平流式沉淀池为使用最多的一种。

平流式沉淀池由流入装置、流出装置、沉淀区、缓冲层、污泥区及排泥装置等组成。流入装置由设有侧向或者槽底潜孔的配水槽、挡流板组成,起到均匀布水和消能的作用。流出装置由流出槽与一挡板组成。流出槽设置自由溢流堰,溢流堰严格水平,在保证水流均匀的同时可以很好地控制沉淀池水位。缓冲层的作用是避免已沉污泥被水流搅起以及缓解冲击负荷。污泥区起到储存、浓缩和排泥的作用。

3. 气浮法

气浮法是指利用高度分散的微小气泡作为载体黏附于废水中污染物上,使其浮力大于重力和上浮阻力,从而使污染物上浮至水面,形成泡沫,然后用刮渣设备自水面刮除泡沫,实现固液或液液分离的过程。气浮过程的必要条件是:在被处理的废水中,应分布大量细微气泡,并使被处理的污染物呈悬浮状态,且悬浮颗粒表面应呈疏水性,易于黏附于气泡上而上浮。

气浮法的特点有:

① 气浮法对混凝沉淀未能去除的污染物具有较高的去除率,对悬浮物的处理效果良好,是对沉淀作用的进一步补充;

② 气浮过程增加了水中的溶解氧,对污水具有预曝气、脱色等作用,而且气浮渣中具有一定的含氧量,浮渣不易变质;

③ 气浮法使污染物质浮在液体表面,有利于排渣,浮渣的含水率较低,可降低污泥体积,进而降低污泥处置费用;

④ 气浮法所需构筑物占地面积小,一般是沉淀池面积的 $1/8 \sim 1/2$;

⑤ 气浮法需要在废水中产生大量气泡,因此其耗电量较高,运行成本较高;

⑥ 气浮法中的释放器在工作时易发生堵塞问题,而且气浮后澄清容易受天气影响;

⑦ 某些污水处理过程中气浮也需要添加一些药剂,但其用量较低,反应时间也较短。

加压溶气气浮法是目前应用最广泛的一种气浮方法。空气在加压条件下溶于水中,再使压力降至常压,把溶解的过饱和空气以微气泡的形式释放出来。加压溶气气浮工艺由空气饱和设备、空气释放设备和气浮池等组成。其基本工艺流程由全溶气流程、部分溶气流程和回流加压溶气流程三种。全溶气流程是将全部废水通过加压溶气,再经减压释放装置进入气浮池进行固液分离,与其他两个流程比较,全溶气流程耗电量大,但由于不需要另外加入溶气水的原因,气浮池的容积小。部分溶气流程是将部分废水进行加压溶气,其余废水直接送入气浮池。其比全溶气流程省电,由于部分废水流经溶气罐,故溶气罐的容积较小。回流加压溶气流程将部分出水进行回流加压,废水直接送入气浮池,气浮池的容积比前两者要大,这种方法适用于含悬浮物浓度高的废水的固体分离。

4. 离心分离法

离心分离法是指物体高速旋转时会产生离心力场,利用离心力分离废水中杂质的处理方法。离心分离原理为废水做高速旋转时,由于悬浮固体和水的质量不同,所受的离心力也不相同,质量大的悬浮固体被抛向外侧,质量小的水被推向内层,这样悬浮固体和水从各自出口排出,从而使废水得到处理。

按产生离心力的方式不同,离心分离设备可分为离心机和水力旋流器两类。离心机的特点是高速旋转的转鼓带动物料产生离心力。离心机是依靠一个可随转动轴旋转的转鼓,在外界传动设备的驱动下高速旋转,转鼓带动需进行分离的废水一起旋转,利用废水中不同密度的悬浮颗粒所受离心力不同进行分离的一种分离设备。离心机按分离因素大小可分为高速离心机、中速离心机和低速离心机;按转鼓的几何形状不同,可分为转筒式、管式、盘式和板式离心机;按操作过程可分为间歇式和连续式离心机;按转鼓的安装角度可分为立式和卧式离心机。水力旋流器的特点是器体固体不动,由沿切向高速进入器体内的物料产生离心力。水力旋流器有压力式和重力式两种。

5.4.2　废水的化学处理技术

1. 混凝法

混凝法是向水中投加混凝剂,使污水中的胶体粒子(粒度为 $1\sim100nm$)以及微小悬浮物(粒度为 $100\sim10000nm$)污染物失去稳定性而聚集、下沉的水处理方法。

胶体因为电位降低或消除,从而失去稳定性的过程称为脱稳。脱稳的胶粒相互聚集生成微小聚集体的过程为凝聚。脱稳的胶体或微小悬浮物聚结成大的絮凝体的过程为絮凝,混凝包括凝聚和絮凝两种过程。不同的化学药剂能使胶体以不同的方式脱稳、凝聚或絮凝。依机理不同,混凝可分为压缩双电层、吸附电中和、吸附架桥和沉淀网捕四种。

混凝法可用于各种工业废水的预处理、中间处理或最终处理及城市污水的三级处理和污泥处理。它除用于去除废水中的悬浮物和胶体物质外,还用于除油和脱色。混凝效果会受到废水的胶体杂质浓度、pH、水温及共存杂质等因素的影响,同时混凝剂的不同也对其有一定的影响。

2. 化学沉淀法

化学沉淀法是指向水中投加某些化学物质,使其与水中的溶解性污染物发生反应,生成难溶于水的沉淀,以降低或除去水中污染物的方法。

化学沉淀法的处理对象:①废水中重金属离子及放射性元素,如 Cr^{3+}、Cd^{3+}、Hg^{2+}、Zn^{2+}、Ni^{2+} 等;②给水处理中去除钙、镁硬度;③某些非金属元素,如 S^{2-}、F^-、P 等;④某些有机污染物。

化学沉淀法的工艺过程为:①投加化学沉淀剂,生成难溶于水的化学物质,使污染物沉淀析出;②通过凝聚、沉降、浮选、过滤、离心、吸附等方法,进行固液分离;③泥渣的处理和回收利用。

根据使用的沉淀剂不同可将化学沉淀法分为石灰法、硫化物法、钡盐法等,也可根据互换反应生成的难溶沉淀物分为氢氧化物法、硫化物法等。化学沉淀法常用于含重金属、有毒物质(如氰化物)等工业废水的处理。

3. 中和法

中和法是利用酸碱中和以调整废水中的 pH,使废水达到中性的水处理方法。其反应原理是降低废水中的酸性(H^+)或碱性(OH^-)。处理酸性废水以碱为中和剂,处理碱性废水以酸为中和剂。被处理的酸与碱主要是无机酸、碱,其工艺过程比较简单,主要是混合或接触反应。

在工业废水处理中,中和法常用于以下几种情况:①废水排入水体之前,因为水生生物对 pH 的变化非常敏感,即使 pH 略偏离中性,也会产生不良影响;②废水排入城市排水管之前,因为酸或碱会对排水管道产生腐蚀作用,废水的 pH 应符合排放标准;③化学处理或生物处理前,因为有的化学处理法要求废水的 pH 升高或降低到某个最佳值,生物处理要求废水的 pH 应在某一范围内。

酸性废水的中和方法可分为酸性废水与碱性废水互相中和、药剂中和及过滤中和三种。

碱性废水的中和方法可分为碱性废水与酸性废水互相中和、药剂中和等。选择中和方法时应考虑以下因素：①含酸或含碱废水所含酸类或碱类的性质、浓度、水量及其变化规律；②首先应寻找能就地取材的酸性或碱性废料，并尽可能加以利用；③本地区中和药剂和滤料的供应情况；④接纳废水水体性质、城市下水道能容纳废水的条件，后续处理对 pH 的要求等。

4. 电解法

电解是利用直流电进行溶液氧化还原反应的过程，电解法处理废水是指应用电解的基本原理，使废水中有害物质通过电解过程，在阴、阳两极上分别发生氧化或还原反应而转化成为无害物质，实现废水净化的方法。电解法是氧化还原、分解、混凝沉淀、气浮综合在一起的处理方法。按照污染物净化原理可将电解法分为电解氧化法、电解还原法、电解絮凝法和电解气浮法。也可以分为直接电解法和间接电解法。按照阳极材料溶解特性可分为不溶性阳极电解法和可溶性阳极电解法。

利用电解可以处理以下三类污染物：①各种离子状态的污染物，如 CN^-、AsO_2^-、Cr^{6+}、Cd^{2+}、Pb^{2+}、Hg^{2+} 等；②各种无机和有机耗氧物质，如硫化物、氨、酚、油和有色物质等；③致病微生物。

5. 氧化还原法

化学中发生电子转移的反应称为氧化还原反应，失去电子的过程称为氧化，失去电子的物质（还原剂）被氧化。与此同时，得到电子的过程称为还原，得到电子的物质（氧化剂）称为被还原。因此，利用液氯、臭氧、高锰酸钾等强氧化剂或利用电解时的阳极反应，将废水中的有害物质氧化分解为无害或毒性小的物质；利用还原剂（铁屑、锌粉、硫酸亚铁、亚硫酸氢钠等）或电解时的阴极反应，将废水中的有害物质还原为无害或毒性小的物质，上面这些方法统称为氧化还原法。按照污染物的净化原理，废水的氧化还原处理方法主要分为氧化法和还原法两大类。

使用氧化还原法时，选择处理药剂和方法应该遵循以下原则：①处理效果好，反应产物无毒无害，不需进行二次处理。②处理费用合理，所需药剂和材料易得。③操作特性好，在常温和较宽的 pH 范围内具有较快的反应速度；当提高反应温度和压力后，其处理效率和速度的提高能克服费用增加的不足；当负荷变化后，调整操作参数，可维持稳定的处理效果。④与前后处理工序的目标一致，搭配方便。

5.4.3　废水的生物处理技术

1. 好氧生物处理

好氧生物处理是利用好氧微生物（包括兼性微生物）在有氧气存在的条件下进行生物代谢以降解有机物，使其稳定、无害化的处理方法。好氧生物处理法处理效率高，效果好，被广泛应用于处理城市污水及有机性生产污水。污水处理过程中，根据好氧微生物在处理系统中所呈现的状态不同，好氧生物处理法又可分为活性污泥法和生物膜法两大类。

1）活性污泥法

活性污泥法是利用悬浮生长的微生物絮体处理有机废水的方法。微生物絮体活性污泥包括细菌、真菌、原生动物和后生动物及其代谢的和吸附的有机物、无机物，具有降解有机污染物的能力。

活性污泥法净化废水的三个过程：①吸附。废水与活性污泥微生物接触后，形成悬浮混合液，废水中的污染物被比表面积很大且表面上还有多糖类黏性物质的微生物吸附和粘连。②微生物代谢。污染物能吸收进入细胞体内，通过微生物的代谢反应而被降解。③凝聚与沉淀。絮凝体是活性污泥的基本结构，水中能形成絮凝体的微生物很多，它具有凝聚性能，可形成大块菌胶团。

活性污泥法的基本流程为废水经预沉后进入曝气池，与池内活性污泥混合在池内充分曝气，一方面使活性污泥处于悬浮状态，废水与活性污泥充分接触；另一方面通过曝气向活性污泥供氧，保持好氧条件，保证微生物的生长和繁殖。废水中的有机物在曝气池内被活性污泥吸附吸收和氧化分解后，废水进入二沉池，净化的废水排出。二沉池大部分污泥回流以提高处理效果，剩余的污泥排入污泥处理系统。

活性污泥法按水的进入方式和混合方式可以分为推流式和完全混合式两大类；按供氧方式可以分为鼓风曝气、机械曝气和混合曝气；曝气池工艺系统按曝气方式不同可以分为渐减曝气法、阶段曝气法、吸附再生法、延时曝气法和间歇活性污泥法。

传统活性污泥处理系统主要组成部分为曝气池、二次沉淀池、污泥回流系统和曝气及空气扩散系统。污水从曝气池的一端进入。与此同时，从二次沉淀池回流的活性污泥作为接种污泥进入曝气池中。空压机对空气进行压缩，并且通过在曝气池底部铺设的空气扩散装置让其以细小气泡的形式进入污水之中。这样可以给污水充氧，同时也可以使曝气池中的污水、活性污泥处于剧烈搅拌的状态。活性污泥和污水完全混合、充分接触，这是活性污泥反应正常进行的基本条件。经过活性污泥反应后，污水中的有机污染物会转化成为稳定的无机物质，活性污泥本身也会得到繁衍从而增长，污水则被净化处理。活性污泥反应处理后的混合液从曝气池的另一端流出并且进入二次沉淀池中，对其实现活性污泥和污水的固体分离，澄清后的污水则作为处理水排出系统。

以下介绍活性污泥法的两种演变：吸附再生法、延时曝气法。

（1）吸附再生法的处理流程为废水先进入吸附池，其中的活性污泥吸附废水中的有机物，再进入二次沉淀池；分离出来的部分污泥进入再生池中经过曝气而恢复活性后回流至吸附池中。在该方法中，再生池只对回流污泥进行曝气，这样可以增强相同池子的处理能力。

（2）延时曝气法具有负荷低、停留时间长、处理效果稳定、出水水质好、剩余污泥量少的特点。氧化沟是延时曝气法的一种特殊形式。它的平面图像一个跑道，两个曝气刷被安置在其沟槽中。曝气刷的转动可以推动溶液的流动从而对其产生曝气和搅拌的作用。氧化沟一般不设置初次沉淀池，或者同时不设置二次沉淀池，流程上进行了简化，也对耐冲击负荷能力和降解能力进行了增强。

2）生物膜法

生物膜法是通过土壤（如灌溉田、湿地）实现水质净化的人工强化方法，使微生物附着在某些载体的表面上呈膜状，通过与污水接触，生物膜上的微生物摄取水中的有机物作为营养并加以代谢，从而实现污水净化的方法。它与活性污泥法的不同之处在于微生物是固着生长在介质滤料表面，又称为"固着生长法"，即在废水生物膜接触时，进行固、液相的物质交换，膜内微生物将有机物氧化，使废水获得净化，同时生物膜内微生物不断生长和繁殖。从填料上脱落下来的衰老生物膜随处理后的污水流入沉淀池,经沉淀泥水分离。生物膜处理法产生于很早之前且处于不断发展阶段。迄今为止,生物膜法包含的工艺有生物滤池、生物转盘、生物接触氧化法和生物流化床等。

(1) 生物滤池用钢筋混凝土建成,组成部分为布水系统、滤料和排水系统。近年来,滤料多采用由聚氯乙烯、聚乙烯、聚苯乙烯等加工成波纹板蜂窝管、环状及空圆柱等形状,对生物膜的生长和通风条件进行一定程度的改善。布水装置在滤层上部,采用旋转式。滤池不设置污泥回流系统。生物滤池在发展过程中经历了普通生物滤池、高负荷生物滤池、塔式生物滤池 3 个阶段,从低负荷发展为高负荷,突破了传统采用的滤料层高度。

(2) 生物转盘是由盘片、接触反应槽、转轴及驱动装置组成。盘片串联成组,中心贯以转轴,转轴两端安设在半圆形接触反应槽两侧的支座上。驱动装置由电动机、变速器和传动链条等部件组成。生物转盘可以有效去除有机污染物,如果运行得当,还可以具有硝化、脱氮和除磷的作用。生物转盘的优点:①能耗低,管理方便;②产泥量少,固液分离效果好;③脱落的生物膜比活性污泥法易沉淀,不会发生堵塞现象,净化效果好;④可用来处理浓度高的有机废水(进水 BOD_5 达 1000mg/L);⑤废水与盘片上生物膜的接触时间比滤池长,可忍受负荷的突变;⑥耗电量少,无曝气和污泥回流装置;⑦生物膜培养时间短,一般 7～10d即可完成。生物转盘的缺点:①占地面积较大;②有气味产生,对环境有一定的影响;③在寒冷的地区需做保温处理。

(3) 生物接触氧化法又称浸没式曝气生物滤池,是在生物滤池的基础上发展演变而来的。生物接触氧化池内设置填料,填料淹没在污水中,填料上长满生物膜,污水与生物膜接触过程中,水中的有机物被微生物吸附、氧化分解和转化为新的生物膜。从填料上脱落的生物膜,随水流到二沉池后被去除,污水得到净化。空气通过设在池底的布气装置进入水流,随气泡上升时向微生物提供氧气。

(4) 生物流化床处理技术是借助流体(液体、气体)使表面生长着微生物的固体颗粒(生物颗粒)呈流态化,同时进行有机污染物降解的生物膜法处理技术。它是 20 世纪 70 年代开始应用于污水处理的一种高效生物处理技术。

2. 厌氧生物处理

厌氧生物处理是在厌氧条件下,形成厌氧微生物所需要的营养条件和环境条件,通过厌氧菌和兼性菌代谢作用,对有机物进行生物化学降解的过程。厌氧生物处理与好氧生物处理的显著差别在于:①不需供氧;②最终产物为热值很高的甲烷气体,可用作清洁能源;③特别适宜于处理城市污水处理厂的污泥和高浓度有机工业废水。高分子有机物的厌氧降解过程可以被分为四个阶段:水解阶段、发酵(或酸化)阶段、产乙酸阶段和产甲烷阶段。水解可定义为复杂的非溶解性聚合物被转化为简单的溶解性单体或二聚体的过程。发酵可定义为有机物既作为电子受体也是电子供体的生物降解过程,在此过程中溶解性有机物被转化为以挥发性脂肪酸为主的末端产物,因此这一过程也称为酸化。产乙酸阶段为在产氢产乙酸菌的作用下,上一阶段的产物被进一步转化为乙酸、氢气、碳酸以及新的细胞物质。产甲烷阶段为乙酸、氢气、碳酸、甲酸和甲醇被转化为甲烷、二氧化碳和新的细胞物质。甲烷细菌将乙酸、乙酸盐、二氧化碳和氢气等转化为甲烷的过程有两种生理上不同的产甲烷菌完成,一组把氢和二氧化碳转化成甲烷,另一组从乙酸或乙酸盐脱羧产生甲烷,前者约占总量的 1/3,后者约占 2/3。在厌氧反应器中,四个阶段是同时进行的,并保持某种程度的动态平衡,这种动态平衡一旦被 pH、温度、有机负荷等外加因素破坏,产甲烷阶段首先受到抑制,其结果会导致低级脂肪酸的积存和厌氧进程的异常变化,甚至会导致整个厌氧消化过程停滞。

污水厌氧生物处理工艺按微生物的凝聚形态可分为厌氧活性污泥法和厌氧生物膜法。厌氧活性污泥法包括普通消化池、厌氧接触消化池、升流式厌氧污泥床(upflow anaerobic sludge blanket,UASB)、厌氧颗粒污泥膨胀床(EGSB)等;厌氧生物膜法包括厌氧生物滤池、厌氧流化床和厌氧生物转盘。

5.4.4　废水的物理化学处理技术

1. 萃取法

萃取法是利用分配定律的原理,用一种与水不互溶,而对废水中某些污染物溶解度大的有机溶剂,从废水中分离除去污染物的方法。采用的溶剂称为萃取剂,被萃取的污染物称为溶质,萃取后的萃取剂称萃取液。要提高萃取速度,可采取增大两相的接触面积、增大传质系数和传质推动力的途径来达到。萃取法适用于:能形成共沸点的恒沸化合物,而不能用蒸馏、蒸发方法分离回收的废水组分;热敏感性物质,在蒸馏和蒸发的高温条件下,易发生化学变化或易燃易爆的物质;沸点非常接近,难以用蒸馏方法分离的废水组分;难挥发性物质,用蒸发法需要消耗大量热能或需要高真空蒸馏,如含乙酸、苯甲酸和多元酚的废水;对某些含金属离子的废水,如含铀和钒的洗矿水和含铜的冶炼废水,可以采取有机溶剂萃取、分离和回收。

萃取法处理废水时,一般经过四个步骤:①混合传质,把萃取剂加入废水并充分混合接触,污染物作为萃取物从废水中转移到萃取剂中;②分离,利用萃取剂与溶质(污染物)的沸点、酸碱性、密度等性质的不同,将萃取剂和水分离;③回收,把萃取物从萃取液中分离出来,把污染物进行再处理;④萃取剂纯化,以便循环利用。萃取剂的选择应满足:①对被萃取物的溶解度大,而对水的溶解度小;②与被萃取物的密度、沸点有足够差别;③具有化学稳定性,不与被萃取物起化学反应;④易于回收和再生;⑤价格低廉,来源充足。

2. 吸附法

吸附法是利用多孔性固体(称为吸附剂)通过范德华力、化学键力和静电引力吸附废水中某种或几种污染物(称为吸附质),以回收或去除某些污染物,从而使废水得到净化的方法。吸附法操作通常包括三个步骤:①是使废水和固体吸附剂接触,废水中的污染物被吸附剂吸附;②将吸附有污染物的吸附剂与废水分离;③进行吸附剂的再生或更新。常用的吸附剂有活性炭、磺化煤焦炭、木炭、泥煤高岭土、硅藻土、硅胶、炉渣、木屑、金属屑(铁粉、锌粉、活性铝)、吸附树脂、腐殖酸等。此法多用于吸附污水中的酚汞、铬氰等有毒物质及废水的除色、脱臭。

按接触、分离的方式,吸附操作可分为静态间歇吸附法和动态连续吸附法两种。静态间歇吸附法将一定数量的吸附剂投入反应池内的废水中,使吸附剂和废水充分接触,经过一定时间达到吸附平衡后,利用沉淀法或再辅以过滤将吸附剂从废水中分离出来。静态多次吸附操作复杂,一般用于实验室和小规模处理,或在采用粉末吸附剂时使用。动态连续吸附法是在流动条件下进行吸附,相当于连续进行多次吸附,即在废水连续通过吸附剂填料层时,吸附去除其中的污染物。其吸附装置有固定床、膨胀床和移动床等形式。各种吸附装置可单独、并联或串联运行,按水流方向可分为上向流式和下向流式两种,按承受的压力可分为重力式和压力式两种。得到广泛使用的是固定床吸附系统。

3．离子交换法

离子交换法是借助离子交换剂中的交换离子同废水中的离子进行交换而去除废水中有害离子的方法。该方法的交换过程为:①被处理溶液中的某离子迁移到附着在离子交换剂颗粒表面的液膜中;②该离子通过液膜扩散(简称膜扩散)进入颗粒中,并在颗粒的孔道中扩散而到达离子交换剂交换基团的部位(简称颗粒内扩散);③该离子同离子交换剂上的离子进行交换;④被交换下来的离子沿相反途径转移到被处理的溶液中。离子交换反应是瞬间完成的,而交换过程的速度主要取决于历时最长的膜扩散或颗粒内扩散。

废水处理中使用的离子交换剂分无机离子交换剂和有机离子交换剂两大类。无机离子交换剂有天然沸石和合成沸石等。有机离子交换树脂的种类繁多,主要有强酸阳离子交换树脂、弱酸阳离子交换树脂、强碱阴离子交换树脂、弱碱阴离子交换树脂、重金属选择性螯合树脂和有机吸附树脂等。其中,重金属选择性螯合树脂是为了吸附水中微量金属而研制的,有机吸附树脂的交换容量比普通的离子交换树脂小,但它对有机物有较高的吸附能力。该方法的运行方式有静态运行和动态运行两种。静态运行是在处理水中加入适量的树脂进行混合,直至交换反应达到平衡状态。这种运行除非树脂对所需去除的同性离子有很高的选择性,否则由于反应的可逆性只能利用树脂交换容量的一部分。为了减弱交换时的逆反应,离子交换操作大都以动态运行,即置交换剂于圆柱形床中,废水连续通过床内交换。

4．膜分离技术

膜分离技术是利用薄膜分离水溶液中某些物质的统称,是指在一种流体相内或在两种流体相之间用一层薄层凝聚相物质(膜)把流体相分隔为互不相通的两部分,并能使这两部分之间产生传质作用。以压力为推动力的膜分离技术又称为膜过滤技术,是深度水处理的一种高级手段。膜过滤是一种与膜孔径大小相关的筛分过程,以膜两侧的压力差为驱动力,以膜为过滤介质,在一定压力下,当原液流过膜表面时,膜表面密布的微孔只允许水及小分子物质通过而成为透过液,而原液中体积大于膜表面微孔径的物质则被截留在膜的进液侧,成为浓缩液,因而实现对原液的分离和浓缩的目的。膜分离技术中,分离溶质时一般叫渗析,分离溶剂时通常叫渗透。

根据溶质或溶剂通过膜的推动力不同,膜分离技术可以分为三类:①以电动势为推动力的膜分离技术:电渗析、电去离子和电渗透;②以浓度差为推动力的膜分离技术:扩散渗析和自然渗透;③以压力差为推动力的膜分离技术:压渗析和反渗透、纳滤、超滤、微滤、膜蒸馏、渗透汽化。水处理领域常用的膜分离技术主要是压力差为推动力的微滤、超滤、纳滤和反渗透,其次是以电位差为推动力的电渗析和电除盐。以下简要介绍微滤、超滤、纳滤和反渗透膜分离技术。

(1) 微滤(micro-filtration,MF)又称微孔过滤,它属于精密过滤,其基本原理是筛孔分离过程。微滤膜的材质分为有机和无机两大类,有机聚合物有醋酸纤维素、聚丙烯、聚碳酸酯、聚砜、聚酰胺等。无机膜材料有陶瓷和金属等。鉴于微孔滤膜的分离特征,微孔滤膜的应用范围主要是从气相和液相中截留微粒、细菌以及其他污染物,以达到净化、分离、浓缩的目的。对于微滤而言,膜的截留特性是以膜的孔径来表征,通常孔径范围在 $0.1 \sim 1\mu m$,故微滤膜能对大直径的菌体、悬浮固体等进行分离。

（2）超滤（ultra-filtration，UF）是介于微滤和纳滤之间的一种膜过程，膜孔径在 $0.05\mu m\sim$ 1nm。超滤是一种能够将溶液进行净化、分离、浓缩的膜分离技术，超滤过程通常可以理解成与膜孔径大小相关的筛分过程。以膜两侧的压力差为驱动力，以超滤膜为过滤介质，在一定压力下，当水流过膜表面时，只允许水及比膜孔径小的小分子物质通过，达到溶液的净化、分离、浓缩的目的。

（3）纳滤（nano-filtration，NF）是一种在反渗透基础上发展起来的膜分离技术，纳滤膜的拦截粒径一般为 $0.1\sim 1nm$，操作压力为 $0.5\sim 1MPa$，拦截的分子量为 $200\sim 1000u$，对水中的分子量为数百万的有机小分子具有很好的分离性能。

（4）反渗透（reverse osmosis，RO）是利用反渗透膜只能透过溶剂（通常是水）而截留离子物质或小分子物质的选择透过性，以膜两侧静压为推动力，而实现的对液体混合物分离的膜过程。反渗透具有产水水质高、运行成本低、无污染、操作方便、运行可靠等诸多优点，是膜分离技术的一个重要组成部分。反渗透的截留对象是所有的离子，仅让水透过膜，对 NaCl 的截留率在 98% 以上，出水为无离子水。反渗透法能够去除可溶性的金属盐、有机物、细菌、胶体粒子和发热物质。

膜分离技术的特点：①在膜分离过程中，不发生相变化，能量转化效率高；②一般不需要投入其他物质，可节省原材料和化学药品；③膜分离过程中，分离和浓缩同时进行，这样能回收有价值的物质；④根据膜的选择透过性和膜孔径的大小，可将不同粒径的物质分开，这使物质得到纯化而又不改变其原有属性；⑤膜分离过程，不会破坏对热敏感和对热不稳定的物质，可在常温下分离；⑥膜分离法适应性强，操作及维护方便，易于实现自动化控制。

5.4.5　废水的高级氧化处理技术

由于废水排放量的不断增加，世界面临着巨大挑战和环境危机。传统技术无法实现工业废水"零排放"处理后可回用的优质水。因此，现在的关键挑战是开发改进技术，这些技术不会造成二次污染，同时对环境的社会经济增长更有效率。废水处理需要可持续的技术，通过回收和再利用资源来减少能耗。

高级氧化处理技术（advanced oxidation process，AOPs）是一类可以高效去除难处理有机污染物的可持续性新兴技术。它通过产生强氧化性活性物种将难降解有机物转化为小分子中间体，甚至矿化最终产生对环境和生物没有危害的 CO_2 和 H_2O，可显著提高废水的可生化性。羟基自由基（·OH）和硫酸根自由基（$SO_4^-\cdot$）是 AOPs 体系最常见的活性物种，它们本身的性质不稳定，结构中具有成单原子，所以反应能力非常强，容易对有机物进行攻击，使其结构上发生开环、断键等反应过程，从而让长链有机污染物的复杂程度逐步降低。

高级氧化处理技术的特点如下：①具有较好的应用条件，对废水进行处理的过程中，能够有效对环境进行适应，且在压力、温度等方面受限较少，有较高的便捷性；②环保功能较为显著，在处理废水的过程中应用此技术不会对水体造成二次污染，反而能够对污染水体进行高效率治理，有利于环境保护工作的开展；③氧化优势显著，能够对有机物进行自然降解；④相关设备操作简便，易于维护，且维护成本低；⑤具有较高的适配性，能够与其他技术组合使用，取得更好的效果。

基于·OH 的高级氧化处理技术有 Fenton 法、类 Fenton 法、臭氧氧化法、光催化氧化法、湿式氧化法、超临界水氧化法和电化学氧化法等。其中,臭氧氧化法是以 O_3 为氧化剂的净水技术。臭氧氧化体系存在两种氧化方式:①直接氧化,它是臭氧分子直接与有机污染物反应,选择性较高,难以氧化难降解有机物;②间接氧化,是臭氧在碱、光照或催化剂等存在的条件下,产生强氧化性的羟基自由基,·OH 与有机污染物发生加合、取代、电子转移和断键等反应,能够使污水中的有机污染物氧化降解为小分子物质或直接矿化。值得注意的是,高级氧化处理技术中含有大量组合技术 O_3/UV、O_3/H_2O_2、$O_3/$超声波、$O_3/H_2O_2/UV$、$O_3/$湿式氧化、湿式氧化/超声波氧化等。

基于 SO_4^-·的高级氧化技术其氧化还原电位($E_0 = 2.6 \sim 3.1eV$)与·OH 接近,但是其半衰期为 4s,远高于羟基自由基($10^{-4}s$),可以更高效地去除难降解有机物。过硫酸盐需要借助其他手段进行活化产生·OH 和 SO_4^-·自由基,常用的活化手段有:热活化、过渡金属催化活化、光活化、超声活化、微波活化等。其中,热活化过硫酸盐是指通过热辐射的方式提升反应体系的能量,加速过硫酸盐生成·OH 和 SO_4^-·自由基。它存在热能成本过高,热利用效率较低等问题,所以利用新型能源或者提高热利用效率是热活化过硫酸盐亟待解决的问题。

5.5　环境思政材料

1. 南水北调

五棵松地铁站是北京地铁 1 号线上普通的一站,呼啸而过的列车、熙熙攘攘的人流,都在表明这里与全世界其他繁忙的地铁站并无不同。如果说它有什么特殊的地方,那一定是深埋于站台底 3.67m 处的两条巨大混凝土涵道。在这两条暗涵之内,日夜不息奔涌着千里之外的滔滔汉江水,它们自丹江口水库汇聚而后北上,一路穿过铁路、河流、桥梁、农村、城市,在田野和地下管线中纵横交错,最终流向河湖水库和千家万户。站台上穿梭的人群也许并不知道,他们脚下这项超级工程正在悄然改变着华北平原 40 多座城市、260 多个区县,和连同他们自己在内的 1.4 亿人口的命运。这项超级工程就是我国的"南水北调工程"。

调水工程在人类数千年的文明发展史上并不鲜见,目前在全世界 40 多个国家共有 400 多项调水工程。我国兴修调水工程的历史十分悠久,早在春秋时期,吴国为伐齐就开凿了邗沟;战国末期,秦国蜀郡守李冰在岷江上建成都江堰;秦王嬴政在位时期修建的郑国渠、灵渠;隋朝和元朝时期扩建、翻修的京杭大运河等,都是我国历史上有名的调水工程。中华人民共和国成立后,建成了包括东深供水、引滦入津、引黄济青等在内的数百项调水工程,但无论是在规模、技术难度,还是工程效益方面,这些调水工程都无法与南水北调工程媲美。南水北调这一超级工程是一项真正的世纪工程。1952 年,在中华人民共和国刚刚成立的第三个年头,在抗美援朝战争尚未结束、社会生产尚未完全恢复之际,毛泽东主席在视察黄河时就从国家和民族长远发展的角度提出:"南方水多,北方水少,如有可能,借点水来也是可以的"。这是我国南水北调宏伟构想的首次提出。

但受限于当时我国的经济实力和技术水平,这一伟大构思只开展了前期论证,而并未真正付诸建设实践。2002 年 12 月 23 日,经过我国领导人和科学家半个世纪的精细调研、缜密论证和科学决策,国务院正式批复了《南水北调总体规划》。按规划,南水北调工程包括西、中、东三条线路,分别从长江上、中、下游取水。东线工程以长江下游扬州江都水利枢纽为起点,利用京杭大运河及与其平行的河道逐级提水北送,到东平湖后再分东、北两支线,东线经胶东输水干线输水到青岛、烟威地区,而北线则穿黄河到天津,规划调水规模 148 亿 m^3。中线则从丹江口水库引水,通过开挖渠道,在郑州以西李村附近穿黄河,而后沿京广铁路西线自流到北京、天津,规划调水规模 130 亿 m^3,工程分两期建设。西线工程主要解决青海、甘肃、宁夏、内蒙古、陕西、山西等黄河中上游地区和渭河关中平原的缺水问题,目前具体方案正在深入研究论证中。总体规划一经批复即进入了紧张的施工阶段。

2002 年 12 月 27 日、2003 年 12 月 30 日南水北调东线和中线一期工程分别开工建设。经过数十万建设者十多年的艰苦奋战,南水北调东线和中线一期工程分别于 2013 年 11 月 15 日、2014 年 12 月 12 日如期建成通水。至此,这项经历了半个多世纪的世界级调水工程,终于从伟人脑海中的构思变成了助推大国崛起、民族复兴的战略性基础设施。

在建设南水北调这一伟大工程的过程中,涌现出许多可歌可泣的时代英雄,也塑造出伟大的精神丰碑——南水北调精神。南水北调精神是在党领导广大人民群众建设南水北调工程中形成的,既是中国精神的生动体现,又是对中国精神内涵的进一步丰富,是国家和民族宝贵的精神财富。南水北调精神概括起来就是:“人民至上、协作共享的国家精神,艰苦奋斗、创新求精的工程建设精神,顾全大局、爱国奉献的移民精神,忠诚担当、攻坚克难的移民工作精神”。南水北调精神彰显了共产党人牢记初心使命,造福人民的决心和成就;彰显了社会主义国家的风貌与实力;彰显了中华民族国家至上的道德传统与强大凝聚力;彰显了社会主义核心价值观的内涵与力量。南水北调工程不仅是迁安地、途经地人民和建设者的贡献和付出,也是全国人民共同奋斗、协作支持的结果。南水北调精神是我们共有的精神财富,是中国精神的重要组成部分。

2. 长江大保护

作为世界第三、中国第一大河,长江孕育了灿烂的中华文明,是中华民族的母亲河,是中华民族发展的重要支撑。长江的流域面积约 180 万 km^2,约占我国国土面积的 18.8%。长江流域横跨我国华东、华中和西南三大区,2017 年流域总人口 4.59 亿,占全国的 33%,城镇化率达到 49%。流域人口密度较高,约为全国平均人口密度的 1.8 倍。长江流域山水林田湖草浑然一体,是我国重要的生物基因宝库。长江流域分布有众多的国家级生态环境敏感区,是我国重要的生态安全屏障区。长江流域是实施能源战略的主要基地和重要的粮食生产基地。长江流域是我国水资源配置的战略水源地。每年长江供水量超过 2000 亿 m^3,支撑流域经济社会供水安全。通过南水北调、引汉济渭、引江济淮、滇中引水等工程建设,惠泽流域外广大地区,保障供水安全。长江是联系东中西部的“黄金水道”,是长江经济带发展、长江三角洲一体化发展等国家战略的重要依托,是连接丝绸之路经济带和 21 世纪海上丝绸之路的纽带,集沿海、沿江、沿边、内陆开放于一体,具有东西双向开放的独特优势,在我国经济社会发展中具有重要地位。

长江是中国的经济支撑、战略枢纽、生态屏障、物种宝库、清洁能源基地和战略水源地,是中华民族的文化源流,为国家崛起强盛、民族走向复兴做出了无法取代的巨大贡献。但是,长期粗放、低环保的发展方式透支了长江的自净能力和资源环境承载能力,长江生态环境面临严峻挑战,如果现在不及时采取治理修复措施,长江生态环境将会持续恶化和受损,未来面临的问题将会更多、更复杂、更严重,治理修复的难度将会更大,付出的代价也将会更高。

习近平总书记近年来提出对长江经济带要"共抓大保护、不搞大开发",这既是中国进入以经济高质量发展为基础的新时代的客观要求,也是解决长江经济带在以往几十年大开发中积攒的许许多多问题的基本方针。"共抓长江大保护"是党中央为国家发展计、为民族复兴计、为子孙后代计所做出的重大决策,是兴国安邦、利国利民的重大举措,是立足长江、惠及全国、影响世界的重大战略部署,是值得全民族、全社会为之思考探索、为之奋斗实践的历史伟业,将改变中国、影响世界。

根据习近平总书记关于"共抓长江大保护"的一系列重要指示精神,按照中央决策部署,中国长江三峡集团公司在国家发展和改革委员会指导下,在长江沿线4个试点城市进行了3年多的"共抓长江大保护"先行先试,在探索实践中逐步深化了对"共抓长江大保护"有关重大关键问题的思考与认识。长江的生态环境问题"病状在水里、病灶在岸上、病根在结构",其背后是长江流域水生态、水环境、水资源、水安全、水动能等全系统和山水林田湖草等全要素的统筹治理,是上游的江库、中游的江湖、下游的江海3段生态系统的分类施策,是长江经济带人居、产业、生态3个空间的科学重构,是生态优先绿色发展、治理保护与高质量发展同步实施的生态文明发展范式的具体实践。

长江是中华民族可以触碰感受的民族情感,是观察中国发展历程的重要窗口,是奔腾不息的自然历史传承,也是波澜壮阔的国家前进脚步。没有源远流长的长江,就没有中华民族悠久灿烂的历史;没有富饶慷慨的长江,就没有中华民族富强崛起的当下;没有健康美丽的长江,就没有中华民族走向复兴的未来!长江向何处去,中国就将向何处去;我们怎样对待长江母亲河,世界就将怎样看待中国。进入新时代,当习近平总书记庄严提出要共同守护好长江母亲河,"共抓长江大保护"时,我们应当深刻地认识到,我们守护的不仅是长江的"流金淌银""横贯东西""辐射南北""通江达海",还应当有"一江碧水绵延千里、绿水青山两岸猿声"。长江不仅是不可再生的宝贵自然财富,也是中华民族共同的永久精神家园。对于一条养育了中华民族几千年,支撑中国发展崛起强大的母亲河,我们的责任就是治理修复她、保护珍惜她、健康美丽她,用一条生机勃勃的长江去支撑中国实现更高层次的绿色高质量发展,这是我们全民族的光荣使命和神圣职责!

本章扩展思政材料

思考题

1. 颗粒在水中的沉淀类型及其特征如何?

2. 含铬废水有哪些处理方法?(最少写出三种)

3. 什么叫化学沉淀法?在水处理中主要去除哪些物质?

4. 在活性污泥法基本流程中,活性污泥法由哪些部分组成?并说明每一部分的作用。

5. 废水处理系统按处理程度废水可分为哪些?废水处理技术原理又可分为哪些?

固体废物污染与控制

6.1 固体废物概况

人们生产和生活中会产生大量固体废弃物,俗称"垃圾"。它来自人类生产和生活活动的许多环节,来源极为广泛,种类极为复杂。在人类的生产与消费中或之后,所有投入经济体系的物质仅有 10%~15% 以建筑物、工具和奢侈品的形式积累起来,其余部分最终都将变成废弃物。目前,全世界每年产生数十亿吨工业固体废物和数亿吨危险废物,放射性废物的产生量也在逐年上升。大量堆置的固体废弃物,在自然条件作用下,其中的一些有害成分会进入大气、水体和土壤中,在生态系统的循环之下,有些污染物质还会在生物机体内积蓄和富集,通过食物链影响到人体健康,因而具有潜在的、长期的危害性,对人类健康造成不好影响,成为当今人类社会的四大公害之一,对于固体废物污染的科学处理与处置是目前急需解决的问题。

6.1.1 固体废物概念

固体废物(solid waste)是指在生产、生活和其他活动中产生的丧失原有利用价值或者虽未丧失利用价值但被抛弃或者放弃的固态、半固态和置于容器中的气态的物品、物质以及法律、行政法规规定纳入固体废物管理的物品、物质。

固体废物不同于废水和废气,它具有以下特点:

1. 固体废物的特殊性

由于固体废物的呆滞性大,扩散性小,对环境的影响主要是通过水、气和土壤进行。固体废物是大气、水体和土壤污染的最终形态,也是这些环境污染的源头。例如,一些有害气体或者飘尘,通过治理,最终富集成为废渣;有害溶质和悬浮物,通过治理,最终被分离成污泥和残渣;一些含重金属的可燃固体废物,通过焚烧处理,有害重金属浓集于灰烬中。这些最终形态物质中的有害成分,在长期的自然因素作用下,又会转入大气、水体和土壤,成为环境污染的源头。

2. 固体废物的资源性

从充分利用自然资源的观点来看,所有被称为"废物"的物质,都是有价值的自然资源,可以通过各种方法和途径使之得到充分利用。今天被我们称为"废物"的物质,只是由于受到技术或者经济等条件限制,暂时还无法加以充分利用。"废物"有"放在错误地点的原料"之称,如今许多国家已经把固体废物视为"二次资源"或"再生资源",把利用废物代替天然资源作为可持续发展战略中的一个重要组成部分。

3. 固体废物的潜在性、长期性

固体废物对环境的影响主要是通过水、气和土壤进行,其中污染成分的迁移转化,如浸出液在土壤中的迁移,是一个比较缓慢的过程,其危害可能在数年甚至数十年后才能被发现。

6.1.2 固体废物来源与分类

固体废物的来源可分为两类:一类是生产过程中产生的废物,称为生产废物;另一类是产品进入市场后在流动过程中或使用消费后产生的固体废物,称为生活废物。表 6-1 列出了从各类发生源产生的主要固体废物。固体废物的分类方法很多,按照化学性质可以分为有机废物和无机废物;按照危害性可以分为一般废物和危险废物;按其形状可分为块状、粒状、粉状和半固体状;按照来源可以分为矿业废物、工业废物、城市垃圾、农业废物以及放射性废物等。从固体废物管理的需要出发,将固体废物分为一般废物、固体废物和危险废物三类,见图 6-1。

表 6-1 各类发生源产生的主要固体废物

固体废物发生来源	产生的主要固体废物
矿山开采及选矿	废矿石、尾矿、金属、砖瓦灰石、废木等
冶金、交通、机械、金属结构等	金属、矿渣、砂石、模型、陶瓷、边角料、涂料、管道、绝热绝缘材料、黏结剂、塑料、橡胶、烟尘
煤炭	矿石、木料、金属
食品加工	肉类、谷物、果类、菜蔬、烟草
橡胶、皮革、塑料等	橡胶、皮革、塑料、纤维、布、染料、金属等
造纸、木材、印刷	刨花、锯末、碎木、化学药剂、金属材料、塑料、木质素等
石油化工	化学药剂、金属、塑料、橡胶、陶瓷、沥青、油毡、石棉、涂料等
电器、仪器仪表类	金属、玻璃、木材、橡胶、塑料、化学药剂、研磨料、陶瓷、绝缘材料
纺织服装业	布头、纤维、橡胶、化学药剂、塑料、金属
建筑材料	金属、水泥、黏土、陶瓷、石膏、石棉、砂石、纸、纤维
电力工业	炉渣、粉煤灰、烟尘
居民生活	食物垃圾、纸屑、布料、木料、植物修剪物、金属、玻璃、陶瓷、塑料、燃料、灰渣、碎砖瓦、粪便、杂品
商业机关	管道、碎砌体、沥青及其他建筑材料,废污车、废电器、废器具,含有易燃易爆、腐蚀性、放射性的废物,以及类似居民生活区内的各种废物
市政维护、管理部门	碎砖瓦、树叶、死畜禽、金属锅炉灰渣、污泥等
农林	作物秸秆、蔬菜、水果、果树枝物、糠秕、落叶、废塑料、人畜粪便、农药、家禽羽毛等
水产	腐烂水产品、水产加工业污水、添加剂等
核工业、核电站、放射性医疗单位、科研单位	金属、含放射性废渣、粉尘、污泥、器具、劳保用品、建筑材料
医院、医疗研究所	塑料、金属器械、粪便及类似于生活垃圾等废物

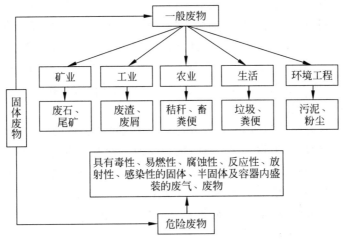

图 6-1　固体废物分类示意

6.1.3　固体废物的污染途径及危害

1. 固体废物的污染途径

固体废物在一定条件下会发生物理、化学或生物的转化,对周围环境造成一定影响,若处理与处置的方法不对,其有害成分可通过环境介质,大气、土壤或水体等间接进入人体,造成健康危害。固体废物污染途径如图 6-2 所示。

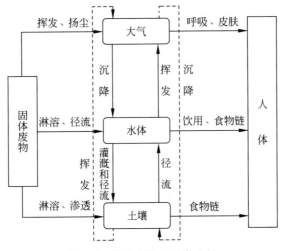

图 6-2　固体废物的污染途径

2. 固体废物的危害

固体废物是环境的重要污染源之一,除了对环境直接污染外,还常以水、大气和土壤作为媒介污染环境。固体废物若不妥善处理将对环境造成潜在的极大危害,一旦形成污染则需要大量的资金和技术投入并且很难彻底恢复。目前,固体废物的污染主要表现为以下几个方面:

1)对土壤环境的危害

堆放的固体废物如果没有适当防渗措施的填埋会严重污染处置地的土壤。因为固体废物中的有害物质经过风化、降水浸淋及地表径流侵蚀等作用,所产生的有毒液体使土壤酸化、碱化或受到严重污染,杀害土壤中的微生物,破坏土壤微生物的生存环境,大大降低土壤的腐解能力,导致田地废弃而无法耕种。此外,进入土壤中的有害物质通过食物链可以在植物体内累积并进入人体,从而危害人体健康。例如,20 世纪 80 年代,我国内蒙古包头市的某尾矿堆积如山,造成下游大片土地被污染,使一个乡的居民被迫搬迁。

2) 对水体环境的危害

固体废物不但含有病原微生物,在堆放过程中还会产生大量的酸性和碱性有机污染物,是有机物、重金属和病原微生物"三位一体"的污染源。含有毒有害的固体废物直接倾入水体或不适当堆置而受到水淋或被水浸泡,使固体废物中的有毒有害成分浸出进入水体而引起水体污染,其渗滤液进入地下从而导致地下水污染。例如,20 世纪 50 年代,我国辽宁省锦州市某厂的铬渣露天堆放,雨水浸淋,正六价的铬渗入地下导致 $20km^2$ 的水质受到污染,使得 1800 眼的农村井水不能饮用。

固体废物污染水体的主要途径:

① 废物经雨水进入江、河、湖、海,污染地表水。

② 废物中的有害成分经渗滤水进入土壤后再进入地下水,污染地下水。

③ 固体废物中较小的颗粒随风飘落到地表水上,污染地表水。

3) 对大气环境的危害

固体废物堆积因化学分解产生有毒有害气体、病原菌、各种粉尘,在大风吹动下会随风飘散到远处,有害成分挥发严重污染大气环境;另外,固体废物在收集和运输过程中产生的二次污染和焚烧过程中的二次污染也是加剧大气污染的重要原因。固体废物焚烧和堆放产生的有害粉尘,一旦进入人体便会引起各种疾病。例如,垃圾焚烧会产生二噁英;动物粪便露天会散发臭味;煤矸石自燃会散发大量的二氧化硫。辽宁、山东、江苏三省的 112 座矸石堆中,自燃起火的有 42 座,其中排放出大量的二氧化硫导致严重污染大气。

4) 侵占土地

固体废物堆放需要占用大量土地。据估算每堆积 10000t 废物约占 $667m^2$ 土地,随着我国经济发展和消费水平的提高,城市垃圾收纳场地日益不足,垃圾与人类争夺土地资源的矛盾日益尖锐。

6.2　固体废物处理与处置技术

6.2.1　固体废物处理处置原则

固体废物处理处置原则是无害化、减量化和资源化。

1) 固体废物无害化

固体废物无害化处理是将固体废物通过物理、化学或生物的方法,进行无害或低危害的安全处理与处置,达到对废弃物的消毒、解毒、稳定化或固定化的目的,防止并减少固体废物污染的危害。例如,垃圾焚烧、卫生填埋、堆肥、粪便的厌氧发酵、有害废物的热处理和解毒处理等,使其对环境不产生污染,并且不再危害人体健康。

2）固体废物减量化

固体废物减量化处理是通过适当的技术，在源头和末端两方面进行减量，最终达到减少固体废物数量和体积的目的。一方面是在废物产生之前，通过改革生产工艺技术、产品、设计和包装等措施减少固体废物的排出量；另一方面，对已经产生的固体废物实施减量，例如，对固体废物的分选、压缩、焚烧等加工工艺。

3）固体废物的资源化

固体废物资源化处理是指采取管理和技术措施，从固体废物中回收有用的物质和资源。通过资源化可以回收有用的物质和资源，减少原生资源的消耗，节省成本，减少固体废物的排放量、运输量和处理量，从而减少环境污染。同时固体废物资源化也是固体废物最为有效的无害化和减量化的途径，因而是最有前途的固体废物处理与处置技术。

6.2.2　固体废物处理

固体废物处理是指通过物理、化学和生物等方法，使固体废物的存在形式发生转化、资源化利用以及最终处置的一种过程。物理处理法包括压实、破碎、分选、沉淀和过滤等，其主要用于固体废物的预处理；化学处理法包括焚烧、熔烧热解以及溶出等；生物处理法包括好氧分解和厌氧分解等处理方式。

1. 固体废物的预处理

固体废物在运输、处理、利用和处置前，为了满足下一道工艺或后续工艺方面的要求，或者提高工艺效果的需要，常需要对其进行预处理。预处理的目的是方便废物后续的资源化、减量化和无害化处理与处置操作。预处理是以机械为主的固体废物处理方法，其主要的预处理技术有破碎、压实、分选、脱水与干燥等。

1）破碎

破碎是利用外力破坏物体内部的凝聚力，将大块的固体废物分裂成小块的过程。将小块固体废物颗粒分裂成细粉的过程为磨碎。破碎是所有固体废物处理方法中必不可少的预处理工艺，其方法有干式、湿式和半湿式破碎三类。几种常见的固体废物的破碎方法如图 6-3 所示。

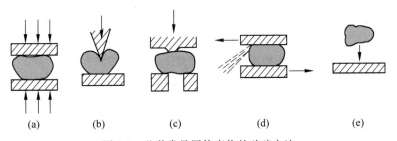

图 6-3　几种常见固体废物的破碎方法

（a）压碎；（b）劈碎；（c）折断；（d）磨碎；（e）击碎

2）压实

压实又称压缩，是一种采用机械方法将固体废物中的空气挤压出来，减少其空隙率和固体表面积的过程。压实可以减少体积增加容重，以便于装卸和运输从而降低运输成本，也可以制作高密度惰性块料，便于储存填埋或作为建筑材料使用。几种常见的固体废物压实器如图 6-4 所示。

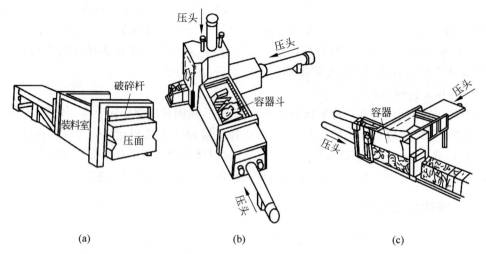

图 6-4　几种常见的固体废物压实器示意

（a）水平压实器；（b）三向垂直压实器；（c）回转式压实器

3）分选

固体废物分选简称废物分选，是废物处理的一种方法，其目的是将固体废物中各种可回收利用的废物或不利于后续处理工艺要求的废物采用适当的技术将其分离出来。

固体废物的分选技术可概括为人工分选和机械分选。

（1）人工分选是在分类收集的基础上主要回收纸张、玻璃、塑料、橡胶等物品，人工分选识别性强，可用于机械方法无法分开的固体废物。虽然人工分选的工作劳动强度大、卫生条件差，但在目前尚无法完全被机器代替。

（2）机械分选可根据物料的性质（粒度、密度、磁性、电性、光电性等）差异，将机械分选方法分为筛选、重力分选、磁力分选、电力分选。

① 筛选：利用固体废物的粒度差异在固体废物经过筛网时分离物料的工艺过程。

② 重力分选：根据固体废物中不同物质颗粒间的密度差异，在运动介质中利用重力、介质动力和机械力的作用，使颗粒群产生松散分层和迁移分离，从而得到不同密度产品的分选过程。

③ 磁力分选：简称磁选，是利用固体废物中各种物质的磁性差异，在不均匀磁场中进行分选的方法。其目的有两种，一回收废物中的黑色金属物，二在某些工艺中去除铁质物质。

④ 电力分选：利用固体废物中各种组分在高压电场中电性的差异而实现分离的一种方法。

4）脱水与干燥

（1）脱水。固体废物的脱水主要用于废水处理厂排出的污泥及某些工业企业排出的泥状废物的处理，将泥状物或泥浆物中的水排出脱水，可达到减容从而便于运输。

（2）干燥。当固体废物经破碎分选之后所得的物料需进行能源回收或焚烧处理时，必须进行干燥处理。

2．固体废物处理技术

1）浮选技术

浮选技术是根据不同物质被水润湿程度的差异而对其进行分离的过程。物质被水润湿的程度就是物质的润湿性。浮选其原理是由于物质的天然可浮性差异较小，利用能产生大量气泡的表面活性剂（起泡剂）扩大不同组分可浮性的差异，再通入空气形成无数细小气泡使目的颗粒黏附在气泡上并随气泡上浮于液体表面，成为泡沫层后，取出泡沫产品。不上浮的废弃颗粒仍留在浆液内，通过适当处理后废弃，从而达到物质分离的目的。

2）固化技术

固化技术是一种利用添加剂改变废物工程特性（如渗透性、可压缩性和强度等）的过程。固化可以看作一种特定的稳定化过程。

其目的是使固体废物中的污染物呈化学惰性或者被包容起来，以便于运输、填埋、储存或用作建筑基材。理想的固化体应该具有良好的抗渗透性和抗浸出性，具有足够的机械强度、抗干和抗冻融性。固体废物的固化方法一般有水泥固化、塑料固化、水玻璃固化和沥青固化。

3）中和处理技术

中和处理技术是采用适当的中和剂与固体废物中呈酸性或碱性的物质发生中和反应，使之接近中性，以减轻固体废物中有害成分对环境的危害。

4）氧化还原技术

氧化还原技术是通过氧化或还原反应，将固体废物中易被氧化或还原的某些有毒、有害成分转化为无毒或低毒，且具有稳定化学性质的成分，以便进行无害化处置或资源回收。

5）化学浸出技术

化学浸出技术是选择合适的化学溶剂（如酸、碱、盐溶液等）与固体废物发生作用，使固体废物中有用组分发生选择性溶解，然后进一步回收利用的处理方法。

6）焚烧处理技术

焚烧处理技术是对固体废物进行高温热处理的一种方式，在高温条件下固体废物中的可燃物质与过量的空气在焚烧炉内发生化学反应释放出大量热量，并最终转化为高温气体和少量性质稳定的固体残渣。由于焚烧法处理固体废物减量化效果明显、无害化程度彻底等优点，焚烧处理已成为城市生活垃圾和危险废物处理的基本方法，同时在对其他固体废物的处理中也得到越来越广泛的应用。

7）堆肥化技术

堆肥化技术是利用微生物在一定条件下对有机物进行氧化分解的过程。可根据微生物生长环境将堆肥分为好氧堆肥和厌氧堆肥两种。

（1）好氧堆肥是在有氧条件下依靠好氧微生物的作用进行的生物处理过程。有机物的好氧堆肥分解如图 6-5 所示。

（2）厌氧堆肥又称厌氧发酵技术，是在特定的厌氧条件下，微生物将有机废物中的有机质分解，其中一部分含碳物质转化为甲烷和二氧化碳的过程。有机物的厌氧发酵经水解酸化、产氢产乙酸和产甲烷三个过程，物态变化经历液化、酸化和气化三个过程。厌氧发酵的影响因素有原料配比、温度和 pH。

由于好氧堆肥具有发酵周期短、无害化程度高、卫生条件好、易于机械化操作等优点，所

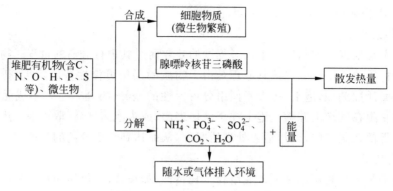

图 6-5　有机物的好氧堆肥分解

以现代化的堆肥生产一般采用此工艺。

6.2.3　固体废物处置技术

固体废物的处置指将固体废物焚烧和用其他改变固体废物的物理、化学、生物特性的方法,达到减少已产生的固体废物数量,缩小固体废物体积,减少或者消除其危险成分的活动,或者将固体废物最终置于符合环境保护规定要求的填埋场的活动。固体废物的处置是为了固体废物最大限度地与生物圈隔离,解决固体废物最终归宿而采取的措施,固体废物的处置是固体废物污染处置的最终环节。

固体废物即使经过再现代化的处理方式也会留下大量无法利用或处理的固体废弃物,它们的存在可能会给环境带来巨大的危害,这些无法处理或利用的固体废物中可能含有各种有毒有害的成分,并且自行降解的能力非常差,且长期存在环境之中,所以我们需要对这些固体废物进行安全、可靠的处理。

固体废物的处置可分为海洋处置和陆地处置两大类。海洋处置主要为海洋倾倒和海上焚烧。陆地处置包括土地耕作、土地填埋和深井灌注等。

1. 海洋处置

1)海洋倾倒

海洋倾倒是将固体废物直接投入海洋的一种方法。海洋倾倒的依据是海洋具有极大的容量和对污染物的稀释能力。进行海洋倾倒时需要根据有关的法律规定,并且选择适宜的处理场地,结合处理区域的海洋学特性、海洋保护水质标准、处置废弃物的种类及倾倒方式,进行技术分析和经济分析,最终按照设计的倾倒方案进行投弃,以防海洋受到污染。

2)海上焚烧

海上焚烧是利用焚烧船将固体废物运至海洋深处处置区进行船上焚烧的处置方法。这种技术适用于处置易燃性废物,如含氯的有机废弃物。废物焚烧后产生的废气通过净化装置与冷凝器,冷凝液排入海中,气体排入大气,残渣倾入海洋。海上焚烧的优点是空气净化工艺较陆地焚烧简单,焚烧的残渣可直接投海,处理费用比较低。

2. 陆地处置

1)土地耕作

土地耕作利用表层土壤的离子交换、吸附、微生物降解以及渗滤水浸出、降解产物的挥发等综合作用机制处理固体废物的方法。该技术工艺简单、费用适宜、设备易于维护、对环境影响很小、能够改善土壤结构、增长肥效，主要用于处置含盐量低、不含毒物、可生物降解的有机固体废物。

2）土地填埋

土地填埋具有工艺简单、成本较低的优点，适用于处置多种类型固体废物，是固体废物最终处置的一种主要方法。土地填埋固体废物既可处置固体废物又可覆土造地，它是从传统堆放和田地处置发展起来的一项处置技术。填埋处理选择废矿坑、废黏土堆、废采石场等地最为适宜，填埋后的土地又可重新作为停车场、游乐场、高尔夫球场等。

土地填埋处置种类有很多，采用的名字也不相同。土地填埋场根据结构可分为衰竭型和封闭型填埋场；按不同的填埋地形特征可分为山谷型、坑凹型和平原型填埋场；根据填埋场中废物的降解机理还可将其分为好氧型、准好氧型和厌氧型填埋场。目前我国普遍采用的就是厌氧型填埋场。按法律可分为卫生填埋和安全填埋等。随填埋种类的不同，其填埋场的构造和性能也有所不同。

填埋场的构造主要包括废弃物堆、雨水排水系统、释放气体处理系统、入场管理设施、入场道路、环境监测系统、灰尘飞散防止设施、防灾措施、办公管理地、隔离设施等。其技术关键是填埋场的防渗漏系统，以保证废物永久安全地与周围环境隔离。

（1）卫生填埋：卫生填埋法是将废物运到土地填埋场并在限定的区域内铺撒成一定厚度的薄层，然后压实，减少废物的体积，之后用一层土壤覆盖并压实。压实的废物和土壤覆盖共同构成一个单元，具有类似高度的、相互衔接的填埋单元构成一个填埋层，填埋场通常由若干个填埋层所组成。卫生填埋场剖面示意如图 6-6 所示。卫生填埋法始于 20 世纪 60 年代，随后逐步在工业发达国家推广应用，并在实际运用过程中不断发展完善。卫生填埋适用于处置一般固体废物，用卫生填埋来处置城市垃圾不仅操作简单、施工简单、费用低廉，还可同时回收甲烷气体。在进行卫生填埋场地的选择时应着重考虑防止渗出液的渗漏、降解气体的释放、臭味和病原菌以及场地开发利用等几个主要问题。卫生填埋处置一般固体废物，可以使其不再对公众健康及安全造成危害。

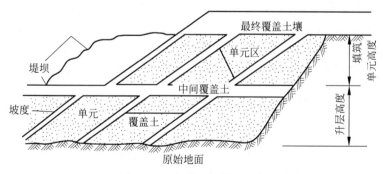

图 6-6　卫生填埋场剖面示意

（2）安全填埋：安全填埋是对卫生填埋的进一步改进，对场地建造要求更严格，主要用来处置危险废物。安全填埋的填埋场必须设置人造或天然衬里；最下层的填埋场要位于地下水位之上，要采取适当措施控制和引出地表水，要配备渗滤液收集、处理及监测系统，采用覆盖材料或衬里控制可能产生的气体，防止气体逸出；要记录所处置废物的来源、性质、数量,且对不相容的废物分开处置。安全土地填埋场示意如图 6-7 所示。

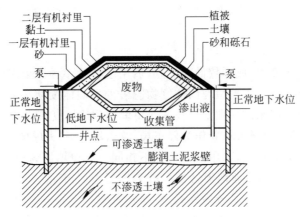

图 6-7　安全填埋场示意

3）深井灌注

深井灌注是指把液状废物注入地下与饮用水和矿脉层隔开的可渗透性岩层中。一般废物和有害废物都可采用深井灌注方法处置。在深井灌注处置前需将废物液化,形成真溶液、乳浊液或悬浮液。深井灌注处置系统要求在适宜的地层条件,并确保废物同岩层间的液体以及岩层本身相容。该法只能用来处置那些难破坏、难转换、不能采用其他方法处理处置的废物,或者采用其他方法费用昂贵的废物。

6.3　常见固体废物的处理处置与资源化

固体废物是工业生产和加工过程中排入环境的各种废渣、污泥、粉尘等,其中以废渣为主。工业固体废物数量大、种类多、成分复杂、处理困难,工业固体废物虽然不像废气、废水扩散性和迁移性大,但它占用大量土地堆放,浪费土地资源。另外它还能通过各种途径污染大气、水体、土壤和生物环境,危害人体健康。但工业固体废物具有既是废物又可作原料的两重性,某一过程的废物往往是另一过程的原料,又有"放在错误地点原料"之称。工业固体废物的综合利用是防止其对环境污染的最根本的方法,综合利用就是通过回收、加工、循环使用等方式,从工业固体废物中提取或直接使其转为可以利用的资源、能源和其他材料。

6.3.1　城市垃圾的处理处置与资源化

1. 城市垃圾

城市垃圾是指城市日常生活或者为城市日常生活提供服务的活动中产生的固体废物,以及法律、行政法规规定视为城市垃圾的固体废物。城市垃圾的成分复杂,大致可分为有机物、无机物,或可回收废品、不可回收废品。属于有机物的垃圾主要包括包装垃圾、厨余垃圾和动植物的废物;属于无机物的垃圾主要为炉灰、碎瓦砖等;可回收的废品主要为金属、橡胶、塑料、废纸、玻璃等。

近年来,城市垃圾产量在剧增的同时,垃圾的构成比也发生了很大变化。城市中家庭燃料构成已从过去用煤、木炭改为用煤气,电力垃圾中占很大比例的炉渣大为减少。许多国家城市居民的日常食品改为冷冻、干缩、预制的成品和半成品,家庭垃圾中的有机物,如瓜皮、果核等大为减少。而各类纸张或塑料包装物、金属玻璃器皿以及废弃家用电器等产品大大增加,详见表 6-2。

表 6-2　城市垃圾分类

分 类 项 目		具 体 实 例
可燃垃圾	厨房垃圾	剩饭、食用废油、做饭剩下的残渣(蔬菜残渣、毛豆的根叶、玉米皮、肉的骨头、蛋的壳、贝壳、米糠)等
	废纸	废纸、手纸、烟盒壳、复写纸等
	包装纸	装糕点的袋、箱等一部分成为产品的东西,另外购买这些产品时在店里使用的箱子、包装纸等
	纸盒	牛奶、饮料等的纸盒
	纸尿布	包括生理用品
	废木材	废木材、方便筷子、软木瓶塞、竹条、庭院里的树木、枯叶、插花
不燃垃圾	塑料类	购物时用的袋、装糕点用的袋、各种保鲜纸、塑料盘子类、泡沫等苯乙烯类、各种酸奶饮料容器类、各种成形的玩具、绳、网类
	橡胶皮革等	鞋、拖鞋、皮带、包
	其他不能燃烧的垃圾	陶器类、焚烧后的灰、喷雾罐头、油瓶、很脏的瓶、平板玻璃等不能燃烧的东西
资源垃圾	纸类	新闻广告	报纸、传单等
		杂志类	杂志类
		厚纸	厚纸、装餐巾纸的纸盒
	纺织品	汗衫、裤子、裙子、毛衣、风衣、外套等(材料多是布、也包括其他)、毛线残渣、破布
	瓶类	瓶类(可以回收再利用的瓶子)	啤酒瓶、饮料瓶、1kg 容量的瓶子、牛奶瓶、装醋的瓶子等、在卖酒、卖牛奶的店可以换取的瓶子
		杂瓶类	营养饮料瓶子,果酱瓶子,不进行加工处理不能利用的瓶子
	金属类	不锈钢罐	用于饮料、食品等的罐、能用吸铁石吸起来的罐
		铝合金罐	装啤酒、饮料等的罐、不能用吸铁石吸起来的罐
		铁类	锅、浅平锅等用吸铁石能吸起的东西
		非铁类	铝合金锅、铜锅、铝箱等用吸铁石不能吸起来的东西
其他	含水银的东西	干电池、日光灯管子、体温表、镜子
	复制品	塑料和玻璃、布和金属等用 2 种以上材料做成的产品(暖瓶、伞等)
	其他	以上没有记入的东西(干燥剂、方便取暖袋、吸尘器的垃圾、家畜的粪便)

2. 城市垃圾的预处理

城市垃圾的处理原则首先是无害化,处理后的垃圾化学性质稳定,病原体被杀灭,要达到我国无害化处理暂行卫生评价标准的要求。处理后将其作为二次资源加以利用。预处理的主要措施有筛分、破碎、浮选、磁选、风力分选、磁流体分选、静电分选和加压分选等。

3. 城市垃圾的最终处理

城市垃圾的最终处理方法有焚烧、卫生填埋、堆肥和蚯蚓床等。

1）焚烧

焚烧是指垃圾中的可燃物在焚烧炉中与氧进行燃烧氧化,其中碳、氢、硫等元素与氧进行化学反应,释放出热量的同时产生烟气和固体残渣。优点是可迅速大幅度地减少可燃性废物的容积,一般垃圾经焚烧后其体积减小 85%～95%,质量可减少 70%～80%,高温还能彻底消除有害细菌和病毒,破坏毒性有机物,另外焚烧还具有周期短、占地面积小、选址灵活、燃烧的热量可用来发电等。缺点是对垃圾热值有一定要求,焚烧法一次性投资大、运行费用高、管理和维修水平较高、焚烧产生的废气若处理不当很容易对环境造成二次污染。

我国垃圾处理手段传统上以堆肥处理、填埋处理为主,在科学技术广泛应用的背景下,垃圾焚烧发电处理技术的优势逐渐凸显,不仅能够有效处理城市垃圾,同时还能为社会群众提供电力能源,其主要有炉排焚烧技术、热解炉焚烧技术、流化床焚烧技术等。

2）卫生填埋

卫生填埋是在科学选址的基础上,采用必要的场地防护手段和合理的填埋场结构,最大限度地减缓和消除垃圾对环境,尤其是对地下水污染的技术。填埋过程是一层垃圾、一层土交替进行,又称为夹层填埋法。从横断面来看,垃圾和沙土相互填埋,既可防止垃圾飞散和降雨的流失,又可防蚊、蝇等害虫滋生,以及臭气的溢出和火灾的发生。

3）堆肥

堆肥可能是最古老的废物处置方法,堆肥处理是将垃圾中的有机物,主要是生物有机质与一定比例的原无机物混合在一起,一定条件下并在自然界广为分布的细菌、放线菌、真菌等微生物的作用,其可降解的成分转化为稳定的腐殖质,将其中的有机可腐物转化为土壤可接受且迫切需要的有机营养物,为农业提供适当的腐殖土,解决土壤板结问题,并维持了自然界物质的良好循环,基本实现垃圾的无害化、资源化、变废为宝,具有很好的前景。但由于堆肥中的陶瓷、玻璃等废物产生危害同时造成农业作业的不安全,最重要的是垃圾堆肥的肥效低,难与化肥抗衡,堆肥产品无市场。

4）蚯蚓床

利用蚯蚓处理城市垃圾目前已成为世界各国比较感兴趣的课题之一,具有投资少、见效快、无污染的特点。蚯蚓的消化力极强,它的消化道分泌蛋白酶、脂肪分解酶、纤维素酶、甲壳酶、淀粉酶等各种酶,而且在蚯蚓的消化道内有大量细菌、霉菌、放线菌等微生物共生,分解消化有机垃圾的能力很强,除金属、玻璃、塑料、橡胶外,几乎所有的有机物都可被它消化。蚯蚓粪也是很好的有机肥料,肥效与原垃圾相比有明显的提高,此肥养分全、肥效长、无臭、多孔、呈团粒结构,具有化学肥料不能相比的优点,可作为花草、绿化树木、乡村蔬菜和农作物等的肥料资源。蚯蚓体内的蛋白质含量与鱼肉相当,是医药和化工的重要原料之一,也是畜禽和水产养殖的优良饲料。蚯蚓死亡后,若在高温条件下,能产生一种自溶酶,将自己的身体分解为液体,其死后没有踪迹,发展蚯蚓养殖是处理城市垃圾化害为利的有效措施之一,应大力推广。

6.3.2 飞灰的处理技术与资源化

1. 飞灰概述

飞灰(fly ash)是一种灰白色或深灰色细小粉末,具有含水率低、粒径不均、孔隙率高及比表面积大的特点,有针状、板片和方柱状等形态结构,是生活垃圾焚烧后在烟气净化、热回收利用等系统中收集的焚烧残余物,一般包括吸收塔飞灰和除尘器飞灰,其中含有烟道灰、加入的化学药剂及化学反应物等。

2. 飞灰的危害

飞灰中含有重金属、二噁英和氯元素,氯含量可高达 20%。研究表明,大量的氯会为二噁英的合成提供氯源,促进二噁英有毒物质的生成,同时,还会促进重金属的挥发性。二噁英是具有多种毒性作用的氯化三环芳烃类有机化合物,可在生物体内聚积后经过食物链被人体摄入,具有不可逆的致畸、致癌、致突变性。因生活垃圾焚烧产生的烟气脱酸过程中需要喷射大量的消石灰等碱性物质,导致飞灰也具有很高的酸缓冲能力和腐蚀性。

飞灰同时具有重金属危害特性和持久性有机污染物特性。重金属释放到环境,有污染环境及危害人体健康的风险。研究发现,飞灰重金属对成人及孩子都具有强的致癌风险,汞的致癌风险指数为 1.9244,超过标准值 1,严重损害孩子的健康。飞灰中二噁英物质极易吸附在粉尘颗粒上,若二噁英排放到环境中,易经皮肤、呼吸道、消化道等暴露途径进入体内,造成人体免疫力下降、内分泌紊乱等问题。

3. 飞灰的处理技术

1) 水泥固化技术

水泥固化技术是将一定量的飞灰和水泥混合搅拌,并缓慢加入一定量的水,待其经过一系列反应后,使飞灰中的重金属以氢氧化物或络合物的形式被包裹在经水化反应后生成的水化硅酸盐中,形成一种具有低重金属浸出毒性且长期稳定性好的块状水化硅酸钙产物。水泥固化处理能有效降低飞灰中重金属的浸出毒性。最终凝结成混凝土块,从而使飞灰固化。

2) 化学药剂稳定化技术

化学药剂稳定化技术是利用化学药剂通过化学反应使有毒有害物质转化为低溶解性、低迁移性及低毒性物质的过程,处理飞灰中的重金属效果显著。常见的稳定化学药剂主要包括无机药剂(如石膏、硫化物、铁酸盐、磷酸盐)、有机药剂(如高分子有机稳定剂,乙二胺四乙酸(ethylene diamine tetraacetic acid,EDTA)等)。但是,化学药剂不具备普遍适用性,同一化学药剂对不同类型的飞灰的稳定效果不同,我国垃圾组分复杂多样,各个地区的飞灰成分、粒径分布及硬度不同。此外,化学药剂稳定化法对二噁英类物质和溶解盐无明显作用。若要去除二噁英,需要加入特定的稳定化药剂进行针对性的处理。

3) 熔融固化技术

熔融固化技术根据温度不同,一般可分为烧结法和熔融固化法两种。

(1) 烧结法。烧结法指在低于熔点温度条件下提供焚烧飞灰颗粒的扩散能量,将大部分甚至全部气孔从晶体中排除,使飞灰颗粒间产生黏结,变成致密坚硬的烧结体,从而降低飞灰中重金属的迁移能力。

(2) 熔融固化法。熔融固化法又称玻璃化法。将飞灰和细小的玻璃质混合,经高温(1100~1500℃)熔融淬火后形成致密的玻璃固化体,其不仅大大降低了重金属的浸出特性,而且对二噁英类污染物也有很好的降解效果。

4）水热稳定化技术

水热稳定化技术是在碱性条件下利用飞灰中含有的 Si 和 Al，水热合成对飞灰中的重金属具有离子吸附、离子交换、沉淀和物理包裹等作用的沸石矿物类物质，从而实现飞灰无害化。

4. 飞灰的资源化

基于飞灰的物理化学特性及经济可行性，可将无害化处理后的飞灰作为生产水泥的原材料、用作沥青浆料、烧制多孔陶粒轻骨料和制备混凝土等。

6.3.3　粉煤灰的资源化

粉煤灰主要是由煤粉和空气中的氧气在高温下发生燃烧反应而残留的固体物。煤和空气中的氧气反应生成二氧化碳和水，由于燃烧时空气供给不足等原因，煤粉不完全燃烧产物为残碳及煤中原有的灰分的混合物。

煤粉燃烧后形成的粉煤灰，与原煤粉相比，颗粒变小、孔隙率提高，比表面积增大，活性程度和吸附能力增强，电阻值加大，耐磨强度变高（莫氏硬度达到 7 度）。粉煤灰有良好的物理、化学性能和利用价值，粉煤灰中的 C、Fe、Al 及稀有金属可以回收，CaO、SiO_2 等活性物质可广泛用于建材和工业原料。Si、P、K、S 等组分可用于制作农业肥料和土壤改良剂，其良好的物理化学性能可用于环境保护及治理。因此，粉煤灰资源化具有广阔的应用和开发前景。我国已经进行了有关粉煤灰的资源化技术研究工作，并进行了应用，目前粉煤灰主要应用在建材、建工、筑路、填筑、农业、化工、环保、高性能陶瓷材料等多个领域。

1. 粉煤灰在污水处理方面的应用

粉煤灰中含有多孔玻璃体、多孔碳粒，比表面积较大，还具有一定的活性基团，这使其具有较强的吸附能力，从而成为污水处理的吸附材料，可用于生活污水、印染废水和造纸废水的处理。

2. 粉煤灰在建材方面的应用

1）制备粉煤灰水泥

粉煤灰水泥又叫粉煤灰硅酸盐水泥，是由硅酸盐水泥熟料和粉煤灰混合，加入适量石膏磨细而成的水硬性胶凝材料。粉煤灰水泥具有后期强度高、水化热大幅降低、抗硫酸盐侵蚀、抗干缩等功能，与钢筋结合牢固。产品主要用于大型桥梁、高速公路、机场跑道、高温车间等建筑工程。

2）制备粉煤灰混凝土

粉煤灰混凝土泛指掺加飞灰混凝土，配制混凝土混合料时，掺入一定量的飞灰，可达到改善混凝土性能、节约水泥、提高混凝土质量和工程质量的目的，并有效降低制品成本和工程造价。在混凝土中掺加粉煤灰代替部分水泥或细骨料，不仅能降低成本而且可以改善混凝土的性能，原因如下：

① 粉煤灰中含有大量空心玻璃微珠，可以提高混凝土的和易性；

② 掺加粉煤灰后的混凝土比较密实、不透水、不透气、抗硫酸性能和耐化学腐蚀性能都有所提高；

③ 水化热低，特别适用于大体积混凝土；

④ 提高混凝土的耐高温性能；

⑤ 减轻颗粒分离和吸水现象、减少混凝土的收缩和开裂现象；

⑥ 能够抑制杂散电流对混凝土中钢筋的腐蚀。

早在 20 世纪 50 年代粉煤灰用作混凝土掺和料技术就已在国内外的水坝建筑中得到推广。粉煤灰混凝土在我国三峡大坝、南京二桥、秦山核电站等大型工程中都得到大量应用，其耐久性、抗裂性得到大众的认可。

3）制备粉煤灰砖

粉煤灰砖是以粉煤灰和黏土为原料，经搅拌成型、干燥和焙烧制成的砖。黏土塑性指数越高，可掺入粉煤灰的比例越大。与普通砖相比，粉煤灰砖工艺简单、制砖速度快，粉煤灰砖强度相同、质量略小、导热系数低、易于干燥、可减少燃料晒干时间和场地、节约能源。

4）用于污水治理

粉煤灰多孔、比表面积大，具有一定的活性基团。利用粉煤灰可吸收污水中的悬浮物、脱除有色物质、降低色度、吸附并除去污水中的耗氧物质。粉煤灰还有一定的除臭能力。

5）制备其他建筑材料

利用粉煤灰可以制成各种大型砌块和板材，还可用于烧结制品、构筑坝体工程等方面。以粉煤灰为原料加入一定量的胶结料和水，经成球、烧结而成的粉煤灰陶粒，是性能较好的人造轻骨料，用灰量大，还可以充分利用粉煤灰中的热值。

3. 粉煤灰在农业上的应用

粉煤灰具有质轻、疏松多孔的物理特性，还含有磷、钾、镁、硼、锰、钙、铁、硅等植物所需的元素。由于粉煤灰的硅酸盐矿物和炭粒具有多孔性，故可用之增加土壤的孔隙度，提高土壤的温度，以利于土壤中微生物的活动、养分转化和种子发芽。也可利用粉煤灰制备化肥，主要有硅钾肥、硅钙肥、粉煤灰磁化肥、粉煤灰磷肥等。

6.3.4　煤矸石的资源化

煤矸石是在成煤过程中与煤层伴生的一种含碳量低、比较坚硬的黑色岩石，在煤炭生产过程中成为废物。它是由碳质页岩、碳质砂岩、砂岩、页岩、黏土等组成的混合物。我国每年煤矸石排放量相当于当年煤炭产量的 $10\%\sim15\%$，是目前我国排放量最大的工业固体废物之一。煤矸石长期堆放占用大量土地，同时造成自燃，污染大气和地下水质。

煤矸石又是可利用的资源，其综合利用是资源综合利用的重要组成部分。按照煤矸石的组成特点，目前我国煤矸石主要用作建筑材料、燃料原料、化肥等。

1. 煤矸石作为建筑材料

煤矸石按照活性化分为已燃煤矸石和未燃煤矸石。前者具有火山灰活性，后者需要在一定温度下煅烧后才具有这种性能，可制备各种煤矸石水泥、煤矸石砖、煤矸石砌块等。用煤矸石制作建筑材料在我国比较普遍，主要有制砖瓦、生产水泥混凝土、空心砌块、加气混凝土、轻骨料等。它制成的建筑材料轻、强度高、吸水率小、化学稳定性好。

2. 煤矸石用作燃料原料

一般煤矸石中可燃物含量较少，灰分含量较高，利用煤矸石发电是利用其蕴含热量的主要形式。煤矸石作为一种低热值燃料，利用其发电时一般采用沸腾炉燃烧技术。

3. 煤矸石生产肥料

煤矸石含有 15%～20%的有机质以及多种植物所需要的硼、锌、铜、锰等微量元素,经加工后可生产有机肥和微生物肥料。

6.4 危险废物污染与控制技术

6.4.1 危险废物的定义

根据《中华人民共和国固体废物污染环境防治法》规定:危险废物(hazardous waste)是指列入国家危险废物名录或者根据国家规定的危险废物鉴定标准和鉴别方法认定的具有危险特性的固体废物。在《危险废物鉴别标准通则》(GB 5085.7—2019)中也规定:指列入国家危险废物名录或者根据国家规定的危险废物鉴别标准和鉴别方法认定的具有危险特性的固体废物。联合国环境规划署把危险废物定义为:危险废物是指除放射性以外的具有化学性、毒性、爆炸性、腐蚀性或其他对人、动植物和环境有危害的废物。

危险废物种类繁多、来源复杂,随着人们生活水平的不断提高和工业化进程的飞速发展,生活和生产中产生的废弃物数量急剧增加,其中对环境和人身安全影响较大的危险废物产生量也迅速增长,如医院、诊所产生的带有病菌、病毒的医疗垃圾,化工制药业排出的含有有毒元素的有机、无机废渣,有色金属冶炼厂排出的含有大量重金属元素的废渣,工业废物处置作业中产生的残余物等。

由于目前对危险废物的管理、处理处置和综合利用水平普遍较低,导致危险废物引起的环境污染事故不断增多,对生态环境影响也日益严重。危险废物引起的环境事故和危险往往具有持续时间长、隐蔽性大、后果严重的特点,一旦发生危险废物等污染事故,污染治理将要耗费巨额资金,生态恢复也将需要更长时间,有时甚至难以恢复,因此加强危险废物管理,实现危险废物无害化处理,将是我国未来环境保护工作的重点之一。

6.4.2 危险废物的处理技术

1. 危险废物的焚烧处理技术

焚烧处理是一种高温处理技术,是指将废物放于焚烧炉内,在高温和足够氧气含量的条件下,有机成分燃烧氧化反应达到稳定化的过程。通过燃烧氧化反应,危险废物中的有毒、有害成分可以得到氧化处理,绝大多数有机危险废物可经高温氧化分解而去除,病菌、病毒也可在高温条件下被杀死,危险废物经过焚烧处理后,其体积或质量也会大大减少。焚烧法因其在处理危险废物时能同时实现减量化、无害化以及资源化,被认为是最有效的危险废物处理方法,也是我国危险废物集中处理中心主要采用的方法。以下介绍三种在焚烧技术领域中应用相对广泛的技术:回转窑焚烧处理技术、等离子体焚烧技术、热解焚烧炉技术。

1) 回转窑焚烧处理技术

随着对危险废物无害化处理要求越来越高,焚烧法在众多国家已得到广泛应用,回转窑焚烧处理技术是当今处理固体废物、危险废物最为广泛的技术,也是我国正在引进的技术之一。回转窑焚烧处理技术是将废物经过适当的预处理,预处理后的废物和辅助燃料加至倾斜的回转窑顶部,随着回转窑旋转,废物逐渐通过回转窑并被氧化或粉碎,灰渣在窑体底部排放收集。排放的废气需要进行脱酸和储存处理,飞灰在填埋前进行固化处理。

（1）回转窑焚烧的机理

回转窑式焚烧炉炉体为采用耐火砖或水冷壁炉墙的圆柱形滚筒。它通过炉体整体转动,使垃圾均匀混合并沿倾角向倾斜端呈翻腾状态移动。为达到垃圾完全焚烧,焚烧窑内设有二燃室。其独特的结构使废物在几种传热形式中完成垃圾干燥、挥发分析出、垃圾着火直至燃尽的过程,并在二燃室实现完全焚烧。回转窑式焚烧炉对焚烧物变化适应性强,特别对于含较高水分的垃圾均能焚烧。回转窑焚烧有三种焚烧方法:回转窑灰渣式焚烧、回转窑炉渣式焚烧、回转窑热解式焚烧。

（2）回转窑焚烧处理技术优点

① 能处理除放射性废物和爆炸性危险废物以外的任何危险废物;

② 焚烧比较彻底,适合处理具有一定规模的危险废物;

③ 可以同时处理或分开处理液体和固体废物;

④ 能处理桶装废物,焚烧温度可超过 1400℃,使有毒废物彻底分解。

（3）回转窑焚烧处理技术缺点

① 要求一定的场地,系统相对复杂,工艺流程长,建设投资较大;

② 不适用于小规模和不连续进行的废物焚烧;

③ 燃烧过程中产生较多的颗粒物,颗粒物去除费用较高,在完全燃烧前容易形成球形或柱形物体在炉内翻滚;

④ 热效率相对低,耐火材料容易坏,特别怕振动。

2）等离子体焚烧技术

等离子体焚烧技术是指采用直流空气等离子体作为点火源,实现锅炉的冷态启动,不用一滴油的无油点火燃烧技术。等离子体焚烧技术是处理医疗废物的一项创新技术。其消毒杀菌的原理是利用等离子体电弧窑产生的 1×10^4℃高温杀死医疗废物中的所有微生物、摧毁残留的细胞毒性药物、药品和有毒的化学药剂并使之难以辨认。等离子体具有促进燃烧的特性,等离子体焚烧系统主要有燃烧系统、风粉系统、等离子发生器、电气系统、等离子空气系统以及等离子冷却水系统等。理论上,任何化合物在电弧窑中都可转化为玻璃体状的物质。经这种方法处理后的医疗废物可以直接填埋,不会对环境造成危害。

等离子体焚烧技术优点:

① 经济实用。运行费和技术维护费仅是使用油点火时费用的 20% 左右。电源的效率较通常使用的可控硅或硅整流高 10%,达到了省电的目的,降低了运行成本。

② 适用广泛。在燃烧器的设计上采用分级燃烧、气膜冷却及浓淡分离等技术,使其适应煤种范围宽,对煤粉细度无特殊要求,且出力大、不结焦、耐磨损、使用寿命长。

③ 结构紧凑。不需要外设隔离变压器、电抗器、限流电阻等大功率设备和器件,设备投入少,占地面积小。另外,由于等离子发生器采用最新型的结构,不仅电极的寿命大幅延长,体积和质量也比较小,便于现场安装与维护。

④ 调节范围大。等离子发生器的输出功率调节范围是 30～150kW,适用于不同的煤种和调峰需要。

⑤ 安全环保。由于点火时不用燃烧油品,电除尘装置可以在点火初期投入,因此,减少了点火初期排放大量烟尘对环境的污染;另外,采用单一燃料后,减少了油品的运输和储存

环节,亦改善了厂区环境。

3）热解焚烧炉技术

通过炉内分级燃烧的方式,在热解炉中的还原性气氛中热解废物,可燃性产物进入二燃室进行完全燃烧,是传统的废物处置技术,可以根据用量的多少来制定焚烧炉的规模,投资成本低。

（1）热解焚烧炉技术优点:具有技术先进、工艺可靠、操作简便安全、投资省、烟气含尘量低、运行及维护费用低、使用寿命长和入炉废物不需进行分拣等特点。

（2）热解焚烧炉技术缺点:热解过程延长了燃烧时间,热效率较低;燃室中冷热变化频率高,对耐火材料影响较大,不便于热回收,自动控制水平要求较高,适合处理热值相对较高、疏松状、成分和性质相对较单一的废物,对泥状和大块物料的热解效果不是很理想。

由于新技术的不断出现,热解焚烧炉技术已呈现被主流技术代替的趋势,尤其在新建设施和处置规划中更为明显。

2. 危险废物的固化处理技术

固化处理技术是处理重金属废物和其他非金属危险废物的重要手段,是危险废物管理中的一项重要技术,在区域性集中管理系统中占有重要地位。经过其他无害化、减量化处理的危险废物都要全部或部分经过固化处理后才能进行最终的处置或加以利用。

固化也称为化学稳定法,是指通过物理化学等方法将有害固体废物固定或包容在惰性固体基材中的无害化处理过程。固化是由放射性废物处理发展起来的一项无害化或少害化的处理方式。固化是危险废物进行最终处置前的最后处理,目的是减少危险废物流动性、降低废物的渗透性、使固体危险污染物呈化学惰性,便于运输、填埋、储存或用作建筑基材,达到稳定化、无害化、减量化。

固化处理适用于放射性废物及电镀污泥、汞渣等多种有毒有害废物,根据固化处理采用的固化剂的不同,可将固化处理分为水泥固化处理、塑料固化处理、水玻璃固化处理和沥青固化处理等。

1）水泥固化处理

水泥固化处理是指将普通水泥与水按一定比例掺入危险废物中,拌和成泥状混合物,制成一种固态物体,以改变原废物的性质,并降低渗出率。水泥固化处理具有费用低、操作简单、固化体强度高、长期稳定性好、对受热和风化的抵抗力强等特点,特别适合用于固化含有有害物质的污泥。

水泥固化处理缺点为:水泥固化浸出率较高,主要由于它的空隙较大,因此需做涂覆处理;由于污泥中含有一些妨碍水泥水化反应的物质,如油类、有机酸类、金属氧化物等,为保证固化质量必须加大水泥的配比量,结果导致固化体的增容较高。

2）塑料固化处理

塑料固化处理是指以塑料为固化剂与有害固体废物按一定配比,并加入适量的催化剂和填料进行搅拌混合,使其聚合固化,并将有害固体废物包容,形成具有一定强度和稳定性的固化体。

塑料固化技术有两类:一类是热塑性塑料固化,在常温下呈固态,高温时可变为熔融胶液体的热塑性塑料,如聚乙烯、聚氯乙烯等,将有害废物掺入和包容其中,冷却后形成塑料固化体;另一类是热固性塑料固化,热固性塑料有脲醛树脂和不饱和聚酯等,可在常温、常压下固化成型,固化体具有较好的耐水性、耐热性及耐腐蚀性,适用于对有害废物和放射性废物的固化处理。

塑料固化处理的优点是:可常温操作,增容比小,固化密度也较小,且不自燃,既能处理干废渣,也能处理污泥浆。其缺点有:塑料固体耐老化性能差,固化体一旦破裂,污染物浸出污染环境,因此处置前必须有容器包装,成本增加。

3) 水玻璃固化处理

水玻璃固化处理是以水玻璃为固化剂,无机酸类(如硫酸、硝酸、盐酸等)作为辅助剂,利用水玻璃的硬化、结合、包容及其吸附性能,与一定配比的有害污泥和其他有毒、有害废物混合,进行综合与缩合脱水反应形成凝胶体,可将有害污泥包容,并逐步凝结硬化形成水玻璃固化体。

水玻璃固化处理具有工艺操作简单、原料价廉易得、处理费用低、固化剂耐酸性强、抗透水性好等特点。

4) 沥青固化处理

沥青固化处理是将沥青固化剂与危险废物在一定温度、配比、碱度和搅拌作用下发生皂化反应,使危险废物均匀地包容在沥青中,形成固化体。

沥青固化致密、固化时间短、性能稳定。主要缺点是,沥青在固化时,由于其导热性不好,加热蒸发的效率不高,若污泥中所含水分较大,蒸发时会有起泡现象和雾沫夹带现象,容易产生废气发生污染。沥青还具有可燃性,加热蒸发时必须防止沥青过热而引起更大的危险。

沥青固化一般被用来处理中、低放射性蒸馏产液,废水化学处理产生的污泥,焚烧炉产生的灰分,以及毒性较大的电镀污泥和砷渣等危险废物。

3. 危险废物的物理化学处理技术

物理化学处理技术是通过对不同性质危险废物采用相应化学反应技术或溶剂萃取的物化技术、再将危险废物转化为非危险废物。物理化学处理工艺特点是用物理化学的方法实现无害化。物理化学处理技术实现了危险废物处理的专业化,针对不同废物类型采取相应的最有效的处理方法,从而达到"一把钥匙开一把锁"的作用。物理化学处理技术具有针对性强、回收利用价值高的优点;但专用设备多、设备通用性差,不能处理病理性和动物肢体等危险废物,而且处理成本较高。

常用的物理化学处理技术如下:

(1) 氧化还原配合中和沉淀处理工艺。

(2) 废乳化液回收。采用药剂浮选法处理乳化液,关键是向乳化液中加入药剂,使废液中的亲水性分散相物质转化为疏水性物质,然后用气浮法使疏水性物质浮出水面,再用机械进行提取并压滤成饼。

(3) 药剂稳定化技术。药剂稳定化处理是指在废物中加入某种化学物质,使废物中的有害成分经过变化或被引入某种稳定的晶格结构中。用药剂稳定化技术处理危险废物,可以在实现废物无害化的同时,达到废物少增容或不增容,从而提高危险废物处理、处置系统的总体效率和经济合理性。

(4) pH 控制技术。pH 控制技术是一种最普遍、最简单的技术。其原理为,加入碱性药剂,将废物的 pH 调至重金属离子最小溶解度范围,从而实现其稳定化。

（5）氧化还原电位控制技术。为了使某些重金属离子更易沉淀，需将其还原成最为稳定的价态。

（6）沉淀技术。通过添加化学物质改变固体废物中重金属溶解性从而达到稳定目的。

4. 危险废物生物处理技术

生物处理技术是指在危险废物中加入细菌等微生物，通过其新陈代谢作用分解有害物质等。对于有机固体废物常用的处理方法包括：堆肥法、厌氧发酵法等。对于有机废液常用的处理方法包括：活性污泥法、厌氧消化法等。与化学处理方法相比生物处理在适用性上较低，但对于某些有害物质生物处理技术比较便宜、易于操作，但通常来说生物处理所需条件较为严苛、处理时间比较长且处理效率不稳定。

6.4.3　危险废物应急预案

近年来，我国危险废物的产生量不断增加，危险化学品会对环境造成严重污染，危险废物在运送至具备处置危险废物资质的企业进行处置的过程以及临时储存时，发生意外泄漏、扩散、污染等事故也有所增加，对人民的生命财产及生态环境都造成了极大危害。但是由于国家缺乏相关的明文规定，很多从事危险化学品生产经营单位也没有重视化学品废物的处理，容易对环境造成二次污染。为了在突发安全事故或事故发生时，能迅速、有序、有效的应急救援，减少和杜绝重大安全事故或紧急事件发生后造成的人员伤亡、疾病和工程破坏、财产损失，危险化学品生产经营单位等相关单位应制定应急方案，这能够在一定程度上避免二次污染的发生，是保障人类安全和环境保护的重要措施。

6.5　环境思政材料

生活垃圾分类和处理设施是城镇环境基础设施的重要组成部分，是推动实施生活垃圾分类制度，实现垃圾减量化、资源化、无害化处理的基础保障。加快推进生活垃圾分类和处理设施建设，提升全社会生活垃圾分类和处理水平，是改善城镇生态环境、保障人民健康的有效举措，对推动生态文明建设实现新进步、社会文明程度得到新提高具有重要意义。

为什么要进行垃圾分类？这个问题是现实和紧迫的。从国外实践看，垃圾分类是难题。对中国来说，每年产生的垃圾数量快速增长。经过治理，虽然以往一些地方遍地垃圾的场景基本消失，但垃圾数量依然很大。如何处理垃圾，是我们面临的一大问题。当前，垃圾分类的堵点之一是意识和理念问题。要把提升全社会的垃圾分类意识摆在突出位置，通过各种方式方法开展一场垃圾分类的宣传教育。这其中不仅要讲清楚怎么办，更要讲清楚是什么、为什么。让人们清楚地了解开展垃圾分类是一件事关国家发展、社会进步的紧要之事，更要让每个人清楚了解垃圾分类不是为别人，是为自己，为自己的子孙后代。

随着城镇化规模的横向扩散以及环境治理事件在社会中的深度呈现，垃圾治理成为城市治理能力提升中不可忽视的组成部分。据生态环境部最新数据显示，2019 年我国大、中城市生活垃圾产生量已经达到 23560.2 万 t，并保持上涨态势，全国 200 多座大中型城市中 2/3 以上的城市遭遇"垃圾围城"危机。可见，城市生活垃圾分类治理已经迫在眉睫，垃圾分类治理作为城市治理的重要场域，成为环境治理的主战场。垃圾处理可以采用填埋、焚烧等方式，但是毫无分类地直接填埋、焚烧，会对土地、水源、空气等产生不同程度的污染。试想，如果不加以控制和管理,那造成的污染最终会通过我们吃的食物、喝的水、呼吸的空气影响人类自身。比如,废弃的电池,里面含有金属汞等有害物质,无论是填埋还是焚烧,都会产生较大的危害。而对其回收处理,不仅可以有效避免污染,还可以实现资源再利用。因此,如果垃圾处理不善,那我们要付出的是环境污染、健康损害、疾病蔓延等代价,不仅我们自己无法承受,子孙后代也将受更大的影响。垃圾的产生有时可能无法控制,但如何更好地处理垃圾可以有更多选择。在处置垃圾之前进行分类就是有效手段之一。通过将不同种类的垃圾分开,该填埋的填埋、该焚烧的焚烧、该回收的回收利用,这可以有效减少垃圾占地和环境污染,还可以实现部分资源循环再利用。

本章扩展思政材料

思考题

1. 简述固体废物和危险废物的概念。
2. 简述固体废物的特点及其危害。
3. 固体废物预处理的目的,有哪几种方法?
4. 固体废物的处理方法有哪几种?
5. 海洋处置固体废物有哪几种方式?简述其概念。
6. 固体废物资源化的原则是什么?可以从哪几个方面让固体废物"变废为宝"?
7. 危险废物固化处理的目的是什么?根据固化处理采用的固化剂可分为哪几种?

土壤环境污染与控制

7.1 土壤的组成与性质

7.1.1 土壤的组成

土壤(soil)是指地球陆地表面具有肥力,能生长植物的疏松表层,厚度一般在 2m 左右,由矿物质、动植物残体腐解产生的有机质及水分、空气、土壤微生物等成分有机组合而成。土壤为植物生长提供支撑能力,并能为植物生长发育提供所需的水、肥、气、热等肥力要素,土壤不仅是重要的环境要素,也是人类生存和农业生产的基础条件,没有土壤就没有农业,就没有人们赖以生存的基本原料。

土壤由岩石风化而成的矿物质、微生物残体腐烂分解的有机质、土壤生物及水分、空气等组成,是涉及固相、液相和气相三种相态组成的疏松多孔体。土壤中的这三类物质构成了一个矛盾统一体,它们相互联系、互相制约,为作物提供必需的生活条件,是土壤肥力的物质基础。

1. 土壤的固相组成

固相部分由矿物质颗粒、有机质颗粒和生活在土壤中的生物组成。

1) 土壤矿物质

土壤矿物质是土壤物质组成的主体部分,是土壤的"骨架",包括原生矿物和次生矿物。原生矿物是指岩石经过物理风化所形成的矿物成分,一般颗粒较大,分选性和磨圆度均较差,其原有的化学组成和结晶构造均未改变。土壤中的原生矿物种类主要有硅酸盐矿物、铝硅酸盐矿物、氧化物类矿物、硫化物和硫酸盐类矿物。次生矿物是指岩石在化学风化和尘土作用过程中新形成的矿物质,其化学组成和构造都经改变而不同于原生矿物,如各种矿物盐类、铝氧化物类和黏土矿物成分等。

2) 土壤有机质

原始土壤中,最早出现在母质中的有机体是微生物。随着生物进化和成土过程的发展,动、植物残体及其分泌就成为土壤有机质的基本来源。有机质包括腐殖质、未分解和半分解状态的有机残体和可溶性的简单有机化合物,主要集中分布在土壤表层,是土壤养分的来源。其数量比例虽然不大但它是土壤环境的重要组成部分,是土壤肥力的基础。自然土壤中,地面植被残落物和根系是土壤有机质的主要来源,如树木、灌丛、草类及其残落物等;农业土壤中,土壤有机质的来源较广,主要有作物的根茎、还田的秸秆、人畜粪尿和人为施用的各种有机肥料等。土壤有机质在环境中具有降低或延缓重金属污染、固定农药等有机污染物和影响全球碳平衡的作用。

3）土壤中的生物

土壤生物是指栖居在土壤（包括枯枝落叶层和枯草层）中生物体的总称，主要包括土壤动物、土壤微生物和高等植物根系。土壤生物是土壤具有生命力的主要成分，在土壤形成、养分转化、物质迁移和转化等过程中发挥重要作用。土壤微生物和土壤动物种类繁多、数量巨大，按其形态和食性可分为以下几类：大型食草动物（如老鼠、跳虫、蜈蚣、蚂蚁和甲虫等）、大型肉食动物（如蜘蛛及某些昆虫等）、微型动物（如原生动物和线虫等）。土壤微生物是生物圈最重要的分解者，土壤动物对于维持土壤的透气和透水性、增强微生物的活性具有重要作用。

2. 土壤中的气体

土壤气体是存在于土壤孔隙中的气体，绝大部分是由大气层进入的 O_2、N_2，小部分为土壤内的生命活动产生的 CO_2 和 H_2O 等。

土壤空气来源于大气，其组成成分和大气基本相似，但在质和量上与大气成分有所不同。由于土壤微生物生命活动影响，CO_2 在土壤空气中的含量为 $0.15\% \sim 0.65\%$，大气中只有 0.033%，两者相差十倍甚至数十倍；O_2 在土壤空气中的含量 $10.36\% \sim 20.73\%$，通气不良的土壤中的 O_2 含量低于 10%，大气中 O_2 含量为 20.96%。土壤空气中的水汽大于 70%，大气中小于 4%，两者相差甚远。氮气在大气中的含量为 77.1%，在土壤空气中为 $78\% \sim 86\%$，由于土壤固氮微生物能固定一部分氮气，而土壤中进行的硝化作用和氨化作用使氮素转化为氮气和氨气释放到大气中，大气和土壤空气中的氮基本保持平衡。

土壤空气对植物生长发育的影响是多方面的，土壤空气可以影响植物的根系发育、种子的萌发和根系的吸收功能、养分状况、作物的抗病性。

3. 土壤中的水分

土壤水分是土壤的重要组成部分和肥力因素，不仅是植物生活必需的生态因子，也是土壤生态系统中物质和能量的流动介质，存在于土壤空隙中。土壤水分主要来源于大气降水、地下水和灌溉用水，水汽的凝结也会增加极少量的土壤水分。土壤水分的损耗主要包括土壤蒸发、植物吸收利用和蒸腾作用、水分的渗漏和径流。

土壤水按其存在形态大致可分为下列几种类型：

① 固态水：土壤水冻结时形成的冰晶。

② 气态水：存在于土壤空气中的水蒸气。

③ 束缚水：分为吸湿水（紧束缚水）和膜状水（松束缚水）。

④ 自由水：分为毛管水、重力水和地下水，其中毛管水又分为悬着水和支持毛管水。

7.1.2　土壤的性质

1. 土壤胶体及其分类

土壤胶体是指土壤中颗粒直径小于 $2\mu m$，具有胶体性质的微粒。一般土壤中的黏土矿物和腐殖质都具有胶体性质。

土壤胶体按成分及来源分为有机胶体、无机胶体、有机-无机复合体三大类。

（1）有机胶体（organic colloid）。有机胶体是生物活动的产物，主要是各种腐殖质，还有少量木质素、蛋白质、纤维素等大分子有机化合物。有机胶体没有无机胶体稳定,容易被微生物分解。

(2) 无机胶体(inorganic colloid)。无机胶体的组分复杂,包括层状硅酸盐黏土矿物和铁、铝、硅等的氧化物及其水合物。

(3) 有机-无机复合体(organic-inorganic colloid)。土壤中的有机胶体很少单独存在,大多通过多种方式与无机胶体结合,形成有机-无机复合体,但大多数是通过二价、三价阳离子(Ca^{2+}、Fe^{3+}、Al^{3+} 等)或官能团(如羟基、醇羟基等)将负电荷的黏土矿物和腐殖质连接起来。有机-无机复合胶体主要以膜状或薄膜状紧密覆盖于黏土矿物表面,还可以进入黏土矿物的晶层之间,通过这样的结合可形成良好的团粒结构,改善土壤保肥供肥性能及水、气、热状况等多种物理化学性质。

2. 土壤胶体的性质

1) 土壤胶体的吸附性

土壤胶体表面积通常用比表面积,即单位质量土壤或土壤胶体表面积来表示,它是评价土壤表面化学性质的指标之一。土壤胶体具有巨大的比表面积和表面能,从而使土壤具有吸附性。土壤胶体表面积随胶体颗粒的不断破裂而逐渐增加,颗粒越细,比表面积越大,其吸附性能也越强。

2) 土壤胶体的带电性

大部分土壤胶体都带有负电荷,少部分带正电荷或为两性胶体。土壤胶体的组成特性不同,产生电荷的机制也不同。根据电荷产生机制和性质可以把土壤胶体电荷分为永久电荷和可变电荷。永久电荷是由于矿物晶格内部的同晶置换所产生的电荷;可变电荷由固相表面从介质中吸附离子或向介质中释放离子而产生的电荷,其数量和性质随着介质 pH 的变化而变化,所以称为可变电荷,产生可变电荷的主要原因是胶核表面分子的解离。

3) 土壤胶体的凝聚性和分散性

土壤胶体呈溶胶和凝胶两种形态存在。土壤胶体分散在水中成为胶体溶液,称为溶胶。土壤胶体相互凝聚成无定形的凝胶体称为凝胶。土壤胶体的这两种存在形式可以相互转化,由溶胶转为凝胶为凝聚作用,由凝胶转为溶胶为消散作用。

3. 土壤的酸碱性及缓冲性能

土壤的酸碱性(soil acidity and basicity)是土壤的重要物理化学性质之一,主要取决于土壤中含盐基的状况。土壤的酸碱度一般以 pH 表示,我国土壤 pH 大多为 4.5~7.5,呈"东南酸,西北碱"的规律。土壤的酸碱性与土壤微生物活动、有机物分解、营养元素释放和土壤中元素迁移等密切相关。

1) 土壤酸度(soil acidity)

土壤酸度是指土壤酸性的程度,以 pH 表示。土壤中的氢离子存在于土壤孔隙中,易被带负电的土壤颗粒吸附,当土壤中的 H^+ 浓度大于 OH^- 浓度时,土壤呈酸性,H^+ 浓度越大,土壤酸性越强。

活性酸度(active acidity):又称有效酸度,指土壤溶液中氢离子的浓度直接表现出的酸度,通常用 pH 表示。潜在酸度(potential acidity):指土壤胶体上吸附的 H^+、Al^{3+} 所引起的酸度,当这些离子处于吸附状态时不显酸性,但当它们通过离子交换进入土壤溶液后,可增大土壤溶液氢离子浓度使 pH 降低。

活性酸和潜在酸是一个平衡系统中的两种酸。活性酸是土壤酸性的强度指标,而潜在酸则是土壤酸性的容量指标,两者可以相互转化。有活性酸度的土壤必然会导致潜性酸度的生成,有潜性酸度存在的土壤也必然会产生活性酸度,潜在酸被交换出来成为活性酸,活性酸被胶体吸附就会转化为潜在酸。

2) 土壤碱度(soil basicity)

土壤碱度主要来源于土壤中交换性钠的水解所产生的 OH^-,以及弱酸强碱盐类的水解,当土壤中的 OH^- 浓度超过 H^+ 浓度时就会显示碱性。

土壤溶液的酸碱度影响植物生长和微生物发育,高等植物和农作物适宜的 pH 范围在 $5.0 \sim 7.0$,土壤微生物适宜微酸性及中性土壤。酸性溶液可使原生矿物彻底分解,而碱性溶液分解缓慢。

3) 土壤的缓冲性能(soil buffer capacity)

土壤具有缓和酸碱度激烈变化的能力。当少量的酸性或碱性物质加入土壤后,土壤具有缓和其酸碱反应变化的性能。土壤缓冲性能主要通过土壤胶体的离子交换作用、强碱弱酸盐的解离等过程来实现,因此,土壤缓冲性能的高低取决于土壤胶体的类型与总量、土壤中碳酸盐、重碳酸盐、硅酸盐、磷酸盐和磷酸氢盐的含量等。土壤胶体数量和盐基代换量越大,土壤缓冲性能越强。在代换量一定的条件下,盐基饱和度越高,对酸缓冲力越大;盐基饱和度越低,对碱缓冲力越大。对于某一具体土壤而言这种缓冲性能也是有限的。

4. 土壤的氧化性和还原性

土壤具有氧化性和还原性的原因在于土壤中共存多种氧化还原物质,其中土壤空气中的氧气、NO 和高价金属离子(Fe^{3+}、Mn^{4+}、Ti^{6+})都是氧化剂,土壤有机物以及在厌氧条件下形成的分解产物和低价金属离子(Fe^{2+}、Mn^{2+})为还原剂。另外,植物根系和土壤生物也是土壤中氧化还原反应的重要参与者。土壤的氧化还原反应对土壤中物质的迁移转换具有重要影响,但由于土壤成分众多,各种反应可同时进行,其过程非常复杂。

7.2　土壤污染与自净作用

土地是人类赖以生存的基础,是重要的自然资源。随着人口的快速增长,土地作为自然资源正承受着越来越大的压力。随着工业生产规模和乡镇城市化的快速发展,农用耕地的面积正以惊人的速度锐减,同时为提高农产品的产量,人们过多地使用化肥、农药和污泥、垃圾等加工成的肥料,使土壤生态环境遭到破坏,农产品质量下降,土壤污染已成为一个普遍问题。

7.2.1　土壤污染

1. 土壤污染概念

土壤污染(soil pollution)是指人类活动产生的物质或能量,通过不同途径输入土壤环境中,其数量和速度超过了土壤的自净能力,从而使该物质或能量在土壤中逐渐累积并达到一定的量,破坏了土壤原有的生态平衡,导致土壤环境质量下降,自然功能失调,影响作物生长发育,致使产量和质量都下降,或产生一定的环境污染效应,危及人体健康和生态系统安全。

2．土壤污染特点

土壤处于大气、水和生物等环境介质的交汇处,是连接自然环境中无机界、有机界、生物界和非生物界的中心环节。环境中的物质和能量不断地输入土壤体系,并且在土壤中转化、迁移和积累,影响土壤的组成、结构、性质和功能。土壤因其具有特殊的结构和性质,在生态系统中起着重要的净化、稳定和缓冲作用。因此,土壤污染与大气污染和水体污染相比具有其自身特点。土壤污染物进入土壤经过长期的积累后,超出土壤自身的净化能力,导致土壤的性状和质量发生变化,对农产品和人体健康造成危害,具有隐蔽性、滞后性、长期累积性、地域性、不可逆性和难治理性等特点。

1）隐蔽性和滞后性

土壤污染往往要通过对土壤样品和农作物进行分析化验,以及食用过农产品的人或动物进行健康检查才能体现出来,土壤污染从发生到被发现需要一个较长的过程,具有隐蔽性和滞后性。例如,20世纪50年代前后,日本发生的"痛痛病"事件是一个典型的例证,由于当地居民长期食用含镉废水灌溉农田生产的镉米所致,这种土壤污染造成危害在经历了十几年后才显现出来。

2）长期累积性和地域性

土壤污染具有长期累积性,污染物质在大气和水体中,随着大气运动和水体流动,容易扩散和稀释。而污染物进入土壤后,由于土壤环境接触流动性很小,加之土壤颗粒对污染物的吸附和固定,使得污染物在土壤中不能像在大气和水体中那样流动稀释,所以土壤污染物很容易在土壤中不断累积。

污染物在土壤中不易迁移、扩散和稀释,以及不同区域中污染源的不同与污染因素的差异,导致污染物的浓度分布具有明显的地域性。例如,在有色金属矿开采和冶炼厂周围的土壤往往是被重金属污染,在石油开采和炼油厂周围的土壤往往会被石油污染。

3）不可逆性和难治理性

土壤污染具有不可逆性,重金属对土壤的污染基本上是一个不可逆转的过程,许多有机化学物质的污染需要较长时间才能被降解。土壤污染很难治理,积累在被污染土壤中的难降解污染物很难靠稀释作用和自身净化作用来消除。因此,治理污染土壤通常成本较高,治理周期较长。

7.2.2 土壤污染物与危害

1．土壤污染物类型

土壤污染物是指由人为或自然因素进入土壤并影响土壤的理化性质和组成,导致土壤质量恶化,土壤环境系统自然功能失调的物质。随着工农业迅速发展,产生污染土壤环境的物质种类越来越多,详见表7-1。按其土壤污染物的性质可以分为以下几类:

1）有机类污染物(organic pollutants)

有机类污染物较多的是有机农药,在农业生产上人们为了追求粮食产量,大量地施用农药和化学肥料,导致这些化学物质在土壤中大量残留,严重污染土壤环境。目前使用的农药种类繁多,如在土壤中残留期可达3～10年的DDT、狄氏剂、绿丹、艾氏剂等,残留期在1年以下的西玛津、草乃敌、氟乐灵等以及有机磷农药,如马拉硫磷、对硫磷、敌敌畏等。农药的

表 7-1　土壤环境主要污染物质

污染物种类			主要污染物
有机类污染物	有机农药		农药生产和使用
	酚		炼焦、炼油、合成苯酚、橡胶、化肥、农药等工业废水
	氰化物		电镀、冶金、印染等工业废水
	苯并[a]芘		石油、炼焦等工业废水、废气
	石油		石油开采、炼油、输油管道漏油
	有机洗涤剂		城市污水、机械工业污水
无机类污染物	其他	氟(F)	冶炼、氟硅酸钠、磷酸核磷肥等工业废水、废气、肥料
		盐、碱	纸浆、纤维、化学等工业废水
		酸	硫酸、石油化工、酸洗、电镀等工业废水、大气酸沉降
	放射性元素	铯(^{137}Cs)	原子能、核动力、同位素生产等工业废水、废渣、核爆炸纸浆、纤维、化学等工业废水
		锶(^{90}Sr)	原子能、核动力、同位素生产等工业废水、废渣、核爆炸硫酸、石油化工、酸洗、电镀等工业废水、大气酸沉降
生物类污染物	细菌与细菌毒素		未经处理的医疗废水、养殖废水、人畜的粪便、污泥、垃圾和屠宰场的污物、禽畜排泄物及其掩埋在土壤中的尸体
	霉菌与霉菌毒素		
	寄生虫和虫卵		
	致病真菌		
	炭疽等疾病的病原菌		

使用中主要包括杀虫剂、除草剂以及杀菌剂,其中除草剂所占比例最大。由于农药本身性质和使用方法不当,在土壤中可以长期残留并呈现较高毒性,同时有些农药的靶向性较差而对农作物的生长造成影响。农药还可以通过食物链向更高的营养级富集,从而造成更大的危害。近年来,农用塑料地膜得到广泛应用,但是由于管理不善,部分被遗弃在田间成为一种新的有机污染物。此外,石油、化工、制药、油漆、染料等工业排出的"三废"中的石油、多环芳烃、多氯联苯、酚等,也是常见的有机污染物。

2) 无机类污染物(inorganic pollutants)

无机类污染物包括放射性污染物和一些其他污染物质,如氟、酸、碱和盐。放射性类污染物主要指由核工业、核动力、核武器生产和试验及医疗、机械、科研等单位在放射性同位素应用时排放的含放射性物质的粉尘、废水和废弃物。常见的放射性元素有 Cs、Sr 等,放射性元素可通过放射性废水排放、放射性固体填埋以及放射性飘尘沉降等途径进入土壤环境并造成污染。放射性物质与重金属一样不能被微生物分解而残留于土壤造成潜在威胁,土壤被放射性物质污染后,通过放射性衰变,产生的放射性射线会对土壤微生物、作物以及人体造成伤害。土壤受到的放射性污染只能通过自然衰变成稳定元素而消除其放射性。

3) 生物类污染物(biological pollutants)

生物类污染物是指有害的生物种群,如各类病原菌、细菌、病毒、真菌、寄生虫卵等从外界环境侵入土壤,大量繁殖,破坏土壤原来的动态平衡,对土壤生态系统和人类健康造成不良影响的污染物。造成土壤生物污染的主要物质来源包括人畜的粪便、垃圾和屠宰场的污物及未经处理的生活污水,特别是未经消毒处理的医疗废水。直接接触含有病原微生物的土壤或食用被病原微生物污染的土壤上种植的作物都有可能患病,另外,土壤病原菌能够通过水和食物进入食物链从而导致牲畜和人患病。土壤生物污染不仅能危害人体健康,而且有些长期在土壤中存活的植物病原体还能严重危害植物,造成农业减产。

以上描述的土壤污染物质种类繁多并且引起土壤污染的方式都极为复杂,但是它们往往互相联系在一起。认识土壤的污染性质,特别是对环境污染直接或潜在危害最大的污染物质,研究其在土壤系统中的迁移转化过程及其危害原理,可以有效地预测和防止土壤污染的发生。

2. 土壤污染的危害

土壤污染的危害和延缓效应就像一颗"化学定时炸弹",其含义是指在一系列因素的影响下,使长期储存于土壤中的化学物质活化,而导致突然爆发的灾难性效应。化学定时大炸弹包括两个阶段,累计阶段(往往经历数十年或数百年)和爆发阶段(往往在几个月、几年或几十年内造成严重灾难)。

土壤污染不但直接表现土壤生产力的下降,而且污染物容易通过植物、动物进入食物链,使某些微量和超微量的有害污染物质在农产品中富集起来,达到危害生物的含量水平,从而会对动植物和人类造成严重危害。即使污染物质在土壤中没有达到危害水平,但在其上生长的植物,被人、畜食用后,大部分污染元素在人或动物体内排出率较低,污染元素日积月累,最后引起生物病变。大量研究资料表明土壤污染与居民肝肿大之间有明显的关系,污水灌溉时间长、土壤污染严重地区的人群肝肿大发病率高。土壤污染严重污染了土地生产力,导致粮食产量下降、品质降低。例如,由于使用含有三氯乙醛废硫酸生产的过磷酸钙肥料,造成小麦、花生、玉米等十多种农作物轻则减产,重则绝收,损害十分惨重。

另外,土壤污染还会危害其他环境要素,如土壤污染后通过雨水淋洗和灌溉水的渗入作用,导致地下水的污染。污染物随地表径流迁移造成地表水污染。污染物通过风刮起的尘土或自身的挥发作用也会造成大气的污染。

总之,土壤污染会导致土壤的性质、组成及性状等发生变化,破坏土壤原有的自然生态平衡,从而导致土壤自然功能失调,土壤质量恶化,影响作物生长发育。土壤污染的危害不仅导致农产品的质量产量下降、降低农业生产的经济效益,而且造成生态环境破坏,威胁人类的健康和生存。

7.2.3 土壤自净作用

土壤自净作用(soil self-purification)是指在自然因素的作用下土壤利用自身的物理、化学及生物学特性,通过吸附、分解、迁移等作用,使污染物在土壤中的数量、浓度或毒性、活性降低的过程。按照作用机理不同,土壤自净作用包括土壤物理净化作用、化学净化作用、物理化学净化作用和生物净化作用。土壤环境的自净作用对维持土壤生态平衡起着重要作用,明确土壤环境自净作用及其机理对制定土壤环境容量,选择土壤环境污染调控与污染修复技术有重要的指导意义。

1. 物理净化作用(physical purification)

物理净化作用是指土壤通过机械阻留、水分稀释、固相表面物理吸附、水迁移、挥发、扩散等方式使污染物固定或使其浓度降低的过程。土壤是一个多相的疏松多孔体系,土壤胶体具有很强的表面吸附能力,土壤对物质的滞阻能力很强。难溶性固体污染物可被土壤机械阻留,可溶性污染物在土壤水分的稀释下减少毒性,可被土壤固相表面吸附,也可随水迁移至地表水或地下水,特别是那些呈负吸附的污染物(如硝酸盐和亚硝酸盐),以及呈中性分子态和阴离子态存在的农药等,极易随水迁移。另外,某些挥发性污染物可通过土壤空隙迁移、扩散到大气中。土壤物理净化作用只能使污染物在土壤环境中浓度降低或转至其他环境介质(如大气和水体)从而造成污染,不能彻底消除这些污染物。

土壤物理净化作用与土壤质地、结构、孔隙、含水量、温度等因素有关。例如,增加沙性土壤中黏粒和有机胶体的含量,可增强土壤的表面吸附能力,以及增强土壤对固体难溶性污染物的机械阻留作用。

2. 化学净化作用(chemical purification)

化学净化作用主要是指通过溶解、氧化、还原、化学降解和化学沉降等过程,使污染物迁出土壤之外或转化为不被植物吸收的难溶物,并不改变土壤结构和功能的作用方式。通过这些化学反应,一方面,可使污染物稳定化,即转化为难溶性、难解离性的物质,从而使其毒性和危害程度降低;另一方面,可使污染物降解为无毒物质。土壤环境的化学净化作用机理十分复杂,不同的污染物在不同环境中有不同的反应过程。例如,农药在土壤中可以通过化学净化等作用被消除,但重金属在土壤中只能发生凝聚沉淀反应、氧化还原反应、同晶置换反应等,活性可能会因此发生改变,但不能被降解。

土壤化学净化能力与土壤的物质组成、性质,污染物本身的组成、性质,以及土壤环境条件有密切关系。例如,富含碳酸钙的石灰性土壤,对酸性物质的化学净化能力很强;化学性质不太稳定的污染物,在土壤中被分解得到净化;化学性质稳定的化合物,如多氯联苯、有机氯农药、塑料和橡胶等,难以在土壤中被化学净化。

3. 物理化学净化作用(physical-chemical purification)

物理化学净化作用是指污染物的阴、阳离子与土壤胶体表面原来吸附的阴、阳离子通过离子交换吸附的浓度降低的作用,相对减轻了有害离子对植物生长的不利影响,这种净化作用能力的大小取决于土壤阴、阳离子交换量。

由于土壤中带负电荷的胶体较多,一般土壤对阳离子或带正电荷的物质净化能力较强。当污水中污染物离子浓度不大时,经过土壤的物理化学净化后可起到很好的净化效果。另外,增加土壤中胶体含量,特别是有机胶体含量,可提高土壤的物理化学净化能力。

物理化学净化也没有从根本上消除污染物,因为,经交换吸附到土壤胶体上的污染物离子,还可以被其他相对交换能力更大或浓度较大的其他离子替换下来而重新进入土壤恢复其原有的毒性。从土壤本身来说,污染物在土壤环境中会不断累积,将产生严重的潜在威胁,具有潜在性和不稳定性。

4. 生物净化作用(biological purification)

土壤是微生物生存的重要场所,这些微生物(如细菌、真菌、放线菌等)以分解有机质为生。生物净化作用是指有机污染物微生物及其作用下,通过生物降解,被分解为简单的无机物而消散的过程。从净化机理和净化结果来看,生物化学自净是自然界中污染物去除最彻底的途径。

土壤中的微生物种类繁多,各种有机污染物在不同条件下存在多种分解形式。主要包括氧化-还原反应、水解、脱羧、脱卤、芳环异构化、环裂解等过程,最终污染物转变为对生物无毒性的无机物、CO_2 和水。在土壤中,某些无机污染物也可在土壤微生物的参与下发生一系列化学变化,以降解活性和毒性。但是微生物不能净化重金属,甚至会使重金属在土壤中富集,这也是重金属成为土壤环境最危险污染物的原因。

土壤中的天然有机物矿质化过程,是生物净化过程。例如,淀粉、纤维素等糖类物质最终转变为 CO_2 和水;蛋白质、多肽、氨基酸等含氮化合物转变为 NH_3、CO_2 和水;有机磷化合物释放出无机磷酸等。这些降解是维持自然系统碳循环、氮循环和磷循环等必经之路;土壤动植物也有吸收、降解某些污染物的功能。例如,蚯蚓可吞食土壤中的病原体,还可富集重金属。另外,土壤植物根系和土壤动物活动有利于构建适于土壤微生物生活的土壤微生态系,对污染物的净化起到良好的间接作用。

土壤生物降解能力的大小与土壤中微生物种群、数量、活性,以及土壤水分、温度、通气性、pH、Eh(土壤氧化还原电位)值、C/N 等因素有关。例如,土壤水分适宜、温度 30℃ 左右、土壤通气良好、Eh 值高、土壤 pH 偏中性到弱碱性、C/N 在 20:1 左右,有利于天然有机微生物分解。相反,有机物分解不彻底,可能产生大量的有毒害作用的有机酸等。

总之,土壤作用是物理、物理化学、化学和生物共同作用、互相影响的结果。尽管土壤环境具有多种自净功能,但净化能力是有限的。人类还要通过多种措施来提高其净化能力。

7.2.4 土壤重金属污染

1. 土壤重金属污染概述及其特点

土壤重金属污染是指由于人类活动将重金属加入土壤中,致使土壤中重金属含量明显高于其自然背景含量,造成生态破坏和环境质量恶化的现象。重金属不能为土壤微生物分解,而易于累积、转化为毒性更大的甲基化合物,甚至有的还能通过食物链以有害浓度在人体内积累,严重危害人体健康。目前主要关注的重金属包括汞(Hg)、镉(Cd)、铅(Pb)、铬(Cr)、锌(Zn)、镍(Ni)、钼(Mo)、钴(Co)、铜(Cu)、锰(Mn)等,其元素过量与不足均可对动植物的生长发育产生不良影响。以生物毒性为标准可分为两类:一类是对作物和人体都有害的重金属,如铬、铅、汞等;另一类是常量下对作物和人体均为营养元素,但过量时会产生危害的,如铜、锌、锰等元素。另外,砷(As)作为一种准金属,由于化学性质和环境行为与重金属都有相似之处,故在讨论重金属时也包括在内。铁和锰在土壤中含量较高,一般不太注意其污染问题,但在强还原条件下,铁和锰所引起的毒害应引起足够重视,而镉、汞、铬、铅、镍等对土壤的污染则应特别关注。

土壤重金属污染具有一般污染物污染土壤的共同特点,如隐蔽性、滞后性、不可逆性和潜在的危害性等,此外,还具有表具性和累积性。所谓表具性是指越接近于地表,土壤中重金属含量越高的现象;而累积性是指表层土壤的重金属含量随着污染时间而明显加重,这是由于重金属进入土壤后移动性小、不能被分解造成的。

2. 土壤中重金属污染的来源

土壤中的重金属来源广泛,首先,土壤本身就含有一定量的重金属,即天然来源。不同土壤在成土过程中重金属含量存在较大差异。其次,由于矿物加工、冶炼、电镀、塑料、电池、化工等人类的各项工业生产活动排放大量的含重金属的废弃物,通过各种途径最终进入土壤,造成土壤重金属污染。此外,农药、化肥、垃圾、粉煤灰和城市污泥的不合理施用,以及污水灌溉等,也会导致重金属进入土壤,造成土壤污染。

土壤重金属污染的来源主要有以下几个方面：

1）大气沉降

大气沉降是土壤重金属来源的重要组成部分，大气对土壤中各种元素的含量具有明显影响，目前已逐渐引起人们的重视。大气中的重金属主要来源于工矿业生产、汽车尾气排放等产生的大量含重金属的有害气体和粉尘等，主要分布在工矿区的周围和公路、铁路的两侧。进入大气的重金属通过干、湿沉降输入土壤和水体中。例如，南京某生产铬的重工业厂铬污染已超过当地土壤背景值 4.4 倍，污染以车间烟囱为中心，范围达 1.5km^2，污染范围最大延伸下限 1.38km。

2）污水灌溉

污水灌溉（简称"污灌"）是指用城市下水道污水、工业废水、排污河污水以及重金属超标的地面水等进行灌溉。污灌引起部分城市和地区农田土壤和农作物严重的重金属污染。我国是一个水资源紧缺的国家，一些水资源缺乏的地区，尤其是北方干旱地区将这些城市工矿业废水引入农田进行灌溉，导致大量重金属在农田土壤的累积。据统计，我国自 20 世纪 60 年代至今，污灌面积迅速扩大，以北方旱作地区污灌最为普遍，约占全国污灌面积的 90%。

3）采矿与冶炼

矿山开采尤其是金属矿山的开采、冶炼等产生的废弃物包括矿井排水、尾矿、废石、矿渣等，这些废弃物均含有高浓度的有毒重金属，是造成矿区及周围地区生态系统重金属污染的主要原因之一。这些废弃物被从地下搬运到地表后，在一系列物理、化学因素的作用下发生风化作用，废物中重金属元素被释放、迁移，对附近土壤、水体及其沉积物等表土环境产生严重的重金属污染。

4）肥料与农药

有一些固体废弃物，如城市污泥、垃圾、磷石膏、煤泥等，除含有可作为作物养料的氮和磷及有机质外，还含有各种对作物和人类有害的重金属，被直接或通过加工作为肥料施加于土壤中，在增加土壤肥力的同时，也增加了土壤重金属的含量。肥料中重金属污染问题逐渐被重视，据调查发现，我国一些省区的大型养殖畜禽饲料、畜禽粪和商用有机肥中的铜、铅、锌和镉的含量都很高，长期使用将可能造成严重的土壤和作物重金属污染。

5）其他

随着汽车工业的快速发展，机动车的数量大幅增加，交通运输排放的汽车尾气及轮胎添加剂等逐渐成为城市土壤重金属污染的另一个主要来源。另外，电子垃圾的成分主要有铅、汞、镍、铬等几十种金属，而目前电子垃圾的回收处理主要是一些小规模、家庭作坊式的私营企业，采用的处理技术较为落后，如手工拆卸、露天焚烧等，残余物被直接丢弃在田地、河流和水渠中，容易导致重金属对环境的污染。

3. 重金属在土壤中的迁移转化

重金属在土壤中的迁移转化，是指重金属在土壤空间中位置的移动和存在形式的变化，以及由此引起的重金属分散和富集现象。此过程决定了重金属在土壤中的存在形态、累积状况、污染程度和毒理效应。土壤重金属污染物的迁移转化过程分为物理迁移、化学迁移、物理化学迁移和生物迁移，其在土壤中的迁移转化形式复杂多样，并且往往是以多种形式并存。物理、化学和生物学的作用相互联系、相互制约，并受重金属本身的性质、土壤物理、化学性质和环境条件等多种因素影响。

1）物理迁移（physical migration）

物理迁移是指土壤中重金属的机械搬运，重金属离子或络合物被包含于矿物颗粒或有机胶体内，随土壤水分或空气运动而被迁移转化或形成沉淀，形成了重金属在横向和纵向上的空间分布特征。另外，水土流失和风蚀作用也可以使重金属随土壤颗粒发生位移和搬运，例如，在干旱地区，矿物质颗粒或土壤胶体以尘土的形式随风发生机械迁移。

2）物理化学与化学迁移（physical-chemical migration）

物理化学与化学迁移转化是指重金属污染物与土壤有机-无机胶体通过吸附、解离、沉淀、溶解、氧化、还原、络合、螯合、水解等一系列物理化学与化学作用而迁移转化，这也是重金属在土壤中的主要运动形式。

重金属和土壤中无机胶体的结合通常分为两种类型：专性吸附与非专性吸附。专性吸附是指带电的土壤胶体为达到电性平衡，在其外部因静电作用吸附一个带不同电荷的离子层作为电荷补偿的过程。非专性吸附是指土壤胶体表面与被吸附离子间通过共价键、配位键而产生的吸附。这种吸附不一定发生在带电体表面，也可以发生在中性体表面，甚至可在吸附离子带同号电荷的表面进行。

重金属可以被土壤中有机胶体络合和螯合，或者被有机胶体表面吸附。虽然土壤有机胶体的含量远小于无机胶体的含量，但对重金属的吸附容量远大于无机胶体。土壤腐殖质等有机胶体对金属离子的吸附交换作用和络合-螯合作用同时存在。一般当金属离子浓度较高时以吸附交换为主，浓度低时以络合-螯合为主。

物理化学迁移和化学迁移是土壤重金属在土壤环境中迁移的最重要形式，它决定了土壤重金属的存在形态、富集状况和潜在危险程度。

3）生物迁移（biological migration）

生物迁移主要是指通过植物根系从土壤中吸收某些化学形态的重金属，并在植物体内累积起来的过程。植物通过主动吸收、被动吸收等方式吸收重金属，一方面可以看作生物体对土壤重金属污染的净化；另一方面也可视为重金属通过土壤对作物的污染。当植物富集的重金属通过食物链进入人体后，污染危害将更为严重。另外，土壤微生物对土壤重金属的吸收以及土壤动物啃食和搬运土壤的过程是重金属在土壤生物中生物迁移的另一种途径，但生物残体最终又将金属归还于土壤中。

植物根系从土壤中吸收或体内富集重金属受多种因素的影响，主要影响因素是重金属在土壤环境中的数量和存在形态、作物的种类和生长状况、土壤 pH、Eh、胶体的种类和数量、有机质含量等都直接影响重金属在土壤中的存在形态。

4. 土壤中主要重金属污染物的危害

土壤中重金属污染物主要有汞、镉、铅、铬、砷等。同种重金属，由于它们在土壤中存在的形态不同，其迁移转换特点和污染性质也不同。因此，在研究土壤中重金属的危害时，不仅要注意它们的含量，还必须重视它们的形态。

1）汞（Hg）

汞是人类认识较早的一种重金属，俗称水银。其在自然界各种环境介质中均有分布，土壤中汞的浓度为 $0.029\sim0.1\,\mu g/g$。汞是闪亮的银白色重质液体，也是常温、常压下唯一以液态形式存在的金属。常温下汞的化学性质稳定，汞蒸气和汞的化合物多有剧毒性（慢性）。

污染环境的汞主要来自使用或生产的企业所排放的"三废",而使用被汞污染的污水灌溉农田是引起局部地区土壤汞污染的一个重要途径。另外,含汞颜料的应用、用汞作原料的工厂、含汞农药的施用等也是重要的汞污染源。

土壤中的汞按其化学形态可分为金属汞、无机结合态汞和有机结合态汞,并在一定条件下相互转化。在各种含汞化合物中,以烷基汞化合物,如甲基汞、乙基汞的毒害性最强。植物能直接通过根系吸收汞,在很多情况下,化合物可能是土壤中先转化为金属汞或甲基汞后才能被植物吸收,无机汞的溶解度低,在土壤中的迁移转换能力很弱,但在土壤微生物的作用下,能转化为具有剧烈毒性的甲基汞,也称汞的甲基化。微生物合成甲基汞在好氧和厌氧条件下都可以进行。在好氧条件下主要形成脂溶性甲基汞,被微生物吸收、累积转入食物链,从而对人和动物的健康造成危害;在厌氧条件和某些酶的催化作用下,主要形成二甲基汞,它不溶于水,在微酸性环境中,二甲基汞也可以转化为甲基汞。

土壤的温度、湿度、质地以及土壤中汞离子的浓度,对汞的甲基化作用都有一定影响。一般来说,在土壤水分较多、质地黏重、地下水位过高的土壤中,甲基汞的产生比沙性、地下水位低的土壤容易得多。甲基汞的形成与挥发都和温度有关,温度升高有利于甲基汞的形成,但其挥发度也随之增大。

汞对植物的危害因植物种类的不同而不同,汞在一定浓度下可使植物减产,较高浓度下可使作物死亡。土壤中汞含量过高时,不但能在植物体内累积,还会对植物产生毒害,引起植物汞中毒,严重情况下引起叶子和幼蕾脱落。甲基汞进入人体后快速与血红素分子组合,形成稳定的硫基-烷基汞,成为血球的组成部分。在体内的甲基汞约有 15% 储存在脑内,侵入中枢神经系统,破坏血管组织,引起一系列中枢神经的中毒症状,如手、足、唇麻木和疼痛,语言失常,听觉失灵,震颤和情绪失常等。此外甲基汞还可以导致流产、死产、畸形胎儿或出现先天性痴呆儿。

2) 镉(Cd)

镉主要来源于镉矿、冶炼厂,镉和锌是伴生元素,冶炼锌的排放物中必有 ZnO、CdO,它们的挥发性很强,以污染源为中心可波及数千千米。镉工业废水灌溉农田也是镉污染的重要来源。另外,蓄电池制造企业、原料制造业和农业磷肥生产行业都有可能造成镉污染。

土壤中镉一般以硫化物、氧化物和磷酸盐的形态存在。镉对于动植物以及人类来说并不是必需的元素,与铅、铜、锌、砷相比,镉的环境容量要小得多,但镉很容易被植物吸收,小麦和水稻等主要农作物对镉的富集能力很强,镉很容易通过食物链进入人体。

在土壤环境中,凡是能影响到镉在土壤中赋存形态的因素,如土壤性质、降雨量以及施肥、作物的种类、栽培和耕种方式等都可以影响镉的生物迁移。土壤酸度的增大,水溶态的镉相对增加,植物体内吸收的镉量也有所增加。在土壤加入石灰、磷酸盐等化学物质可相对减少植物对镉的吸收。

土壤中过量的镉,不仅能在植物体内残留,而且也会对植物生长发育产生明显的危害。镉能使植物叶片受到严重伤害,致使其生长缓慢、植株矮小、根系受到抑制、降低产量、并在高浓度镉的毒害下死亡。镉具有很长的生物半衰期,可以在人体内停留几十年。镉进入人体之后,一部分与血红蛋白结合,一部分与低分子的硫蛋白结合,然后随血液分布到内脏器官,最后主要蓄积于肾和肝中,镉中毒表现为动脉硬化性肾萎缩或慢性肾小球肾炎。由于过多的镉进入骨质,取代部分钙引起骨骼软化和变形,引起自然骨折甚至死亡。1955 年日本

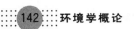

富士山神通河流域发生的"痛痛病"就是当地居民食用了高含量镉米和饮用水引发的。

3）铅（Pb）

铅是污染土壤较普遍的元素,土壤环境中的铅污染主要来源于金属冶炼、金属制品制造业和电镀行业,大量含铅废渣的排放都会造成土壤的严重污染。此外,汽油里添加抗爆剂烷基铅,使汽油燃烧后的尾气中含有大量铅,飘落在公路两侧数百米范围内的土壤中也会造成公路周围的土壤铅污染。

随着我国城乡工业化的快速发展,"三废"中的铅大量进入农田,进入土壤中的铅易与有机物结合,不易溶解,主要以 $Pb(OH)_2$、$PbCO_3$、$Pb(PO_4)_2$ 等难溶态形式存在,可溶性的铅含量极低。这是由于铅进入土壤时,开始以卤化物形态的铅存在,其在土壤中可迅速转化为难溶性化合物,铅的移动性和被植物吸收性都大大降低。因此,土壤中的铅大多发生在表土层,并在土壤中几乎不向下移动。植物吸收的铅主要累积在根部,只有少数传到地上。累积在根、茎和叶上的铅,可影响植物的生长发育,使植物受害。铅对植物的危害表现可使叶绿素含量下降,阻碍植物的呼吸和光合作用。

铅是人体唯一不需要的微量元素,是可作用于人体各个器官和系统的毒物,能与体内一系列蛋白质、酶和氨基酸内的官能团络合,干扰机体多方面的生化和生理作用,甚至对全身器官产生危害。人体内即使有 $0.01\mu g$ 铅也会对健康造成损害,并且即使脱离原来的污染环境或体内,铅水平明显下降,也不能使受损器官和组织恢复。铅对人体的危害可以表现为智力发育和骨骼发育迟缓、消化不良和内分泌失调、贫血、高血压和心律失常、肾功能和免疫功能受到损伤等,尤其是当铅进入血液和大脑神经组织后,可以使营养物质和氧气供应不足,进而造成脑组织损伤,严重者还可能导致终身残疾,儿童还伴有智力发育障碍、注意力不集中、多动、兴奋、行为异常等。

4）铬（Cr）

土壤中铬污染来源主要是某些工业的"三废"排放。通过大气污染的铬主要是铁路工业、耐火材料工业和煤的燃烧向大气中散发。通过水体污染的铬主要是电镀、金属酸洗、皮革制造等工业的废水。此外,城市消费和生活方面,以及使用化肥等,也是向环境中排放铬的可能来源。

铬在土壤中主要有两个价态：Cr^{6+}、Cr^{3+},其中以 Cr^{3+} 化合物存在。Cr^{6+} 很稳定,毒性大,毒害程度比 Cr^{3+} 大 100 倍,土壤对 Cr^{6+} 的吸附固定能力较低,仅含 $7.5\% \sim 36.2\%$。而 Cr^{3+} 恰恰相反,当它们进入土壤后大约 90% 以上被土壤迅速吸附固定,并在土壤中难以再迁移,主要存在于土壤和沉积物中。

铬是动物和人体必需的微量元素。植物对铬的吸收,95% 累积于根部,据研究,低浓度能提高植物体内酶的活性与葡萄糖的含量,高浓度时,则阻碍水分和营养向上补充输送,并破坏代谢作用;铬参与胰岛素的糖代谢过程、脂肪代谢过程、维持胆固醇正常代谢,对人体与动物也是有利有弊。人体含铬过低会产生食欲减退等症状。而 Cr^{6+} 具有强氧化作用,对人体主要是慢性危害,长期作用可引起肺硬化、肺气肿、支气管扩张,甚至引发癌症。

5）砷（As）

砷是类金属元素。砷广泛存在于自然界中,固体化合物有三氧化二砷（俗称砒霜）、二硫化二砷、三硫化二砷（俗称雄黄）和五氧化二砷等;砷的液态化合物有三氯化砷;气态化合物有砷化氢等。砷污染的工业排放主要有化工、冶金、炼焦、火力发电、造纸、玻璃、皮革等,以冶金和化学排放砷量最高；农业方面的砷主要来源于含砷的杀虫剂、杀菌剂和土壤处理剂，如砷酸铅、砷酸钙、稻脚清等。

土壤中的砷集中在表土层 10cm 左右，只有在某些情况下可淋洗至较深土层，施磷肥可稍微增加砷的移动性。土壤中砷的形态按植物吸收的难易程度划分为，水溶性砷、吸附性砷、难溶性砷，通常把水溶性砷和吸附性砷总称为可给性砷，是可被植物吸收利用的部分。土壤中大部分砷被胶体吸收和有机物络合-螯合或与土壤中铁、铝、钙相结合，形成难溶化合物，或与铁、铝等氢氧化物发生沉淀。

砷中毒可影响植物生长发育，砷对植物危害的最初症状是，叶片卷曲枯萎，进一步是根系发育受阻，最后是根、茎、叶全部枯死。砷对人体危害很大，在体内具有明显的累积性，它能使红细胞溶解，破坏正常的生理功能，并具有遗传性、致癌性和致畸性。

7.2.5　土壤化学农药污染

1. 化学农药的概念及其污染来源

化学农药是指在农业生产中，为保障、促进植物和农作物的生长，所施用的杀虫、杀菌、杀灭有害物质或杂草的一类药物统称。特指在农业上用于防治病虫及调节植物生长、除草等药剂。农药大多为有机化合物，自 20 世纪 40 年代广泛应用以来，已有数千万吨农药进入土壤环境，农药已成为土壤中主要的有机污染物。目前农药的品种十分繁多，全世界共有 2000 多个品种，在农业上常用的有 250 种以上，我国常用农药也有 200 多种，而且其品种还在不断增加。农药的使用量也急剧增加，并成为决定现代化农业生产效率和提高收获量的重要因素。农药的成分主要是有机物。农药施用之后，只有 10%～30% 对农作物起保护作用，其余部分则进入大气、水和土壤。造成土壤农药污染的类型有：有机氯、有机磷、氨基甲酸酯和苯氧羧酸类。农药对环境的危害如图 7-1 所示。

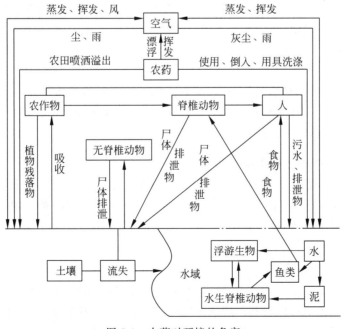

图 7-1　农药对环境的危害

土壤化学农药污染主要来源于以下几方面：

① 将农药直接施加在土壤或以拌种、浸种和毒谷等形式施入土壤，包括一些除草剂、防治地下害虫的杀虫剂。

② 向作物喷洒农药时农药直接落到地面上或附着在作物上，经风吹雨淋落入土壤中。

③ 大气中悬浮的农药颗粒、以气态形式存在的农药经雨水溶解和淋溶，最后落到地面上。

④ 随死亡动物残体或污染灌溉而将农药带入土壤。

2. 主要的农药类型

1）有机氯农药

有机氯农药是分子中含氯烃的衍生物，最主要的品种是 DDT 和六六六等，其次是艾氏剂、狄氏剂和毒杀芬等。早期这类农药的推广和应用为农业、林业和畜牧业的增产增收发挥了巨大作用，但是有机氯类农药化学性质稳定，在环境中残留时间长，短期内不易分解，易溶于脂肪并蓄积，长期使用有机氯类农药是造成污染环境的最主要农药类型。

有机氯类农药残留在动物体内会引起神经系统、内分泌系统和中枢神经系统等的病变，发生肌肉震颤、内分泌紊乱、肝肿大、肝细胞变性等症状，还可通过母乳传递给下一代，进而影响下一代。

2）有机磷农药

有机磷类农药是含磷的有机化合物，有的还含硫、氮元素，其大部分是磷酸酯类或酰胺类化合物，按其结构可分为磷酸酯、硫代磷酸酯，磷酰胺和硫代磷酰胺类。有机磷农药比有机氯农药容易降解，是为取代有机氯农药发展起来的，所以对自然环境的污染及对生态系统的危害和残留没有有机氯农药那么突出和普遍。但近年来的研究表明，有机磷农药毒性较高，对生物体内胆碱酯酶有抑制作用，且具有烷基化作用，可引起动物的致癌和致突变作用。

3）氨基甲酸酯类农药

氨基甲酸酯类农药均具有苯基-N-烷基甲酸酯的结构，有抗胆碱酯酶作用，与有机磷农药有相同的中毒特征，在环境中易分解，在动物体内也能迅速代谢，而代谢产物的毒性多低于本身毒性，因此属于低残留的农药。

4）除草剂

除草剂具有选择性，只能杀伤杂草，而不伤害作物。有的是非选择性的，对药剂接触到的植物都可杀死。大多数除草剂在环境中易分解，对哺乳动物的生化过程无干扰，对人、畜毒性不大，也未发现在人、畜体内累积。

3. 农药在土壤中的迁移转化

农药使用后，将直接或间接进入土壤中，土壤中的农药将发生被土壤胶体及有机质吸附、随水分向四周流动或向深层土壤移动、向大气中挥发扩散、被土壤微生物降解等一系列物理、化学和生物化学过程。这些过程往往同时发生、相互作用，并受多种因素影响。

1）农药在土壤中的吸附

土壤是一个由无机胶体、有机胶体及有机-无机胶体所组成的胶体体系，其具有较强的吸附性能。进入土壤的有机农药一般通过吸附吸收、离子交换吸收、配位体交换吸收、氢键结合吸收、质子化作用吸收等方式将农药吸附在土壤颗粒表面，使农药残留在土壤中。土壤胶体的种类和数量,胶体的阳离子组成,化学农药的物质成分和性质等都直接影响到土壤对农药的吸附能力,吸附能力越强,农药在土壤中有效性越低,则净化效果越好。

农药被土壤吸附后,移动性和生理毒性随之发生变化。在某种意义上,土壤对农药的吸附作用,就是土壤对农药的净化。但是,土壤吸附净化作用也是可逆反应,农药土粒吸附和释放是处于动态平衡中。因此,土壤对农药的吸附作用只是在一定条件下缓冲解毒作用,没有使化学农药彻底降解。

进入土壤的化学农药一般被解离为有机阳离子,被带负电的土壤胶体所吸附,其吸附容量往往与有机胶体和无机胶体阳离子吸附容量有关。据研究,土壤胶体对农药吸附的顺序是有机胶体>蛭石>蒙脱石>伊利石>绿泥石>高岭石。

2) 农药在土壤中的挥发、扩散和迁移

土壤中的农药,在被土壤固相吸附的同时,还通过气体挥发和水的淋溶在土体中扩散迁移,导致大气、水和生物的污染。大量资料证明,无论是易挥发的农药还是不易挥发的农药都可以从土壤、水及植物表面大量挥发。农药在土壤中的挥发作用大小主要取决于农药本身的溶解度和蒸气压,也与土壤的温度、湿度等有关。

农药除以气体形式扩散外,还能以水为介质进行迁移,其主要方式有两种:①直接溶于水;②被吸附于土壤固体细粒表面上随水分移动而进行机械迁移。农药在吸附性能小的沙砾土壤中更容易移动,而在黏粒含量高或有机质含量多的土壤中则不易移动,大多累积于土壤表层 30cm 的土层内。因此有的学者指出,农药对地下水的污染是不大的,主要是土壤遭受侵蚀,通过地表径流流入地面水体造成地表水体的污染。

4. 农药在土壤中的降解

农药在土壤中的降解,包括光化学降解、化学降解和微生物降解等。

1) 光化学降解(photochemical degradation)

光化学降解是土壤表面因受太阳辐射能和紫外线能而引起农药的分解。农药吸收光能后产生光化学反应,使农药分子发生光解、光氧化、光水解和异构等,进而使农药分子结构中的碳-碳键和碳-氢键发生断裂,从而引起农药分子结构的转变,这可能是农药转化或消失的一个重要途径。但是紫外线难于穿透土壤,因此光化学降解对落到土壤表面或土壤结合处的农药的作用显著,而对土表以下的农药作用很小。

2) 化学降解(chemical degradation)

化学降解主要是指与微生物无关的水解和氧化作用。水解是最重要的反应过程之一,许多有机磷农药进入土壤后,便可发生水解。土壤 pH 和吸附是影响水解反应的重要因素,水解的强度也随土壤的温度升高、土壤水分的加大而加强。

3) 微生物降解(biological degradation)

生物的生命活动可将农药分解为小分子化合物或转化为毒性较小的化合物,包括微生物、植物和动物降解。其中微生物降解是最重要的途径,目前所说的生物降解主要是指微生物降解。土壤微生物对有机农药的降解起着极其重要的作用,土壤微生物包括细菌、霉菌、放线菌等,各种微生物能通过脱氯作用、氧化还原作用、脱烷基作用、水解作用、环裂解作用等参与分解土壤中的有机农药。

7.3　土壤污染防治

土壤是生命之基、万物之母。唯有净土,才有洁食,才有安居。当前,必须采取系统措施,加强土壤污染综合防治,更好保护好土壤环境质量。对于土壤环境污染,应坚持"预防为主、防治结合"的基本方针,从控制和消除污染源出发做好充分利用土壤环境所具有的强大净化能力,采取有效的土壤污染修复技术和管理手段,全面开展土壤环境污染综合防治,促进土壤资源的保护和可持续利用。

7.3.1　土壤污染的防治措施

1. 控制和消除工业"三废"排放

工业"三废"中含有大量有毒、有害物质,如果其排放量超过土壤环境自净能力的容许量,就产生土壤环境污染。控制和消除"三废"排放就要全面推广清洁生产工艺和闭路循环,需要建立废气、废水、废渣等污染物的排放标准,遵循"减量化""资源化""无害化"的标准减少和消除污染物质的排放,且对必须排放的"三废"进行净化处理,控制污染物排放数量和浓度,使其符合国家制定的排放标准。

2. 加强土壤污灌区的监测管理

污灌是指用工业废水和生活污水对农田进行灌溉,目前污灌已成为我国北方地区的主要灌溉形式。污水中含有植物生长所需要的营养和微量元素,在使用得当的情况下可使地区作物产量增加,也可提高干旱地区的水资源利用效率。但是未经处理的工业废水和生活污水成分复杂,含有很多有毒有害物质,也可能含有许多重金属元素,如果将此类污水直接灌溉到农田可能会造成严重的土壤污染。利用污水和污泥时要时常对其成分、污染物含量和动态进行监测,控制好污灌次数和污泥用量。根据土壤的环境容量,制定区域性农田灌溉水质标准和农用污泥施用标准以免引起土壤污染。

3. 合理施用化肥和农药

化肥和农药的使用是现代农业必不可少的技术手段,但由于其特殊的化学性质,技术上使用不合理或者过分使用均会对农作物、人、畜和土壤环境造成不可估量的伤害。因此,要根据不同的土壤结构,针对土壤状况科学施肥,经济用肥,避免施肥过多造成土壤污染,并且大力推广使用高效、低毒、低残留的农药(如拟除虫菊酯类农药),科学使用化学农药。同时,让使用农药的工作人员了解更多有关农药的知识,合理选择不同农药的使用范围、喷施次数、施药时间及用量等,将农药控制在农畜产品所承受的范围内,使之尽可能减轻农药对土壤的污染。

4. 健全法律法规,加强土壤治理监督

为了促进经济良好发展,同时使生态环境得到有效保护,需结合不同区域表现出的土壤污染情况,构建针对性强的治理制度,健全治理制度体系,严格治理和监管土壤污染。

治理工作的相关部门,需畅通污染受害者诉求渠道,加强土壤环境应急和执法能力建设和规定严格的法律责任。健全不同土地利用方式的标准和各种土壤环境质量的指标,完善土壤污染评价、风险评估和土壤污染修复等标准体系。全面考察和分析各区域的主要污染

物、土壤土质等,同时结合治理条例,建立健全防治制度。另外,各级环境保护部门需要将有关法律法规作为基础,监管和处罚违规企业,从技术上大力支持设备、技术配套不完善的企业,指导设备陈旧的企业积极更新,惩治存在违规情况的企业。同时,为了推动企业今后朝着更加环保的方向发展,环保部门应对企业进行全面、细致的调查,从而有效实施法律制度。

总之,按照"预防为主"的环保方针,防治土壤污染的首要任务是控制和消除土壤污染源,防止新的土壤污染;对已污染的土壤,要采取一切有效措施,清除土壤中的污染物,改良土壤,防止污染物在土壤中的迁移转化。

7.3.2　土壤污染修复

1. 土壤污染修复的概念

土壤污染修复(contaminated soil remediation)指通过物理、化学、生物、生态学原理,并采用人工调控措施,使土壤污染物浓度或者活度降低,实现污染物的无害化和稳定化。从根本上说,污染土壤修复技术原理为:改变污染物在土壤中的存在形态或同土壤的结合方式,降低其在环境中的可迁移性与生物可利用性,降低土壤中有害物质的浓度。

2. 土壤污染修复技术

土壤污染修复技术是指,促使受到污染土壤的自净能力等基本功能和生产力得到恢复和重建所采用的方法。经过十多年来全球范围的研究与应用,按照修复原理,土壤污染修复技术可分为物理修复技术、化学修复技术和生物修复技术;按照修复位置,土壤污染修复技术可分为原位土壤污染修复技术和异位土壤污染修复技术。

原位土壤污染修复技术是指将污染的土壤在原地处理,处理期间土壤基本不被搅动。该修复技术可实现土壤污染物的就地处理,不需要搭建造价高昂的工程设施,也不需要远程运输,操作和维护简单。异位土壤污染修复技术是指将污染土壤挖出或运输到其他地方进行修复处理。该技术环境风险较低,可预测性高,但费用昂贵。

1) 物理修复技术

物理修复技术是指通过对土壤物理性状和物理过程的调节或控制,使污染物在土壤中分离,转化为低毒或无毒物质的过程。

(1) 土壤蒸汽浸提修复技术

土壤蒸汽浸提修复技术又称真空提取技术。它是通过降低土壤空气中的蒸气压,将土壤中的污染物转化为蒸汽形式排出土壤的修复技术,可用于去除不饱和土壤中挥发性有机组分(VOCs)污染。该方法一方面需要把清洁空气连续通入土壤介质中;另一方面土壤中的污染物以气体的形式随之排出。整个过程的实现主要通过固相、液相和气相之间的浓度梯度,以及通过土壤真空浸提过程引入的清洁空气驱动,适用于高挥发性有机物和一些半挥发性有机物污染土壤的修复。

土壤蒸汽浸提修复技术能够原位操作,比较简单,对周围的干扰能够限定在尽可能小的范围之内,设备简单容易安装;对土壤结构破坏小;处理周期短;可以处理固定建筑物下的污染土壤;可与其他技术结合使用。该技术的缺点是只能处理不饱和的土壤,对饱和土壤和地下水的处理还需要其他技术。

(2) 固化-稳定化修复技术

固化-稳定化修复技术是指应用物理或化学的方法将土壤中的有害污染物固定起来,或者将污染物转化成化学性质不活泼的形态,阻止其在环境中迁移、扩散等过程,从而降低污染物质的毒害程度的修复技术。该处理技术的费用比较低廉,对一些非敏感区的污染土壤可大大降低场地污染治理成本,是较普遍应用于土壤重金属污染的快速控制修复方法,对同时处理多种重金属复合污染土壤具有明显的优势。

固化技术是指土壤添加黏结剂可引起石块状固体形成的过程。固化不涉及固化物与固化污染物之间的化学反应,只是将污染物机械地固定在结构完整的固态物质中。稳定化技术是指将污染物转化为不易溶解、迁移能力和毒性变小的形态和形式的过程。它通过降低污染物的生物有效性,实现无害化或降低其对生态系统危险的危害。常用的固化稳定剂有飞灰、石灰、沥青和硅酸盐水泥等,其中水泥应用最为广泛。

（3）玻璃化修复技术

玻璃化修复技术是通过高强度能量输入将固态污染物融化为玻璃状或玻璃-陶瓷状物质,借助玻璃体的致密结晶结构,使固化体永久稳定。污染物经过玻璃化作用后,其中有机污染物因热解而被摧毁,或转化为气体逸出,而其中的放射性物质和重金属则被牢固地束缚在已融化的玻璃体内。

玻璃化修复技术既适合于原位处理,也适用于异位处理。

原位玻璃化是指向污染土壤插入电极,对污染土壤固体组分施加 1600～2000℃高温处理,使有机污染物和部分无机污染物,如硝酸盐、硫酸盐和碳酸盐等得以挥发或热解,从而从土壤中去除的过程。原位玻璃化修复如图 7-2 所示。适用于含水量较低、污染物深度不超过 6m 的土壤,其处理对象包括放射性物质、有机物、无机物等多种干湿污染物,但不适用于处理可燃有机物含量超过 10％的土壤。

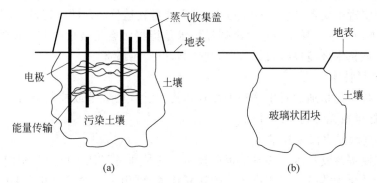

图 7-2　原位玻璃化修复过程示意
(a) 玻璃化中；(b) 玻璃化后

异位玻璃化技术是指将污染土壤挖出,利用等离子体、电流或其他热源在 1600～2000℃的高温熔化土壤及其污染物,有机污染物在如此高温下被热解或者蒸发去除,有害无机离子得以固定化,产生的水分和热解产物则由气体收集系统收集进一步处理。该技术可用于去除污染土壤、污泥等泥土类物质中的有机物和大部分无机污染物,但实施过程中需控制尾气中有机物及一些挥发性重金属,同时需进一步处理玻璃化后的残渣,否则可能导致二次污染问题。

（4）热脱附修复技术

热脱附修复技术是直接或间接的热交换,加热土壤中有机污染组分到足够高的温度,使其蒸发并与土壤介质相分离的过程。热脱附修复过程如图 7-3 所示。该技术具有污染物处理范围宽、设备可移动、修复后土壤可再利用等优点。该技术常用于处理有机污染的土壤,如挥发性有机物、半挥发性有机物、农药、高沸点氯代化合物,也适用于部分重金属污染的土壤,如挥发性金属汞。

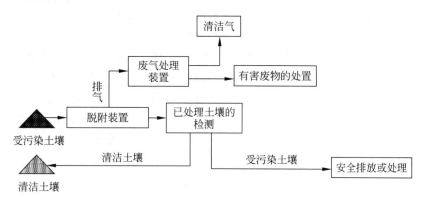

图 7-3   污染土壤热脱附修复过程示意

目前,热力学修复技术应用较普遍的有热力强化蒸汽抽提技术和热解吸技术。热力强化蒸汽抽提技术是指利用热传导或辐射的方式加热土壤,以促进半挥发性有机物的挥发,从而实现对污染土壤的修复。热解吸技术是指真空条件下或通入载体气时加热并搅拌土壤,使污染物及水汽随气流进入气体处理系统处理的技术。

2)化学修复技术

化学修复技术是根据污染物和土壤的性质,运用化学制剂使土壤中污染物发生酸碱反应、氧化、还原、裂解、中和沉淀、聚合、固化、玻璃质化等反应,使污染物从土壤中分离、降解转化成低毒或无毒的化学形态的技术。

(1)土壤性能改良修复技术

土壤性能改良修复技术是有针对性地采取改良剂或人为改变土壤氧化-还原电位的工程技术。主要是针对重金属污染土壤,部分措施也可用于有机污染土壤改良。该技术属于原位修复技术,不需要搭建复杂的工程设备,是比较经济有效的污染土壤修复途径之一。

根据污染物在土壤中存在的特性,向土壤中施加的改良剂有石灰、磷酸盐、堆肥、硫黄高炉渣、铁盐等。改良剂的使用可以有效降低重金属的水溶性、扩散性和生物有效性,减弱其进入植物体、微生物体和水体的能力,减轻毒性和危害。

尽管改良剂对土壤污染修复具有很好的效果,且具有技术简单、取材容易、实用性强等优点,但也存在一定的不足,例如吸附剂花费太高,处理不当会造成二次污染,不适合大面积推广使用;沉淀法可在一定程度上降低土壤溶液重金属含量,但同时也可造成部分营养元素可溶性降低,导致微量元素缺乏。

(2)化学淋洗修复技术

化学淋洗修复技术是指借助能促进土壤环境中污染物溶解、迁移的液体或其他流体来淋洗污染土壤,在重力作用下或通过水力压头推动淋洗液注入被污染土层中,使吸附或固定在土壤颗粒上的污染物脱附、溶解而去除的技术。一般可通过两种方式去除污染物:①使用淋洗液溶解液相、吸附相或气相污染物;②利用冲洗水力带走土壤孔隙中或吸附于土壤中的污染物。

土壤淋洗修复技术可去除大部分污染物、操作灵活、应用灵活、修复效果稳定、彻底、周期短、效率高。但是,土壤淋洗也存在一定的局限性,如对质地比较严重、渗透性比较差的土壤修复效果相对较差;目前去除效率较高的淋洗剂价格比较昂贵,难以用于大面积的实际修复;在土壤中残留的淋洗剂可能会对土壤和地下水造成二次污染。

化学淋洗修复技术可分为原位淋洗技术和异位淋洗技术。

① 原位淋洗技术是直接向污染土壤加入淋洗剂,穿过污染土壤并与污染物相互作用。原位淋洗技术流程如图7-4所示。在相互作用过程中,通过淋洗液的解吸、螯合、溶解或络合等物理、化学作用,最终形成可迁移态化合物使土壤污染物进入淋洗溶液,然后淋洗溶液通过下渗或平行排出土壤,收集再处理的过程。该技术既适用于无机污染物,也适用于有机污染物,尤其是粗质地、渗透性较强的土壤污染修复。其优点是长效性、易操作性、高渗透性、费用合理以及适宜治理的污染场范围广等。

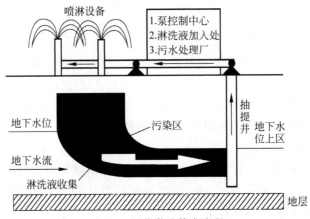

图7-4　原位淋洗技术流程

② 异位淋洗技术是将污染土壤挖掘出来,用水或化学溶液清洗土壤、去除污染物,再对含污染物的清洗废水或废液进行处理,洁净土可以回填、货运到其他地点的技术。异位淋洗技术流程如图7-5所示。一般可用于放射性物质、有机物或混合有机物、重金属或其他无机污染土壤的处理或前处理。

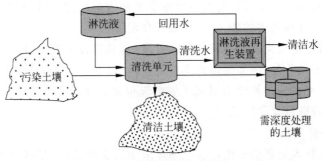

图7-5　异位淋洗技术示意

（3）化学氧化修复技术

化学氧化修复技术是指向污染环境中加入化学氧化剂,依靠化学氧化剂的氧化能力,分解破坏污染环境中污染物的结构,使污染物降解或转化为低毒、低移动性物质的一种修复技术。化学氧化修复技术不需要将污染土壤全部挖出,只是在污染区的不同深度钻井,再通过泵将氧化剂注入土壤中。通过氧化剂与污染物的混合反应使污染物降解或形态变化。该技术一般用于修复严重污染的场地或污染源区域,但对于污染物浓度较低的轻度污染区域,该技术并不经济。其优点是修复完成后在原污染区只存下水、二氧化碳等无害的化学反应产物,与传统泵处理系统相比,化学氧化修复技术效率更高,费用更少。

　　3) 生物修复技术

　　生物修复技术是指利用植物、动物和微生物吸收、降解、转化土壤中的污染物,使其浓度降到可接受的水平;或将有毒有害物质转化为无害物质的污染土壤治理方法。

　　与物理、化学修复污染土壤技术相比,它具有成本低,不破坏植物生长所需要的土壤环境,无二次污染,处理效果好,操作简单、费用低廉等特点,是一种新型的环境友好替代技术。

　　(1) 植物修复技术

　　植物修复技术是根据植物可耐受或超累积某种特定化合物的特性,利用绿色植物及其共生微生物提取、转移、吸收、分解、转化或固定土壤中的有机或无机污染物,把污染物从土壤中去除,从而达到移除、消减或稳定污染物,或降低污染物毒性的目的。植物修复土壤过程如图 7-6 所示。土壤植物修复技术主要有植物提取、植物挥发、植物降解和植物固定等几种途径。

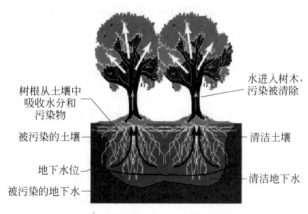

图 7-6　植物修复污染土壤过程示意

　　植物提取是利用专业超累积植物,通过其根系从污染土壤中超量吸取重金属,积累一种或几种重金属元素,并将其转移、储存到植物茎叶等地上部分,然后收割地上部分,连续种植超积累植物可将土壤中的重金属降到可接受的水平。

　　植物挥发是利用植物根系分泌的一些物质或微生物使土壤中的某些重金属转化为挥发形态,或者植物将某些重金属吸收到体内后将其转化为气态物质释放到环境中,从而对污染土壤起到治理作用。

　　植物降解修复是指利用修复植物的转化和降解作用,去除土壤中的有机污染物,以减少其对生物和环境的危害。其修复机制主要有两个方面,①污染物质被吸收到植物体内后,通过生化反应,植物将这些化合物及分解的碎片通过木质化作用储存在新的植物组织中,或者是化合物完全挥发,或矿化为二氧化碳和水,从而将污染物转化为毒性较小或无毒的物质;

②植物根系分泌物直接降解根系环境中的有机污染物。

植物固定是通过耐重金属及其根系微生物的分泌作用螯合、沉淀土壤中的重金属,以降低其生物有效性和移动性,达到固定、隔绝、阻止重金属进入水体和食物链的途径和可能性,减少对环境和人类健康危害的风险。

（2）微生物修复技术

微生物修复技术是指利用微生物的作用降解土壤中的有机污染物,或者通过生物吸附和生物氧化、还原作用改变有毒元素的存在形态,降低其在环境中的毒性和生态风险。微生物修复可以消除或减弱土壤环境污染物的毒性,减少污染物对人类健康和生态系统的风险。其主要包括生物强化法、生物通风法、生物注气法和土地耕种法等。

生物强化法是指在生物处理体系中投加具有特定功能的微生物来改善原有处理体系的处理效果,如对难降解有机物的去除等。投加的微生物可以来源于原来的处理体系,经过驯化、富集、筛选、培养达到一定数量后投加,也可以是原来不存在的外源微生物。

生物通风法是指向亚表层土壤通入空气或氧气,促进微生物降解吸附在不饱和层土壤上的有机污染物的修复技术,它是一种强化污染物生物降解的修复技术。一般是在受污染的土壤中至少打两口井,安装鼓风机和真空泵,将新鲜空气强行排入土壤中,然后再抽出,土壤中的挥发性毒物也随之去除。通入空气的同时可以同时加入一定量的氨气或含氮营养液,可为土壤中降解菌提供氮素营养,从而达到强化污染物降解的目的。

生物注气法是一种类似于生物通气法的技术,它是将空气压入饱和层水中,使挥发性化合物进入不饱和层进行生物降解,同时饱和层也得到氧气有利于生物降解。这种补给氧气的方法扩大了生物降解的面积,使饱和带和不饱和带的土壤微生物发挥作用。该方法适用于处理挥发性有机物污染的地下水体上部土壤,特别是被小分子有机物污染的土壤,对大分子有机物污染的土壤较不适宜。

土地耕种法是通过翻耕污染土壤,补充氧和营养物提高土壤微生物的活性,耕种工艺是指在非透气垫层上,将污染土壤以 10～30cm 的厚度平铺其上,并淋洒营养物、水及降解菌株接种物,定期翻动充养,以满足微生物生长的需要,彻底清除污染物。处理过程产生的渗滤液再回淋于土壤,以彻底清除污染物。该方法优点是简易经济,但污染物有可能从处理地转移。一般用于污染土壤的渗滤性较差,土层较浅,污染物又易降解的土壤环境。

7.4　环境思政材料

思考题

1. 简述土壤的概念。
2. 简述原生矿物和次生矿物的概念。

3. 土壤胶体的概念是什么？土壤胶体有哪几种性质？

4. 简述土壤环境污染的概念,土壤污染的特点。

5. 土壤污染途径有哪几种类型？

6. 土壤自净作用的概念,按照作用机理的不同可将土壤自净作用分为哪几种？

7. 重金属在土壤中的迁移转化的概念,迁移转化过程有哪几种？

8. 简述原位土壤修复技术和异位土壤修复技术的概念。

9. 主要的土壤污染的修复技术有哪些？并举例说明。

第 8 章

物理性污染与控制

声、光、热、电、磁、核衰变等都是物理学研究的范畴，也是影响人类环境的重要因素，当其发生改变并超过一定范围时，会造成环境污染，故把噪声污染、光污染、热污染、电磁污染和放射性污染归为物理性污染。这些物理性污染属于能量型污染，很少给周围环境留下具体的污染物，且无色无味，很隐蔽。

现代社会是一个信息化、电气化、核发展的时代，家用电器、电子设备和核电在带给人们福利的同时，也使人类付出代价。随着社会经济的快速发展，物理性污染逐渐成为继大气污染、水体污染和固体废物污染之后人类面临的又一大污染环境问题，也是一种危害人类生存环境的公害，可对人和动物的健康及各种生产和生命活动造成严重危害。例如，噪声污染对生物的听觉影响很大，会造成人体的听觉损伤甚至死亡；电磁辐射和放射性污染会造成人体辐射损伤；光污染会对人和其他动物的眼睛造成刺激，导致视力下降；热污染会导致水体和大气温度上升，给生物和生态环境带来不可预测的灾难。

物理性污染是如何产生的？有何危害？它们有没有共同的特性？如何防止这些污染，保障人们的身体健康？这已是一个摆在人们面前十分重要和迫切需要解决的问题。本章主要介绍噪声污染、放射性污染、电磁辐射污染、光污染和热污染的基本概念、危害和防治措施。

8.1 噪声污染与控制

8.1.1 噪声概述及其特点

1. 声音

声音(sound)是由物体振动产生的声波，通过介质传播并能被人或动物听觉器官所感知的波动现象。最初发生振动的物体称为声源(sound source)。根据传播介质空气、水体和固体的不同，可以把声音相应的分为空气声、水声和固体声等。受声源作用的影响，传播介质发生振动，当振动频率在 $20\sim20000\mathrm{Hz}$ 时，作用于人的耳膜所产生的感觉称为声音。

2. 噪声

噪声(noise)是声波的一种，具有声波的一切特性，其产生、传播和接受在原理上与其他声音没有任何区别。人类生活在有声音的环境中，并且借助声音传递信息、交流思想感情。但是有些声音并不是人们所需要的，对于同一个人、同一种声音，因时间、地点和心情等的不同，也会产生不同的主观判断，如机器运转发出的声音、汽车的鸣笛声及各种器物敲打和碰撞时发出的声音等,这种声音不能给人们带来益处,相反,会损害人们的健康,影响人们的正常工作、学习和生活。所以噪声定义为人们不需要的声音。

3.噪声的分类和来源

1) 按噪声产生的机理分类

(1) 机械振动噪声(machinery vibration noise)

指机械部件之间在摩擦力、撞击力和非平衡力作用下振动而产生的噪声,如粉碎机、织布机等发出的噪声。

(2) 空气动力噪声(aerodynamic noise)

指高速、不稳定气流,以及由于气流与物体相互作用产生的噪声,如空压机、风机等进气和排气所产生的噪声。

(3) 电磁性噪声(electromagnetic noise)

指电磁场的交替变化引起某些机械部件或空间容积振动产生的噪声,如电动机、发电机等发出的噪声。

2) 按噪声的来源分类

噪声源可分为自然噪声源和人为噪声源两大类,对于雷电和地震等自然噪声,目前人们尚无法控制,所以噪声的防治主要是指人为噪声的控制。就人为噪声而言,其来源可分为交通噪声、工业噪声、建筑噪声和社会生活噪声。

(1) 交通噪声(traffic noise)

交通噪声是指机动车辆、铁路机车、机动船舶、航空器等交通运输工具在启动、运行和停止过程中发生的喇叭声、汽笛声、刹车声、排气声等各种噪声。此类噪声源具有流动性,其影响范围广、受害人数多,是我国城市的主要噪声源。表 8-1 是典型机动车辆噪声级范围。

表 8-1　典型机动车辆噪声级范围　　　　　　　　　　　dB(A 计权)

车 辆 类 型	加速时噪声级	匀速时噪声级
重型货车	89～93	84～89
中型货车	85～91	79～85
轻型货车	82～90	76～84
公共汽车	82～89	80～85
中型汽车	83～86	73～77
小轿车	78～84	69～74
摩托车	81～90	75～83
拖拉机	83～90	79～88

(2) 工业噪声(industrial noise)

工业噪声是指工厂在生产过程中由于机械振动、摩擦撞击及气流扰动产生的噪声,其包括机械型噪声、空气动力型噪声和电磁型噪声。机械型噪声是指由于机械的撞击、摩擦、固体的振动和转动而产生的噪声,如车床、电锯、碎石机、球磨机等固体振动产生的机械噪声。空气动力型噪声是由于空气振动,如通风机、鼓风机、空气压缩机等空气振动产生的噪声;电磁型噪声是由于电动机中交变力相互作用产生的噪声,如发电机、变压器等发出的声音。工业噪声一般声级高(表 8-2),延续时间长,对生产工人和周围居民造成较大影响,成为职业性耳聋的主要原因。

表 8-2　一些机械设备产生的噪声　　　　　　　　　dB(A 计权)

设 备 名 称	噪 声 级	设 备 名 称	噪 声 级
轧钢机	92～107	柴油机	110～125
切管机	100～105	汽油机	95～100
汽锤	95～105	球磨机	100～120
鼓风机	95～115	织布机	100～105
空压机	85～95	纺纱机	90～100
车床	82～87	印刷机	80～95
电锯	100～105	蒸汽机	75～80
电刨	100～120	超声波清洗机	90～100

(3) 建筑噪声(constructional noise)

建筑噪声是指建筑施工过程中由于使用一些器械,如打桩机、混凝土搅拌机、卷扬机、推土机等所产生的干扰周围生活环境的声音。建筑施工机械噪声级范围如表 8-3 所示。近年来我国城市建设迅猛发展,特别是开发区新建和旧城镇开发中的拆建、新建等工程大量涌现,道路拓宽及排水管道铺设等土木工程日益增多。工程的增多除了造成道路泥泞、沙尘飞扬,更重要的是施工中各种机械操作会带来严重振动和噪声等环境公害。虽然此类噪声具有暂时性,但随着我国城市化进程加快,建筑施工噪声的影响越来越大,某些设施现场紧邻居住建筑群,对居民生活造成了很大干扰。

表 8-3　建筑施工机械噪声级范围　　　　　　　　dB(A 计权)

机械名称	距声源 15m 处噪声级	机械名称	距声源 15m 处噪声级
打桩机	95～105	推土机	80～95
挖土机	70～95	铺路机	80～90
混凝土搅拌机	75～90	凿岩机	80～100
固定式起重机	80～90	风镐	80～100

(4) 社会生活噪声(social living noise)

社会生活噪声主要指社会活动和家庭生活设施产生的噪声,是指娱乐场所、商业活动中心、运动场所等各种社会活动中产生的喧闹声,以及影碟机、电视机、洗衣机等家庭生活过程中使用的各种家电所产生的嘈杂声,住宅区内修理汽车、制作家具和燃放爆竹等所产生的噪声也包括在内。这类噪声一般在 80dB 以下,虽然对人体没有直接危害,但却能干扰人们的正常工作、学习和休息。家庭噪声来源及噪声级范围如表 8-4 所示。

表 8-4　家庭噪声来源及噪声级范围　　　　　　　dB(A 计权)

设 备 名 称	噪 声 级	设 备 名 称	噪 声 级
洗衣机	50～80	电视机	60～83
吸尘器	60～80	电风扇	30～65
排风机	45～70	缝纫机	45～75
抽水马桶	60～80	电冰箱	35～45

4. 噪声污染的特点

噪声污染与大气污染、水体污染和土壤污染相比,噪声污染具有显著不同的特征。

1) 噪声是感觉性公害

噪声是一种感觉性公害,受害程度取决于受害人的生理、心理及所处的环境等因素。评价环境噪声对人的影响有显著特点,它不仅取决于噪声强度的大小而且取决于受影响人当时的行为状态,并与本人的生理感觉与心理感觉因素有关。不同的人或同一人在不同的行为状态下对同一种噪声会有不同的反应。例如,隆隆的机器声、工地的嘈杂声、刺耳的汽笛声都是噪声。但有的时候,好听的音乐在影响人们工作、休息时,会使人感到厌烦,也会被认为是噪声。

2) 噪声的局限性和分散性

噪声的局限性主要是指环境噪声影响范围的局限性,噪声在空气中传播时衰减很快,噪声的传播距离有限,如汽车噪声,受污染的范围不外乎交通干线的两侧,即使噪声污染严重的工厂也仅会影响方圆几百米之内,不像大气污染、水体污染影响面广。噪声的分散性是指环境噪声声源分布的分散性,如每一辆正在行驶的汽车就是一个交通噪声源,其噪声随着这汽车的行驶而流动着。

3) 噪声的暂时性,不具有累积性

噪声污染是一种物理性污染,只是在环境中造成空气物理性质的暂时变化,与有毒有害物质引起的污染不同,当污染源停止运作后,污染也就立即消失,不留任何残余污染物质,声环境可以恢复原来状态,也不会留下能量的积累。

5. 噪声的物理量度指标与标准

噪声是声音的一种,因此它具有声音的一切声学特性和规律。

1) 频率(frequency)

声音是物体的振动以波的形式在弹性介质如气体、固体、液体中进行传播的一种物理现象,这种波就是通常所说的声波。声波的频率等于造成该声波的物体振动的频率,单位为赫兹(Hz)。声波频率的高低,反映声调的高低,频率高,声音尖锐;频率低,声调低沉。人耳能听到的声波频率范围为 20~20000Hz。20Hz 以下称为次声,20000Hz 以上称为超声。人耳从 1000Hz 起,随着频率的减少,听觉会逐渐迟钝。

2) 声压(sound pressure)

振动产生的弹性波传播时,会产生介质位移和密度的变化,密度高的部分压力上升,密度低的部分压力下降。这部分压力变化,即超过或小于大气压 P_0 的量称为声压,存在声压的空间称为声场,声场中某一瞬时的声压称为瞬时声压 $p(t)$,瞬时声压是总压力 $P(t)$ 与大气压之差,其值可正也可负。

$$p(t) = P(t) - P_0 \tag{8-1}$$

在一定时间间隔内,某点瞬时声压的均方根值称为该点的有效声压 p_e。某一点声音的强弱,用该点声压的大小表示。声压单位为:Pa(N/m²)。

$$p_e = \sqrt{\frac{1}{T}\int_0^T p(t)^2 \mathrm{d}t} \tag{8-2}$$

3) 声压级(sound pressure level)

正常人听到声音(听阈)的声压为 2×10^{-5} Pa,普通说话声的声压为 $2\times10^{-7}\sim7\times10^{-2}$ Pa。当声音很强使人痛苦时,声压(痛阈)为 20Pa,当声压达到数百万以上时,可引起耳鼓膜损伤。由于听阈声压和痛阈声压两者相差 100 万倍,两者比起来很不方便,加之人耳对声音大小的感觉与声压的对数近似成比例,因此引入一个声压比的对数来表示声音的大小,称为声压级,声压级就是两个声压之比取以 10 为底的对数,并乘以 20,单位为分贝(dB):

$$L_p = 20\lg \frac{p}{p_0} \tag{8-3}$$

式中:L_p——声压级,dB;

p——声压,Pa;

p_0——基准声压,其值为 2×10^{-5} Pa。

4)声功率(sound power)

对于声源发出的球对称的球面声波,如果声源的声功率为 W,距离声源 r(m)处的声强为 I(W/m^2),则:

$$W = SI = 4\pi r^2 I \tag{8-4}$$

式中:S——距离声源 r(m)处的球面面积,m^2。

5)响度与响度级(loudness and loudness level)

人耳对不同频率声音的敏感度不同,频率不同,人耳的主观感觉也是不一样的。人耳对高频的声音比较敏感,而对低频则较为迟钝。例如,同样是 80dB 的 100Hz 纯音和 1000Hz 纯音,在感觉上 1000Hz 的纯音更响。声音的响亮程度与声压级和频率两个因素有关,响度是人耳判断声音由轻到响的强度等级概念,不仅取决于声音的强度,还与频率及波形有关。在一定条件下,根据人的主观感觉对声音进行测试,以声音的频率为横坐标,以声压级为纵坐标,把在听觉上大小相同的点用曲线连接起来,这样得到的一组曲线称为等响曲线。以 1000Hz 纯音为基准,测出整个听觉频率范围纯音的响度级别呈曲线,称为等响曲线,如图 8-1 所示。在同一等响曲线上,反映声音客观强弱的声压级一般并不相同。

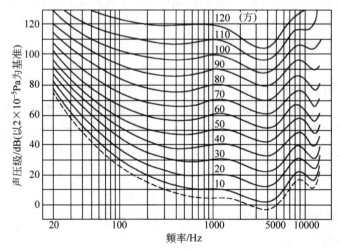

图 8-1 人耳等响曲线

各条等响曲线上,横坐标为 1000Hz 的点的纵坐标值(声压级)叫作这条等响曲线的响度级,用 L_N 表示,单位为方(Phon),并标注在曲线上。例如,声压级为 85dB 的 50Hz 纯音、65dB 的 400Hz 纯音、62dB 的 4000Hz 纯音与 70dB 的 1000Hz 纯音的响度相等,响度级都等于 70 方。

定量反映声音响亮程度的主观量叫作响度,用符号 N 表示,单位为宋(Sone)。响度与人们的主观感觉成正比,声音的响度加倍时,该声音听起来加倍响。规定响度级为 40 方时响度为 1 宋。响度与响度级有如下关系:

$$N = 2^{0.1(L_N - 40)} \tag{8-5}$$

式中: N——响度,宋;

　　　L_N——响度级,方。

响度级每增加 10 方,响度增加 1 倍。

在等响曲线族中,每一条曲线都代表一列频率不同、声压级不同而响度级一样的声音。其中最下面的一条曲线是听阈曲线,最上面的一条曲线是痛阈曲线,中间虚线区域是人耳能听到的正常声音的范围。由图 8-1 可知,人耳对低频声较为迟钝,频率很低时,即使有较高的声压级也不一定能听到;声压级越小和频率越低的声音,其声压级和响度级之差也越大;人耳对高频声较敏感,特别是对于 3000~4000Hz 的声音;当声压级为 100dB 以上,等响曲线渐趋水平,此时频率变化对响度级的影响不明显。

6) A 声级和等效连续 A 声级

一般的噪声是由频率范围很宽的纯音组成的,其响度级的计算非常复杂。为了能用仪器直接测量噪声评价的主观量,可在声级计放大线路中设置计权网络,以模拟人耳的响度频率特性,测得的结果称为计权声级。一般声级计有 A、B、C 三个计权网络,分别模拟人耳对 40 方、70 方和 100 方纯音的响应。在声级计中设置 A、B、C 计权网络后测得的噪声级分别称为 A 声级、B 声级和 C 声级。A 网络对接收通过的 500Hz 以下低频段的声音有较大衰减,它与人耳对低频声音感觉迟钝的特点一致,因此,A 声级能较好地反映人类对噪声的主观感觉,它与噪声引起听力损害程度的相关性也很好,近年来 A 声级越来越广泛地用于噪声的主观评价中。

A 声级适用于连续稳态噪声的评价,但不适用于起伏或者不连续的噪声。这时要用等效连续 A 声级来评价,它是在时间 t 范围内噪声的 A 声级按能量的平均值,计算时将时间划分为 n 个区间,分别测定各时段的 A 声级,按下式算出等效连续 A 声级 L_{eq}:

$$L_{eq} = 10\lg\left(\frac{1}{n}\sum_{i=1}^{n} 10^{L_{Ai}/10}\right) \tag{8-6}$$

式中: L_{eq}——第 i 段 A 声级测定值。

对于不规则起伏变化的噪声,常用 A 声级统计量(又称累积百分声级) L_{10}、L_{50}、L_{90} 表示,它们分别为测定时间内出现时间为 10% 以上、50% 以上和 90% 以上的 A 声级值,其中 L_{10} 表示在测量时间内有 10% 的时间 A 声级超过的值,相当于噪声的平均峰值; L_{50} 表示在测量时间内有 50% 的时间 A 声级超过的值,相当于噪声的平均中值; L_{90} 表示在测量时间内有 90% 的时间 A 声级超过的值,相当于噪声的平均本底值。

6. 噪声标准

噪声标准是噪声控制的基本依据,噪声标准随时间与地区的不同而不同,因此在制定标准时要因地制宜。噪声对人的影响与声源的物理特性、暴露时间和个体差异因素有关,噪声标准的制定是在大量试验基础上进行统计分析的,主要考虑因素是保护听力、噪声对人体健康的影响、人们对噪声的主观烦恼度和目前经济技术条件等方面。噪声标准主要包括声环境质量标准和环境噪声排放标准。

1）声环境质量标准

为贯彻《中华人民共和国环境保护法》和《中华人民共和国环境噪声污染防治法》，保护环境，保障人体健康，防治环境噪声污染，我国制定了环境噪声限值《声环境质量标准》（GB 3096—2008），如表 8-5 所示。按区域的使用功能特点和环境质量要求，声环境功能区分为以下五种类型：

表 8-5　环境噪声限值　　　　　　　　　　　　　　dB（A 计权）

声环境功能区类别		时　段	
		昼　间	夜　间
0 类		50	40
1 类		55	45
2 类		60	50
3 类		65	55
4 类	4a 类	70	55
	4b 类	70	60

0 类声环境功能区：指康复疗养区等特别需要安静的区域。

1 类声环境功能区：指以居民住宅、医疗卫生、文化教育、科研设计、行政办公为主要功能，需要保持安静的区域。

2 类声环境功能区：指以商业金融、集市贸易为主要功能，或者居住、商业、工业混杂，需要维护住宅安静的区域。

3 类声环境功能区：指以工业生产、仓储物流为主要功能，需要防止工业噪声对周围环境产生严重影响的区域。

4 类声环境功能区：指交通干线两侧一定距离之内，需要防止交通噪声对周围环境产生严重影响的区域，包括 4a 类和 4b 类两种类型。4a 类为高速公路、一级公路、二级公路、城市快速路、城市主干路、城市次干路、城市轨道交通（地面段）、内河航道两侧区域；4b 类为铁路干线两侧区域。

2）环境噪声排放限值

环境噪声排放限值主要包括《工业企业厂界环境噪声排放标准》（GB 12348—2008）如表 8-6 所示、《建筑施工场界环境噪声排放标准》（GB 12523—2011），如表 8-7 所示。

表 8-6　工业企业厂界环境噪声排放限值　　　　　　dB（A 计权）

厂界外声环境功能区类别	昼　间	夜　间
0	50	40
1	55	45
2	60	50
3	65	55
4	70	55

表 8-7 建筑施工场界环境噪声排放限值 dB(A 计权)

昼 间	夜 间
70	55

8.1.2 噪声的危害及控制

1. 噪声的危害

噪声是一种无形污染,作用于人体,对人体的影响是多方面的,它不仅会影响听力,而且会干扰睡眠、引发神经系统、心血管系统、消化系统等的疾病,所以有人称噪声为"致人死命的慢性毒药"。随着生产技术迅速发展,噪声干扰范围之广、危害之深有增无减。在我国约有 2000 万人在 90dB 以上的环境中工作,约有 2 亿人在超过环境噪声标准的环境中生活。

环境噪声污染的危害主要表现在以下几个方面:

1) 对人体健康的影响

(1) 听力受损

听力损伤是指人耳暴露在噪声环境前后听觉灵敏度的变化,是噪声对人体危害的最直接的表现。听力损伤既可能是暂时的,也可能是永久的。当人初次进入噪声环境中,常会感到烦恼、难受、耳鸣,甚至出现听觉器官的敏感度下降,听不清一般说话声,但这种情况持续时间并不长,到安静环境时较短时间即可恢复,这种现象称为听觉适应;如果人长时间遭受到强烈噪声作用,听力就会减弱,进而导致听觉器官的器质性损伤,造成听力下降。据临床医学统计,若在 80dB 以上的噪声环境中生活,耳聋者可达 50%,超过 115dB 的噪声会造成耳聋,当今世界上有 7000 多万耳聋者,其中相当一部分是由噪声所致。

(2) 影响视力

通常人们只知道噪声会影响听力,除此之外,噪声还可能影响视力。试验表明,当噪声强度达到 90dB 时,人的视觉细胞敏感性下降,识别弱光反应时间延长;噪声达到 95dB 时,有 40% 的人出现瞳孔放大,最后产生视觉模糊;而当噪声达到 115dB 时,多数人的眼球对光亮度适应都有不同程度的减弱。所以,长时间处于噪声环境中的人容易发生眼疲劳、眼痛、眼花和视物流泪等眼损伤现象。

(3) 引发多种疾病

噪声是一种恶性刺激物,会引起神经系统、消化系统和心血管系统等多种疾病。

噪声长期作用于人的中枢神经系统时,导致大脑皮质兴奋与抑制的平衡失调,条件反射异常,会出现耳鸣、失眠多梦、疲劳无力、头昏、记忆力衰退等症状,并且上述症状只能靠药物治疗且疗效不是很好,但脱离噪声环境后症状会明显好转。

噪声危害会引起消化系统功能紊乱,如消化液分泌异常、胃酸度降低、胃收缩功能减退、消化不良、食欲不振甚至出现胃溃疡。噪声对心血管系统的影响表现在交感神经紧张,从而引起心跳加快、心律不齐、血管痉挛、血压上升和心室缺血等症状,严重时导致心肌损害,引发冠心病和动脉硬化。

噪声也会对人的内分泌机能产生不良影响,导致女性的性功能紊乱、月经失调、孕妇流产率高。例如,专家曾在哈尔滨、北京和长春等 7 个地区进行为期 3 年的系统调查,结果发现噪声不仅能使女工患噪声聋,且对女工的月经和生育均有不良影响。另外,还可导致孕妇流产、早产甚至畸形胎。国外曾对某个地区的孕妇普遍发生流产和早产做调查,结果发现她们居住在一个飞机场的周围,祸首正是那起飞降落的飞机所产生的巨大噪声。

2）对动物的影响

像对人的作用一样,噪声对自然界中的动物也有影响。噪声能对动物的听觉器官、视觉器官、内脏器官及中枢神经系统造成病理性变化。噪声对动物的行为有一定影响,可使动物失去行为控制能力,出现烦躁不安、失去常态等现象,强噪声还会引起动物死亡。有研究表明,把一只豚鼠放在170dB的强声环境中,几分钟后就会死亡,解剖后发现豚鼠的肺和内脏都有出血现象;有人给奶牛播放轻音乐后,牛奶产量显著增加,而强烈的噪声使奶牛不再产奶。

3）对建筑结构的危害

声音是由于物体振动产生的,振动波在空中来回运动和振动时,产生了声波。强烈的声波能够毁害建筑物。特强噪声会损害仪器设备,甚至使仪器设备失效。当噪声级超过150dB时,会严重损坏电阻、电容、晶体管等元件,并且能够导致建筑物的玻璃破碎、建筑物裂开、金属结构发生断裂等声疲劳现象。试验表明,一块0.6mm厚的不锈钢板,在168dB无规则噪声作用下,只要15min就会断裂。建筑在150dB以上的强噪声作用下会发生墙体振裂、门窗破坏,甚至出现烟囱和老建筑坍塌。20世纪50年代曾有报道,一架以1100km/h的速度飞行的飞机,做60m低空飞行时,噪声使地面一栋楼房遭到破坏。美国统计的3000架起喷气式飞机使建筑受危害的事件中,抹灰开裂的占43%,损坏的占32%,墙开裂的占15%,瓦损坏的占6%;1962年,3架美国军用飞机以超音速低空掠过日本藤泽市时,导致许多居民家住房玻璃被振碎,屋顶瓦被掀起,烟囱倒塌,墙壁裂缝,日光灯掉落。

2. 噪声的防治

环境保护是利在当代,功在千秋的好事。噪声源、噪声的传播途径、噪声的接受者是发生噪声污染的三个要素,只有这三个要素同时存在,才能构成噪声污染。因此,防治噪声污染必须从这三个方面综合考虑才能得到有效控制,控制噪声首先降低噪声源的噪声,然后从传播途径降低噪声,最后考虑噪声接受者的个人防护。

1）控制噪声源

降低噪声源的噪声是控制和解决噪声污染最根本的方法。一般有两种途径:一是控制噪声源,改进设备结构,提高其中部件的加工精度和装配质量,减少机械各部件之间的摩擦损耗,采用合理的操作方法,降低噪声的发生功率;二是根据吸收、反射、干涉等原理,采用吸声、隔声、减振和隔振等技术及消声措施,控制声源的辐射功率,采用各种噪声控制方法可以收到不同的降噪效果。例如,将机械传动部分的普通齿轮改为有弹性套轴的齿轮,可降低噪声15～20dB。

2）传播途径的控制

控制噪声源虽是控制噪声污染的有效方法,但是由于技术和条件限制,难以真正地实现。最常用的噪声污染控制措施是在噪声传播途径上进行控制。声音在传播过程中能量是随着距离的增加而衰减的,因此将噪声源放置在偏远的地方可以达到降噪的目的;利用天然地形、高大建筑物和绿化带等自然屏障以及其他隔声材料和隔声装置阻挡噪声的传播,阻断或屏蔽一部分噪声能量,以减轻噪声污染;利用声源的指向性降低噪声,处在声源距离相同而方向不同的地方,接收到的声强度也不同。例如,把车间内高速排放管道引出室外朝上空和朝向野外,避开生活区,可使噪声强度降低。

3) 个人的防护

采用噪声源和噪声传播途径控制方法仍存在噪声污染时,则需要对处在噪声环境的人进行防护。噪声中接受者的防护包括佩戴个人防护用品,如耳塞、耳罩、防声头盔等;还需减少工作人员在高噪声环境中的停留时间和工作时间,实行噪声作业和非噪声作业轮换制,对长期处在噪声环境中的工作人员定期进行听力检测。

8.2 放射性污染与控制

8.2.1 放射性污染概述

1. 基本概念

在自然界和人工生产的元素中,有一些能够自动发生衰变,并放射出肉眼看不到的射线,只能通过专门的仪器才能探测到,这些元素统称为放射性元素或放射性物质。放射性物质(radioactive substance)的原子核处于不稳定的状态,易发生核衰变,在其衰变过程中,自发地放出由粒子或光子组成的射线,并辐射出能量,同时本身转变成另一种物质,或是成为原来物质的低能态,其放出的光子或粒子,会对周围介质包括机体产生电离作用,造成放射性污染和损伤。放射性污染是指环境中放射性物质的放射性水平高于天然本底或超过规定的卫生标准,从而对环境或者人体及其他生物体造成危害。

在人类生存的地球上,自古以来就存在各种辐射源,人类在辐射中不断地受到照射。随着科技发展,人们对各种辐射源的认识逐渐深入。辐射是能量传递的一种方式,辐射按照能量的强弱可分为三种:

(1) 电离辐射能量最强,可破坏生物细胞分子,如 α 射线、β 射线、γ 射线。

α 射线由 α 粒子(氦的原子核 $_2^4He$)组成,带有 2 个正电荷,质量数为 4,电离能力强,但对物质的穿透力较小;β 射线由 β 粒子(高速运动的电子)组成,带有 1 个负电荷,对物质的穿透力比 α 粒子强 100 倍,但是电离能力比 α 射线小得多;γ 射线是波长在 8~10cm 及以下的电磁波,不带电荷,但具有很强的穿透力,对生物组织造成的损伤最大。

(2) 有热效应非电离辐射,如微波、光,能量弱,不会破坏生物细胞分子,但会产生温度。

(3) 无热效应非电离辐射,如无线电波、电力电磁场,能量最弱且不破坏生物分子,也不会产生温度。

2. 放射性污染来源

1) 天然辐射源

天然辐射源主要来自自然界中存在的放射性元素,其产生的辐射水平称为放射性本底,这个本底是判断环境是否受到放射性污染的基本标准。天然辐射剂量不超过这个本底,就不会对人类和生物体构成危害。环境中的天然辐射源主要有宇宙射线和原生放射性核素的辐射,如氚(^3H)、碳(^{14}C)、铀(^{235}U)、钍(^{232}Th),对于大多数人来说,天然放射源仍然是主要的放射性污染源。

2) 人工辐射源

人工辐射源是指在核武器试验中产生的放射性物质和生产、研究、医疗等使用同位素部门排放的放射性废物,它们构成了放射性污染的主要人工污染源。

(1) 核工业的"三废"排放

原子能工业在核燃料的提炼、精制及核燃料元件的制造等过程中均会排放放射性废弃物,放射性废弃物中的核"三废"对周围环境带来放射性污染。例如,铀矿开采、铀水法冶炼工厂、核燃料精制与加工过程中都会产生放射性废物;核生产反应堆、核电站与其他核动力装置的运行过程中也会产生放射性废物;核燃料元件的切割、脱壳、酸溶、燃料的分离与净化过程也会产生放射性废物。通常原子能工业生产过程的操作运行都采取了相应的安全防护措施,核"三废"的排放也受到严格控制,所以对环境的污染并没有很严重。但是,当原子能工厂发生意外事故,其污染是相当严重的。例如,1986 年苏联切尔诺贝利核电站泄漏发生爆炸事件造成了十分严重的污染。

(2) 核试验的沉降物

核试验是全球放射性污染的主要来源。核爆炸瞬间能产生穿透性很强的中子和射线,同时产生大量的放射性元素,这些物质在爆炸高温下成气态,随着爆炸的火球上升、扩散,与大气中的飘尘相结合,在重力作用或雨、雪的冲刷下沉降于地球表面,这些物质称为放射性沉降物或放射性粉尘。放射性沉降物扩散范围很大,往往可以沉降到地球整个表面,而且沉降很慢。在沉降过程中,细小的放射性颗粒随烟云直达对流层顶部,进入平流层,造成全球性污染。自 1945 年美国在新墨西哥的洛斯阿拉莫斯进行了人类的首次核试验以来,全球已经进行了 1000 多次核试验,这对全球大气环境和海洋环境的污染是难以估量的,对人类和动植物也会产生严重的影响。

(3) 医疗放射

核医学在现代医学中是诊断、治疗疾病的重要手段。由于辐射在医学上的广泛应用,医用放射源已成为主要的人工放射性污染源,辐射在医学上主要用于对癌症的诊断和治疗方面。在诊断过程中,身体要受到一定剂量的放射性照射。例如,进行一次胃部透视,接受 $0.015 \sim 0.031Sv$ 的剂量(1Sv 相当于每克物质吸收 $0.001J$ 的能量)。患者所受局部剂量差别较大,大约比通过天然源所受的年平均剂量高出几十倍,甚至上千倍。近年来,人们已经逐渐认识到医疗照射的潜在危险,已把更多注意力放在既能满足诊断要求,又能使患者所受实际量最小,甚至免受辐射的方法上,并取得了一定进展。

(4) 其他放射源

科研工作中广泛地应用放射性物质,除了原子能的研究单位外,工业、医疗、军队、核潜艇或研究用放射源,因运输事故、偷窃、误用、遗失及废物处理失控等造成环境污染;含有天然或人工放射性核素的一般居民消费用品,如放射性发光表盘、夜光表及彩色电视机所产生的照射,虽对环境造成的污染很低,但也很有必要研究。

3. 放射性污染的特点

(1) 绝大多数放射性核素毒性,按致毒物本身质量计算,均远高于一般的化学毒物;

(2) 按辐射损伤产生的效应,可能影响遗传,给后代带来隐患;

(3) 放射性剂量的大小,只有辐射探测仪器方可探测,非人的感觉器官所能感觉到;

(4) 射线的辐照具有穿透性,特别是 γ 射线可穿过一定厚度的屏障层;

(5) 放射性核素具有蜕变能力,当形态变化时,可使污染范围扩散;

(6) 放射性活度只能通过自然衰变而减弱。

4. 放射性污染的危害

1）放射性污染作用的机理和途径

通常情况下，环境中放射性不构成显著的环境污染，对人体无明显危害。但是，放射性物质在环境中的剂量增加，放射性物质释放的射线被生物吸收后使有机体分子产生电离和激发，破坏生物机体的正常机能。这种作用是可以直接的，即射线直接作用于机体的蛋白质、碳水化合物等而发生电离和激活，并使这些物质的原子结构发生变化，引起生命过程的改变；也可以是间接的，即射线与其体内的水分子起作用，产生强氧化剂和强还原剂，破坏有机体的正常代谢，引起机体系列反应。放射性作用过程可分为急性效应和远期效应。急性效应在瞬间完成；远期效应是需要经物理、化学及生物的一系列过程，才能显示可见损害，时间较久，甚至延迟若干年后才表现出来，如图 8-2 所示。

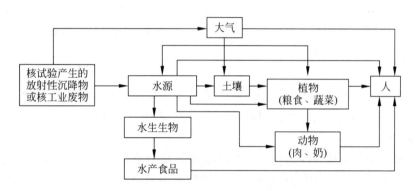

图 8-2 放射性物质进入人体的途径

2）放射性污染对人体的危害

放射性物质的照射途径有外照射和内照射两种。环境中的放射性物质和宇宙射线的照射为外照射；放射性物质通过呼吸、食物或皮肤接触等途径进入人体，使人体内部器官受照射，为内照射。无论照射途径如何，只要照射剂量超过安全水平，放射线就会破坏人体的免疫功能，损伤皮肤、骨骼、生殖腺等内脏细胞，引发恶性肿瘤、白血病等急性或慢性的放射病，造成基因突变和染色体畸变，使一代甚至几代人受害。高辐照剂量对人体的影响如表 8-8所示。

表 8-8 高辐照剂量对人体的影响

剂量当量/Sv	影响结果
100000	几分钟内死亡
10000	几小时内死亡
1000	几天内死亡
700	几个月内 90%死亡,10%幸免
200	几个月内 10%死亡,90%幸免
100	没有人在短期内死亡,但是大大增加了患癌症和其他缩短寿命疾病的概率,女子永远不育,男子在 2～3 年内不育

8.2.2　放射性污染的防治

放射性废物的处理方法与一般工业废物的处理方法有原则性的区别,采用一般的物理、化学或生物学的方法都无法有效地破坏放射性元素,改变其辐射特性。只能通过放射性物质自身衰变,才能使其放射性衰减到一定水平,因此放射性污染防治要兼顾防护与处理处置。

1. 放射性辐射的保护

在对放射性污染进行防治的同时,还要对暴露在辐射下的人体进行电离辐射防护,目的是减少射线对人体的照射,其防护方法可分为时间防护、距离防护和屏蔽防护,这三种方法可单独使用也可联合使用。

1) 时间防护

人体受到辐射照射累计剂量与人在辐射场所停留的总时间成正比,尽可能缩短受照射时间是一种最为简单和有效的照射防护方法,因此要求工作人员操作精准、敏捷以减少受照时间;也可配备人员轮流操作以减少每个人的受照时间。

2) 距离防护

点状放射性污染源的辐射与污染源到受照射者之间的距离的平方成反比,人距离辐射源越近接受的辐射剂量越大,因此工作人员必须远距离操作以减少受照量。

3) 屏蔽防护

根据各种放射性射线在穿透物质时被吸收和衰减的原理,可在辐射源与人之间放置一种合适的屏蔽材料以减少外照射剂量。常用的屏蔽措施有两种:①对辐射源进行屏蔽,如将辐射源置于特定屏蔽容器中并在其外部套一层混凝土、铸铁块、铅块等可有效减少辐射剂量;②对受照者进行屏蔽,如佩戴橡胶手套、围裙和防护罩等也可减少辐射伤害。另外,为防止人们受到不必要的照射,需在有放射性物质和射线的地方设置明显的危险标志。

2. 放射性污染的处理

采用一般的物理、化学及生物化学的方法都不能将放射性废物中的放射性物质破坏或消灭,只能通过放射性核素的自身衰变,才能使放射性衰减到一定水平。放射性废物在处理处置前要根据废物的性质、核素类型和废物等级进行分类,然后进行处理处置。放射性废物的处理处置,要遵循如下原则:①必须在严密的防护和屏蔽条件下进行,废物应尽可能地进行深度处理,可以回收利用的尽量回收利用以减少排放;②在处理过程中产生的二次性废物要纳入后续处理系统做进一步处理;③用于废物处置的包装物,应采用抗压、抗腐蚀、耐辐射的密封金属容器或钢筋混凝土结构;④凡可燃、可压缩的放射性废物采取焚烧、压缩等方法是使废物减容,以减轻后续处置的负担。

1) 放射性废液污染的处理

放射性废液处理就其放射性活度不同,有不同的处理方法,根据放射性废液活度不同可分为低放射性废液、中放射性废液和高放射性废液三类。

(1) 低放射性废液称微居里级废液,每升含放射性强度在 10^{-5} Ci 以下,可直接采用离子交换、蒸发和膜分离等方法处理。处理水可回收利用或排放,产生的浓缩液送至中放射性废液处理系统进一步处理。在处理过程中产生的沉渣、废滤料和废离子交换树脂等,可作为放射性固体废物处置。

（2）中放射性废液称毫居里级废液，每升含放射性强度在 $10^{-2} \sim 10^{-5}$ Ci，其产生的途径较多，成分比较复杂，主要处理手段是蒸发浓缩使废液体积进一步减少，按高放射液处理。蒸发过程中会产生少量低放射性物质，即可送至低放射性废液处理系统处置。

（3）高放射性废液称居里级废液，每升含放射性强度在 10^{-2} Ci 以上。高放射性废液是核工业中高水平的放射性废液，产量较少，是实施最终安全处置的终极液体。这类废液含有大量放射性裂变产物，在衰变过程中产热升温，处理前需要一定时间的冷却储存过程，冷却后一般采用固化处理，使之固定到高度稳定性的惰性固体物中，以便最终安全处置。

2）放射性废气污染的处理

放射性废气处理是指对气载放射性污染物的安全处理。气载放射性污染物主要包括放射性微粒物质、表面吸附放射性物质的气溶胶或微粒、惰性放射性气态物质（如氙、氪等），含氚的氢和水蒸气等。常用的放射性废气处理方法有过滤法、吸附法、放置法等。对于低放射性废气，特别是不含长寿命的超铀元素的放射性废气，一般可以直接稀释排放；对于含有长寿命超铀元素的废气与含高放射性的气溶胶，则需要采取一定的处理措施再进行排放。

3）放射性固体废物的处理

放射性固体废物可分为可燃性放射性固体废物和不可燃性放射性固体废物。可燃性放射性固体废物往往与大多数不可燃性放射性固体废物混杂在一起，对其进行处理前必须先分选。不同性质的可燃性放射性固体废物可以选用不同的处理方法，一般情况下采用焚烧法，通过焚烧使可燃性放射性固体废物生成蒸汽、二氧化碳与灰分，以二次废物形式分别进行下一步处理；不可燃放射性固体废物以受污染的金属设备、部件为主，其中也会掺杂其他无机废物，因此首先进行拆卸与破碎处理，减少其有效体积，最终进行煅烧熔炉处理，将其体积减到最小，以便于最终储存。

3. 放射性废物的处置

放射性废物处置的主要目标是确保废物中的有害物质对人体不产生危害，其基本方法是通过天然或人工屏障构成的多重屏蔽层实现有害物质与生物圈的有效隔离。

放射性固体废物的处置根据废物的放射水平不同，采取不同的方法进行处置。经焚烧、压缩、减容、包装的中、低放射性固体废物及浓缩废液的固化体，一般采取浅层地质处置，即地下掩埋或地下储存；放射水平较高的高放射性废物大多储存在半地下或地下储存库，为避免高放射性废物在运输和储存等过程中发生泄漏，要对所有高放射性废物用抗压、防锈、耐腐蚀的金属容器或采取钢筋混凝土结构进行包装。

根据放射性废物的种类、性质、放射性核素成分和比活度以及外形大小等分为以下几种处置类型：扩散性处置法、浅地层填埋法、隔离性处置法、资源化处置法。到目前为止，高放射性核废物的最终处置仍然没有十分安全可靠的方法，但随着对宇宙空间的探索加深以及科技水平的提高，将放射性核素投放在远离地球的太阳系外衰变成稳定的核素，将是核燃料废物最安全的处置方法。

8.3　电磁辐射污染与控制

自 1831 年英国科学家法拉第发现电磁感应现象以来，人类对电磁辐射的利用已深入生产、科学研究和医疗卫生各个领域，并且与人们的生活息息相关。由于广播、电视、微波技术的发展,射频设备功率成倍增加,地面上的电磁辐射大幅增加,特别在 20 世纪末移动通信的全球化,电磁辐射的大规模应用使许多电磁辐射强度远超出人体所能承受的限度,从而给环境带来严重的电磁污染。它是一种无形的污染,已成为人们非常关注的公害,给人类社会带来的影响已引起世界各国重视,被列为环境保护项目之一。

8.3.1 电磁辐射污染概论

1. 电磁辐射

电磁辐射(electromagnetic radiation)是在电磁振荡的发射过程中,电磁波在自由空间以一定的速度向四周传递能量的过程或现象。电磁波有很多种,各种电磁波的波长与频率各不相同。电磁波波长与频率的关系可用下式表示:

$$f\lambda = c$$

式中:c 为真空中的光速,其值为 $2.993\times10^8\,\text{m/s}$,实际应用中常以空气代表真空。由此可知,在空气中,不论电磁波的频率如何,它每秒传播距离均为固定值 $3\times10^8\,\text{m/s}$。

电磁波包括长波、中波、短波、超短波和微波。长波是频率 $100\sim300\text{kHz}$,相应波长为 $1\sim3\text{km}$ 内的电磁波;中波是频率 $300\text{kHz}\sim3\text{MHz}$,相应波长为 $100\text{m}\sim1\text{km}$ 内的电磁波;短波是频率 $3\sim30\text{MHz}$,相应波长为 $10\sim100\text{m}$ 内的电磁波;超短波是频率 $30\sim300\text{MHz}$,相应波长为 $1\sim10\text{m}$ 内的电磁波;微波是频率 $300\text{MHz}\sim300\text{GHz}$,相应波长为 $1\text{mm}\sim1\text{m}$ 的电磁波。

2. 电磁辐射污染

电磁辐射污染(electromagnetic wave pollution)又称电磁波污染或射频辐射污染,是以电磁波形式在空间传播的电磁辐射强度超过人体所能承受或仪器设备所允许的限度时,产生的电磁辐射污染,它以电磁场的场力为特征,并与电磁波的性质、功率、密度及频率等因素密切相关。电磁辐射对人体危害的程度与电磁波波长有关,波长越短危害越大,按对人体危害程度由大到小的顺序排列,依次为微波>超短波>短波>中波>长波。

3. 电磁辐射污染源

电磁辐射污染源包括天然污染源和人为污染源。电磁辐射的天然污染源是由自然现象引起的,在大气中发生电离作用导致电荷的积累,从而引起放电现象。这种放电的频带较宽,从几百赫兹到几千赫兹的极宽频率范围,产生严重的电磁干扰,包括雷电、太阳辐射、宇宙射线等,如表 8-9 所示。此外,地震、火山喷发和太阳黑子活动引起的磁暴等也均会产生电磁干扰,天然的电磁辐射污染对短波通信的干扰特别严重。

表 8-9 电磁辐射天然污染源

分　类	来　源
大气与空间污染源	火花放电、雷电、台风、高寒地区飘雪、火山喷烟等
太阳电磁场源	太阳的黑子活动与黑体放射等
宇宙电磁场源	银河系恒星的爆发、宇宙间电子移动等

电磁辐射的人为污染源是由人工制造的电子设备与电气装置产生的,如表 8-10 所示。主要包括脉冲放电、交变电磁场、射频电磁辐射等。

表 8-10 电磁辐射人为污染源

分 类		设 备 名 称	污染来源与部件
放电所致污染源	电晕放电	电力线（送配电线）	由高电压、大电流而引起静电感应、电磁感应、大地漏泄电流所造成
	解光放电	放电管	白炽灯、高压汞灯及其他放电管
	弧光放电	开关、电气铁道、放电管	点火系统、发电机、整流装置等
	火花放电	电气设备、发动机、冷藏车、汽车等	整流器、发电机、放电管、点火系统等
工频辐射场源		大功率输电线、电气设备、电气铁道	污染来自高电压、大电流的电力现场电气设备
射频辐射场源		无线电发射机、雷达等	广播、电视与通风设备的振荡与发射系统
		高频加热设备、热合机、微波干燥机等	工业用射频利用设备的工作电路与振荡系统等
		理疗机、治疗机	医学用射频利用设备的工作电路与振荡系统等
建筑物反射		高层楼群以及大的金属构件	墙壁、钢筋、起重机等

（1）脉冲放电是指因电流强度短时间内波动较大，瞬变电流会产生很强的电磁干扰，例如，切断大电流电路时产生的火花放电。

（2）交变电磁场是指大功率输电线路所产生的电磁辐射，也包括其他放电型的电磁辐射源。例如，在大功率电动机、变压器以及输电线等附近的电磁场，它并不以电磁波的形式向外辐射，但在附近区域会产生严重的电磁干扰。

（3）射频电磁辐射场源是指射频设备或无线电设备在工作过程中产生的电磁感应和电磁辐射，如无线电广播、电视、微波通信等各种射频设备，其频率范围宽，影响区域也较大，能危害近距离的工作人员，已经成为电磁辐射的主要因素。

4. 电磁辐射污染的传播途径

电磁污染的传播途径主要有空间辐射、导线传播和复合传播三种途径。

（1）空间辐射（space radiation）：电子设备与电气装置的工作过程，其本身相当于一个多向发射天线，不断地向空间辐射电池能。这种传播又分为两种方式：一种是以场源为核心，在半径为一个波长范围内，电磁能向周围传播，以电磁感应方式为主，将能量施加于附近的仪器以及人体中；另一种是在半径为一个波长的范围之外，电磁能进行传播，以空间放射方式将能量施加于敏感元件。在远区域场中，输电线路、控制线等具有天线效应，接收空间电磁辐射能进行再传播而构成危害。

（2）导线传播（wire transmission）：当射频设备与其他设备共用同一电源，或两者间有电气连接关系，电磁能通过导线进行传播。此外，信号输入、输入电路、控制电路等，也能在强磁场中收取信号进行传播。

（3）复合传播（composite transmission pollution）。同时存在空间传播与导线传播所造成的电磁辐射污染，称为复合传播的污染。

8.3.2　电磁辐射污染危害及防治

1. 电磁辐射污染危害

1）危害人体健康

人们在正常情况下可以适应地球磁场和微弱的电磁照射,当人体受到高强度的电磁辐射后,体内分子会出现极化、定向弛豫效应、强烈的射频振荡和摩擦,人的体温升高或使体内电子链反常排列,从而会引起某些疾病。电磁辐射对人体的危害程度随波长而异,波长越短对人体作用越强,微波作用最为突出。射频电磁场的生物学活性与频率的关系为:微波＞超短波＞短波＞中波＞长波。电磁辐射作用于人体或生物体后,使生物体组织发生相应病变,作用的方式主要包括热效应、非热效应和累积效应。

处于中、短波频段电磁场(高频电磁场)的操作人员或居民,经受一定强度与时间的暴露,将产生身体不适感、头疼、失眠、乏力和记忆力衰退,严重的可引起神经衰弱症与反映在心血管系统的自主神经失调。但是这种作用是可逆的,脱离作用区后经过一定时间的恢复,症状可以消失,不会造成永久性损伤。

处于超短波与微波电磁场的作业人员与居民,其受害程度要比中、短波严重。尤其是微波的伤害更大,微波的频率在 3×10^8 Hz 以上,在其作用下,机体内分子与电解质产生强烈射频振荡。媒介间的摩擦作用转化为热能,从而引起机体升温。微波的功率、频率、波形、环境温度与湿度以及辐射部位等因素对伤害程度都有一定的影响。这种危害主要病理表现为引起严重的神经衰弱症状,最突出的是造成自主神经机能紊乱。在高强度与长时间的作用下,对视觉器官造成严重损伤,轻者感到眼睛疲劳、干燥,重者眼内流体混浊、视力下降、白内障,甚至完全丧失视力;对生育机能也有显著不良影响,照射过久会引起男性暂时性不育,甚至永久不育,对女性则会造成多次流产、死胎或者畸胎;此外,长期处于高电磁辐射环境中,会使血液、淋巴液和细胞原生质发生改变,严重的可诱发癌症。调查发现,当人体长期处于 $2mGs(1Gs=10^{-4}T)$ 以上的电磁波照射中,人体患白血病和肌肉癌的可能性分别增加 1.93 倍和 2.26 倍;在高压线附近居住的居民患乳腺癌的概率比常人高 7.4 倍。

微波对生物危害还有一个显著特性就是具有累积性,如一次伤害未得到恢复前再次受辐射,伤害将累积,多次累积后,则不易恢复。

2）对通信系统的干扰

大功率电磁设备会严重干扰其辐射范围内各种电子仪器设备的正常工作,使无线电通信、雷达、电视、电子扫描、计算机及电器医疗设备等失去信号,图形失真、控制失灵、发生故障。例如,电磁辐射会干扰收音机和通信系统工作,自动控制装置发生故障,使飞机导航仪表发生偏差和错误,1991 年奥地利劳拉航空公司一次飞机失事,导致飞机上的乘客 223 人全部遇难,根据英国当局猜测,可能是由于飞机上的一台笔记本电脑或便携式摄录机造成的;船只上使用的通信、导航或遇险呼救频率受到电磁干扰,自动控制系统会失灵,影响航海安全;在高压线网、电视发射台、转播台附近家庭,电视机会被严重干扰,引起电视机屏幕上出现活动波纹、斜线,甚至图像消失。

此外,强电磁辐射还会对某些武器弹药造成威胁,在高频电磁辐射条件下导弹制导系统会控制失灵、电爆管的效应反常,金属器件之间相互碰撞发生打火现象,会导致油类气体和武器弹药燃烧、爆炸等安全事故。

2. 电磁辐射污染的防护

电磁辐射污染的控制需采取综合防治方法才能取得更好的效果,为了从根本上防治电磁辐射污染,国家应该先制定相关标准。例如,对产生电磁波的各种工业和家用电器设备及产品提出严格的设计标准,尽量从源头上减少电磁辐射产生,从而为防止电磁辐射提供良好的前提。再者是从电磁辐射污染的主要传播途径来控制电磁辐射污染,将电磁辐射的强度减小到准许的强度并将有害影响限制在一定的空间范围内,其防护电磁辐射的方法主要有电磁屏蔽和吸收防护。

1) 辐射源的控制

在电磁辐射污染源头进行控制是一种主动防护,是最有效、最合理、最经济的防护措施。主要包括合理设计发射单元,工作参数与输出回路的匹配,线路滤波、线路吸收和结构布局等,以保证元件、部件等级上的电磁兼容性,减少电子设备在运行中的电磁漏场、电池漏能,将电磁辐射降低到最低限度,从而减少电辐射的污染。

2) 电磁屏蔽

电磁屏蔽(electromagnetic shielding)是使用某种能够屏蔽电磁辐射的材料,将电磁场源与外界隔离开来,使电磁辐射限定在一定范围内,从而达到防止电磁辐射污染的目的。当电磁辐射作用于屏蔽体内,因电磁感应现象,屏蔽体产生与原电流方向相反的感应电流而生成反向磁力线,这种磁力线与原场源磁力线抵消,从而达到屏蔽效果。电磁屏蔽的实质是利用屏蔽材料的吸收与反射效应,即挡回一部分电磁能,吸收掉射入屏蔽体内部的电磁波,使穿过屏蔽体的能量显著降低。

频率越高,屏蔽体越厚,材料导电性能越好,屏蔽效果就越好。电磁屏蔽材料应具有较高的导电率、磁导率和吸收作用。试验表明铜、铝、铁和铁氧体对各种频段的电磁辐射都有较好的屏蔽作用。

电磁屏蔽分为主动屏蔽和被动屏蔽两种。①主动屏蔽:场源位于屏蔽体内,主要用于防止场源对外的影响,使其不对限定范围之外的任何生物机体或仪器设备发生影响,屏蔽体与场源距离小,屏蔽体必须接地;②被动屏蔽:场源位于屏蔽体之外,主要用来防止外界电磁场对屏蔽室内的影响,使其不对限定范围之内的空间构成干扰与污染,屏蔽体与场源间距大,屏蔽体可不接地。

无论是主动屏蔽还是被动屏蔽,均是利用屏蔽材料的反射效应与吸收效应。当电磁波从空气介质射入金属屏蔽体表面时,在空气与金属体两种介质的接触面,将由于波阻抗的突然变化而引起波的反射。屏蔽装置一般是金属材料制成的封闭体,当交变电磁场传向金属体时,一部分被金属壳体表面所反射,一部分被封闭体吸收,这样透过壳体的电磁强度就被大幅度减弱。

3) 远距离控制和自动作业

根据射频电磁场,特别是中、短波,场强随距场源距离的增大而迅速衰减的原理,若采取对射频设备远距离控制或自动化作业,将会显著减少辐射能对操作人员的损害。

4) 个人防护

凡在无屏蔽保护措施、直接暴露于微波辐射区工作的人员,必须采取个人防护,包括穿戴防护服、防护头盔、防护眼镜或在电磁波发生器与人体之间用相应的金属材料网进行屏蔽等,以保证个人安全,减轻电磁辐射污染对人体的伤害。此外,加强宣传教育、提高公众认识,特别是这种看不见、摸不着、闻不见、不易被人们察觉的电磁危害更应该注意,提高人们的安全意识。

8.4 光污染危害与控制

8.4.1 光与光污染概述

1. 光

光(light)的本质是电磁波,按其波长可分为红外光(infrared light)、可见光(visible light)和紫外光(ultraviolet light)三类。红外光是红光以外的不可视光波,波长范围为780～100000nm,红外光的热辐射占整个太阳光热能的50%。可见光是人们肉眼能够看到的光波,由红、橙、黄、绿、青、蓝、紫七种光波组成,波长范围为380～780nm。紫外光是波长低于紫光的一组高频率光波,其波长范围为10～380nm,紫外光的波长短、能量大,造成的光污染严重。

2. 光污染及其分类

光对人类的居住、环境和生活至关重要,但过强、泛滥、变化无常的光,会对人的身体和生产带来危害,也对环境造成不良影响。光污染是指过量的光辐射对人类生活和生产环境造成不良影响,损害人和动物观察物体的能力,引起人体不适感和损害人体健康的一种污染。光污染主要源于人类生存环境中日光、灯光和各种反射、折射光源等所造成的过量和不协调光辐射。

光污染一般可分为白亮污染、人工白昼和彩光污染。

(1) 白亮污染是指太阳光强烈照射城市建筑的玻璃幕墙、釉面墙砖、磨光大理石和各种涂料等装饰反射的光线,这些光线明晃白亮、炫眼夺目,进入室内后破坏室内原有的环境,并使室内温度升高。烈日下驾车行驶的司机出其不意地遭受到玻璃幕墙反射光的突然袭击,眼睛受到强烈刺激,很容易诱发车祸。

(2) 人工白昼是指在夜幕降临后,商场、酒店的广告灯、霓虹灯闪烁夺目,令人眼花缭乱。有些强光束甚至直冲云霄,使得夜晚如同白天一样明亮。在这样的"不夜城"里面,人们在夜晚因为强光难以入睡,使人正常的生物钟受到干扰,导致白天工作效率低下。另外,大城市内这类污染普遍严重,夜晚过多地使用灯光,导致天空太亮看不见星星,影响天文观测、航天等工作,很多天文台因此被迫停止工作。

(3) 彩光污染是由歌舞厅、夜总会安装的黑光灯、旋转灯以及闪烁的彩色光源等构成。据研究表明,黑光灯所产生的紫外线强度远大于太阳光中的紫外线,人们长时间接受这种照射,可引发流鼻血、白内障,甚至导致白血病和其他癌变。此外,彩色光源令人眼花缭乱,对眼睛不利,而且干扰大脑中枢神经,使人感觉头晕目眩,出现恶心、呕吐、失眠等症状。

8.4.2 光污染危害及其控制

1. 光污染的危害

1) 对视觉和皮肤的危害

眼睛首先接触光源,人体在光污染中最先受到伤害的就是眼睛。据研究表明,长时间在光污染环境下工作和生活的人,视网膜和虹膜都会受到不同程度的损害,视力急剧下降,甚至导致失明,白内障发病率高达 40%,并且使人出现头晕心烦、失眠、食欲下降、身体乏力等类似神经衰弱的症状。光污染也是造成视力近视的主要原因,据统计,我国高中生近视率高达 60% 以上,居世界第二位。现代产业的白纸是危害最大、离我们最近却往往被人们忽视的一种主要污染物,人们读书写字使用的白纸越来越白、越来越光滑,在这种"强光弱视"的局部环境中,人们眼睛受到的光刺激越来越强,但视觉功能却受到抑制,眼部容易疲劳,最终导致近视;此外,过量的紫外线和红外光照射,会使皮肤表面产生水泡和皮肤表面损伤,严重的可使皮下组织的血液和深层组织受到损伤,形成类似一度或二度烧伤,皮肤癌的发病率也会相应增加。

2) 破坏生态环境

光污染除了影响人体健康外,还会影响我们周围的环境。大多数动物在晚上不喜欢被强光照射,可是夜间室外照明产生的天空光、信号干扰光和反射光往往把动物生活和休息环境照得很亮,打乱了动物生物钟的规律,使动物昼夜不分,出现活动能力降低。例如,人工白昼会伤害鸟类和昆虫,夜间过量的室外照明使不少益虫和益鸟直接扑向灯而丧命;另外,植物在光污染下会影响其生长,导致其茎、叶变色,甚至枯死。对植物花芽的形成也会造成影响,影响植物休眠和冬芽的形成。

3) 增加交通事故

夜间迎面行驶汽车的远光灯所产生的强光,会使人眼受到强烈刺激,视物极度不清,难以识别路标路障和周围环境状况,很容易诱发车祸,造成交通安全事故。室外夜间照明产生的干扰光,特别是炫光对汽车和火车司机的视觉作业造成不良影响,还会影响交通运输作业提供视觉信息的信号灯、灯塔和灯光标志灯的正常工作。

4) 加剧能源危机

据统计,全球每年照明耗电量约为 2 万亿 $kW \cdot h$,生产这些电力要排放十几亿吨的二氧化碳和一千多万吨的二氧化硫,发电产生的二氧化碳和二氧化硫等废弃物对城市环境污染也会造成严重的危害。

2. 光污染的控制

光对环境的污染是确实存在的,但由于缺少相应的污染标准与立法防治光污染,因而不能形成完善的环境质量要求措施。防治光污染是一项社会系统工程,需要有关部门制定相关的法律规定,采取相应的防护措施。光污染的防治主要为以下几个方面:

1) 加强城市规划和管理,科学使用建筑材料,如建筑物外墙尽量减少使用玻璃幕墙。尽量选择反射系数低的材料,减少玻璃、铝合金等反射系数高材料的使用。改善工程照明条件等以减少光污染的来源。

2) 采取个人防护措施,人们必须长期在光污染环境下工作或生活时需采取必要的安全防护措施,例如,佩戴防护眼镜和防护面罩等措施,光污染的防护镜有反射型防护镜、吸收型防护镜、反射-吸收型防护镜、爆炸型防护镜、光化学反应型防护镜、光电型防护镜等类型。

3) 在白天尽量使用自然光线,必须使用室内照明设施时,尽量遵循以下五类原则:采用广泛的照明,如在书桌上看书时,光线应照射到整个书面;采用均匀的照明,每部分的照明度基本一致;保持稳定的照明,光源不要时亮、时暗或闪烁;保持充足的照明,特别是从事精细工作时,要保持光线的亮度要大;注意不应该让光线直射眼睛。

4) 采用绿色照明,绿色照明是指通过科学设计,采用效率高、寿命长、安全性能稳定的照明设施,提高人们工作、学习、生活的质量,创造一个高效、舒适、安全、经济、有益的光环境。例如,使用节能灯代替白炽灯进行照明,既能提高照明亮度,也可以减少能量损耗。

光是一种洁净能源,给我们的生活带来丰富多彩的视觉感受,但要合理利用,否则将会造成严重的光污染。光污染的危害显而易见,并在日益加重和蔓延,对待光污染首先要有一个正确的认识,人们在生活中应注意防治各种光污染对健康的危害,坚持以防为主,防治结合,还给人类一个健康的光环境。

8.5　热污染危害与控制

8.5.1　热污染概述

20 世纪以来,随着全球人口的增加和科技水平的进步,社会生产力快速发展,人类不断消耗燃料,大量的化石燃料和核能燃料在能量消耗和转化过程中,不仅产生了大量的有毒、有害物质,也产生了许多对人体虽无直接伤害但对环境可产生增温作用的二氧化碳。人类活动对全球气候产生了明显影响,这种由于人类的生活和生产排出的各种废热影响,造成局部水体和大气温度异常上升,使原来环境物理条件改变,危害热环境的现象为热污染。

产生热污染的原因有以下几个方面:

1) 向环境直接排放热量

工厂生产、交通和日常生活中所产生的废热向环境中直接排放。例如,火力发电厂在燃料燃烧过程中产生的热量中,只有 40% 转化为电能,12% 的热量随烟气排入大气,48% 的热量随冷却水进入水体,导致局部环境热污染。

2) 大气组分的改变

人类在发展生产力的同时将大量废气、热蒸汽排入大气,改变了大气中原来的成分组成。近 100 年来,大气中的二氧化碳增加了 10%,甲烷和 N_2O 比工业革命前分别增加 151% 和 17%。温室气体的排放、对流层中水蒸气大量增加、破坏臭氧层物质和空气中微粒颗粒物的大量增加,使太阳辐射和地球辐射的透过率发生改变,导致地球环境的增温。

(1) 工业的快速发展,能源消耗量的增加,导致二氧化碳的排放速度快速增加。绿色植物是二氧化碳的主要吸收者,但由于绿色植物、森林、草地大面积减少,大气中的二氧化碳浓度迅速上升,全球平均气温上升,会对地球的生态系统造成灾难性影响。

(2) 微细颗粒物的大量增加对环境有变冷变热的双重效应。颗粒物一方面会加大对太阳辐射的反射作用;另一方面也会加强对地表长波辐射的吸收作用,使温度上升。哪一方面起关键作用主要取决于微细颗粒物的粒度大小、成分、停留高度、下部云层和地表反射率等多种因素。

(3) 国际航空业快速发展使得对流层中水蒸气大量增加。对流层上部的自然湿度是非常低的,亚音速喷气式飞机排出的水蒸气在这个高度形成卷云。凝聚的水蒸气颗粒在近地层几周内就可沉降,而在平流层则能存在 1~3 年。当低空无云时,高空卷云吸收地面辐射,降低环境温度,夜晚地面温度降低很快,卷云又会向周围环境辐射能量,使温度升高。

(4) 臭氧是大气中的微量气体之一,是一种淡蓝色、具有特殊臭味的气体。它具有净化空气和杀菌的作用,并可以把大部分有害紫外线过滤掉,减少紫外线对地球生态和人体的伤害。但是近几十年来,由于出现在平流层的飞行器逐渐增多,人类生产和使用消耗臭氧的有害物质增多,导致排入大气中的氯、氟、烃等有害物质的增多,使臭氧层遭到破坏。臭氧层的破坏使得大量紫外线辐射到地面危害人体,导致人体皮肤癌发病率增加。臭氧减少会使白内障发病率增高,并对人体免疫系统功能产生抑制作用。

　　3) 地表环境的改变

　　人类在发展生产力的同时,过量向森林索取资源,森林的过度砍伐使林地面积大量减少,大量垦荒和过度放牧使草原沙漠化,高层建筑和公路占用了大量的农田和绿地,沼泽、湖泊消失,湿地和滩涂面积的不断减少,地表环境的改变使地表阳光的反射率发生变化,影响了地表和大气之间的换热。此外,随着城市化进程的加速,由于空气污染,使城市上空持续笼罩在烟雾中,阻碍了城市释放的热量向大气层散发,在城市上空形成"热岛"现象(urban heat island effect)。城市温度的分布一般是工商业和人口集中的市中心最高,随着距中心的距离增加而下降。例如,美国洛杉矶市区的平均温度比周围农村高 0.5~1.5℃。

8.5.2　热污染危害及其防治

1. 热污染的危害

　　热污染危害是多方面的,主要表现在对全球或者区域环境热平衡的影响,以下主要叙述对水体和大气的危害。

　　1) 水体热污染的危害

　　向水体排放温热水,使水体温度升高,当温度升高到影响水生生物的生态结构,使水质恶化,并影响人类生产、生活时,称为水体污染。水体热污染主要由于火力发电厂、核电站和钢铁厂的冷却系统排出的热水,以及石油、化工、造纸等工厂排出的生产性废水。水体热污染会影响水质和水生生物以及生态环境,给人类带来直接的危害。

　　水的各种物理性质受到温度影响。随着水体温度的增高,水的黏度降低,这对沉淀物在水库、流速缓慢的江河、港湾的沉积会有重大影响;水温升高、水体中的物理化学和生物反应速度会加快,加速了水及底泥中有机物的降解和营养元素的循环,藻类因而过度生长繁殖,造成水体富营养化。水体富营养化使水体颜色昏暗,气味腥臭和味道异常,人、畜饮用后中毒,加之水体溶解氧不足,导致鱼类无法生存,最终影响水的使用功能;某些有毒物质的毒性随水温上升而增加。例如,在 0~40℃ 内,温度每升高 10℃,可使化学反应速率增加一倍,水中的化学污染物质,如氟化物、重金属离子等对水生物的毒性增加,当水温从 8℃ 升到 18℃ 时,氟化钾对鱼类的毒性增加一倍。

　　水温升高还将引起细菌大量繁殖,增加鱼类的发病率,特别是在产卵和孵化阶段,水温超过适宜温度多,将大大影响鱼类和水生生物的繁殖;水温的升高还会导致水中溶解氧的降低,氧气在水中溶解度会降低,水中氧气溢出,鱼和水中生物的代谢率随着水温的增高需要更多的需氧量,但由于水温的升高导致溶解氧减少,结果水中的溶解氧在大多数情况下不能满足生存所需要的最低值,从而使鱼类和水生生物难以存活。

　　水体温度的升高会直接影响电厂的热机效率和发电的煤耗和油耗,含热废水引起水体增温,导致冷却效率下降,影响热机效率,增加对煤、油等资源的消耗,造成极大的能源浪费。

2) 大气热污染的危害

大量二氧化碳等温室气体的排放,使得大气中保留了更多热量,地球大气的平均温度增加,全球气候变暖。大气温度的升高改变了大气环流,使大气正常的热量输送受到影响,导致一些地区异常干旱,一些地区洪涝灾害不断,一些地区春寒夏凉秋冬暖等气候的极端现象。在撒哈拉和乌干达等地区,曾发生持续 6 年之久的严重干旱,使 150 万人和大量牲畜死亡。世界卫生组织的一项研究表明,由于气候变暖每年直接造成 16 万人死亡,并且不断增加;气候变暖还会引起大陆冰川融化和海水膨胀,导致海平面上升,这将使大片海岸低洼地带被淹没,无数动物因此失去赖以生存的栖息地。海水升温,使海水表面与深水温差发生变化,影响海流交换,可能会出现一些极端现象。

大气温度升高为蚊子、苍蝇、跳蚤以及病原体微生物等提供良好的滋生条件及传播途径,也增强了致病病毒或细菌的耐热性,造成疟疾、登革热、血吸虫、流脑等传染病的流行,特别是以蚊虫为媒介的传染病激增。

钢铁厂、化工厂和造纸厂等工业地区生产及居民生活向大气排放的大量废热气或废水,使地面、水面等下垫面增温,形成逆温,导致地面上升气流减弱,阻碍云雨形成,造成局部地区干旱少雨,影响农作物生长。

产生城市"热岛"现象。城市的快速发展,城市人口集中,城市建设中大量的建筑物、混凝土代替了田野和植物,绿地和水面减少,使蒸发减弱,改变了地表的反射率和蓄热能力,形成了同农村有很多差别的热环境。工厂、汽车、家庭炉灶和饭店等排热机器释放出大量废热进入大气,造成城市中心温度明显高于城市市区。夏季危害尤其严重,为了降温,机关、单位、家庭普遍安装空调,而空调的使用对周围环境又形成新的热污染,并增加了能耗与热源,形成恶性循环。资料表明,大城市市中心和郊区温差在 5℃ 以上,中等城市在 4~5℃,小城市内外也差 3℃ 左右,尤其像南京、重庆、武汉、南昌这类火炉城市,市内外温差高达 7~8℃。

2. 热污染的防治

1) 制定热污染控制标准

随着现代工业发展和人口不断增加,环境热污染严重。目前尚未有一个量值来规定其污染程度。因此热污染防治的当务之急是尽快制定环境污染的控制标准,同时采取切实可行的防治措施。

2) 充分利用废热

充分利用工业生产的余热是减少热污染的主要措施,生产过程中的余热有高温烟气余热、高温产品余热、冷却介质余热和废气废水余热等,这些余热都是可以利用的二次能源。我国每年可利用的工业余热相当于 5000 万 t 标准煤的发热量。在冶金、发电、化工、建材等行业都要通过热交换去利用余热和预热空气、干燥产品、生产蒸汽、供应热水等。例如,利用电站排放的温热水进行水产养殖,在我国利用火电站排放的余热水养殖非洲鲫鱼已经获得成功;还可以在冬季用温热水灌溉农田,以促进种子发芽和生长,延长适宜作物的种植时间。

3) 开发清洁新能源

在源头上,应尽可能多地开发和利用太阳能、风能、潮汐能、地热能等可再生能源。利用水能、风能、地热能、潮汐能和太阳能等新能源,既能解决污染物问题,又可防止和减少热污染。

4）城市绿化

城市绿化，增加森林覆盖面积，是减轻城市"热岛"效应，减排温室气体的有效措施之一。绿色植物具有光合作用，可吸收 CO_2，释放 O_2，还可以产生负离子。绿色植被不仅可以美化市容，还可以净化空气、减轻污染。绿色植物具有调节温度，缓解热岛效应的作用。资料表明，南京的夏天，裸地表温度为 40℃，沥青路面的温度为 55℃，而草坪地表温度为 32℃。城市要提倡垂直绿化，包括建筑体墙体、楼顶和阳台，垂直绿化可调节室温、夏季避光、隔热、冬季保温、减少热量的散出。

8.6　环境思政材料

1986 年切尔诺贝利事件

2008 年的春天，法国漫画家艾玛纽埃尔乘坐火车到达切尔诺贝利，深入隔离区，用 2 个月的时间探索这片满目疮痍的土地，用画笔记录下当年的情形。1986 年的切尔诺贝利核事故，是乌克兰人一生都无法忘却的阴霾，当时的艾玛纽埃尔只有 19 岁，虽然他并不是切尔诺贝利人，但是当时事件的影响之大，在他心中留下了挥之不去的印象。他说："许多直升机运送大量的砂子、硼化物以扑灭大火，天空因为核电站的爆炸形成了一大朵辐射云……"艾玛纽埃尔模模糊糊的记得，当时苏联政府派遣数以十万的人对接触核辐射的物品进行清理，爆炸产生的瓦砾、接触辐射的设备都要被救援人员掩埋，所有救援设备和人员都受到核辐射的影响，切尔诺贝利像极了一座人和器械的坟墓。这就是当时在苏联统治下的乌克兰境内举世闻名的切尔诺贝利事件。

世界卫生组织有数据显示，1986 年切尔诺贝利事件约有 500 万人的生活受到核泄漏的威胁，300 万儿童一生都要接受各种治疗维持生命，有 27 万人生活在受到严格管控的区域之中，一共有 4000 人在接触到核辐射后第一时间内死亡，当年的核辐射至少造成了全球 100 万人死亡，爆炸相当于 500 颗 1945 年投到日本广岛长崎那样的原子弹，至今位于乌克兰境内的普里皮亚季镇依旧是全世界无人敢踏足的禁区。

1986 年的乌克兰满目疮痍，医院里的医生护士纷纷死去，火车停运、工厂罢工，这里的人们承受着核辐射带来的影响，人们被内脏呛得说不出话来，肝和肺的碎渣从嘴里冒出来，胳膊像脆骨一般，一动就会错位，许多人的甲状腺被切除，小小年纪没有头发，由于核辐射的影响，普里皮亚季镇刚生下来的孩子都是先天畸形。

切尔诺贝利核电站所释放的辐射超出人体可接受辐射量的百倍，核电站 30km 以内辐射剂量为 150 伦琴（1 伦琴＝2.58×10^{-4} 库仑/kg），有专家指出，人在一年内可接受的安全辐射剂量为 0.2 伦琴，50 伦琴已经是危险的起点，可想而知，当时的人们遭受了相当大的创伤。

天上的鸟、地上的走兽大面积的死去，土地寸草不生，所有接触过核辐射的一草一木都在霎时间迅速凋零，地面上到处都是动物的尸体，发出难闻的气味，还没有彻底死去的鸟儿挣扎着飞向空中，像疯了一样撞击着玻璃、大树、房屋，整个普里皮亚季镇生灵涂炭。除此之外，核电站的辐射扩散已经到达其他国家，由于爆炸引发的大火在切尔诺贝利上空形成了巨大的辐射云，并通过风的助力扩散到斯堪的纳维亚半岛、捷克斯洛伐克、波兰、瑞典、德国、法国等欧洲国家，不出几周核辐射席卷整个欧洲大陆。

本章扩展思政材料

思考题

1. 根据文中关于声音和噪声的概念,说一说你认为什么是噪声。
2. 简述噪声的几种危害。
3. 电磁辐射分为哪几种? 并简述其概念。
4. 放射性污染作用的机理是什么?
5. 放射性辐射的保护有哪几种?
6. 电磁辐射的概念是什么? 电磁辐射污染的概念是什么? 电磁辐射的途径有哪几种?
7. 光的本质是什么? 按波长可分为哪几种? 并简述其概念。
8. 说明光污染的危害有哪些?
9. 热污染产生的原因有哪些?
10. 简述城市"热岛"现象产生的原因以及其危害。

第 9 章

新型环境污染物与控制

新型污染物(emerging contaminants，ECs)是指在环境中新检出的一系列污染物,它们通常不在政府或环保部门的监管之内,以较低的浓度存在于环境中(通常为 ng/L～pg/L),但对人体和生态系统能产生较大的健康风险。由其定义可知,新型污染物不等同于这些污染物是新合成的化学品,而是随着先进的检测分析技术及毒理学发展,从环境中新检出而进入人们的视野或新认定的污染物。目前,典型的新型污染物有微塑料、药品和个人护理用品、持久性有机污染物、全氟化合物、内分泌干扰物和有机磷系阻燃剂等。

9.1 微塑料污染与控制

9.1.1 微塑料污染概述

20 世纪 70 年代,首次在公海发现微塑料碎片,微塑料作为一种污染物开始引起越来越多学者的关注。2004 年,*Science* 首次使用"微塑料"术语描述海洋中微小的塑料颗粒。2008 年,美国国家海洋和大气局组织的第一个国际微塑料研讨会将微塑料定义为直径小于5mm 的碎片。2015 年,联合国将微塑料污染列为新型环境污染的一大类型,与全球气候变化、臭氧污染、海洋酸化并列为全球重大环境问题,呼吁各国对此加强研究。2018 年 6 月 5号,世界环境日的主题被联合国环境规划署(United Nations Environment Programme，UNEP)定为"塑战速决"。

微塑料(microplastics，MPs)一词首次出现是在 2004 年英国 Thompson 教授等发表在*Science* 的文章"Lost at Sea：Where is All the Plastic?"中。微塑料被定义为直径小于 5mm的塑料颗粒,是一种造成污染的主要载体。

微塑料的来源主要分为两类:第一类是初级微塑料,第二类是次级微塑料。初级微塑料是指以微粒形式被直接排放到环境中的塑料,其主要来自产品中的添加剂和大块塑料在制造、使用及保存过程中产生的磨损,如清洁用品中的清洁颗粒、合成纤维衣物的清洗和汽车轮胎的磨损,个人护理品中的微塑料是环境中初级微塑料的一个主要人为来源。次级微塑料是指由大块塑料排入环境后破碎而产生的微塑料,如被丢弃的塑料袋和渔网等塑料垃圾经光解、风化、侵蚀等过程分解而成。次级微塑料的产生速率会受到塑料种类、特性、风化程度及自然气候等多重因素影响。长时间的物理、生物和化学过程会降低塑料碎片的结构完整性,从而导致塑料碎片化。

作为一种新型污染物,微塑料具有以下特殊性质:①粒径小,密度轻,迁移性强,同时颗粒密度随时间变化,影响垂直分布情况;②比表面积大,具有载体效应,对于某些污染物吸附性较强;③表面疏水性强,易于富集微生物、重金属和有机污染物;④会向水体释放自身有害添加剂。这些性质影响微塑料污染情况的复杂性,使得相关研究的难度大大增加。

微塑料在环境中非常难降解并且会保留几十年甚至几百年,同时对动植物、人类有一定的危害性。大量的微塑料进入环境后,会被生物捕食,这样不仅会造成物理伤害,还会在消化系统中积累产生毒性。淡水环境中微塑料的两种毒性模式已经被提出。首先,微塑料由于其体积小,形状不规则,对淡水生态系统有直接的危险影响。其次,微塑料主要吸附周围水环境中存在的有机污染物和重金属,对淡水生态系统产生综合影响。不同的毒性模式归因于不同的毒性效应和机制,因此在环境风险和人类健康评估中应加以考虑。

9.1.2 微塑料污染的控制

1. 污水处理过程中微塑料的去除

根据传统污水处理厂废水量大及其处理技术,可以做出它很有可能是微塑料重要来源的判断。在传统污水处理厂中,微塑料的去除主要靠一级处理,其去除率可达 $50\%\sim98\%$;二次处理可以将废水中的微塑料减少到 $0.2\%\sim14\%$。

膜生物反应器(membrane bio-reactor,MBR)、圆盘过滤器、快速砂滤、溶解气浮选可以显著降低微塑料($>20\mu m$)污染。经过三级处理后,废水中的微塑料将减少到 $0.2\%\sim2\%$。调整水力停留时间(hydraulic retention time,HRT)或膜生物反应器的孔径等相关操作参数是提高微塑料去除效率的经济途径。絮凝/混凝工艺是潜在的高效技术,因为铝基混凝剂和聚丙烯酰胺可以提高微塑料的去除效率,并已在饮用水系统中得到证实。

2. 降解淡水沉积物中的微塑料

1)生物降解法

微生物降解被人们广泛认为是降解微塑料最理想的方法。原因是它降解微塑料的同时不会产生其他有毒副产品,还可以为微生物提供能量。微生物降解也被称为生物矿化,主要是将碳以有机物的形式转化为无机碳。一般来说,生物降解可以根据塑料化学成分的不同分为两大类:可水解塑料的生物降解和不可水解塑料的生物降解。可水解塑料的分子结构通常由可水解化学键连接,如酰胺键和酯键。一般而言,微生物对可水解微塑料的降解可分为两个阶段:第一阶段微生物通过分泌胞外酶,打破分子间的可水解化学键,将大分子聚合物分解为小分子有机物;第二阶段是这些小分子有机物质以碳和能源的形式进入微生物细胞,转化为二氧化碳、水或甲烷。然而,非水解塑料的主分子链完全由 C—C 键组成,这些键与活性反应基团没有连接。酶不能分解这些化学键。对于这些不可水解的微塑料,通常只有通过细菌或真菌的氧化还原反应才能将这些聚合物分解成有机物的小分子,然后被微生物利用。考虑微塑料的生物降解,影响微塑料降解的关键因素是微塑料的化学成分。所以,关于如何降解非水解微塑料有待进一步研究。

2)光降解技术

光降解技术的原理是在紫外光照射下,微塑料中的分子链断裂并支化。其结果是分子结构的规律性降低,支链数量增加,结晶度降低,分子结构中产生羰基、羟基等含氧基团。这些含氧基团是能吸收光能的光敏物质。然后激发态的光敏物质将吸收的能量传递给基态的污染物分子,使其成为激发态,改变其分子结构。研究发现,聚合物的降解通常是由主链化学键断裂反应引起的。在紫外线照射下,光氧化引起的碳链断裂是塑料降解的关键步骤。

在光氧化降解过程中形成的分子量较低的聚合物更容易被微生物同化。

目前,光降解塑料可分为添加剂和合成两类。添加剂类型是在塑料的主链上加入光引发剂或光敏剂,前者被光能激发,分解产生自由基,自由基引发聚合物分子的降解,而后者在激发后将吸收的能量转移到聚合物分子中。合成的方法是利用羰基样显色基团和聚合物链上的一些弱键,降低其在光照下的稳定性,实现光降解。

9.2　药品和个人护理品污染与控制

9.2.1　药品和个人护理品污染概述

药品和个人护理用品(pharmaceutical and personal care products,PPCPs)是一种新型污染物,这一专有名词最早由 Daughton 和 Ternes 在 1999 年提出。直到近年来药物大量频繁地使用,人或动物的排泄、废弃药物的不合理处置,污水处理技术的不完善等导致水环境出现了药物污染现象。环境中的 PPCPs 已经引起国际上的广泛关注。

PPCPs 是指所有人用和兽用的医药品(包括处方类和非处方类药物及生物制剂),如抗生素、激素、消炎药、抗癫痫药、血脂调节剂、受体阻滞剂、造影剂和细胞抑制药物等,以及个人护理品,包括抗菌剂、合成麝香、驱虫剂、防腐剂和遮光剂等有机合成化学品的总称。

目前,我国的药品及个人护理品进入环境的方式多种多样,其来源包括:①制药厂和个人护理品制造厂在生产产品的过程中,会产生大量含有 PPCPs 的废水,这些废水在经过厂内污水处理系统处理后,会随着城市污水管道进入城市污水处理厂中,再经过污水处理厂深度处理后,一些未被除去的 PPCPs 会随着出厂水进入环境中。但在这些制药厂和个人护理品制造厂中,难免会有一些不合法的制造厂,厂家为了降低生产成本,会将这些废水仅经过简单处理或者未进行任何处理直接排放到环境中。②人类以及其他生物在服用药品后,只有小部分会被生物体所吸收利用,大部分会通过生物体的新陈代谢过程,以尿液、粪便等形式排出体外,进入环境中。③平时的生活中,我们使用的洗发水、牙膏等日常生活用品,也会在洗漱等过程中进入环境。④医院废水的排放也会导致此类污染物大量地进入环境中。⑤过期的药物、个人护理用品,也会随着垃圾渗滤液进入环境中。除此之外,农业、畜牧业、水产业也会产生含有 PPCPs 的污染物,它们也会直接或间接地进入环境中。

PPCPs 容易在生物体内富集,水体中的 PPCPs 会抑制藻类等植物生长,使得鱼类、蛙类等水生动物的繁殖、生长及迁移维持在一个较低水平。由于污水灌溉和含污染物肥料在农业中的应用,人们已经在食用的植物组织中发现了 PPCPs 的残留,这对人类乃至整个生态系统的健康十分不利。

9.2.2　药品和个人护理品的去除方法

1. 生物吸附——活性污泥法

活性污泥法是最早最常规的污水处理工艺,主要通过污泥吸附和生物降解作用,可以有效去除污水中的氮、磷、有机物及重金属。活性污泥具有较大的比表面积,是一种有多孔结构和胞外聚合物的絮体,它对有机物有很好的表面吸附能力。在与活性污泥接触时,污水中呈悬浮状和胶体状的有机物被活性污泥凝聚、吸附而得到去除。

活性污泥法拥有很大的局限性。通过吸附作用去除污水中的 PPCPs 并没有改变其分子结构,只是从液相转移到固体污泥中。随着越来越多的污泥用于土壤施肥,被吸附的 PPCPs 就会进入土壤中,随着地表径流及渗滤作用,最终逐渐进入地表水及地下水中。因此 PPCPs 对环境的影响并没有得到根本的减缓。

2. 膜处理工艺

膜处理工艺是降低水中 PPCPs 浓度的有效方法。常见的膜处理有:微滤、超滤、纳滤、反渗透。纳滤(NF)是 20 世纪 80 年代中期逐渐发展起来的介于超滤和反渗透之间的新型膜分离技术。纳滤膜是一种纳米级带电微孔结构的分离膜,其在应用过程中具有两个明显特性:①筛分效应,可以截留分子质量小的中性溶质,如有机物和病毒;②对于不同价态的阴离子具有筛分和电荷双重效应,这就是纳滤膜在很低压力下仍对离子型无机物具有一定截留作用的重要原因。此外,纳滤是种清洁的技术,没有副产物。所需去除的分子大小与膜的结构特性联系紧密,决定了筛分作用的发挥。

此外,多种膜工艺的组合应用能达到更好的截留率,有研究表明单独使用超滤膜处理二级出水时,大多数化合物没有被截留,而超滤膜处理后再加反渗透处理,几乎所有药物都在检测限值以下;未消毒的二级出水经过微滤膜和反渗透膜双重处理后,所有药物的浓度都低于 1ng/L。

3. 碳吸附

PPCPs 大多含有易于被吸附的苯环和胺基基团,所以活性炭吸附可以有效地去除 PPCPs。活性炭吸附的去除效率受到以下三种因素影响:①吸附质的性质,包括电荷、疏水性、颗粒的大小;②吸附剂的性质,包括空间结构、表面化学特性;③水体中所含有的天然有机物,对不同的 PPCPs 和活性炭产生的影响各有不同。

碳基材料吸附 PPCPs 包括物理吸附和化学吸附作用,碳基材料的性能,如比表面积、孔结构和表面官能团,都会影响对污染物的吸附能力。吸附作用机理主要包括 4 个方面:π-π 电子供体-受体作用、氢键作用、静电作用和疏水作用。其中,π-π 电子供体-受体作用为碳基材料吸附 PPCPs 过程的主要作用机理。PPCPs 上的芳香环和不饱和结构(如磺胺基、胺基和酮基等)作为 π 电子受体,碳基材料上垂直于其表面的各原子所形成的 π 轨道作为电子供体形成 π-π 电子供体-受体作用。

9.3　持久性有机污染物污染与控制

9.3.1　持久性有机污染物污染概述

1. 持久性有机污染物的定义

持久性有机污染物(persistent organic pollutants,POPs)是指具有长期残留性、生物蓄积性、半挥发性和高毒性,并通过各种环境介质(大气、水、土壤等)能够长距离迁移并长期存在于环境,对人类健康和环境造成严重危害的天然或人工合成的有机污染物质。

自从瑞士科学家 Paul Muler 于 1938 年发现了滴滴涕(DDT)具有杀虫效果,其标志着2000 多年来人们运用天然或无机药物防治农业虫害的历史从此被改写。人们还在享受着农药带来的各种好处的同时,一些有识之士开始意识到这些有机物对环境和人类带来的潜在的各种危害。1962 年,美国海洋生物学家蕾切尔·卡逊出版了《寂静的春天》一书,书中描述了在环境中有机氯污染物造成的各种危害,并且分析了人类赖以生存的生态系统中有机农药带来的种种危害。指出人类为了提高农业产量,应该另辟蹊径。《寂静的春天》标志着人类环保意识的觉醒。2001 年 5 月 22 日,联合国环境规划署(UNEP)在瑞典斯德哥尔摩主持通过了《关于持久性有机污染物的斯德哥尔摩公约》,旨在保护人类健康和环境免受持久性有机污染物影响。联合国环境规划署国际公约中首批控制的三类 12 种 POPs 是艾氏剂、狄氏剂、异狄氏剂、DDT、氯丹、六氯苯、灭蚁灵、毒杀芬、七氯、多氯联苯、二噁英和苯并呋喃,其中前 9 种属于有机氯农药。多氯联苯是精细化工产品,后两种是化学产品的衍生物杂质和含氯废物焚烧所产生的次生污染物。2004 年 8 月,受控的 POPs 除了之前的 12 种外又增添了 9 种新的 POPs,其中包括六六六(含林丹)、多环芳烃等有机污染物。在环境优先控制物中,致癌性显著的污染物受到人们更多的关注,如有机氯农药、多环芳烃、多氯联苯等,它们在环境污染中占非常重要的地位。持久性有机污染物作为一种新的全球性环境问题成为世界各国学术界及公众共同关注的焦点。

2. 持久性有机污染物的性质

持久性有机污染物具有高毒性、持久性、生物富集性和长距离迁移性等性质,同时还具有致癌性、生殖毒性、神经毒性、内分泌干扰等特性,对人类健康和生态系统产生毒性影响。二噁英类物质中最毒者的毒性相当于氰化钾的 1000 倍以上。POPs 半衰期较长,同时具有高脂溶性和低水溶性,容易在生物体内富集而难以排出体外。不同的 POPs 在不同的生物体内富集程度存在较大差异,影响 POPs 在生物体内富集因素主要有:①化合物氯取代的位置和氯取代的多少;②生物体在食物链中的营养级别越高,其体内的生物富集量相应越大;③生物体代谢特征的差异会导致 POPs 在不同生物体内的滞留时间有较大的差异。POPs 一般是半挥发性物质,在室温下就能挥发进入大气层。因此,它们能从水体或土壤中以蒸气形式进入大气环境或附着在大气中的颗粒物上,由于其具持久性,所以能在大气环境中远距离迁移而不会全部被降解,但半挥发性又使得它们不会永久停留在大气层中,会在一定条件下又沉降下来,然后又在某些条件下挥发。这样的挥发和沉降重复多次就可以导致POPs 分散到地球上各个地方。

3. 持久性有机污染物的危害

POPs 大多是强亲脂且憎水的复杂有机卤化物,化学性质稳定,脂溶性好,极易损害人的肝脏并可影响生物体诸如免疫功能、激素代谢、生殖遗传等各个方面。其危害主要表现在"三致"(致癌、致畸、致突变)等对健康有重大影响的诸多方面。目前,持久性有机污染物已成为全球性环境大问题,主要由于其能够对野生动物和人体健康造成不可逆转的严重危害,其主要包括:

(1) 对免疫系统的危害

POPs 会抑制免疫系统的正常反应,影响巨噬细胞的活性,降低生物体的病毒抵抗能力。一项对因纽特人的研究发现,母乳喂养和奶粉喂养婴儿的健康 T 细胞和受感染 T 细胞的比率与母乳的喂养时间及母乳中杀虫剂类 POPs 的含量相关。在北京进行的一项针对POPs 的调查发现,在北京采集的孕妇乳汁里,300 多位孕妇中有 90% 检出多氯联苯或者有机磷农药等,其中有 10% 的人处在比较危险的水平。

（2）对内分泌系统的危害

多种 POPs 被证实为潜在的内分泌干扰物质，它们与雌激素受体有较强的结合能力，会影响受体的活动进而改变基因组成。研究发现，患恶性乳腺癌的女性与患良性乳腺肿瘤的女性相比，其乳腺组织中 PCBs（多氯联苯）和 DDE（滴滴涕的代谢产物）水平高。

（3）对生殖和发育的危害

生物体暴露于 POPs 会出现生殖障碍、先天畸形、机体死亡等现象。一项对 200 名孩子的研究（其中 3/4 孩子的母亲在孕期食用受 POPs 污染的鱼）发现，这些孩子出生时体重轻、脑袋小，7 个月时认知能力比一般孩子的读写和记忆能力差，11 岁时智商值较低，读、写、算和理解能力都较差。某报刊揭露出 20 世纪 60 年代，越南抗美救国战争期间，美军在南越林区投下了被称为脱叶剂的 2,4,5-三氯苯氧乙酸。40 年过去了，这块土地上生活的人们为此付出了沉重的代价，出现了大批死胎、流产、脑瘫、无脚、无腿、大头、小头以及腭裂等可怕的畸形儿，18 岁成人的智商仅相当于一名幼儿，这一严重环境污染问题甚至可能延续几代人。

（4）致癌作用

其他毒性 POPs 还会引起一些其他器官组织的病变（如肝肾功能损伤、甲状腺功能受损等），导致皮肤表现出表皮角化、色素沉着、多汗症和弹性组织病变等症状。一些 POPs 还可能引起精神心理疾患症状，如焦虑、疲劳、易怒、忧郁等。心血管系统疾病，表现慢性缺血性心脏病、高血压、慢性风湿性心脏病。这说明环境激素污染所造成的危及人类健康的问题不能不令人担忧。

9.3.2　持久性有机污染物的处理技术

1. 高浓度 POPs 污水处理技术

对于含高浓度 POPs 的污水，催化湿式氧化技术（catalytic wet air oxidation，CWAO）和超临界水氧化技术（supercritical water oxidation，SWO）等方法采用较多。其中，CWAO 技术是在特定温度、压力和催化剂条件下，利用空气将水体中的 POPs 氧化成二氧化碳、水和氮气等无毒无害物质的一种技术。SWO 技术是以超临界水（指温度和压力均超过水的临界值，即 $374℃$ 和 $22.1MPa$）作为反应介质，以氧气或空气中的氧气作为氧化物，通过有机物与氧化物在均相中强烈的氧化反应降解无机污染物的一种技术。

2. 污水处理厂中 POPs 处理技术

污水处理厂中去除 POPs 的方法主要发生在微生物工艺中，作用机理包括吸附和微生物降解两部分。POPs 在污水处理的初级阶段是吸附到悬浮固体上，然后沉淀进入污泥中。例如，在活性污泥工艺中，预处理阶段依靠污泥吸附（主要是微生物细胞壁与 POPs 的物理吸附）有效去除 POPs。

3. 低浓度 POPs 污水处理技术

由于 POPs 的亲脂疏水性，经过较长时间、较长距离的流动后，水中 POPs 的浓度一般较低，往往在 ng/L 的级别。对于低浓度 POPs 污染的地表水、地下水或生活污水、污水厂二沉池出水，处理方法包括吸附、过滤和各类高级氧化技术。吸附技术特别适合去除水中低浓度污染物，对疏水性物质尤其有效。过滤技术主要考虑 POPs 的分子尺寸与分离膜孔径的相对关系。高级氧化技术是指采用紫外光、γ 射线、催化臭氧、芬顿反应、电化学、光催化、超声、微波等手段，在常温常压下活化 O_2、H_2O、H_2O_2、O_3、过硫酸盐等原位产生高活性氧化物，以其高氧化性分解和转化难降解有机污染物，具有高活性、反应彻底、无二次污染等优点。

9.4 其他新型污染物与控制

9.4.1 全氟化合物污染与控制

全氟化合物（perfluorinated compounds，PFCs）是一类氢原子全部被氟原子取代的直链或者支链碳氢化合物，由于其具有优良的化学稳定性、低的表面张力及疏水疏油性能，常被作为表面活性剂和保护剂广泛应用于工业生产和生活消费等领域。

全球流通的商用全氟类化合物种类高达 2060 种，其中全氟辛烷磺酸盐（perfluorooctane sulphonate，PFOS）与全氟辛酸（pentadecafluorooctanoic acid，PFOA）及其盐类是多种 PFCs 转化的最终产物，在环境中最为常见。2009 年 5 月斯德哥尔摩公约缔约方大会将 PFOS 及其盐类、全氟辛基磺酰氟列入《关于持久性有机污染物的斯德哥尔摩公约》，因此寻找控制并去除环境中全氟化合物的技术极为重要。国内外对水中 PFCs 去除方法的研究已非常详尽，吸附法、膜分离法、光催化降解法以及电化学法为主要去除方法。PFCs 去除方法的研究为治理环境中全氟污染物提供了理论基础。

9.4.2 内分泌干扰物污染与控制

环境中存在大量小分子有机化合物，如双酚 A（bisphenol A，BPA）、羟基化多溴联苯醚（hydroxylated polybrominated diphenyl ethers，OH-PBDEs）、多氯联苯（polychlorinated biphenyls，PCBs）、多环芳烃（polycyclic aromatic hydrocarbons，PAHs）、杀虫剂等，它们会通过模仿或拮抗天然激素，靶向核受体（nuclear receptor，NR），进而产生内分泌干扰效应，导致不良健康影响，这种化合物被称为内分泌干扰物（endocrine disrupting chemicals，EDCs）。EDCs 会导致人类产生严重的生殖发育疾病，如癌症、心血管疾病、肥胖及生殖异常等。

目前，水体中 EDCs 的去除方法主要分为物理方法、化学方法和生物方法三类，其中：物理方法主要有活性炭吸附法和膜过滤法等；化学方法主要有臭氧氧化法、氯氧化法、紫外光/臭氧氧化法、紫外光/过氧化氢氧化法等；生物方法主要有活性污泥法等。上述每种方法都各具其优缺点，在实际应用中应该根据具体情况来选择最合适的方法。

9.4.3 有机磷系阻燃剂污染与控制

有机磷系阻燃剂（organophosphate esters，OPEs）是与卤系阻燃剂并重的阻燃剂。有机磷系阻燃剂包括磷酸酯、膦酸酯、亚磷酸酯、有机磷盐、氧化磷、含磷多元醇及磷-氯化合物等。应用最广的是磷酸酯和膦酸酯，特别是它们的含卤衍生物。有机磷系阻燃剂可同时在凝聚相及气相发挥阻燃作用，但可能以凝聚相为主。阻燃机理可因磷阻燃剂结构、聚合物类型及燃烧条件而异。近年来，溴代阻燃剂在世界范围逐步禁用，作为其主要替代产品的有机磷酸酯类阻燃剂的生产与使用均有大幅增长。因此，有机磷酸酯类物质也被引入环境中，并且造成一些环境问题。

目前，OPEs 的去除方法主要可分为物理方法和化学方法两类，其中：物理方法主要有吸附、萃取、气提、吹脱、絮凝、沉淀等；化学方法主要有化学氧化法（电催化氧化法、芬顿氧化法、湿式氧化法）、化学还原法和水解法。

9.5　环境思政材料

思考题

1. 新型污染物及其控制技术方法有哪些？
2. 微塑料污染物与持久性有机污染物有哪些区别？

第 10 章

环境保护政策与法规

10.1 环境保护政策

10.1.1 环境保护的基本政策

环境保护是我国的一项基本国策,以环境保护为基本原则逐步形成了符合国情、适应经济体制和经济增长方式转变的三大环境政策:"预防为主、防治结合"、污染者付费和强化环境管理。

1. "预防为主、防治结合"政策

坚持科学发展观,把保护环境与转变经济增长方式紧密结合起来,积极发挥环境保护对经济建设的调控职能,对环境污染和生态破坏实行全过程控制,并通过各种方式达到有效率的污染水平,促进资源优化配置,提高经济增长的质量和效益。主要措施包括:把环境保护纳入国家的、地方的和各行各业的中长期和年度经济社会发展计划,对开发建设项目实行环境影响评价和"三同时"制度,对城市实行综合整治。

2. 污染者付费政策

环境是一种稀缺性资源,又是一种共有资源,为了避免共有地悲剧,必须由环境破坏者承担治理费用和责任,这是污染者付费原则的体现。美国是严格实施污染者付费原则的,且政府是不为其提供任何补贴(例如,在美国如果有人举报一家企业,则政府会去检查,但这个检查是额外进行的,并不是例行检查,所以一切费用都应该是企业出,而不应由纳税人出钱)。而我国多数情况是向企业征收排污费,然后再返还给企业用于治理污染。我国法律对企业自己掏钱用于检查这方面则强调很少,污染者付费原则没有得到很好体现。

按照环境保护相关法律规定,排放污染物的企业事业单位和其他生产经营者,应当按照国家有关规定缴纳排污费,排污费应当全部专项用于环境污染防治,任何单位和个人不得截留、挤占或者挪作他用。环境保护投资以地方政府和企业为主,企业负责解决自己造成的环境污染和生态破坏问题,不允许转嫁给国家和社会;地方政府负责组织城市环境基础设施的建设,设施建设和运行费用应由污染物排放者合理负担;对跨地区的环境问题,有关地方政府要督促各自辖区内的污染物排放者切实承担责任,不得推诿。新修订的《中华人民共和国环境保护法》于 2015 年实施按日计罚、罚款不封顶的新规定。主要措施有:对向大气和水体土壤等超标排放污染物的企事业单位征收超标排污费专门用于防治污染,对严重污染的企事业单位实行限期治理,结合企业技术改造防治工业污染。

3. 强化环境管理政策

污染是一种典型的外部性问题,由于交易成本的存在使其无法通过私人市场进行协调而得以解决,需要依靠政府担当起管理者和监督者的角色与企业一并进行环境治理来解决。强化环境管理政策主要是通过强化政府和企业的环境治理责任,控制和减少因管理不善带来的环境污染和破坏,把法律手段、经济手段和行政手段有机结合起来,提高管理水平和效能。在建立社会主义市场经济过程中,更要注重法律手段,坚决扭转以牺牲环境为代价、片面追求局部利益和暂时利益的倾向,严肃查处违法案件。主要措施有:逐步建立和完善环境保护法规与标准体系,建立健全各级政府的环境保护机构及国家和地方监测网络,实行地方各级政府环境目标责任制,对重要城市实行环境综合整治定量考核,广泛开展环境保护宣传教育,不断提高全民族的环境意识等。

10.1.2 环境保护的单项政策

为了贯彻"三大环境政策",我国还制定了一系列的单项政策作为补充,形成了完整的环境保护政策体系,成为环境保护的政策依据。

1. 产业政策

产业政策是国家颁布的有利于产业结构调整和行业发展的专项环境政策,包括产业结构调整政策、行业环境管理政策、限制发展的行业政策以及禁止发展的行业政策。

（1）产业结构调整政策

产业结构调整包括产业结构合理化和高级化两个方面。产业结构合理化是指各产业之间相互协调,有较强的产业结构转换能力和良好的适应性,能适应市场需求变化,并带来最佳效益的产业结构,具体表现为产业之间的数量比例关系、经济技术联系和相互作用关系趋向协调平衡的过程。产业结构高级化,又称产业结构升级,是指产业结构系统从较低级形式向较高级形式的转化过程。产业结构高级化一般遵循产业结构演变规律,由低级到高级演进。目前,我国已颁布了一批产业结构调整政策,如《90年代国家产业政策纲要》《汽车工业产业政策》《关于全国第三产业发展规划基本思路》《鼓励外商投资产业指导目录(2020年版)》《水利产业政策》《当前国家重点鼓励发展的产业、产品和技术目录》《当前部分行业制止低水平重复建设目录》《产业结构调整指导目录(2019年本)》等。

《"十二五"国家战略性新兴产业发展规划》要求,节能环保产业要突破能源高效与梯次利用、污染物防治与安全处置、资源回收与循环利用等关键核心技术,发展高效节能、先进环保和资源循环利用的新装备和新产品,推行清洁生产和低碳技术,加快形成支柱产业。这样会有新产业、产值诞生,被淘汰掉的产能和新增的产能冲抵,环保政策的有效实施不会影响经济增长,相反会促进产业结构调整。"十三五"期间加大研发投入力度,加强核心技术攻关,推动跨学科技术创新,促进科技成果加快转化,开展绿色装备认证评价,淘汰落后供给能力,着力提高节能环保产业供给水平,全面提升装备产品的绿色竞争力;深入推进节能环保服务模式创新、培育节能环保产业,以实施节能环保和资源循环利用重大工程、推广绿色产品、培育绿色消费习惯等方式。

节能环保产业作为兼具带动经济增长和应对环境问题双重属性的战略性新兴产业,"十四五"期间将呈现出六大趋势:绿色低碳引领发展,能源结构优化提速;绿色制造水平提升,进一步推动绿色工厂和绿色园区建设;绿色制造加快推进协同融合,新型业态不断涌现;面向防疫功能的环保新业态潜力将进一步释放;行业集聚持续增强,"专精特优"成中小企业发展方向;节能环保市场结构迎来重大变革调整。

(2) 行业环境管理政策

行业分类就是有规则地按照一定的科学依据,对从事国民经济生产和经营的单位或者个体组织结构体系的详细划分,如石油化工、交通运输、建筑建材、水利水电等。行业环境管理政策主要是针对本行业特点有针对性的环境管理政策,如《冶金工业环境管理若干规定》《建材工业环境保护工作条例》《化学工业环境保护管理规定》《电力工业环境保护管理办法》《关于发展热电联产的规定》《关于加强水电建设环境保护工作的通知》《关于加强饮食娱乐服务企业环境管理的通知》《交通行业环境保护管理规定》及《服务行业环境保护管理规定》等。

(3) 限制和禁止发展的行业政策

1996 年 8 月,国务院发布了《关于环境保护若干问题的决定》,要求在 1996 年 9 月 30 日前,对小造纸、小制革、小染料厂及土法炼焦、炼硫、炼砷、炼汞、炼铅锌、炼油、选金和农药、漂染、电镀、石棉制品、放射性制品等"15 小"企业实行取缔、关闭或停产。原国家环保局发布了《坚决贯彻"国务院关于环境保护若干问题的决定"有关问题的通知》,具体规定了取缔和关闭"15 小"企业名录,提出了限制发展的 8 个行业,即造纸、制革、印染、电镀、化工、农药、酿造和有色金属冶炼。1999 年 6 月 5 日,国家经济贸易委员会、国家环保总局、机械工业部联合发布了《关于公布第一批严重污染环境(大气)的淘汰工艺与设备的通知》,规定了15 种污染工艺和设备的淘汰期限和可替代工艺及设备。1999 年 12 月又发布了《淘汰落后生产能力、工艺和产品目录(第二批)》,涉及 8 个行业 119 项。并于 2000 年 6 月,再一次发布了第三批目录,涉及 15 个行业 120 项内容。

国务院办公厅于 2003 年转发了国家经济贸易委员会等五部门《关于从严控制铁合金生产能力切实制止低水平重复建设意见》和国家发展改革委员会等部门《关于制止钢铁、电解铝、水泥行业盲目投资若干意见的通知》,国务院于 2004 年 11 月批准国家发展改革委员会《关于坚决制止电站项目无序建设意见的紧急通知》。这些政策的颁布,为我国环境规划与管理提供了政策依据。《部分工业行业淘汰落后生产工艺装备和产品指导目录(2010 年本)》中包含钢铁(54 项)、有色金属(35 项)、化工(101 项,电石渣采用堆存处理的 5 万 t/年以下的电石法聚氯乙烯生产装置、开放式电石炉、单台炉变压器容量小于 12500kV·A 的电石炉)、建材(48 项)、机械(107 项)、轻工(107 项)、纺织(35 项)、医药(15 项)。

《产业结构调整指导目录(2019 年本)》共涉及行业 48 个,条目 1477 条,其中鼓励类 821 条、限制类 215 条、淘汰类 441 条。与上一版相比,从行业看,限制类删除"消防"行业,淘汰类新增"采矿"行业的相关条目;从条目数量看,总条目增加 69 条,其中鼓励类增加 60 条、限制类减少 8 条、淘汰类增加 17 条;从修订面看,共修订(包括新增、修改、删除)822 条,修订面超过 50%。2021 年 12 月国家发展改革委员会在《产业结构调整指导目录(2019 年本)》淘汰类"一、落后生产工艺装备""(十八)其他"中增加第 7 项,内容为"虚拟货币'挖矿'活动"。

2. 技术政策

环境保护技术政策以特定的行业或污染因子为对象,在产业政策允许范围内引导企业采取有利于保护环境的生产工艺和污染防治技术。技术政策注重发展高质量、低消耗、高效率的适用生产技术,重点发展技术含量高、附加值高、满足环保要求的产品,重点发展投入成本低、去除效率高的污染控制适用技术。

1986年5月,国务院颁布了《环境保护技术政策要点》。2000年5月,建设部、国家环境保护总局、科学技术部联合发布了《城市污水处理及污染防治技术政策》(建成[2000]124号)和《城市生活垃圾处理及污染防治技术政策》(建成[2000]120号)。2001年12月,国家环境保护总局、国家经济贸易委员会、科学技术部联合发布了《危险废物污染防治技术政策》(环发[2001]199号),并于2002年1月,又联合发布了《燃煤二氧化硫排放污染防治技术政策》(环发[2002]26号)和《机动车排放污染防治技术政策》(环发[1999]134号)等。2013年实施《环境空气细颗粒物污染综合防治技术政策》《挥发性有机物(VOCs)污染防治技术政策》(公告2013年第31号)、《硫酸工业污染防治技术政策》(公告2013年第31号)、《钢铁工业污染防治技术政策》(公告2013年第31号)和《水泥工业污染防治技术政策》(公告2013年第31号)等。

3. 环境经济政策

环境经济政策是指按照市场经济规律的要求,运用价格、税收、财政、信贷、收费、保险等经济手段,调节或影响市场主体的行为,以实现经济建设与环境保护协调发展的政策手段。与传统行政手段的"外部约束"相比,环境经济政策是一种"内在约束"力量,具有促进环保技术创新、增强市场竞争力、降低环境治理成本与行政监控成本等优点。

环境经济政策主要基于两类理论:一是基于新制度经济学观点,主要包括明晰产权、可交易的许可证等,又称为建立市场型政策(即"科斯手段");二是基于福利经济学观点,通过现有的市场来实施环境管理,具体手段有征收各种环境税费、取消对环境有害的补贴等,又称为调节市场型政策(即"庇古手段")。

我国环境经济政策体系主要采用的手段有排污许可、排污交易、环境保护税、生态补偿、环境损害赔偿、环境行为证券等。主要包括明晰产权(所有权、使用权和开发权)、建立市场(可交易的许可证、可交易的环境股票等)、税收手段、收费制度(排污收费、使用者收费、资源补偿费等)、罚款制度(违法罚款、违约罚款等)、金融手段(优惠贷款、环境基金等)、财政手段(财政拨款、专项资金等)、责任赔偿(法律责任赔偿、环境资源损害赔偿、保险赔偿等)和证券与押金制度(环境行为债券、废物处理证券、押金、股票等)九大类。

10.2 环境法规体系

10.2.1 环境法概念

由于法律上环境的概念具有不确定性,导致理论界对调整环境社会关系的法律规范的称谓及其概念界定也存在差异。例如,称谓方面,有环境保护法、环境资源法、污染防治法、公害法、自然保护法以及生态法等。20世纪80年代以后,随着环境保护国际合作与交流的发展,环境法被约定俗成地作为国内法和国际法中环境保护领域的部门法律的称谓。

关于环境法的概念,国内外学术界至今观点林立,尚无一个公认的权威性界定。综合国内外环境法学著述对环境法定义的表述,并结合我国立法实践,环境法的概念可表述为:环境法是国家制定或认可的,调整人们在开发利用、保护改善环境的活动中所产生的社会关系的法律规范的总称,即环境法是指国家制定或认可的,以保护和改善环境、预防和治理人为环境损害为目的,调整因人们的环境利用行为而产生的社会关系的法律规范的总称。

环境法的内涵应从以下几个方面来把握:①环境法的目的是保护和改善人类赖以生存的环境,预防和治理人为环境损害;②环境法的调整对象是人类在开发利用、保护改善环境的活动中所产生的社会关系;③环境法的范畴既包含直接确立环境利用行为准则的环境法律规范,也包括其他法律部门中有关环境保护的法律规范。

我国的环境法和其他部门法一样,拥有我国法律的共同属性(如规范性、强制性等),同时作为一个独立的法律部门法,也具有自身的特征。一般认为环境法作为部门法具有以下四个方面区别于其他部门法的特征。

1. 科学技术性

环境法具有其他法律部门法不具有的极强科学技术规范,这一点是环境法区别于其他法律部门法的基本特征。它不仅反映社会经济规律和自然生态规律,还反映环境科学规律。环境法的目的、任务、基本原则、基本制度等都体现了这些规律,这就是环境法的科学性。环境法中有关保护自然资源和防治环境污染的许多措施,环境保护基本原则、基本制度,以及大量的环境保护标准,如环境质量标准、环境排污标准、环境基础标准和环境方法标准,都是从环境科学研究成果和环境保护实践中,由技术规范上升而来的,这就是环境法的技术性。各种环境标准在环境法中占有极为重要的地位,它既是制定其他环境法规范的基础,也是环境执法的基础。没有环境标准,就无法判断环境行为的合法与违法。因而可以说环境法是以科学技术规则为内容,以法律规范为形式的。

科学技术性是环境法的最根本属性,并且对环境法的立法、执法、司法、法律服务、法律教育等都产生了深刻影响。此外,环境立法中经常且大量存在直接对技术名词和术语赋予法律定义,并将环境技术规范作为环境法律的附件,使其具有法律约束力。

2. 综合性

由于环境是由多种因素、多个系统、多层结构组成的极其广泛、复杂的有机整体,它涉及人们的生产、生活各个方面,关系到国民经济的各个部门,具有别的法律部门法所不具有的广泛性和综合性。环境中任何一个因素、任何一条系统、任何一个层次的改变都可能引起环境质量的变化,都可能造成环境损害。从形成的基础看,环境法是以法学和环境科学为基础,是邻近诸部门法和有关自然科学相互交叉与渗透的产物。因此,环境法必须采取多种手段和措施,对环境问题进行全面的综合解决。这些都决定了环境法的综合性。

环境法的综合性主要表现在以下四个方面:①环境法的体系既包括大量的专门性环境法律、法规,还包括宪法、民法、经济法、行政法等法律部门法有关开发利用、保护改善环境的规范;②环境法的内容既有实体法又有程序法,既有国家立法也包括地方立法;③环境政策常常会以指导性规范的形式灵活地出现于环境利用领域,以弥补现实法律的抽象性和局限性带来的不足;④环境法的实施既有司法方法也有行政方法,而且经济、技术和宣传教育等手段在环境法的实施方面也有突出的表现。

3. 可持续发展性

环境法是与可持续发展目标最为密切、关系重大的法律部门法。环境法能最集中体现和贯彻可持续发展战略的核心内容与实质,是与可持续发展战略最密切的法律部门法。

我国环境法所确立的经济效益、社会效益与环境效益协调发展的原则反映了"可持续发展"思想中关于发展与环境的关系。不允许乱采滥挖、乱砍滥伐、乱捕滥杀的现象。提倡在发展的道路上"八仙过海,各显神通"、因地制宜地寻找发展道路。体现可持续发展的实质即强调发展应有限度、不危及后代人、良性可持续的,实现从代内的公平(传统法律的公平观念通常关注的是同代人之间的公平)到代际的公平。环境法则不仅要保证代内公平,而且要保证代与代之间的资源公平分配,实现"从横向的单维公平价值目标到纵横交错的二维公平价值目标的转变"。

环境法确立的环境保护制度直接为可持续发展战略服务。为了可持续发展目标的实现,要求人们一方面必须尽可能的少投入、多产出;另一面又必须多利用、少排放。为此我们必须彻底改变过去落后的生产观念和生产方式,将简单粗放的消耗型经济转变为高技术含量的集约型经济。利用可持续的经济增长方式,减少单位经济活动造成的环境压力,降低自然资源的耗竭速度,使之低于资源的再生速度或替代品的开发速度,鼓励清洁工艺和可持续的消费方式,使单位经济活动所产生的废物数量尽量减少。环境法的一系列法律制度,如环境影响评价制度、"三同时"制度、排污收费制度、限期治理制度、征收污染税制度、污染源头控制制度、废物综合利用制度等都能够直接有效地预防和控制环境污染,防止对资源、能源的浪费,促进人类社会的可持续发展。

4. 公益性

环境法作为法的一个部门,当然要反映制定或认可它的统治阶级的意志和利益即具有阶级性。但与阶级性与政治职能较强的宪法、刑法等公法相比,环境法所保护和改善的环境是整个人类赖以生存和发展的基础,而环境的整体性决定了它不可能为某个阶级、某个阶层或个人所独享。环境法较少体现阶级利益的对立与冲突,而着眼于解决人与自然之间的矛盾,特别关注的是人类生存与发展意义上的公共利益与基本人权,侧重于"为一般社会福利而立法",属于社会立法的范畴。尤其是目前,臭氧层破坏、全球气候变暖、生物多样性锐减等全球性的环境问题已经危及整个人类的生存和发展,保护和改善环境已成为全人类的共同要求。由于生态环境是人类的经济与社会可持续发展的基础,生态文明是现代社会文明的重要组成部分,因而以保护与改善生态环境为目的的环境法就是以社会公共利益为本位的法。

10.2.2 环境法作用

1. 环境法是实施环境监督管理,实现环境保护目的的法律依据

要改变环境问题日趋严重的现状,国家在采取宣传教育、行政、经济和科技等手段的同时,必须采取强有力的法律手段。要切实改变有法不依、执法不严、违法不究的状况。各级政府应依法将环境保护规划纳入国民经济和社会发展计划,采取有利于环境保护的经济、技术政策和措施,力戒决策不当对环境造成重大失误。行政、司法部门要加大执法、司法力度,凡是污染或者破坏环境的,要依法追究法律责任,绝不姑息。同时,要加强环境监督管理队伍建设,认真学习和坚决执行环境法,严肃查处以言代法、以权谋私、以罚代刑等渎职行为。

2. 环境法是提高广大干部群众环境保护意识和法制观念的好教材

《中华人民共和国环境保护法》(简称《环境保护法》)规定了国家机关、社会团体、企业事

业单位和公民在环境保护中的职责和权利、义务,使人们懂得什么是法律所禁止的、什么是法律所鼓励的,从而获得判断是非、合法与违法的标准。各级环境保护部门要努力提高监督管理能力,开展环境警示教育,鼓励公众参与,发挥新闻媒体的舆论监督作用。《环境保护法》要求一切单位和个人,自觉履行保护环境的义务,并对污染和破坏环境的单位和个人进行检举和控告。广大群众要学会运用《环境保护法》,积极参与环境保护事业,以维护国家和公民个人的环境权益。

3. 环境法是维护我国环境权益的重要武器

臭氧层破坏、温室效应、海洋污染和放射性泄漏等,其危害范围往往跨越国界,这就涉及国家间环境权益的维护问题。近年来,随着对外贸易、引进外资和旅游业的发展,一些发达国家或者地区向我国内地转嫁污染;某些地区还发生外来物种入侵和珍稀、濒危野生动植物被偷运出境等破坏生态平衡的现象。为了维护我国环境权益,《环境保护法》已设置了相应的规定。这些规定,体现了我国《环境保护法》在维护国家环境权益中的重要作用。有关部门、企业事业单位和个人,要结合我国加入世贸组织面临的新形势,正确运用《环境保护法》的有关规定,坚决维护国家、单位和个人的环境权益。

4. 环境法是促进环境保护的国际交流与合作、保护世界环境的重要手段

20 世纪 80 年代以来,我国积极参与国际环境保护事业,签署多项国际环境保护条约。例如,《保护臭氧层维也纳公约》及其议定书、《控制危险废物越境转移及其处置巴塞尔公约》《联合国气候变化框架公约》《生物多样性公约》和《联合国海洋法公约》;特别是 1992 年在联合国环境与发展大会上,我国提出了加强环境与发展领域国际合作的五点主张,突出了国际环境保护中的国家主权地位,为其他发展中国家伸张正义,受到会议的重视和国际社会的好评。此外,我国还加强了与周边国家和地区环境保护交流与合作。我国代表在各种国际环保会议上多次表示,愿为保护和改善全球环境做出积极的贡献,但是不能承诺与我国发展水平不相适应的义务。众所周知,世界环境的恶化主要是发达国家造成的,它们理应多负起责任。我国坚决反对一些发达国家借环保问题干涉别国内政,在国内环保立法方面也体现了这一原则立场。

10.2.3　我国环境法体系

环境法的体系是指环境法的内部层次和结构,是由有关开发利用、保护改善环境的各种规范性文件所组成的相互联系、协调一致的整体。对外,环境法的体系应与其他法律部门法相协调,以保证整个法律体系的和谐统一,对内则应是环境法的各种法律规范之间的协调补充,以发挥环境法的整体功能,维系环境法的独立存在。实践中,一个国家是否有较完善的环境法体系,是衡量该国环境法制体系建设质量的标志。在我国,经过四十余年的努力,已经形成以宪法为依据,以环境保护基本法为基础,以各环境单行法为主体,以相关部门法为补充的环境法体系。

综合我国现行环境立法,我国环境法体系主要由以下几部分构成,如图 10-1 所示。

1. 宪法中有关环境与资源保护的规定

《中华人民共和国宪法》(简称《宪法》)中关于环境与资源保护的规定是环境法的基础,是各种环境法律、法规和规章的立法依据。把环境保护作为一项国家职能和基本国策在《宪

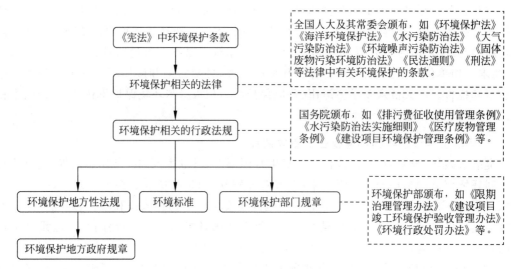

图 10-1　环境法体系

法》中予以确认,把环境保护的指导原则和主要任务在《宪法》中做出规定,为国家和社会的环境活动奠定了《宪法》基础。

我国《宪法》对环境与资源保护做了一系列规定:

第 9 条规定:"矿藏、水流、森林、山岭、草原、荒地、滩涂等自然资源,都属于国家所有,即全民所有;由法律规定属于集体所有的森林和山岭、草原、荒地、滩涂除外。国家保障自然资源的合理利用,保护珍贵的动物和植物。禁止任何组织或者个人用任何手段侵占或者破坏自然资源"。

第 10 条第 5 款规定:"一切使用土地的组织和个人必须合理地利用土地"。

第 22 条第 2 款规定:"国家保护名胜古迹、珍贵文物和其他重要历史文化遗产"。

第 26 条第 1 款规定:"国家保护和改善生活环境和生态环境,防治污染和其他公害"。

其中最后一项规定把环境保护作为一项国家职责予以确认。

2. 环境保护相关的法律

环境保护法律、其他法律由全国人大及人大常委会制定,由国家主席签订主席令予以公布,法律效力高于行政法规、地方性法规、规章。

1) 环境保护基本法

环境保护基本法在整个环境法体系中,具有重要的地位和不可替代的意义,其效力仅次于《宪法》,是制定各种环境保护单行法律、法规和规章的基本依据。《环境保护法》是我国的环境保护基本法。1989 年 12 月 26 日第七届全国人民代表大会常务委员会第十一次会议通过《中华人民共和国环境保护法》,然后由第十二届全国人民代表大会常务委员会第八次会议于 2014 年 4 月 24 日修订通过,自 2015 年 1 月 1 日起施行。

2) 环境保护单行法

(1) 自然资源保护单行法

主要包括由全国人民代表大会常务委员会制定的《中华人民共和国水法》《中华人民共和国水土保持法》(简称《水土保持法》)、《中华人民共和国防洪法》(简称《防洪法》)、《中华人民共和国土地管理法》《中华人民共和国矿产资源法》(简称《矿产资源法》)、《中华人民共和国海域使用管理法》(简称《海域使用管理法》)、《中华人民共和国森林法》《中华人民共和国草原法》《中华人民共和国野生动物保护法》(简称《野生动物保护法》)、《中华人民共和国防沙治沙法》《中华人民共和国渔业法》《中华人民共和国海岛保护法》等。

（2）环境污染防治单行法

污染防治单行法包括《中华人民共和国水污染防治法》《中华人民共和国大气污染防治法》(简称《大气污染防治法》)、《中华人民共和国环境噪声污染防治法》(简称《环境噪声污染防治法》)、《中华人民共和国固体废物污染环境防治法》(简称《固体废物污染环境防治法》)、《中华人民共和国放射性污染防治法》(简称《放射性污染防治法》)等。

（3）其他部门法中的环境保护规范

其他部门法中有关环境保护的规定也是环境法体系的组成部分。例如,《中华人民共和国民法通则》(简称《民法通则》)第 81 条第 1 款规定:"国家所有的森林、山岭、草原、荒地、滩涂、水面等自然资源,可以依法由全民所有制单位使用,也可以依法确定由集体所有制单位使用,国家保护它的使用、收益的权利;使用单位有管理、保护、合理利用的义务"。第 124 条规定:"违反国家保护环境防止污染的规定,污染环境造成他人损害的,应当依法承担民事责任"。

《中华人民共和国刑法》(简称《刑法》)中关于犯罪的概念、刑事责任年龄、犯罪的追诉时效的规定;关于破坏环境资源罪的规定;关于正当防卫、紧急避险等免责条件的规定。经济法中关于指导外商投资方向和防止污染转嫁的规定等。行政法中关于行政执法的效力、特点、种类的规定。《中华人民共和国治安管理处罚法》(简称《治安管理处罚法》)中关于处罚故意破坏树木、草坪、花卉的规定。上述规定均为环境法体系的组成部分。

3）我国签署的环境保护国际公约

根据我国《宪法》有关规定,经全国人民代表大会常务委员会或国务院批准缔结参加的国际条约、公约和议定书与国内法律具有同等法律效力。

我国积极参加国际环境保护公约及立法活动,已加入了 50 余个有关国际环境保护条约。在保护动植物方面,我国已经加入《国际捕鲸公约》《东南亚及太平洋地区植物保护协定》《国际热带木材协定》、1971 年《关于特别是作为水禽栖息地的国际重要湿地公约》及其1982 年的修正、《濒危野生动植物国际贸易公约》和《生物多样性公约》等。温室效应和臭氧层破坏已成为当今世界瞩目的重大环境问题。我国一贯重视保护臭氧层和防止温室效应的问题,并已于 1989 年加入《保护臭氧层维也纳公约》,1990 年加入《关于消耗臭氧层物质的蒙特利尔议定书》的修正,1992 年参加起草并签署《联合国气候变化框架公约》。

我国参加的国际环境保护公约还有《保护世界文化和自然遗产公约》《南极条约》《关于环境保护的南极条约议定书》《及早通报核事故公约》《核事故或辐射紧急援助公约》《核安全公约》《核材料实物保护公约》《关于在国际贸易中对某些危险化学品和农药采用事先知情同意程序的鹿特丹公约》《化学制品在工作中的使用安全公约》《联合国荒漠化公约》。

3．环境保护相关行政法规

国务院根据宪法和法律制定环境保护行政法规,并由总理签署国务院令予以公布。行政法规的法律效力高于地方性法规、规章。截至 2021 年 2 月底,国务院颁布的与环境保护有关的行政法规如表 10-1 所示。

表 10-1　国务院颁布的与环境保护有关的行政法规(截至 2021 年 2 月底)

序号	行政法规名称	颁布时间
1	地下水管理条例	2021-11-09
2	排污许可管理条例	2021-02-24
3	全国污染源普查条例	2019-01-10
4	中华人民共和国防治海岸工程建设项目污染损害海洋环境管理条例	2018-04-04
5	防治船舶污染海洋环境管理条例	2018-04-04
6	消耗臭氧层物质管理条例	2018-04-04
7	中华人民共和国自然保护区条例	2017-10-23
8	建设项目环境保护管理条例	2017-10-12
9	中华人民共和国海洋倾废管理条例	2017-03-21
10	防止拆船污染环境管理条例	2017-03-21
11	中华人民共和国陆生野生动物保护实施条例	2016-03-01
12	风景名胜区条例	2016-03-01
13	畜禽规模养殖污染防治条例	2013-12-16
14	城镇排水与污水处理条例	2013-11-26
15	淮河流域水污染防治暂行条例	2011-10-17
16	医疗废物管理条例	2011-10-17
17	太湖流域管理条例	2011-09-15
18	危险化学品安全管理条例	2011-03-11
19	规划环境影响评价条例	2009-08-21
20	放射性同位素与射线装置安全和防护条例	2008-03-28
21	危险废物经营许可证管理办法	2008-03-28
22	防治海洋工程建设项目污染损害海洋环境管理条例	2006-09-19
23	中华人民共和国野生植物保护条例	1996-09-30
24	中华人民共和国防治陆源污染物污染损害海洋环境条例	1990-08-01
25	中华人民共和国海洋石油勘探开发环境保护管理条例	1983-12-29

4. 地方性环境保护法规、规章

地方性环境保护法规由省、自治区、直辖市、省会市、自治区首府所在市和较大市的人民代表大会及其常务委员会制定。地方性法规效力高于本级和下级地方人民政府规章。环境保护地方性法规在制定法规的地方适用。环境保护地方政府规章由省、自治区、直辖市、省会市、自治区首府所在市和较大市的政府制定,经政府常务委员会会议或者全体会议决定并由省长、自治区主席或者市长签署命令予以公布,在本行政区域内适用。环境问题的地方性特点和我国幅员辽阔的国情,决定了这一层次环境保护法律规范的特殊意义。

20 世纪 80 年代以来,我国各地依据《宪法》和《环境保护法》,结合本地区的实际,先后制定了大量的地方性环境保护法规和规章。这些环境保护规范内容相当广泛,有的还规定得比较具体,可操作性也较强,为国家环境保护立法提供了经验。不足之处是各省的情况很不平衡、地方性特点突出不够、自然资源和生态保护方面的立法滞后等。

5. 环境保护部门规章

环境保护部门规章由国务院环境资源保护行政主管部门或有关部门发布,它们有的由环境资源保护行政主管部门单独发布,有的由几个有关部门联合发布,是以有关环境法律、行政法规、决定、命令为根据在权限范围内制定的规章。部门规章由部门首长签署命令予以公布。

为了规范环保工作,遏制环境污染,生态环境部颁布了《环境行政处罚办法》《限期治理管理办法》《环境信访办法》《突发环境事件信息报告办法》等部门规章。截至 2021 年 1 月底,生态环境部颁布的部门规章共 100 项(含生态环境部前身颁布的部门规章)。

6. 环境标准

环境标准中的环境质量标准和污染物排放标准属于强制性标准,具有法律规范的性质和特点,因此是环境保护法体系的重要组成部分。除了国家级环境标准之外,一些省级人民政府也制定了大批地方环境保护标准。

10.2.4　环境法律责任

环境法律责任是指环境法律关系主体因违反其法律义务而应当依法承担的、具有强制性的法律后果。按其性质可以分为环境行政责任、环境民事责任和环境刑事责任三种。

1. 环境行政责任

所谓环境行政责任,是指违反环境保护法和国家行政法规中有关环境行政义务的规定所应当承担的行政方面的法律责任。依据《环境保护法》(2014 年),环境行政法律责任主要由各级人民政府的环境行政主管部门或者其他依法行使环境监督管理权的部门根据违法情节予以罚款、拘留、责令停业等行政处罚。当事人对行政处罚不服的,可以申请行政复议或者提起行政诉讼。

2. 环境民事责任

所谓环境民事责任,是指公民、法人因污染或破坏环境而侵害公共财产或他人人身权、财产权或合法环境权益所应当承担的民事方面的法律责任。环境民事责任构成要素包括有排放污染物的行为,有损害结果,排污行为与损害结果之间有因果关系。环境民事责任试行无过错责任原则。《环境保护法》(2014 年)第 64 条规定"因污染环境和破坏生态造成损害的,应当依照《中华人民共和国侵权责任法》的有关规定承担侵权责任"。

3. 环境刑事责任

所谓环境刑事责任,是指行为人因违反环境法,造成或可能造成严重的环境污染或生态破坏,构成犯罪时,应当依法承担的以刑罚为处罚方式的法律后果。构成环境犯罪的要素包括犯罪主体、犯罪的主观方面、犯罪客体、犯罪的客观方面。依据《环境保护法》(2014 年)第 69 条,违反《环境保护法》构成犯罪的,依法追究刑事责任。

10.3　环境执法

10.3.1　环境执法概述

环境执法是指有关国家机关按照法定权限和程序将环境法规范中抽象的权利义务变成

环境法主体的具体的权利义务过程。或者说是国家有关机关将环境法规范适用于具体环境法主体的过程。环境执法是整个国家执法活动的一个组成部分。环境执法不同于环境法的实施,环境法的实施是指环境法在现实社会生活中的具体运用、贯彻和执行,也就是用抽象的环境法规范确立环境法主体之间的具体环境法律关系的过程。环境法实施比环境执法的内涵和外延更大,环境执法只是环境法实施的一个组成部分。环境执法只是国家有关机关的专有权力,而环境法实施的主体既包括有关国家行政机关和司法机关,也包括国家立法机关、军事机关,还包括公民、团体和组织。国家立法机关主要是通过对行政机关、司法机关、军队等执行和遵守环境法的监督来实施环境法;公民、团体和组织主要是通过行使监督权、参与权、诉讼权等来实施环境法。

　　环境执法的特点是指环境执法不同于环境立法和其他方面执法的特性。因此它是在与环境立法和其他方面执法的比较中而表现出来的特殊性。这种特殊性,一方面由环境法的特点来决定,另一方面由执法的特点来决定,是环境法特点与执法特点的有机结合。掌握环境执法的特点,便于有针对性地解决环境执法中的特殊问题,提高执法水平。环境执法具有以下几个特点。

1. 环境执法具有多部门性

　　环境执法不是由一个行政部门进行,而是由多个部门分别进行或共同进行的。有权从事环境执法的部门,除了司法机关和各级人民政府外,还包括县级以上各级人民政府的环境保护行政主管部门和十多个相关部门。环境执法的多部门性是由环境法内容的综合性和保护范围的广泛性决定的。环境法的保护对象包括了人类赖以生存和发展的各种天然的和经过人工改造的自然因素,如大气、水、海洋、土地、矿藏、森林、草原、野生生物、自然遗迹、人文遗迹、自然保护区、风景名胜区、城市和乡村等。众多的环境要素,全让一个部门加以保护和管理是不可能的,因此,就必须授权各有关部门分别负起保护和管理职责,相应地,也就必然赋予其环境执法的权力。同时,各环境要素在法律上又是作为一个整体加以保护的,那么各有关部门的环境管理及其执法也就需要统一的协调,并对环境保护进行统一的监督管理。因此,国家也就必然要设立进行统一环境执法的部门,从而形成了统一执法与分级、分部门执法相结合的环境执法体制。

2. 环境执法具有技术性

　　环境执法的技术性是由环境法的科学技术性特点决定的。环境法作为通过调整一定领域的社会关系来协调人与自然关系的法律部门,其内容包含有大量的反映自然规律的技术规范,从而使其具有科学技术性的特点。那么,环境执法部门贯彻执行具有技术性特点的环境法,其活动也必然带有一定的技术性。首先表现在,环境执法人员必须具有一定的环境科学技术知识。由于环境法针对许多技术性规范,这就要求环境执法人员不仅要全面掌握环境法律知识,而且还要掌握一定的环境科学技术知识,包括环境地理学、环境生物学、环境化学,环境物理学、环境医学、环境工程等知识。否则,环境执法人员就难以发现和认定环境违法行为,也难以正确地理解和运用环境法律规范。其次表现在,环境执法必须借助一定的技术手段。环境破坏是否形成,环境是否受到污染,人身和财产是否受到损害,仅靠人的感觉往往是不够的,而必须通过环境监测、化验、试验,取得准确的数据资料,才能加以认定。因此,环境执法就必须具备一定的技术、设备、仪器,并按照科学技术方法进行监测、采样、化验,从而使环境执法具有一定的技术性。

3．环境执法具有超前性

环境执法在许多情况下不是在环境污染或破坏事件发生之后进行的,而是在环境污染或破坏事件发生之前进行的。这是由环境法中预防为主的原则决定的。因为环境污染和破坏一旦发生,往往难以消除和恢复,甚至具有不可逆转性,而且环境造成污染和破坏以后再进行治理,往往要耗费巨额资金,从经济上来说也是不划算的。所以,环境执法应当具有一定的超前性,应当使这种执法足以防止环境污染和破坏行为的发生。事实上,我国的环境执法也确实具有一定的超前性,如对环境规划制度、环境影响评价制度、"三同时"制度、许可证制度的执行等。

我国环境执法的分类如表 10-2 所示。

表 10-2　环境执法分类

分类依据	类　型	含　义
按照执法机关的不同	行政管理机关的执法	环境行政机关的执法,也称环境行政执法,它是指有关行政管理机关执行环境法律规范的活动。环境行政执法又可分为环境保护行政主管部门的执法和环境保护行政相关部门的执法
	司法机关的执法	司法机关的环境执法,也称环境司法,是人民检察院和人民法院依照法定的权限和程序,对环境纠纷和环境犯罪案件进行检察、起诉、审判和监督的活动
按照执法机关执法是否主动从事执法行为	依职权的环境执法	依职权的环境执法是指执法机关无需他人的申请,即可依其职权范围而主动从事的执法行为。例如,环境保护行政主管部门现场检查的行为,检察机关起诉环境犯罪嫌疑人的行为等
	依申请的环境执法	依申请的环境执法是指环境执法机关只有在他人提出申请后才能进行的执法行为,如环境保护行政主管部门应当事人请求批准许可的行为
按照执法行为是否须具备一定方式	要式环境执法	要式环境执法是指环境执法机关必须依法定的方式或遵循一定的程序才能正式生效的环境执法行为。例如,环境保护行政主管部门对环境违法行为人可处罚款,必须书面通知受罚人,收到罚款后必须开具符合规定的收据给受罚人
	不要式环境执法	不要式环境执法是指环境执法机关不必具备特定的方式即可生效的环境执法行为。例如,环境保护行政主管部门对轻微的环境违法、违章行为给予的口头批评教育
按照能否以环境执法机关的单方意思表示即可使执法行为成立	单方的环境执法	单方的环境执法是指只要有环境执法机关一方同意即可成立的执法行为。例如,环境行政处罚、采取环境行政强制措施的行为。大量的环境执法活动属于单方的执法行为
	双方的环境执法	双方的环境执法行为,并不是说环境执法机关与行政相对人或案件当事人共同执法,而是指环境执法机关须征得行政相对人或案件当事人同意,执法行为方可成立、生效的情况。例如,环境保护行政主管部门调处环境纠纷的执法行为

环境执法的分类不只限于以上划分方法,还可以根据环境执法的需要做出各种不同的划分。例如,根据是否有涉外因素,可分为国内环境执法和涉外环境执法;根据执法机关是否有自由裁量权,可分为受羁束的环境执法和可自由裁量的环境执法等。

10.3.2 环境行政执法方式

环境行政执法方式包括环境行政处理、环境行政处罚、环境行政强制以及环境行政监督检查等。这些执法方式并非各自独立、互不关联，而是相互之间联系紧密。例如，排污收费作为一项环境行政执法内容，是以环境行政处理这一执法方式表现出来的。但是，在做出排污收费的行政处理决定之前已先对相对人采取了环境行政监督检查的执法方式。在做出决定之后，如果相对人拒不执行，环保部门还可对其做出警告或罚款的行政处罚。以上执法方式中，环境行政许可是我国环境法基本制度之一。

1. 环境行政处理和环境行政处罚

1）环境行政处理

环境行政处理是环境行政执法机关依法针对特定的环境行政相对人所做出的具体的、单一方面的、能直接发生行政法律关系的决定。环境行政处理是环境行政执法的重要方式之一，常常是环境行政执法机关进行执法检查或采取制裁措施的依据。依据不同的标准，可对环境行政处理进行不同的分类，如按照环境行政处理是关于权利还是关于义务，可将其分为权利性的环境行政处理以及义务性的环境行政处理；按照环境行政处理决定所包含的内容，可将其分为排污收费的决定、限期治理的决定、批准环境影响报告书（表）的决定、批准环保设施闲置的决定等。我国《环境行政处罚办法》第 11 条规定："环境保护主管部门实施行政处罚时，应当及时做出责令当事人改正或者限期改正违法行为的行政命令。责令改正期限届满，当事人未按要求改正，违法行为仍处于继续或者连续状态的，可以认定为新的环境违法行为"。第 12 条具体列举了责令改正或者限期改正违法行为的行政命令的具体形式。

2）环境行政处罚

环境行政处罚是环境行政执法中最常采用的一种执法方式，是指有权行使环境行政处罚权的行政主体，对实施了环境违法行为的相对人实施的一种行政制裁。环境行政处罚既是一种环境行政执法方式，又是一种环境行政法律责任形式。

我国行政法学界一般将行政处罚分为四种，即申诫罚、财产罚、能力罚和人身罚。在环境法中，有明确规定的申诫罚只有警告一种。财产罚是对环境违法行为人的财产利益加以剥夺的制裁方式，环境法中包括罚款、没收等。能力罚，即行为罚，是对具有某种法定资格或在环境保护方面具有作为或不作为义务的违法行为人实施的制裁，包括责令停产暂扣或者吊销许可证等其他具有许可性质的证件等。人身罚又称为自由罚，在环境法中，人身罚的形式只有一种，即行政拘留。

2. 环境行政强制

按照《中华人民共和国行政强制法》的规定，行政强制包括行政强制措施和行政强制执行。行政强制措施是指行政机关在行政管理过程中，为制止违法行为、防止证据损毁、避免危害发生、控制危险扩大等情形，依法对公民的人身自由实施暂时性限制，或者对公民、法人或者其他组织的财物实施暂时性控制的行为。行政强制执行是指行政机关或者行政机关申请人民法院，对不履行行政决定的公民、法人或者其他组织，依法强制履行义务的行为。

行政强制措施的具体种类包括：限制公民人身自由；查封场所、设施或者财物；扣押财物；冻结存款、汇款以及其他行政强制措施。行政强制执行的具体方式包括：加处罚款或者滞纳金；划拨存款、汇款；拍卖或者依法处理查封、扣押的场所、设施或者财物；排除妨碍、恢复原状；代履行以及其他强制执行方式。当行政机关依法做出金钱给付义务的行政决定，当事人逾期不履行的，行政机关可以依法加处罚款或者滞纳金。当行政机关依法做出要求当事人履行排除妨碍、恢复原状等义务的行政决定，当事人逾期不履行，经催告仍不履行，其后果已经或者将危害交通安全、造成环境污染或者破坏自然资源的，行政机关可以代履行，或者委托没有利害关系的第三人代履行。

我国《环境保护法》第 25 条规定："企业事业单位和其他生产经营者违反法律法规规定排放污染物，造成或者可能造成严重污染的，县级以上人民政府环境保护主管部门和其他负有环境保护监督管理职责的部门，可以查封、扣押造成污染物排放的设施、设备"。

3. 环境行政监督检查

环境行政监督检查是环境行政执法机关为实现环境管理的职能，对环境行政管理相对人是否遵守环境法律法规、是否执行环境行政处理决定或环境行政处罚决定所进行的监督检查。

根据我国《环境保护法》第 24 条的规定，县级以上人民政府环境保护主管部门及其委托的环境监察机构和其他负有环境保护监督管理职责的部门，有权对排放污染物的企业事业单位和其他生产经营者进行现场检查。其中，环境监察机构是指依法接受环保部门委托行使环境监督管理权的专门机构。环境监察机构工作人员可以依法对造成或可能造成环境污染或生态破坏的行为进行现场监督、检查、处理以及执行其他公务活动，受环保部门委托还可以对违法行为人实施环境行政处罚。

10.4　环境损害司法鉴定

10.4.1　司法鉴定

司法鉴定(judicial expertise)分为广义的司法鉴定和狭义的司法鉴定。广义的司法鉴定是指鉴定人运用科学技术或者专门知识对纠纷解决过程中涉及的专门性问题进行鉴别、判断并提供鉴定意见的活动，广义的司法鉴定为诉讼、仲裁、调解、和解等多种争议解决方式提供科学实证活动。狭义的司法鉴定指的是在诉讼活动中，鉴定人通过运用科学技术或专门知识对诉讼中涉及的专门性问题进行分析和判断，并在此基础上最终形成科学的鉴定意见为法官进行事实认定提供专业支持。相对于司法鉴定的广义概念，狭义司法鉴定被用于诉讼活动中。司法鉴定具有法律性、中立性和客观性的基本属性。

1. 法律性

法律性主要是指司法鉴定机构、鉴定人和鉴定活动具有的法律特征和合法性要求。一是鉴定程序要严格遵守诉讼法的规定。二是司法鉴定机构必须经过国家司法鉴定主管部门的批准。三是鉴定客体(对象)仅限于案件中经过法律或法定程序确认的某些专门性问题。四是鉴定主体必须具有鉴定执业资格的自然人。五是鉴定活动属于以科学技术手段核实证据的诉讼参与活动。六是鉴定意见是法定的证据种类之一。

2. 中立性

中立性主要是指司法鉴定机构和司法鉴定人应具有相对的中立性，与诉讼职能部门无隶属关系和依附关系,与诉讼当事人不存在利害关系。

3. 客观性

这是客观规律、客观事实和科学定理对司法鉴定工作提出的基本要求。司法鉴定意见的确定性和权威性,来自并取决于两个方面:①正当法律程序的保障;②鉴定结论的客观性。鉴定意见的客观性取决于三个方面:①科学性。司法鉴定是科学认识证据的重要方面和手段。②专业性。鉴定意见的可靠性取决于它所产生的过程和方式,取决于它的专业化、职业化程度和专业技术水平。③统一性。不仅自然规律、科学原理和技术方法、技术标准具有统一性,而且对鉴定程序和鉴定人资质要求上也具有统一性。

10.4.2　环境损害司法鉴定的概念

环境损害司法鉴定是指在诉讼活动中鉴定人运用环境科学的技术或者专门知识,采用监测、检测、现场勘察、试验模拟或者综合分析等技术方法,对环境污染或者生态破坏诉讼涉及的专门性问题进行鉴别和判断并提供鉴定意见的活动。

2015年司法部、最高人民法院和最高人民检察院,将环境损害司法鉴定纳入统一登记管理,成为继法医类、物证类和声像资料类之后的第四大司法鉴定类别。这不仅是适应国家法制建设的必然要求,更是落实推进生态文明建设的国家战略,保障生态安全与人民生命健康的重要举措。

环境损害司法鉴定涉及的项目多、内容复杂,按照执业分类的规定,环境损害司法鉴定领域包括污染物性质鉴定、地表水和沉积物环境损害鉴定、空气污染环境损害鉴定、土壤与地下水环境损害鉴定、近岸海洋与海岸带环境损害鉴定、生态系统环境损害鉴定及其他共7个领域鉴定事项,并细分为47个分领域及项目,突出反映了环境损害司法鉴定具有专业跨度大、交叉领域广、鉴定对象多样、鉴定环节复杂、技术难度大等特点。从司法鉴定实践来看,环境损害司法鉴定需运用化学、环境科学、生态学和物证技术等多学科的理论和方法,从现场勘验、证据固定、检验检测、因果关系评定、损害程度评估、损害价值量化及修复方案制定等诸多方面,研究解决诉讼活动中涉及环境污染与生态破坏的专门性问题。

环境损害司法鉴定解决的专门性问题包括:确定污染物的性质,确定生态环境遭受损害的性质、范围和程度,评定因果关系,评定污染治理与运行成本以及防止损害扩大、修复生态环境的措施或方案等。

环境损害司法鉴定除具有司法鉴定的一般特征之外,还具备以下明显特征:

1. 环境损害司法鉴定具有即时性、多边性

环境损害由环境污染因子通过空气、土壤、水流等介质在自然循环中不断传播造成对环境的损害。这些损害通常具有易逝性、扩散性、隐蔽性等特点,且损害往往会在污染发生后很久一段时间才会被发现,此时该环境损害可能会造成较为严重的后果,而此时再对该环境污染的成因进行研究往往为时过晚,对污染的防治成本也大大增加。如果不及时将环境损害司法鉴定的客体进行固定、鉴定,随着时间的流逝,多种污染成分容易交织在一起形成新的化学反应或者直接消失殆尽,对其真实污染情况难以准确鉴定。人类活动造成水污染时,由于水具有流动性和自我净化能力,故只有在水污染时及时地进行取样鉴定,才能真正地对水污染的成因和严重程度进行评析。否则,极其容易被稀释或污染成分发生变化。

环境损害司法鉴定的多边性取决于环境损害本身的多边性。在环境受到污染或生态遭到破坏时,多数情况下受害的范围广,不会局限于一个区域。这导致环境损害司法鉴定要兼顾多个区域和地区,要协调好多地区之间或者多个部门之间的关系。环境损害的司法鉴定要涉及全方位和多领域。例如,在河流污染中,河流途径的所有省份地区都要进行检测,这就要沟通各个行政地区之间的关系,所涉及的所有行政地区都要对其提供助力。另外,河流污染不仅涉及水利部门的利益,而且还要沟通协调好与环保部门之间的关系。

2. 环境损害司法鉴定成本高、周期长

对环境损害事件进行鉴定,通常需要较长的周期且需要较高的费用。普通的环境损害鉴定成本就要 3 万～20 万元。因此,环境损害的鉴定成本与传统司法鉴定相比较高。同时,由于环境损害司法鉴定较为复杂,可能需要进行试验研究或模型设计,因此环境司法鉴定的周期通常较长。

3. 环境损害司法鉴定具有公益性

环境污染损害具备公共性,故环境损害司法鉴定存在一定的公益性。环境污染损害往往具有持续时间长、影响范围大和潜伏期久等特点。在环境污染案件中进行司法鉴定活动,不仅是为了保护当事人的利益,更是为了保护社会公共利益。从环境修复和环境保护的层面看,环境损害司法鉴定有助于修复和保护工作的开展,也是为了维护公共利益。综上所述,环境损害司法鉴定具有一定的公益性。

4. 环境损害司法鉴定具有复杂性

环境损害司法鉴定是一项复杂性工作。环境损害司法鉴定所涉及的专业类别较多,不仅仅涉及环境这一个学科,而且需要鉴定的污染物种类多样,不同污染其成因、污染方式和污染途径也有所不同,被污染体分布广泛,难以判断污染物与污染结果的因果关系,并且由环境损害所导致的损失难以量化为货币来进行评估,想要解决这些复合型问题需要借助于多学科专业技术的糅合。

10.4.3　环境损害司法鉴定的程序与要求

2016 年 1 月,环境保护部和司法部联合出台《关于规范环境损害司法鉴定管理工作的通知》(简称《通知》),《通知》的出台依据了《全国人民代表大会常务委员会关于司法鉴定管理问题的决定》(简称《关于司法鉴定管理问题的决定》),因此,环境损害司法鉴定的程序应借鉴司法鉴定工作的一般程序。具体来说,主要包括以下程序:

1. 委托

根据《关于司法鉴定管理问题的决定》精神,以及环境损害司法鉴定的内涵,开展环境司法鉴定第一步是"委托",即司法机关、权利受损等相关当事人等主体为了维护公共利益或自身利益,通过书面形式,明确具体的鉴定委托事项,以及鉴定要求和主要案情,并提供真实的鉴定样品,给受委托的环境司法鉴定机构开展具体的环境损害司法鉴定工作。环境司法鉴定机构统一受理司法鉴定委托事项。

委托人委托环境损害司法鉴定的,应当向环境司法鉴定机构提供真实、完整且充分的环境损害司法鉴定材料,应对其提供的材料的合法性和真实性负责。委托人有权要求与环境损害司法鉴定有利害关系的鉴定人回避。受委托的环境损害司法鉴定机构在收到委托事项

后要在规定的时间内进行审查,符合条件或要求的,予以受理,反之则要求补充或不予受理。其中:

(1) 委托的环境损害司法鉴定的事项超出了鉴定机构的业务范围;

(2) 鉴定材料不真实、不完整或取得方式不合法的;

(3) 环境损害司法鉴定要求不符合司法鉴定执业规则或不符合相关鉴定技术规范的;

(4) 鉴定要求超出鉴定机构自身的技术条件或鉴定能力的等。

环境司法鉴定机构应及时做出不予受理的决定。待委托人或司法机构在补充或更正后满足鉴定条件的,及时受理。

2. 鉴定

环境损害司法鉴定机构受理鉴定委托事项后,应当安排机构中具有鉴定执业资格的司法鉴定人员开展鉴定。

1) 初次鉴定

环境损害司法鉴定机构受理委托事项后,及时委派两名或两名以上鉴定人员具体开展鉴定,当环境损失司法鉴定的事项涉及多学科知识,或者需要涉及专门的技术手段时,可以聘请具有该领域专业知识的专家协助做好鉴定。初次鉴定的司法鉴定机构或鉴定人员,在具体环境损害司法鉴定的过程中应按照具体的技术规范保管和使用鉴定材料。

2) 补充鉴定

当鉴定机构或鉴定人员掌握到新的鉴定材料或者原鉴定项目有遗漏、不完整时,可以进行相应的补充鉴定。环境损害司法鉴定中的补充鉴定作为原委托鉴定的重要组成部分,补充鉴定的开展应该还是由原司法鉴定人员组织实施。

3) 重新鉴定

重新鉴定是指环境损害司法鉴定的结论有异议时,其他环境司法鉴定机构可以接受委托方的委托,就鉴定的事项进行复核,重新进行鉴定。需要进行重新鉴定的情形应包括:

(1) 原环境损害司法鉴定机构或鉴定人员不具有从事被委托鉴定事项的执业资格;

(2) 原环境损害司法鉴定机构超出了登记业务范围开展鉴定事项的;

(3) 原司法鉴定人员出现了应该回避时没有及时回避,影响环境损害司法鉴定公正的;

(4) 办案机关认为需要重新鉴定等。

重新鉴定应该是由原环境损害司法鉴定机构以外的其他环境司法鉴定机构进行。若遇到特殊情况的,委托人可以继续委托原环境损害司法鉴定机构开展司法鉴定,但原环境司法鉴定机构应该指定原司法鉴定人员以外的其他具有司法鉴定资格或条件的司法鉴定人员实施鉴定事项。

3. 出具环境损害司法鉴定结论意见书

环境损害司法鉴定实施完毕后,应及时地出具环境损害司法鉴定结论意见书。意见书应当由参与环境损害司法鉴定人员签名,多人参与鉴定,对环境损害司法鉴定结论意见持有不同意见的,应当在出具的鉴定结论意见书中注明。此外,环境损害司法鉴定结论意见书应该加盖具体的司法鉴定机构专用章。出具的环境损害司法鉴定结论意见书出现以下情形的,要及时进行补正:

(1) 环境损害司法鉴定结论意见书中的图像、谱图或表格不清晰;

（2）环境损害司法鉴定结论意见书中的签名、盖章或者编号不符合制作规范要求的；

（3）环境损害司法鉴定结论意见书中的文字表达有瑕疵或者有错别字的，在不影响司法鉴定意见的前提下允许其做出相应的补正。

4. 环境损害司法鉴定意见的认定

环境损害纠纷案件通常都会涉及非常多的专业性问题，而在一般情况下，法官也并不被要求必须掌握相关环境知识，因此就不得不依据环境损害司法鉴定结论意见书来进行事实的认定。尽管如此，法官在实际操作中也应该对鉴定意见书尽可能地进行审查，不能不加判断地直接使用环境司法鉴定意见书。

法官在认定一份环境损害司法鉴定意见是否能被采用时，应当包括以下三个方面的内容：第一，出具该意见书的鉴定机构是否具有合法的资质，鉴定人员是否具有相应的资格证书，且鉴定机构和鉴定人员是否符合回避原则的要求；第二，环境损害司法鉴定的调查取证程序是否符合法律的规定，取证过程是否存在瑕疵，若程序违法必然要受到非法证据排除规则的限制；第三，环境损害司法鉴定意见的内容是否符合法律规定，鉴定意见应当依照法律规定对鉴定方法、损害数额、因果关系、损害结果等内容进行详细说明解释，否则该鉴定意见只能作为普通的证据使用，而不能纳入鉴定意见的范围。

参与环境损害司法鉴定的人员有义务出庭作证，并客观、公正地回答鉴定相关问题。环境损害司法鉴定人员所在的鉴定机构应该支持鉴定人员出庭作证，为司法鉴定人员依法出庭提供必要的时间、经费等保障。

10.4.4　环境损害司法鉴定指导案例

1. 超标排污污染长江水环境生态环境损害鉴定案

1）案情概况

2019 年 1 月，湖北省某地环境监察支队执法人员对某农化公司进行调查时发现该公司在生产过程中超过国家规定的标准排放水污染物。进一步调取该公司 2017—2019 年污水排放连续监测日平均值月报表，核实其期间存在多次超标排污行为。2019 年 10 月，受当地生态环境局的委托，湖北省环境科学研究院生态环境损害司法鉴定中心对该农化公司排放废水造成长江水域生态环境损害进行鉴定。由于明确该公司存在污染物超标排放事实，但并未在其发生超标排污行为的当下进行受纳长江水体的监测，导致损害事实不明确，故本案采用虚拟治理成本法进行鉴定评估。

根据该公司 2017—2019 年在线监测数据，结合该公司排污许可证中相关内容可知，厂区所涉排污口的总磷许可排放浓度限值为 0.5mg/L，在 2017—2019 年期间，其厂区所涉排污口共存在累计 18 次总磷日均排放浓度值超标行为，所涉超标排放废水总量共 99471.39t。鉴定人员自企业外排口至入江口沿污水排放管道进行路径核实，最终明确该公司厂区污水排放路径为从该公司厂区外排池通过泵排方式自地下穿过长江大堤后直接排放进入相邻的长江干流水体。2017—2019 年期间，该公司厂区所涉排污口超标废水总磷浓度范围在 0.51～0.83mg/L，废水总量共计 99471.39t。基于本案超标废水总磷浓度和目标排放浓度（0.5mg/L），除磷效率达到 40% 条件下即可满足排放标准要求。通过调研核算，在该目标排放浓度和目标处理效率下的总磷单位治理成本大致为 1.20 元/m^3，计算得到 2017—2019 年期间该农化公司排放总磷超标废水的基本处理费用为 119365.67 元。

根据湖北省生态环境厅发布的 2017 年、2018 年《湖北省环境质量状况》和当地生态环境局发布的环境质量月报,综合考虑总体以Ⅲ类水质来表征本案所涉排污的 2017—2019 年期间受纳环境长江干流江段的现状水平。根据虚拟治理成本法的环境功能敏感系数推荐值,取 5 倍作为本事件的生态环境损害的虚拟倍数值,计算得到本案所涉农化公司排放总磷超标废水造成长江干流生态环境损害的数额为:119365.67 元×5 = 596828.35 元。

2)鉴定要点

本案采用虚拟治理成本法进行鉴定的要点如下:一是要明确该方法的适用情形,即只有在排放污染物的事实存在,由于生态环境损害观测或应急监测不及时等原因导致损害事实不明确或生态环境已自然恢复;或是不能通过恢复工程完全恢复的生态环境损害;或是实施恢复工程的成本远远大于其收益的情形。二是环境功能敏感系数推荐值应当是基于污染物受纳环境的现状功能。

3)案例意义

本案系直接向长江干流水域超标排污案件。通过案件的办理,一是明确了虚拟治理成本法的适用范围,梳理了鉴定过程的关键技术环节,为类似排污案件造成的生态环境损害鉴定提供借鉴和指导意义;二是严厉打击了涉事企业的违法排污行为,有效保障了长江水生态环境公共利益,切实保护了长江流域生态环境安全,有助于营造全社会保护长江流域生态环境的良好氛围,为长江流域生态环境安全提供了有利司法保障。

2. 废气超标排放致大气环境损害鉴定案

1)案情概况

某电厂于 2005 年 7 月建成投产,垃圾焚烧设备采用循环流化床工艺,日处理生活垃圾 1200t。由于该厂建厂较久,原有烟气净化系统已经无法满足国家现行排放标准《生活垃圾焚烧污染控制标准》(GB 18485—2014)要求,二氧化硫、氮氧化物、颗粒物等废气污染物无法实现达标排放。受法院委托,生态环境部南京环境科学研究所对造成的生态环境损害及生态环境修复方案开展相关鉴定评估工作。

依据《中华人民共和国环境保护税法》(2018 年 1 月 1 日实施)中规定的氮氧化物、二氧化硫、颗粒物的污染当量值(0.95、0.95、2.18),计算得到三种污染物的污染当量数分别为 40287.79、96449.24、116081.10。单位污染物虚拟治理成本按该污染物应征收的排污费(2018 年 1 月 1 日之前)或环境保护税(2018 年 1 月 1 日之后)标准计。依据该电厂所在省份和城市关于排污费和环境保护税的相关规定,该电厂超标废气中单位污染物虚拟治理成本 2017 年以 3.6 元/污染当量计算,2018 年以 4.8 元/污染当量计算。最终计算得到 2017 年 1 月 19 日—2018 年 7 月 31 日该电厂氮氧化物、二氧化硫、颗粒物超标排放造成的虚拟治理成本共计 1843355.02 元。

该电厂所在区域为二类环境空气功能区,依据《关于虚拟治理成本法适用情形与计算方法的说明》中规定,虚拟治理成本乘以环境功能区敏感系数 3 作为生态环境损害数额。最终计算该电厂超标排放二氧化硫、氮氧化物、颗粒物造成的生态环境损害数额=虚拟治理成本×3=5530065.06 元。

2)鉴定要点

该污染物超标排放事件符合《环境损害鉴定评估推荐方法(第Ⅱ版)》虚拟治理成本法中"对于环境污染行为所致生态环境损害无法通过恢复工程完全恢复、恢复成本远远大于其收益或缺乏生态环境损害恢复评价指标的情形"，以及《关于虚拟治理成本法适用情形与计算方法的说明》中"排放污染物的事实存在，由于生态环境损害观测或应急监测不及时等原因导致损害事实不明确或生态环境已自然恢复的情形"。由于该事件中的生态环境损害发生在过去，难以对当时被污染的大气进行生态环境修复。因此，选用替代性修复的方式对周边生态环境的补偿与修复，提出植树造林方案作为可持续性改善大气环境质量的方案。

3）案例意义

废气污染物超标排放主要可能会通过大气降尘对周边生态环境带来负面环境影响。本案中烟气排放源部分处于技术改造达标和停产状态，通过对厂区下风向及主导风向区域的土壤、农产品开展实地调查和分析检测，未发现调查区土壤、农产品遭受生态损害影响，暂不需要开展代价较为昂贵的环境修复性工程及修复措施。结合相关文献与案例可行性，提出常见的生态环境替代性修复方案，以计算得到的生态环境损害数额作为植树造林方案预算，补偿超标排放造成的环境损害，有效发挥植被绿化持续防污效应。通过降低大气有害气体浓度、吸滞粉尘、减少空气含菌量及放射性物质含量、衰减噪声、改善小气候等多种途径持续有效改善厂区周边大气环境。

3. 非法倾倒污泥致环境损害鉴定案

1）案情概况

2017 年 8 月下旬至 2018 年 1 月，黄某等人通过船运污泥至某地，再通过陆路将污泥运至各地直接倾倒处置，分别在某市等五处地块直接倾倒污泥共计 14800t。现场部分污泥已风化膨胀，并伴有刺鼻气味，个别地块有植被生长，地块内均挖出黑色污泥，堆放场均无污染防治措施。

该市生态环境局委托江西环境保护科学研究院生态环境损害鉴定中心进行环境损害鉴定评估。根据《生态环境损害鉴定评估技术指南　总纲》（2016 年版）规定，生态环境损害确认的原则之一为"评估区域空气、地表水、沉积物、土壤、地下水等环境介质中特征污染物浓度超过基线 20% 以上"。本次现场调查在涉事场地部分地块中的土壤出现检测点位锌、铬元素含量超出背景值（基线）20% 以上，结合因果关系分析，本次倾倒污泥事件造成了包括土壤生态环境要素的损害，环境暴露与环境损害间的关联具有合理性，污泥随处堆放，未采取有效防渗措施和处置措施，因此涉及的相关污染物可能对区域内土壤环境造成损害，检测结果表明倾倒地及周边土壤中相关因子锌、铬金属含量高于背景值（基线）和对照点水平。该现象符合环境暴露与环境损害间存在的时间先后顺序原则，且从污染物迁移路径和同源性分析可判定此次非法倾倒污泥案件造成了土壤环境损害。

生态环境损害价值量化如下：土壤修复的直接工程费为 1048 万元，间接费用为 204.45 万元，基本预备费为 83.84 万元，环境应急监测费 70 万元，评估报告编制费 40 万元。总费用为 1446.29 万元。

2）鉴定要点

本案通过实地踏勘、采样检测、资料收集、座谈走访、文献查阅等方式，还原事件发生经过，确定污染事件行为与场地污染之间关系，掌握事发区域环境特征、环境功能目标与周边环境敏感点等基本情况，确定评估的时空范围，进行因果关系分析、开展生态环境损害实物量化和价值量化，比选倾倒场地修复方案，对受影响区域后续生态环境修复与恢复提出建议。

3）案例意义

生态环境损害赔偿诉讼案件是不同于环境民事公益诉讼的一类新诉讼类型,此类案件的起诉主体是省级、市地级人民政府及其指定的相关部门、机构。若机关或者组织提起诉讼,人民检察院可以支持起诉。通过部门联合,该市生态环境局严查生态环境违法行为,适时启动追究9名被告生态环境损害赔偿责任,市检察院支持起诉、市中院依法审判,实现了生态环境损害赔偿制度与司法程序的有效衔接。

10.5 环境标准

10.5.1 环境标准的概念

标准乃衡量事物的准则。环境标准(environmental standard)是我国环境法体系中一个独立的、特殊的、重要的组成部分,是国家为了保护公众健康、防治环境污染、维护生态安全,依法制定的各种技术指标与规范的总称。简而言之,环境标准就是法律授权相关部门制定的用于控制污染、保护环境的各种技术规范的总称。

环境标准本身是环境法的渊源之一?还是纯粹的技术规范?抑或是环境法的有机组成部分?该问题是学术界一直争论不休的话题之一,学者们对此纷纷提出了不同见解,例如,有学者认为,环境标准具有与环境法规相独立的法律地位,是具有法律效力的环境保护技术要求和检验方法。环境标准是技术规范的法律化表现形式,环境标准制度是环境资源保护法的有机组成部分。在法律上,环境标准与有关环境标准的法律规定结合在一起共同形成环境法体系的一个组成部分。还有学者认为,环境标准本身不是法的渊源,必须由相关的法律、法规对其做进一步的规定,或由相应的行政主管部门做出一定的行政裁量,才能形成法律约束力。环境标准作为一种技术规范,认定的应该是一种法律上的事实,即使是强制性环境标准,也不能理所当然地认为它就是法律规范。

尽管环境标准本身并不是独立的法律,但环境标准一旦被有关的法律、法规所援引,或者被一定区域之内的环境行政机关所采纳,就具有了法律上的强制力,由此,形成了环境标准制度。环境标准制度是我国环境法律制度的重要组成部分,也是世界各国环境法所确认的一项基本制度。

10.5.2 我国环境标准的发展历程

我国环境保护标准是与环境保护事业同步发展起来的,从1973年发布第一项国家环境保护标准《工业三废排放试行标准》(GBJ 4—1973),历经5个发展阶段,初步形成了较为完善的环境标准体系,全面覆盖水、大气、土壤、固体废物、噪声和辐射污染控制等领域。我国环境标准体系经历了5个发展历程。

第一阶段(1973—1978年),环保标准起步阶段。主要体现为《工业三废排放试行标准》(GBJ 4—1973)的制定和实施。

第二阶段(1979—1987年),环保标准体系初步形成阶段。1979年《中华人民共和国环境环保法(试行)》对于环保标准的规定、1985年设立国家环境保护局并下设规划标准处,开始了环保标准有组织的、系统的研究和制定。在此期间制定发布了41项行业型国家污染物排放(控制)标准,初步建立了以环境质量标准和污染物排放标准为主体,环境监测方法标准、环境标准样品标准、环境基础标准相配套的国家环境标准体系。

第三阶段(1988—1999 年),污染物排放标准体系调整和环境质量标准修订阶段。在此期间发布了 64 项国家污染物排放(控制)标准,包括《污水综合排放标准》(GB 8978—1996)和火电、钢铁、纺织染整、水泥等行业污染物排放标准。环境空气、土壤、海水、渔业水质、农田灌溉水质、电磁辐射等环境质量标准颁布,环境质量标准体系基本完善。

第四阶段（2000—2010 年）,环境标准快速发展阶段。以 2000 年《大气污染防治法》、2008 年《水污染防治法》等明确“超标违法”为标志,环境标准类型和数量大幅增加,发布了造纸、制药、合成氨、电镀、锅炉、轻型汽车等 118 项污染物排放(控制)标准。标准体系调整为以行业型排放标准为主、综合型排放标准为辅。

第五阶段(2011 年至今),环境标准体系优化阶段。以《火电厂大气污染物排放标准》(GB 13223—2011)和《环境空气质量标准》(GB 3095—2012)为标志,环境标准逐步与国际接轨,更加强调以人为本,以环境质量改善为目标导向,污染物限值更加严格,要求更加刚性,同时优化体系并加强标准的实施监督。

截至目前,我国在环境标准方面的工作,加快构建生态环境保护标准体系,分六个方面:

(1) 气的方面,为支撑打赢蓝天保卫战,发布了固定源无组织排放控制标准等 3 项以及轻型汽车(国六)等 11 项移动源相关涉气标准,涉气标准总数 14 项。

(2) 水的方面,发布了船舶水污染物排放标准等 18 项涉水标准。

(3) 土的方面,发布了农用地土壤污染风险管控标准等 4 项涉土标准。

(4) 环境管理标准方面,为支持排污许可制实施,制定发布了 40 项排污许可申请与核发技术规范,18 项企业自行监测技术指南,5 项可行技术指南,配合排污许可管理的相关规范标准共计 63 项。为支撑环境监测工作,包括环境质量监测和对企业的监督性监测,制定发布了国家环境监测类标准 202 项。

(5) 标准基础工作方面,为夯实标准基础,制定发布了国家水污染物排放标准制(修)订技术导则等 3 项基础标准。

(6) 标准实施评估方面,组织开展了陶瓷、炼焦、铝等行业污染物排放标准实施评估工作。

国家层面有效环境标准总数已达 2011 项,我国标准体系分为国家层面和地方层面。国家层面标准分为五类：质量标准、排放标准、监测类标准、基础类标准和管理规范类标准,其中质量标准,包括气、水、土等领域,是 17 项,排放类标准是 186 项,覆盖了主要的行业和主要的污染物。

10.5.3　环境标准的作用

1. 环境标准是国家环境管理的技术基础

(1) 环境标准是制定国家环境计划和规划的主要依据之一,国家在制订环境计划和规划时,必须有一个明确的环境目标和一系列环境指标,它需要在综合考虑国家经济、技术水平的基础上,使环境质量控制在一个适宜的水平,也就是说要符合环境标准的要求。因此,环境标准便成为制订环境计划与规划的主要依据。

(2) 环境标准是环境法制定与实施的重要基础与依据。在各种单行环境法规中,通常只规定污染物的排放必须符合排放标准,造成环境污染者应承担何种法律责任等。怎样才算造成污染?排放污染物的具体标准是什么?这些都需要通过制定环境标准来确定。而环境法的实施,尤其是确定合法与违法的界限,确定具体的法律责任,往往依据环境标准,因此,环境标准是环境法制定与实施的重要依据。

2. 环境质量标准是确认环境是否已被污染的根据

环境污染是指某一地区环境中的污染物含量超过了适用的环境标准规定的数值。因此,判断某地区环境是否已被污染,只能以适用的环境质量标准为根据。环境法规定,造成环境污染危害者,有责任排除危害并对直接遭受损失的单位和个人赔偿损失。如果排污者排放的污染物在环境中的含量超过了质量标准的规定,便应依法承担相应的民事责任。因此环境质量标准也是判断排污者是否应承担民事责任的依据。

3. 污染物排放标准(或控制标准)是确认某排污行为是否合法的根据

污染物排放标准是为污染源规定的最高容许排污限额(浓度或者总量)。因此,从理论上来说企业事业单位如以符合排污标准的方式排放污染物,则它的排污行为是合法的,反之,则是违法排污。很多国家在法律上(如我国《大气污染防治法》《中华人民共和国海洋环境保护法》)都规定:超标排污为违法,甚至是犯罪行为,要承担一系列法律后果。合法排污者只有在其排污造成环境污染危害时,才依法承担民事责任。违法排污者的排污行为不受法律保护。超标排污将承担一系列法律责任,包括民事责任、行政责任。超标排污造成重大污染事故,导致财产重大损失或者人身伤亡的严重后果的,还将依法承担刑事责任。

4. 环境基础标准和环境监测方法标准是环境纠纷中确认各方所出示的证据是否是合法证据的根据

在环境纠纷中,争执双方为了证明自己主张的正确,都会出示各自的"证据"。这些"证据"旨在证明环境已经或者没有受到污染,或者证明排污是合法的或是违法的。确认这些"证据"是否为合法证据,就成了解决环境纠纷的先决条件。合法的证据必须与"环境质量标准"或"污染物排放标准"中所列的限额数值具有可比性。而可比性只有当两者建立在同一基础上、同一方法上时才成立。因为环境质量标准和污染物排放标准是以环境基础标准、环境监测方法标准和环境标准样品标准为根据而确定的。只有当争执双方出示的证据也是以环境基础标准、环境监测方法标准和环境标准样品标准为根据而确定时,两者才有可比性。因此,判断争执双方所出示的证据是否合法证据的办法为:检定它们是否是按环境方法标准规定的方法去抽样、分析、试验、计算的。如果是,则是合法证据;否则,这些"证据"没有任何法律意义。

10.5.4 环境标准体系

环境标准是为了防治环境污染、维护生态平衡、保护人体健康,依照法律规定的程序,由立法机构或政府环境保护部门对环境保护领域中需要统一和规范的事项所制定的含有技术要求及相关管理规定的文件的总称。而将环境标准按照其性质、功能和内在联系进行分级和分类,构成一个统一的有机整体,称为环境标准体系。1999年4月1日国家环保总局颁布《环境标准管理办法》,对我国目前的环境标准体系予以明确规定。环境标准体系如图 10-2 所示。

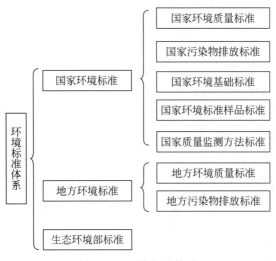

图 10-2 环境标准体系

1. 国家环境标准

国家环境标准包括国家环境质量标准、国家污染物排放标准(或控制标准)、国家监测方法标准、国家环境标准样品标准、国家环境基础标准。

国家环境质量标准是为了保障人群健康、维护生态环境和保障社会物质财富,并考虑技术、经济条件,对环境中有害物质和因素所做的限制性规定。国家环境质量标准是一定时期内衡量环境优劣程度的标准,从某种意义上讲是环境质量标准的目标标准。

国家污染物排放标准(或控制标准)是国家根据环境质量标准,以及适用的污染控制技术,并考虑经济承受能力,对人为污染源排入环境的污染物浓度或总量所做的限量规定。其目的是通过控制污染源排污量的途径来实现环境质量标准或环境目标,污染物排放标准按污染物形态分为气态、液态、固态及物理性污染物(如噪声)排放标准。

国家环境监测方法标准是为了监测环境质量和污染物排放,规范采样、分析、测试、数据处理等所做的统一规定(指对分析方法、测定方法、采样方法、试验方法、检验方法、生产方法、操作方法所做的统一规定)。环境监测中最常见的是分析方法、测定方法和采样方法,如锅炉大气污染物测试方法、建筑施工场界噪声的测量方法、水质分析方法标准等。

国家环境标准样品标准是为了保证环境监测数据的准确、可靠,对用于量值传递或质量控制的材料、试验样品而制定的标准。标准样品在环境管理中起着特别的作用,可用来评价分析仪器、鉴别其灵敏度,评价分析者的技术,使操作技术规范化,如《土壤 ESS-1 标准样品》(GSBZ 50011—87)、《水质 COD 标准样品》(GSBZ 500001—87)等。

国家环境基础标准是指在环境标准化工作范围内,对有指导意义的符号、代号、指南、程序、规范等所做的统一规定,它是制定其他环境标准的基础。例如,地方大气污染物排放标准的技术方法,地方水污染物排放标准的技术原则和方法,环境保护标准的编制、出版和印刷等。

2. 地方环境标准

地方环境标准是对国家环境标准的补充和完善。由省、自治区、直辖市人民政府制定。

近年来为控制环境质量恶化趋势,一些地方已将总量控制指标纳入地方环境标准。

对于地方环境质量标准,国家环境标准中未做出规定的项目,可以制定地方环境质量标准,并报国务院行政主管部门备案。

对于地方污染物排放标准,国家污染物排放标准中未做规定的项目,可以制定地方污染物排放标准;国家污染物排放标准已规定的项目,可以制定严于国家污染物排放标准的地方污染物排放标准。省、自治区、直辖市人民政府制定机动车船大气污染物地方排放标准严于国家排放标准的,需报经国务院批准。

3. 生态环境部标准

生态环境部标准是在环境保护工作中对需要统一的技术要求所制定的标准,包括执行各项环境管理制度、监测技术、环境区划、规划的技术要求、规范、导则等。《环境影响评价技术导则》由规划环境影响评价技术导则和建设项目环境影响评价技术导则组成。其中规划环境影响评价技术导则由总纲、专项规划环境影响评价技术导则和行业规划环境影响评价技术导则构成,总纲对后两项导则有指导作用,后两项导则的制定要遵循总纲的总体要求。目前颁布的规划环境影响评价技术导则主要有《规划环境影响评价技术导则(试行)》和《规划环境影响评价技术导则——煤炭工业矿区总体规划》。

建设项目环境影响评价技术导则由总纲、专项环境影响评价技术导则和行业建设项目环境影响评价技术导则构成,总纲对后两项导则具有指导作用,后两项导则的制定要遵循总纲的总体要求。

专项环境影响评价技术导则包括环境要素和专题两种形式,如大气环境影响评价技术导则、地表水环境影响评价技术导则、地下水环境影响评价技术导则、声环境影响评价技术导则、生态影响评价技术导则等为环境要素的环境影响评价技术导则,建设项目环境风险评价技术导则等为专题的环境影响评价技术导则。

火电建设项目环境影响评价技术导则、水利水电工程环境影响评价技术导则、机场建设工程环境影响评价技术导则、石油化工建设项目环境影响评价技术导则等为行业建设项目环境影响评价技术导则。

国家环境标准分为强制性标准和推荐性标准。环境质量标准和污染物排放标准,以及法律、法规规定必须执行的其他标准属于强制性标准,强制性标准必须执行。强制性标准以外的环境标准属于推荐性标准。国家鼓励采用推荐性环境标准,如推荐性环境标准被强制性标准引用,也必须强制执行。

10.6 环境管理含义及制度

10.6.1 环境管理的含义

环境管理(environmental management)是环境科学与管理科学相互交叉的产物,是在人类解决环境问题中产生和发展起来的,是人类为解决环境问题而对自身行为进行调节的活动,具有自然科学和社会科学相结合,软科学与硬科学相结合,宏观科学与微观科学相结合的特征。环境管理是通过对可持续发展思想的传播,使人类社会的组织形式、运行机制以至管理部门和生产部门的决策、规划和个人的日常生活等各种活动符合人与自然和谐发展的要求,并以规章制度、法律法规、社会体制和思想观念的形式体现和固化出来,从而创建一种新的生产方式、新的消费方式、新的社会行为规则和新的发展方式,最终形成一种新的人与自然和谐的人类社会生存方式。环境管理的概念目前尚无统一定义,一般概括为为了协调社会经济发展与环境的关系,达到预期的环境保护目标,运用行政、法律、经济、教育和科学技术等手段,对人类活动与资源环境进行规划、组织、协调、控制、监督等活动。

从环境管理的概念分析,它包括以下几层含义:

(1) 环境管理的主体包括政府、企业、公众等公共构成的人类社会。

(2) 环境管理的客体是作用于自然环境的人类行为。

(3) 环境管理的具体对象包括政府行为、企业行为和公众行为,以及作为这些行为物质能量载体的和实质内容的物质流、资金流、信息流、人口流等。

(4) 环境管理的特征是着重于管理可能对自身生态环境造成不良影响的人类社会行为,是人类管理“自己的行为”。

(5) 环境管理的目标是通过改善人类的行为方式,消除人类对自然环境的不利影响,完成社会经济和环境的协调发展,最终实现人与自然和谐。环境管理具有长远目标和阶段性目标。在不同的历史阶段中,社会经济发展带来了不同的环境问题,环境管理在致力于长期的社会、经济和环境的协调发展的目标下,同样致力于解决当下的环境问题。

(6) 解决复杂多变的环境问题需要多手段融合的环境管理。行政手段包括制定环境战略、环境政策、环境规划,确定环境管理体制等;法律手段包括环境立法和环境司法;经济手段主要包括收费、罚款、税收、补贴、信贷、市场交易等经济措施;科学技术手段包括源头控制、末端治理与环境监测等。教育手段主要是通过宣传和教育培养环境保护专门人才,普及环保科学知识,增强公众环保意识。

10.6.2　环境管理制度

环境管理制度是指在一定的历史条件下,供人们共同遵守的环境管理规范。我国在多年的环境管理实践中总结出多项环境管理制度。推行这些环境管理制度不是目的,而只是一种手段。推行各项制度是想达到控制环境污染和生态破坏,有目标地改善环境质量,实现环境保护的总目标。同时,也是环境保护部门依法行使环境管理职能的主要方法和手段。

1. 环境影响评价制度

环境影响评价制度又称环境质量预断评价或环境质量预测评价。环境影响评价是对可能影响环境的重大工程建设、区域开发建设及区域经济发展规划或其他一切可能影响环境的活动,在事先进行调查研究的基础上,对活动可能引起的环境影响进行预测和评定,为防止和减少这种影响制定最佳行动方案。环境影响评价制度是我国规定的调整环境影响评价中所发生的社会关系的一系列法律规范的总称,它是环境影响评价的原则、程序、内容、权利义务以及管理措施的法律化。环境影响评价作为项目决策中环境管理的关键环节,在处理环境与发展的关系以及合理开发利用资源等方面都起到了重大的作用。

2. “三同时”制度

“三同时”制度根据我国《环境保护法》第 41 条规定:“建设项目中防治污染的设施,应当与主体工程同时设计、同时施工、同时投产使用。防治污染的设施应当符合经批准的环境影响评价文件的要求,不得擅自拆除或者闲置。"这一规定在我国环境立法中统称为"三同时"制度。它适用于在中国领域内的新建、改建、扩建项目(含小型建设项目)和技术改造项目,以及其他一切可能对环境造成污染和破坏的工程建设项目和自然开发项目。它与环境影响评价制度相辅相成,是防止新污染的两大"法宝",是中国预防为主方针的具体化、制度化。

凡是通过环境影响评价确认可以开发建设的项目,建设时必须按照"三同时"规定,把环境保护措施落到实处,防止建设项目建成投产使用后产生新的环境问题,在项目建设过程中也要防止环境污染和生态破坏。建设项目的设计、施工、竣工验收等主要环节要落实环境保护措施,关键是保证环境保护的投资、设备、材料等与主体工程同时安排,使环境保护要求在基本建设程序的各个阶段得到落实。"三同时"制度分别明确了建设单位、主管部门和环境保护部门的职责,有利于具体管理和监督执法。

3. 环境保护目标责任制度

环境保护目标责任制度是一种具体落实地方各级人民政府和有污染的单位对环境质量负责的行政管理制度。这种制度以社会主义初级阶段的基本国情为基础,以现行法律为依据,以责任制为中心,以行政制约为机制,把责任、权力、利益和义务有机结合在一起,明确了地方行政首长在改善环境质量上的权力、责任和义务。环境保护目标责任制度的实施是一项复杂的系统工程,涉及面广、政策性和技术性强。

它的实施以环境保护目标责任书为纽带,实施过程大体上可分为四个阶段,即责任书的制定阶段、下达阶段、实施阶段和考核阶段。责任制度是否得到贯彻执行,关键在于抓好以上四个阶段。

环境保护目标责任制度的推出,是我国环境管理体制的重大改革,标志着我国环境管理进入了一个新的阶段。执行过程中,要不断总结经验,使责任制度在环境保护工作中发挥更大的积极作用。

4. 城市环境综合整治定量考核制度

城市环境综合整治就是在市政府的统一领导下,以城市生态理论为指导,以发挥城市综合功能和整体最佳效益为前提,采用系统分析方法,从整体上找出制约和影响城市生态系统发展的综合因素,理顺经济建设、城市建设和环境建设的既相互依存又相互制约的辩证关系,用综合的对策整治、调控、保护和塑造城市环境,为城市人民群众创建一个适宜的生态环境,使城市生态系统良性发展。

由于实行了城市环境综合整治定量考核制度,进一步提高了各级政府领导干部的环境意识和开展城市环境综合整治的自觉性,推动了各城市环境综合整治工作,也使环境监督管理工作得到加强。实践证明,这是一项有效的环境目标管理制度,具有强大的生命力。在我国对于预防污染、正确处理环境与发展的关系以及合理开发利用资源等方面都起到了重大的作用。

5. 排污申报登记与排污许可证制度

排污申报登记制度是环境行政管理的一项特别制度。凡是排放污染物的单位,必须按规定向环境保护管理部门申报登记所拥有的污染物排放设施、污染物处理设施和正常作业条件下排放污染物的种类、数量和浓度。排污许可证制度以改善环境质量为目标,以污染物总量控制为基础,规定了排污单位许可排放什么污染物、许可污染物排放量、许可污染物排放去向等,是一项具有法律含义的行政管理制度。

这两项制度的实行,深化了环境管理工作,使对污染源的管理更加科学化、定量化。只要采取相应的配套管理措施,长期坚持下去,不断总结完善,一定会取得更大成效。

6. 限期治理污染制度

限期治理污染制度是强化环境管理的又一项重要制度。限期治理是以污染源调查、评价为基础,以环境保护规划为依据,突出重点,分期分批地对污染危害严重,群众反映强烈的污染物、污染源、污染区域,采取的限定治理时间、治理内容及治理效果的强制性措施,是人民政府为了保护人民的利益对排污单位采取的法律手段。被限期的企事业单位必须依法完成限期治理任务,对于违反制度者,采取加收超标准排污费、罚款、停业、关闭等措施。

在环境管理实践中执行限期治理污染制度,可以提高各级领导的环境保护意识,推动污染治理工作;可以迫使地方、部门、企业把污染列入议事日程,纳入计划,在人、财、物方面做出安排;可以促进企业积极筹集污染治理资金;可以集中有限的资金解决突出的环境污染问题,做到投资少、见效快,有较好的环境与社会效益;可使群众反映强烈、污染危害严重的突出污染问题逐步得到解决,有利于改善厂群关系和社会的安定团结;有助于环境保护规划目标的实现和加快环境综合整治的步伐。

7. 污染物排放总量控制制度

污染物排放总量控制(简称总量控制)是在一定时间和一定区域范围(包括行政区、流域、环境功能区、环境单元等)内,对某种污染物的排放总数量进行限定并进行分配,以达到某一时期的区域环境质量要求。总量控制是从浓度控制发展而来的,它克服了浓度控制无法有效减少污染物的弊端。《环境保护法》(2014 年)第 44 条规定:"国家实行重点污染物排放总量控制制度。重点污染物排放总量控制指标由国务院下达,省、自治区、直辖市人民政府分解落实。企事业单位在执行国家和地方污染物排放标准的同时,应当遵守分解落实到本单位的重点污染物排放总量控制指标"。

我国国家层面实行重点污染物总量控制制度。目前,国家层面实行总量控制的污染物包括大气污染物二氧化硫和二氧化氮,水体污染物化学需氧量和氨氮。重点流域、地方政府可根据自身情况增加实行总量控制的污染物种类。

10.7　ISO 14000 环境管理体系

10.7.1　ISO 14000 体系标准

ISO 14000 环境管理体系标准是国际标准化组织(ISO)为顺应日益重要的环境保护工作和国际经济与贸易发展需求在全面总结 ISO 9000 质量管理和质量保证体系标准成功经验基础上针对环境问题制定的系列化标准。其代号序列从 ISO 14001 至 ISO 14100 统称为 ISO 14000 系列。ISO 14000 系列标准就组织的活动、产品和服务过程中的环境问题提供了控制环境影响、改善组织环境行为的基本要求。颁布该标准的目的在于支持环境保护和污染预防,协调它们与社会和经济需求的关系。

ISO 14000 系列标准集近年来世界环境领域的经验与实践,涵盖环境管理体系(EMS)、环境审计(EA)、生命周期评估(LCA)、环境标志(EL)等多方面的环境管理内容。

其中较具代表性的有：

GB/T 24001—2016(ISO 14001：2015)《环境管理体系　要求及使用指南》；

GB/T 24004—2017(ISO 14004：2016)《环境管理体系　通用实施指南》；

ISO 14040《环境管理　生命周期评估—原则与架构》；

ISO 14020《环境标志和声明—通用原则》。

其中 ISO 14001 是环境管理体系标准的核心内容,是建立环境管理体系和实施审核认证的重要依据。

10.7.2　实施 ISO 14000 标准的意义

作为 ISO 14000 系列标准中最重要也是最基础的一项标准,ISO 14001《环境管理体系要求及使用指南》站在政府、社会、采购方的角度对组织的环境管理体系(环境管理制度)提出了共同的要求,以有效地预防与控制污染并提高资源与能源的利用效率。有利于提高人们的遵法、守法意识、促进环境法规的贯彻实施;促进组织提高建立自律机制,制定并实施以预防为主、从源头抓起、全过程控制的管理措施。

ISO 14001 标准由环境方针、策划、实施与运行、检查和纠正、管理评审 5 个部分的 17 个要素构成。各要素之间有机结合,紧密联系,形成 PDCA 循环的管理体系,并确保组织的环境行为持续改进。环境管理是一项综合管理,涉及组织的方方面面,环境管理水平的提高必定促进和带动整个管理水平的提高,从而有利于推动我国经济由消耗高、浪费大、效率低、效益差的粗放式经营向集约化经营转变。

国家于 2003 年开始实施的《清洁生产促进法》表明,我国 20 多年来盛行的高消耗、高污染、低效益的粗放扩张型经济增长方式,要得到根本性转变。世界对生态环境保护的关注,以及我国环保形势的严峻现实,客观要求企业应尽快将可持续性环境管理的理念融入其总体的战略发展规划中。因此,企业建立和实施 EMS 不仅有必要性,而且有紧迫性。由于可持续发展战略进程的不断推进,迫切要求企业从传统的管理模式中解脱出来,建立新型的完整的企业环境管理体系。企业应积极建立以 ISO 14000 为核心的企业环境管理体系,以响应可持续发展战略,并在日益激烈的国际竞争中立于不败之地。

10.8　环境思政材料

“三线一单”

习近平总书记多次强调,要善于运用底线思维的方法,凡事从坏处准备,努力争取最好的结果,做到有备无患、遇事不慌,牢牢把握主动权。

“各种风险我们都要防控,但重点要防控那些可能迟滞或中断中华民族伟大复兴进程的全局性风险,这是我一直强调底线思维的根本含义”。

生态环保底线:要加快划定并严守生态保护红线、环境质量底线、资源利用上线三条红线。对突破三条红线、仍然沿用粗放增长模式、吃祖宗饭砸子孙碗的事,绝对不能再干,绝对不允许再干。——《推动我国生态文明建设迈上新台阶》(2018 年 5 月 18 日)。

2018 年 6 月 24 日,《关于全面加强生态环境保护坚决打好污染防治攻坚战的意见》中提出要坚持保护优先,落实生态保护红线、环境质量底线、资源利用上线硬约束。"三线一单"被提出。

什么是"三线一单"?"三线一单"即生态保护红线、环境质量底线、资源利用上线和环境准入负面清单。

生态保护红线指在生态空间范围内具有特殊重要生态功能、必须强制性严格保护的区域,是保障和维护国家生态安全的底线和生命线,通常包括具有重要水源涵养、生物多样性维护、水土保持、防风固沙、海岸生态稳定等功能的生态功能重要区域,以及水土流失、土地沙化、石漠化、盐渍化等生态环境敏感脆弱区域。按照"生态功能不降低、面积不减少、性质不改变"的基本要求,实施严格管控。

环境质量底线指按照水、大气、土壤环境质量不断优化的原则,结合环境质量现状和相关规划、功能区划要求,考虑环境质量改善潜力,确定的分区域分阶段环境质量目标及相应的环境管控、污染物排放控制等要求。

资源利用上线指按照自然资源资产"只能增值、不能贬值"的原则,以保障生态安全和改善环境质量为目的,利用自然资源资产负债表,结合自然资源开发管控,提出的分区域、分阶段的资源开发利用总量、强度、效率等上线管控要求。

环境准入负面清单指基于环境管控单元,统筹考虑生态保护红线、环境质量底线、资源利用上线的管控要求,提出的空间布局、污染物排放、环境风险、资源开发利用等方面禁止和限制的环境准入要求。

"三线一单"以社会主义生态文明观为指导,坚持绿色发展理念,以改善环境质量为核心,以生态保护红线、环境质量底线、资源利用上线为基础,将行政区域划分为若干环境管控单元,在一张图上落实生态保护、环境质量目标管理、资源利用管控要求,按照环境管控单元编制环境准入负面清单,构建环境分区管控体系。编制技术路线如图 10-3 所示。

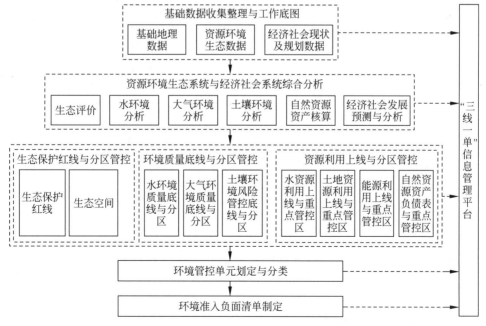

图 10-3 "三线一单"编制技术路线

思考题

1. 简述环境保护政策。
2. 怎样理解环境法的概念和特征?
3. 环境法的作用是什么?
4. 简述我国环境法体系。
5. 什么是环境标准?
6. 简述环境标准的分类与分级。
7. 简述环境管理的含义。
8. 我国主要的环境保护法律制度包括哪些?
9. 司法鉴定的定义是什么?
10. 司法鉴定的基本原则有哪些?
11. 环境损害司法鉴定的定义是什么?
12. 环境损害司法鉴定除了具有司法鉴定的一般特征之外,还具有其他哪些特征?
13. 简述环境损害司法鉴定的主要领域。
14. 简述环境损害司法鉴定的基本程序。
15. 什么是环境影响评价制度和"三同时"制度?

环境影响评价

11.1 环境影响评价概况

11.1.1 环境影响评价的由来

随着科技不断发展,人类的生产生活活动对环境造成的影响也逐渐变大,开始意识到活动前进行环境影响评价的必要性。"环境影响评价"这个概念最早是 1964 年在加拿大召开的国际环境质量评价学术会议上提出的。环境影响评价作为一项正式的法律制度,在 1969 年美国国会通过的《国家环境政策法》(national environmental policy act,NEPA)首次出现。

随后相继在瑞典(1970 年)、新西兰(1973 年)、加拿大(1973 年)、澳大利亚(1974 年)、马来西亚(1974 年)、德国(1976 年)等建立了环境影响评价制度。与此同时,国际上也设立了许多有关环境影响评价的机构,召开了一系列有关环境影响评价的会议,开展了环境影响评价的研究和交流,进一步促进了各国环境影响评价的应用与发展。1970 年世界银行设立环境与健康事务办公室,对每一个投资项目的环境影响做出审查和评价。1974 年联合国环境规划署与加拿大联合召开了第一次环境影响评价会议。1984 年 5 月联合国环境规划理事会第 12 届会议建议组织各国环境影响评价专家进行环境影响评价研究,为各国开展环境影响评价提供了方法和理论基础。1992 年联合国环境与发展大会在里约热内卢召开,会议通过的《里约环境与发展宣言》和《21 世纪议程》中都写入了有关环境影响评价内容。《里约环境与发展宣言》原则 17 宣告:对于拟议中可能对环境产生重大不利影响的活动,应进行环境影响评价,作为一项国家手段,并应由国家主管当局做出决定。

1994 年由加拿大环境评价办公室(FERO)和国际评估学会(IAIA)在魁北克市联合召开了第一届国际环境影响评价部长级会议,有 52 个国家和组织机构参加会议,会议做出进行环境评价有效性研究的决议。经过 30 多年的发展,现已有 110 多个国家建立了环境影响评价制度。环境影响评价的技术方法和程序也在发展中不断得以完善和提高。

我国 1979 年的《中华人民共和国环境保护法(试行)》首次对环境影响评价制度做了原则性的规定。1989 年颁布的《中华人民共和国环境保护法》再次确立了该制度。1998 年 11 月,国务院颁布的《建设项目环境保护管理条例》,其中第二章以专章的形式对环境影响评价制度做了规定。《中华人民共和国环境影响评价法》于 2003 年 9 月 1 日正式实施,标志着我国环境影响评价工作正式进入新的阶段。环境影响评价文件不断完善,新的评价导则、评价标准的出台,标志着环境影响评价工作从粗放走向精细。为加强环境影响评价管理,确保环境影响评价质量,2004 年 2 月,人事部、国家环境保护总局决定在全国环境影响评价行业建立环境影响评价工程师职业资格制度,对环境影响评价这门科学和技术以及从业者提出了更高要求。2018年12月29日第十三届全国人民代表大会常务委员会第七次会议对《中华人民共和国环境影响评价法》进行第二次修订。

11.1.2 环境影响评价的定义与原则

《中华人民共和国环境影响评价法》第2条规定对环境影响评价的定义:本法所称环境影响评价,是指对规划和建设项目实施后可能造成的环境影响进行分析、预测和评估,提出预防或者减轻不良环境影响的对策和措施,进行跟踪监测的方法与制度。

《中华人民共和国环境保护法》和其他相关法律还规定:建设项目中防治污染的设施,应当与主体工程同时设计、同时施工、同时投产使用。"三同时"制度和建设项目竣工环境保护验收是对环境影响评价中提出的预防和减轻不良环境影响对策和措施的具体落实和检查,是环境影响评价的延续。从广义上讲,也属于环境影响评价范畴。

环境影响评价(environmental impact assessment,EIA)是指对拟议中的政策、规划、计划、发展战略、开发建设项目(活动)等可能对环境产生的物理性、化学性、生物性的作用及其造成的环境变化和对人类健康和福利的可能影响进行系统地分析和评价,并从经济、技术、管理、社会等各方面提出减缓、避免这些影响的对策措施和方法。

《中华人民共和国环境影响评价法》第4条规定:环境影响评价必须客观、公开、公正,综合考虑规划或者建设项目实施后对各种环境因素及其所构成的生态系统可能造成的影响,为决策提供科学依据。

环境影响评价的原则主要包括三个方面:①贯彻执行我国环境保护相关法律法规、标准、政策和规划等,优化项目建设,服务环境管理;②对环境影响评价的方法进行规范,科学分析项目建设对环境质量的影响;③根据建设项目的工程内容及其特点,明确与环境要素间的作用效应关系,根据规划环境影响评价结论和审查意见,充分利用符合实效的数据资料及成果,对建设项目主要环境影响予以重点分析和评价。

11.1.3 环境影响评价的基本功能和分类

环境影响评价具有判断、预测、选择和导向4种基本功能。

1) 判断功能

判断功能是指以人为中心,以人的需求为尺度,判断评价目标引起环境状态的改变是否会影响到人类的需求和发展的要求。

2) 预测功能

预测功能是指评价的结果具有预测功能,即对人类活动可能对环境所造成的影响的一种预判。预测功能产生的原因主要为评价拟议中的政策、规划、计划、发展战略、开发建设项目等。

3) 选择功能

选择功能是指环境影响评价可以帮助人们对各种预案或活动进行取舍,以得到对人们最有利的结果。

4) 导向功能

导向功能是建立在前三种功能基础之上的,是环境影响评价最为重要的一种功能,它主要表现在价值导向功能和行为导向功能这两个方面,可以对拟议中的活动进行导向和调控。

环境影响评价按不同依据分为以下几类:

1) 以评价对象为依据

环境影响评价以评价对象为依据可以分为:规划环境影响评价和建设项目环境影响评价。

2) 以项目性质为依据

环境影响评价以项目性质为依据可以分为:新建项目环境影响评价;技术改造项目环境影响评价;扩建项目环境影响评价等。

3) 以环境要素为依据

环境影响评价以环境要素为依据可以分为:大气环境影响评价;地表水环境影响评价;土壤环境影响评价;地下水环境影响评价;声环境影响评价;固体废物环境影响评价;生态环境影响评价等。

4) 以评价专题为依据

环境影响评价以评价专题为依据一般分为:环境风险评价;人群健康风险评价;环境影响经济损益分析;污染物排放总量控制;清洁生产与循环经济分析等。

5) 以时间顺序为依据

环境影响评价以时间顺序为依据可分为:环境质量现状评价;环境影响预测评价;规划环境影响跟踪评价;建设项目环境影响后评价。

11.1.4 环境影响评价工作等级的确定

各单项环境要素评价划分为三个工作等级,分别为一级、二级、三级。其中,一级评价最详细,二级次之,三级较简略。各单项影响评价工作等级划分的详细规定,可参阅相应导则,环境风险评价划分为三级,地表水环境导则划分为三级四类。环境影响评价工作等级划分目的为确定评价工作的深度。环境影响评价工作等级的划分依据有建设项目的工程特点、建设项目所在地区的环境特征以及建设项目所在地区的环境特征相关法律法规、标准及规划。根据建设项目对环境的影响、所在地区的环境特征或当地对环境的特殊要求,环境影响评价工作等级可作适当调整,但调整的幅度上下不应超过一级。

《建设项目环境风险评价技术导则》(HJ 169—2018)中评价工作等级的划分如表 11-1 所示。环境风险评价工作等级划分为一级、二级、三级。根据建设项目涉及的物质及工艺系统危险性和所在地的环境敏感性确定环境风险潜势,按照表 11-1 确定评价工作等级。风险潜势为Ⅳ及以上,进行一级评价;风险潜势为Ⅲ,进行二级评价;风险潜势为Ⅱ,进行三级评价;风险潜势为Ⅰ,可开展简单分析。

表 11-1 评价工作等级划分

环境风险潜势	Ⅳ、Ⅳ⁺	Ⅲ	Ⅱ	Ⅰ
评价工作等级	一	二	三	简单分析①

①是相对于详细评价工作内容而言,在描述危险物质、环境影响途径、环境危害后果、风险防范措施等方面给出定性的说明。

《环境影响评价技术导则 地表水环境》(HJ 2.3—2018)中评价工作等级的划分如表 11-2 所示。建设项目地表水环境影响评价等级按照影响类型、排放方式、排放量或影响情况、受纳水体环境质量现状、水环境保护目标等综合确定。水污染影响型建设项目根据排放方式和废水排放量划分评价等级,见表 11-2。直接排放建设项目评价等级分为一级、二级和三级 A,根据废水排放量、水污染物当量数确定。间接排放建设项目评价等级为三级 B。

表 11-2　水污染影响型建设项目评价等级判定

评价等级	判定依据	
	排放方式	废水排放量 $Q/(\mathrm{m}^3/\mathrm{d})$； 水污染物当量数 $W/$（无量纲）
一级	直接排放	$Q \geqslant 20000$ 或 $W \geqslant 600000$
二级	直接排放	其他
三级 A	直接排放	$Q < 200$ 且 $W < 6000$
三级 B	间接排放	—

注:① 水污染物当量数等于该污染物的年排放量除以该污染物的污染物当量值,计算排放污染物的污染物当量数,应区分第一类水污染物和其他类水污染物,统计第一类污染物当量数总和,然后与其他类污染物按照污染物当量数从大到小排序,取最大当量数作为建设项目评价等级确定的依据。
② 废水排放量按行业排放标准中规定的废水种类统计,没有相关行业排放标准要求的通过工程分析合理确定,应统计含热量大的冷却水的排放量,可不统计间接冷却水、循环水以及其他含污染物极少的清净下水的排放量。
③ 厂区存在堆积物(露天堆放的原料、燃料、废渣等以及垃圾堆放场)、降尘污染的,应将初期雨污水纳入废水排放。

11.2　规划环境影响评价

规划环境影响评价是指在规划编制阶段,对规划实施可能造成的环境影响进行分析、预测和评价,并提高预防或者减轻不良环境影响的对策和措施的过程。这一过程具有结构化、系统化和综合性的特点,规划应有多个可替代方案。通过评价将结论融入拟制定的规划中或提出单独的报告,并将成果体现在决策中。包括国务院有关部门、设区的市级以上地方人民政府及其有关部门组织编制的土地利用的有关规划,区域、流域、海域的建设、开发利用规划,以及工业、农业、畜牧业、林业、能源、水利、交通、城市建设、旅游、自然资源开发的有关专项规划的环境影响评价。

11.2.1　规划环境影响评价的原则

规划环境影响评价以改善环境质量和保障生态安全为目标,论证规划方案的生态环境合理性和环境效益,提出规划优化调整建议;明确不良生态环境影响的减缓措施,提出生态环境保护建议和管控要求,为规划决策和规划实施过程中的生态环境管理提供依据,其评价原则有以下方面。

1. 早期介入、过程互动

评价应在规划编制的早期阶段介入,在规划前期研究和方案编制、论证、审定等关键环节和过程中充分互动,不断优化规划方案,提高环境合理性。

2. 统筹衔接、分类指导

评价工作应突出不同类型、不同层级规划及其环境影响特点,充分衔接"三线一单"成果,分类指导规划所包含建设项目的布局和生态环境准入。

3. 客观评价、结论科学

依据现有知识水平和技术条件对规划实施可能产生的不良环境影响的范围和程度进行客观分析,评价方法应成熟可靠,数据资料应完整可信,结论建议应具体明确且具有可操作性。

11.2.2　规划环境影响评价的内容

1. 规划分析

规划环境影响评价的规划分析包括规划概述和规划协调性分析。规划概述应明确可能对生态环境造成影响的规划内容;规划协调性分析应明确规划与相关法律、法规、政策的相符性,以及规划在空间布局、资源保护与利用、生态环境保护等方面的冲突和矛盾。

1)规划概述

介绍规划编制背景和定位,结合图、表梳理分析规划的空间范围和布局,规划不同阶段目标、发展规模、布局、结构(包括产业结构、能源结构、资源利用结构等)、建设时序,配套基础设施等可能对生态环境造成影响的规划内容,梳理规划的环境目标、环境污染治理要求、环保基础设施建设、生态保护与建设等方面的内容。规划方案包含的具体建设项目有明确的规划内容,应说明其建设时段、内容、规模、选址等。

2)规划协调性分析

筛选出与本规划相关的生态环境保护法律法规、环境经济政策、环境技术政策、资源利用和产业政策,分析本规划与其相关要求的符合性。分析规划规模、布局、结构等规划内容与上层位规划、区域"三线一单"管控要求、战略或规划环评成果的符合性,识别并明确在空间布局以及资源保护与利用、生态环境保护等方面的冲突和矛盾。筛选出在评价范围内与本规划同层位的自然资源开发利用或生态环境保护相关规划,分析与同层位规划在关键资源利用和生态环境保护等方面的协调性,明确规划与同层位规划间的冲突和矛盾。

2. 现状调查与评价

开展资源利用和生态环境现状调查、环境影响回顾性分析,明确评价区域资源利用水平和生态功能、环境质量现状、污染物排放状况,分析主要生态环境问题及成因,梳理规划实施的资源、生态、环境制约因素。现状评价调查与评价包括调查、分析环境现状和历史演变,识别敏感的环境问题以及制约拟议规划的主要因素。

3. 环境影响识别与评价指标体系构建

识别规划实施可能产生的资源、生态、环境影响,初步判断影响的性质、范围和程度,确定评价重点,明确环境目标,建立评价的指标体系,确立评价指标值。其主要包括环境影响识别,识别规划目标、指标、方案(包括替代方案)的主要环境问题和环境影响,按照有关的环境保护政策、法规和标准,拟定或确认环境目标,选择量化和非量化的评价指标。

4. 环境影响预测与评价

环境影响预测与评价主要是针对环境影响识别出的资源、生态、环境要素,开展多情景的影响预测与评价,一般包括预测情景设置、规划实施生态环境压力分析,环境质量、生态功能的影响预测与评价,对环境敏感区和重点生态功能区的影响预测与评价,环境风险预测与评价,资源与环境承载力评估等内容;应给出规划实施对评价区域资源、生态、环境的影响程度和范围,叠加环境质量、生态功能和资源利用现状,分析规划实施后能否满足环境目标要求,评估区域资源与环境承载能力;应充分考虑不同层级和属性规划的环境影响特征以及决策需求,采用定性和定量相结合的方式开展评价。

5. 规划方案综合论证和优化调整建议

以改善环境质量和保障生态安全为核心,综合环境影响预测与评价结果,论证规划目标、规模、布局、结构等规划内容的环境合理性以及评价设定的环境目标的可达性,分析判定规划实施的重大资源、生态、环境制约的程度、范围、方式等,提出规划方案的优化调整建议并推荐环境可行的规划方案。如果规划方案优化调整后资源、生态、环境仍难以承载,不能满足资源利用上线和环境质量底线要求,应提出规划方案的重大调整建议。

规划方案的综合论证包括环境合理性论证和环境效益论证两部分内容。前者从规划实施对资源、生态、环境综合影响的角度,论证规划内容的合理性;后者从规划实施对区域经济、社会与环境发挥的作用,以及协调当前利益与长远利益之间关系的角度,论证规划方案的合理性。分析规划实施在维护生态功能、改善环境质量、提高资源利用效率、减少温室气体排放、保障人居安全、优化区域空间格局和产业结构等方面的环境效益。进行综合论证时,应针对不同类型和不同层级规划的环境影响特点,选择论证方向,突出重点。根据规划方案的环境合理性和环境效益论证结果,对规划内容提出明确的、具有可操作性的优化调整建议。

6. 环境影响减缓对策和措施

规划的环境影响减缓对策和措施是针对评价推荐的规划方案实施后可能产生的不良环境影响,在充分评估规划方案中已明确的环境污染防治、生态保护、资源能源增效等相关措施的基础上,提出的环境保护方案和管控要求。环境影响减缓对策和措施一般包括生态环境保护方案和管控要求。

7. 规划所包含建设项目环境影响评价要求

如规划方案中包含具体的建设项目,应针对建设项目所属行业特点及其环境影响特征,提出建设项目环境影响评价的重点内容和基本要求,并依据规划环境影响评价的主要评价结论提出建设项目的生态环境准入要求(包括选址或选线、规模、资源利用效率、污染物排放管控、环境风险防控和生态保护要求等)、污染防治措施建设要求等。

对符合规划环境影响评价环境管控要求和生态环境准入清单的具体建设项目,应将规划环境影响评价结论作为重要依据,其环境影响评价文件中选址选线、规模分析内容可适当简化。当规划环境影响评价资源、环境现状调查与评价结果仍具有时效性时,规划所包含的建设项目环境影响评价文件中现状调查与评价内容可适当简化。

8. 环境影响跟踪评价计划

结合规划实施的主要生态环境影响,拟定跟踪评价计划,监测和调查规划实施对区域环境质量、生态功能、资源利用等的实际影响,以及不良生态环境影响减缓措施的有效性。

跟踪评价取得的数据、资料和结果应能够说明规划实施带来的生态环境质量实际变化,反映规划优化调整建议、环境管控要求和生态环境准入清单等对策措施的执行效果,并为后续规划实施、调整、修编,完善生态环境管理方案和加强相关建设项目环境管理等提供依据。

跟踪评价计划应包括工作目的、监测方案、调查方法、评价重点、执行单位、实施安排等内容。

9. 评价结论

评价结论是对全部评价工作内容和成果的归纳总结,应文字简洁、观点鲜明、逻辑清晰、结论明确。

在评价结论中应明确以下内容:①区域生态保护红线、环境质量底线、资源利用上线,区域环境质量现状和演变趋势,资源利用现状和演变趋势,生态状况和演变趋势,区域主要生态环境问题、资源利用和保护问题及成因,规划实施的资源、生态、环境制约因素;②规划实施对生态、环境影响的程度和范围,区域水、土地、能源等各类资源要素和大气、水等环境要素对规划实施的承载能力,规划实施可能产生的环境风险,规划实施环境目标可达性分析结论;③规划的协调性分析结论,规划方案的环境合理性和环境效益论证结论,规划优化调整建议等;④减缓不良环境影响的生态环境保护方案和管控要求;⑤规划包含的具体建设项目环境影响评价的重点内容和简化建议等;⑥规划实施环境影响跟踪评价计划的主要内容和要求;⑦公众意见、会商意见的回复和采纳情况。

10. 规划环境影响评价文件的编制要求

规划环境影响评价文件应图文并茂、数据翔实、论据充分、结构完整、重点突出、结论和建议明确。环境影响报告书应包括的主要内容如下:

(1) 总则。概述任务由来,明确评价依据、评价目的与原则、评价范围、评价重点、执行的环境标准、评价流程等。

(2) 规划分析。介绍规划不同阶段目标、发展规模、布局、结构、建设时序,以及规划包含的具体建设项目的建设计划等可能对生态环境造成影响的规划内容;给出规划与法规政策、上层位规划、区域"三线一单"管控要求、同层位规划在环境目标、生态保护、资源利用等方面的符合性和协调性分析结论,重点明确规划之间的冲突与矛盾。

(3) 现状调查与评价。通过调查评价区域资源利用状况、环境质量现状、生态状况及生态功能等,说明评价区域内的环境敏感区、重点生态功能区的分布情况及其保护要求,分析区域水资源、土地资源、能源等各类自然资源现状利用水平和变化趋势,评价区域环境质量达标情况和演变趋势,区域生态系统结构与功能状况和演变趋势,明确区域主要生态环境问题、资源利用和保护问题及成因。对已开发区域进行环境影响回顾性分析,说明区域生态环境问题与上一轮规划实施的关系。明确提出规划实施的资源、生态、环境制约因素。

(4) 环境影响识别与评价指标体系构建。识别规划实施可能影响的资源、生态、环境要素及其范围和程度,确定不同规划时段的环境目标,建立评价指标体系,给出评价指标值。

(5) 环境影响预测与评价。设置多种预测情景,估算不同情景下规划实施对各类支撑性资源的需求量和主要污染物的产生量、排放量,以及主要生态因子的变化量。预测与评价不同情景下规划实施对生态系统结构和功能、环境质量、环境敏感区的影响范围与程度,明确规划实施后能否满足环境目标的要求。根据不同类型规划及其环境影响特点,开展人群健康风险分析、环境风险预测与评价。评价区域资源与环境对规划实施的承载能力。

(6) 规划方案综合论证和优化调整建议。根据规划环境目标可达性论证规划的目标、规模、布局、结构等规划内容的环境合理性,以及规划实施的环境效益。介绍规划环境影响评价与规划编制互动情况。明确规划方案的优化调整建议,并给出调整后的规划布局、结构、规模、建设时序。

（7）环境影响减缓对策和措施。给出减缓不良生态环境影响的环境保护方案和管控要求。

（8）如规划方案中包含具体的建设项目,应给出重大建设项目环境影响评价的重点内容要求和简化建议。

（9）环境影响跟踪评价计划。说明拟定的跟踪监测与评价计划。

（10）说明公众意见、会商意见回复和采纳情况。

（11）评价结论。归纳总结评价工作成果,明确规划方案的环境合理性,以及优化调整建议和调整后的规划方案。

规划环境影响评价主要的作用价值首先是在规划层面综合调和社会经济发展和环境直接联系起来的规划手法以及策略手法。其次,规划环境影响评价的另一个作用价值就是把社会经济发展和生态环境互相协调、相互结合,进而实现一个全面性的整体评价,而且可以给环境保护的相关领导人和决策者提供一些数据上的支持和帮助,在高层做决定以前可以借鉴非常多的环境数据和环境案例来完善科学健康的环境举措。我国国内规划环境影响评价的主要目标群体是产业发展规划以及区域发展规划,而且利用好环境影响评价可为这两个发展规划起到非常明显的作用,能够帮助其在环境施工方面采用相对应的举措,推动环境建筑规划的顺利展开,可以充分满足环境以及社会经济的和谐发展,也能够处理好规划环境建筑过程中的问题。

11.3　建设项目环境影响评价

11.3.1　建设项目环境影响评价的分类管理

建设项目对环境的影响千差万别,不仅不同的行业、不同的产品、不同的规模、不同的工艺、不同的原材料产生的污染物种类和数量不同,对环境的影响不同,而且即使是相同的企业处于不同的地点、不同的区域,对环境的影响也不一样。《中华人民共和国环境影响评价法》第十六条和《建设项目环境保护管理条例》第七条均为国家对建设项目的环境保护实行分类管理提出了具体规定。

《中华人民共和国环境影响评价法》第十六条规定:

国家根据建设项目对环境的影响程度,对建设项目的环境影响评价实行分类管理。

建设单位应当按照下列规定组织编制环境影响报告书、环境影响报告表或者填报环境影响登记表(以下统称环境影响评价文件):

（一）可能造成重大环境影响的,应当编制环境影响报告书,对产生的环境影响进行全面评价;

（二）可能造成轻度环境影响的,应当编制环境影响报告表,对产生的环境影响进行分析或者专项评价;

（三）对环境影响很小、不需要进行环境影响评价的,应当填报环境影响登记表。

建设项目的环境影响评价分类管理名录,由国务院生态环境主管部门制定并公布。

《建设项目环境保护管理条例》第七条规定:

国家根据建设项目对环境的影响程度,按照下列规定对建设项目的环境保护实行分类管理：

（一）建设项目对环境可能造成重大影响的，应当编制环境影响报告书，对建设项目产生的污染和对环境的影响进行全面、详细的评价；

（二）建设项目对环境可能造成轻度影响的，应当编制环境影响报告表，对建设项目产生的污染和对环境的影响进行分析或者专项评价；

（三）建设项目对环境影响很小，不需要进行环境影响评价的，应当填报环境影响登记表。

建设项目环境影响评价分类管理名录由国务院环境保护行政主管部门在组织专家进行论证和征求有关部门、行业协会、企事业单位、公众等意见的基础上制定并公布。

11.3.2　建设项目环境影响评价的工作程序

分析判定建设项目选址选线、规模、性质和工艺路线等与国家和地方有关环境保护法律法规、标准、政策、规范、相关规划、规划环境影响评价结论及审查意见的符合性，并与生态保护红线、环境质量底线、资源利用上线和环境准入负面清单进行对照，作为开展环境影响评价工作的前提和基础。环境影响评价工作一般分为三个阶段，即调查分析和工作方案制定阶段、分析论证和预测评价阶段、环境影响报告书（表）编制阶段。具体流程如图 11-1 所示。

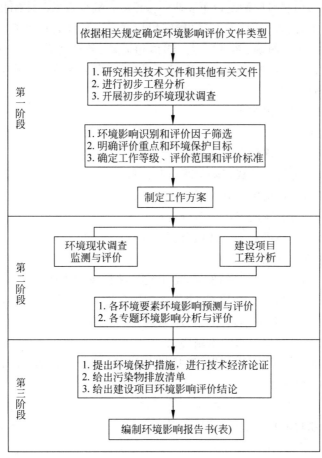

图 11-1　建设项目环境影响评价工作程序

11.3.3 建设项目环境影响评价文件的编制要求

建设项目环境影响评价文件分为环境影响报告书、环境影响报告表和环境影响登记表。根据建设项目环境保护分类管理的要求,不以投资主体、资金来源、项目性质和投资规模,而以建设项目对环境可能造成影响的程度来划分。为保证环境影响评价的工作质量,督促建设单位认真履行环境影响评价义务,规范环境影响评价文件的编制,《中华人民共和国环境影响评价法》第十七条和《建设项目环境保护管理条例》第八条对建设项目环境影响报告书的内容以及环境影响报告表、环境影响登记表的内容和格式做出规定。

1) 环境影响报告书编制的原则和要求

环境影响报告书是环境影响评价工作的书面总结。它提供了评价工作中的有关信息和评价结论,包含评价工作每一步骤的方法、过程和结论,是环境保护主管部门进行环境可行性决策的技术支持文件,编制时应遵循以下原则:①应全面、客观、公正、概括地反映环境影响评价的全部工作;评价内容较多的报告书、重点评价项目可另编分项报告书,主要技术问题可另编专题报告书;②文字应简洁、准确,图表要清晰,论点要明确;大项目的环境影响评价可分为总报告和分报告(或附件),总报告应简明扼要,分报告列入专题报告和计算依据。

环境影响报告书编制时应满足以下要求:①环境影响报告书总体编排结构应符合相关法律法规条例的要求,内容全面,重点突出,实用性强;②基础数据可靠;③预测模式及参数选择合理;④结论观点明确、客观可信;⑤语句通顺、条理清楚、文字简练、篇幅不宜过长;⑥环境影响报告书中应有评价资格证书,参加环境影响评价的工作人员应该持有上岗证,并分别在报告书中署名。

2) 环境影响报告书的内容

① 建设项目工程分析;

② 建设项目周围环境现状调查与评价;

③ 建设项目对环境可能造成影响的预测与评价;

④ 建设项目环境保护措施及其可行性论证;

⑤ 建设项目对环境影响的经济损益分析;

⑥ 对建设项目实施环境管理与环境监测的建议;

⑦ 环境影响评价的结论。

除上述评价内容外,根据形势的发展,鉴于建设项目风险事故对环境会造成危害,对存在风险事故的建设项目,特别是在原料、生产、产品、储存、运输中涉及危险化学品的建设项目,在环境影响报告书的编制中,还须有环境风险评价的内容。

3) 建设项目环境影响报告书的编制要点

编制报告书时根据项目的实际情况选择但不限于下列全部或部分内容。建设项目环境影响报告书的编写提纲大致如下。

(1) 前言

简要说明建设项目的特点、环境影响评价的工作过程、关注的主要环境问题和环境影响报告书的主要结论。

（2）建设项目工程分析

建设项目工程分析包括主体工程、辅助工程、公用工程、环保工程、储运工程及依托工程等。

以污染影响为主的建设项目应明确项目组成、建设地点、原辅料、生产工艺、主要生产设备、产品（包括主产品和副产品）方案、平面布置、建设周期、总投资及环境保护投资等。以生态影响为主的建设项目应明确项目组成、建设地点、占地规模、总平面及现场布置、施工方式、施工时序、建设周期和运行方式、总投资及环境保护投资等。改扩建及异地搬迁建设项目还应包括现有工程的基本情况、污染物排放及达标情况、存在的环境保护问题及拟采取的整改方案等内容。

（3）环境现状调查与评价

根据环境影响识别结果，开展包括自然环境、环境保护目标、环境质量现状和区域污染源等方面的环境现状调查，并给出相应的环境现状调查与评价结果。

（4）环境影响预测与评价

给出各环境要素或专题的环境影响预测时段、预测内容、预测范围、预测方法及预测结果，并根据环境质量标准或评价指标对建设项目的环境影响进行评价。

（5）环境保护措施及其可行性论证

明确提出建设项目建设阶段、生产运行阶段和服务期满后（可根据项目情况选择）拟采取的具体污染防治、生态保护、环境风险防范等环境保护措施；分析论证拟采取措施的技术可行性、经济合理性、长期稳定运行和达标排放的可靠性、满足环境质量改善和排污许可要求的可行性、生态保护和恢复效果的可达性。各类措施的有效性判定应以同类或相同措施的实际运行效果为依据，没有实际运行经验的，可提供工程化试验数据。

（6）环境影响经济损益分析

从经济效益、环境效益和社会效益统一的角度，论述项目的可行性。此外，还应根据建设项目环境影响所造成的经济损失与效益分析结果，提出补偿措施与建议。

（7）环境管理与环境监测

按照建设项目建设阶段、生产运行阶段和服务期满后等不同阶段，针对不同工况、不同环境影响和不同环境风险特征，提出具体环境管理要求。

环境监测计划应包括污染源监测计划和环境质量监测计划，内容包括监测因子、监测网点布设、监测频次、监测数据采集与处理、样品采集和分析方法等，明确自行监测计划的内容。

（8）环境影响评价结论及建议

对建设项目的建设概况、环境质量现状、污染物排放情况、主要环境影响、公众意见采纳情况、环境保护措施、环境影响经济损益分析、环境管理与监测计划等内容进行概括总结，结合环境质量目标要求，明确给出建设项目的环境影响可行性结论。对存在重大环境制约因素、环境影响不可接受或环境风险不可控、环境保护措施经济技术不满足长期稳定达标及生态保护要求、区域环境问题突出且整治计划不落实或不能满足环境质量改善目标的建设项目，应提出环境影响不可行的结论。

4）环境影响报告表的内容和填报要求

根据以上要求，原国家环境保护总局于 1999 年 8 月以"环发[1999]178 号"公布了《建设项目环境影响报告表(试行)》《建设项目环境影响登记表(试行)》的内容及格式。

《建设项目环境影响报告表(试行)》填报内容包括建设项目的基本情况、建设项目所在地自然环境和社会环境简况、环境质量状况、评价适用标准、建设项目工程分析、项目主要污染物产生及预计排放情况、环境影响分析、建设项目拟采取的防治措施及预期治理效果和结论与建议。特别要注意,环境影响报告表如不能说明项目产生的污染及对环境造成的影响,应进行专项评价。根据建设项目的特点和当地环境特征,可进行 1~2 项专项评价,专项评价按环境影响评价技术导则中的要求进行。环境影响报告表同时应有必要的附件和附图。

5) 环境影响登记表的内容

根据《建设项目环境影响登记表(试行)》,环境影响登记表填报的内容包括：项目名称、建设地点、建设性质、行业类别及代码、建设项目内容及规模、污染物排放量和排放去向、周围环境简况、生产工艺流程简况、拟采取的污染防治措施等。

11.3.4　二氧化碳环境影响评价

碳达峰和碳中和目标的提出充分彰显了我国积极应对全球气候变化的大国担当。2021年 5 月,生态环境部为全面落实中国共产党第十九届中央委员会第五次全体会议关于加快推动绿色低碳发展的决策部署,坚决遏制高耗能、高排放项目盲目发展,推动绿色转型和高质量发展,针对加强"两高"项目生态环境源头防控提出《关于加强高耗能、高排放建设项目生态环境源头防控的指导意见》(环环评[2021]45 号)(简称《指导意见》)。《指导意见》明确将碳排放影响评价纳入环境影响评价体系,要求各级生态环境部门和行政审批部门应积极推进"两高"项目环境影响评价开展试点工作,衔接落实有关区域和行业碳达峰行动方案、清洁能源替代、清洁运输、煤炭消费总量控制等政策要求。在环境影响评价工作中,统筹开展污染物和碳排放的源项识别、源强核算、减污降碳措施可行性论证及方案比选,提出协同控制最优方案。鼓励有条件的地区、企业探索实施减污降碳协同治理和碳捕集、封存、综合利用工程试点、示范。

《重点行业建设项目碳排放环境影响评价试点技术指南(试行)》规定了电力、钢铁、建材、有色、石化和化工六大重点行业的环境影响报告书中需编制建设项目二氧化碳排放环境影响评价,并给出开展碳排放环境影响评价的一般原则、工作流程及工作内容。其他行业的建设项目碳排放环境影响评价可参照使用。

1. 二氧化碳排放概念

1) 碳排放(carbon emission)

指建设项目在生产运行阶段煤炭、石油、天然气等化石燃料(包括自产和外购)燃烧活动和工业生产过程等活动产生的二氧化碳排放,以及因使用外购的电力和热力等所导致的二氧化碳排放。

2) 碳排放量(carbon emission amount)

指建设项目在生产运行阶段煤炭、石油、天然气等化石燃料(包括自产和外购)燃烧活动和工业生产过程等活动,以及因使用外购的电力和热力等所导致的二氧化碳排放量,包括建设项目正常和非正常工况,以及有组织和无组织的二氧化碳排放量,计量单位为"t/年"。

3) 碳排放绩效(carbon emission efficiency)

指建设项目在生产运行阶段单位原料、产品(或主产品)或工业产值碳排放量。

2．碳排放环境影响评价工作程序

在环境影响报告书中增加碳排放环境影响评价专章,按照"环环评[2021]45 号"要求,分析建设项目碳排放是否满足相关政策要求,明确建设项目二氧化碳产生节点,开展碳减排及二氧化碳与污染物协同控制措施可行性论证,核算二氧化碳产生和排放量,分析建设项目二氧化碳排放水平,提出建设项目碳排放环境影响评价结论。建设项目碳排放环境影响评价工作程序,如图 11-2 所示。

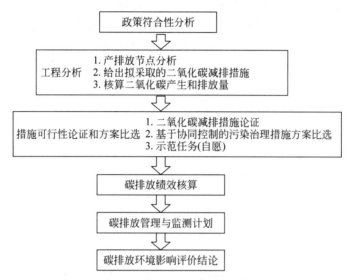

图 11-2　建设项目碳排放环境影响评价工作程序

3．评价内容

1) 建设项目碳排放政策符合性分析

分析建设项目碳排放与国家、地方和行业碳达峰行动方案,生态环境分区管控方案和生态环境准入清单,相关法律、法规、政策,相关规划和规划环境影响评价等的相符性。

2) 建设项目碳排放分析

(1) 碳排放影响因素分析

全面分析建设项目二氧化碳产排节点,在工艺流程图中增加二氧化碳产生、排放情况(包括正常工况、开停工及维修等非正常工况)和排放形式。明确建设项目化石燃料燃烧源中的燃料种类、消费量、含碳量、低位发热量和燃烧效率等,涉及碳排放的工业生产环节原料、辅料及其他物料种类、使用量和含碳量,烧焦过程中的烧焦量、烧焦效率、残渣量及烧焦时间等,火炬燃烧环节火炬气流量、组成及碳氧化率等参数,以及净购入电力和热力量等数据。说明二氧化碳源头防控、过程控制、末端治理、回收利用等减排措施状况。

(2) 二氧化碳源强核算

根据二氧化碳产生环节、产生方式和治理措施,可参照《工业企业温室气体排放核算和报告通则》(GB/T 32150—2015)、《温室气体排放核算与报告要求　第 1 部分:发电企业》(GB/T 32151.1—2015)、《温室气体排放核算与报告要求　第 4 部分:铝冶炼企业》(GB/T 32151.4—2015)、《温室气体排放核算与报告要求　第 5 部分:钢铁生产企业》(GB/T 32151.5—2015)、《温室气体排放核算与报告要求　第 7 部分:平板玻璃生产企业》(GB/T 32151.7—

2015)、《温室气体排放核算与报告要求 第8部分：水泥生产企业》(GB/T 32151.8—2015)、《温室气体排放核算与报告要求 第10部分：化工生产企业》(GB/T 32151.10—2015)、《国家发展改革委办公厅关于印发第二批4个行业企业温室气体排放核算方法与报告指南(试行)的通知》(发改办气候[2014]2920号)、《国家发展改革委办公厅关于印发第三批10个行业企业温室气体排放核算方法与报告指南(试行)的通知》(发改办气候[2015]1722号)文中二氧化碳排放量核算方法开展建设项目工艺过程生产运行阶段二氧化碳产生和排放量的核算。鼓励有条件的建设项目核算非正常工况及无组织二氧化碳产生和排放量。

改扩建及异地搬迁建设项目还应包括现有项目的二氧化碳产生量、排放量和碳减排潜力分析等内容。对改扩建项目的碳排放量的核算,应分别按现有、在建、改扩建项目实施后等几种情形汇总二氧化碳产生量、排放量及其变化量,核算改扩建项目建成后最终碳排放量,鼓励有条件的改扩建及异地搬迁建设项目核算非正常工况及无组织二氧化碳产生和排放量。

(3) 产能置换和区域削减项目二氧化碳排放变化量核算

对于涉及产能置换、区域削减的建设项目,还应核算被置换项目及污染物减排量出让方碳排放量变化情况。

3) 减污降碳措施及其可行性论证

(1) 总体原则

环境保护措施中增加碳排放控制措施内容,并从环境、技术等方面统筹开展减污降碳措施可行性论证和方案比选。

(2) 碳减排措施可行性论证

给出建设项目拟采取的节能降耗措施。有条件的项目应明确拟采取的能源结构优化、工艺产品优化,碳捕集、利用和封存等措施,分析论证拟采取措施的技术可行性、经济合理性,其有效性判定应以同类或相同措施的实际运行效果为依据,没有实际运行经验的,可提供工程化试验数据。采用碳捕集和利用的,还应明确所捕集二氧化碳的利用去向。

(3) 污染治理措施比选

在满足《建设项目环境影响评价技术导则　总纲》(HJ 2.1—2016)、《环境影响评价技术导则　大气环境》(HJ 2.2—2018)、《环境影响评价技术导则　地表水环境》(HJ 2.3—2018)关于污染治理措施方案选择要求前提下,在环境影响报告书环境保护措施论证及可行性分析章节,开展基于碳排放量最小的废气和废水污染治理设施和预防措施的多方案比选,即对于环境质量达标区,在保证污染物能够达标排放,并使环境影响可接受前提下,优先选择碳排放量最小的污染防治措施方案。对于环境质量不达标区,在保证环境质量达标因子能够达标排放,并使环境影响可接受前提下,优先选择碳排放量最小的针对达标因子的污染防治措施方案。

(4) 示范任务

建设项目可在清洁能源开发、二氧化碳回收利用及减污降碳协同治理工艺技术等方面承担示范任务。

4) 碳排放绩效水平核算

(1) 核算建设项目的二氧化碳排放绩效。

(2) 改扩建、异地搬迁项目,还应核算现有工程二氧化碳排放绩效,并核算建设项目整体二氧化碳排放绩效水平。

（3）明确建设项目和改扩建、异地搬迁项目的二氧化碳排放绩效水平。

5）碳排放管理与监测计划

（1）编制建设项目二氧化碳排放清单,明确其排放的管理要求。

（2）提出建立碳排放量核算所需参数的相关监测和管理台账的要求,按照核算方法中所需参数,明确监测、记录信息和频次。

6）碳排放环境影响评价结论

对建设项目碳排放政策符合性、碳排放情况、减污降碳措施及可行性、碳排放水平、碳排放管理与监测计划等内容进行概括总结。

11.4　建设项目环境影响评价案例

某公司利用自备的大理岩矿,依托某水泥有限责任公司现有厂区,建设 7200t/d 熟料新型干法水泥生产线(带余热发电),按照"等量置换"的原则,淘汰黑龙江省内的落后水泥(熟料)总量 223.38 万 t,这符合国家水泥行业产能过剩条件下的"等量替代"或"减量替代"产业政策,并对黑龙江省水泥工业的结构调整有着积极意义。

水泥生产项目包括：石灰石矿山开采建设项目、水泥熟料生产线建设项目、水泥粉磨站建设项目、水泥生产线建设项目。

目前,多采用靠近石灰石矿山建设水泥熟料生产线,靠近市场建设水泥粉磨站的模式。

1. 工程概况

（1）从区域规划、落后产能"等量置换"等做相符性分析；

（2）说明现有厂区与新建厂区的位置关系,现有项目的环境保护处置方案；

（3）矿区开采的环境影响回顾性评价；

（4）明确项目工程组成和建设内容,明确主、辅、环的规模和建设内容；

（5）扩建或技术改进工程应明确依托现有工程的建设历程,说明企业环境影响评价和"三同时"制度的执行情况,阐明现有工程的内容和规模,查找现有工程存在的环境问题,提出整改方案,明确"以新带老"措施等；

（6）水泥工业属于产能过剩行业,根据现行的产业政策,本着"减量淘汰"原则,应给出拟建项目建设应予关停的落后企业和淘汰的落后生产线。

2. 污染因子和环境影响识别

（1）水泥生产建设项目包括矿区和厂区不同区域,特点不同；

（2）三大主体工程：石灰石矿山开采、水泥熟料生产线、水泥粉磨站；辅助工程：余热发电。

厂区：工业污染为主；矿区：生态破坏类为主。评价也要包括这两个部分。

3. 工程分析

1）明确主、辅、环建设规模和建设内容,说明采用的生产工艺、使用的原料和燃料,给出原料和燃料的化学成分,作为核算污染物排放源强的基础。

2）污染物排放源强

（1）颗粒物

有组织颗粒物：不同生产设备通风量、颗粒物产生浓度、收尘效率、排放浓度、计算某个点的产污源强;结合该点通风设备的运转时间等,计算某污染源的排放量,核算整条生产线有组织颗粒物排放量。

（2）废气

SO_2:生产使用的含硫原料、燃料,根据燃煤量、生料用量及其含硫率,通过物料衡算,计算回转窑窑尾废气 SO_2 的排放源强。

NO_x:产生于窑内高温燃烧过程,其排放量与燃烧温度、过剩空气量、反应时间有关。可根据项目生产工艺装备水平,结合现有同水平生产线污染源的实测数据核算确定。

（3）废、污水

来源:设备循环冷却水、辅助生产废水、水质中污染物较为简单,一般为 pH、SS（固体悬浮物）、油类等,回用于系统,可做到不外排。

（4）噪声

重视声源、控制措施、投诉。

4. 环境影响评价

重点:大气、矿区地下水、噪声。

1）大气

预测因子:SO_2、NO_x、PM_{11}、TSP（总悬浮颗粒）。特殊区域如茶树种植区、桑蚕养殖地。

预测内容:逐时、逐日、长期气象条件下,预测点浓度值,环境保护目标地面质量浓度和叠加浓度,注意该区域已批同类项目的叠加。

2）噪声

按生产工序给出噪声源数量、强度和位置分布。从平面布置、厂界影响,做好优化设计,尽量把高噪声设备布置在厂区中心区域,减轻对厂界的影响。

3）环境防护距离

《大气有害物质无组织排放卫生防护距离推导技术导则》（GB/T 38499—2020）适用于地处平原地区产生大气有害物质无组织排放的各种行业的新建、改建、扩建工程（不包括放射性污染物的行业）,复杂地形地区的卫生防护距离可参照该标准实施。

4）地下水影响

生产废水回用,生活污水达标排放或综合利用,对废水处理设施提出有效的地下水污染防治措施。

工程用水取自地下水,明确给出取水影响半径和影响程度,调查在影响半径内的集中水源和分散水源井的分布情况,如影响到居民供水,提出减缓或补救措施,提出完善的供水方案（预案）。

5）矿山生态影响

评价期:施工期、运营期、采终后。

分析对象:植被、野生动物生境、景观灯。

生态恢复措施:针对性、可操作性。

不能忽略已开采矿区的生态环境回顾性评价,指出目前存在的环境问题,提出"以新带老"措施。

生态环境背景:根据生态影响的范围和矿山服务器,以及拟采灰岩矿山的生态影响特点,调查影响区域内涉及的生态系统类型、结构、功能和过程,以及相关的非生物因子特征,重点调查受保护的珍稀濒危物种、关键种、土著种、建群种和特有种,天然的重要经济物种等。

主要生态问题:调查已经存在的制约本区域可持续发展的生态问题,如水土流失、沙漠化、石漠化、盐渍化、自然灾害、生物入侵、污染危害等,指出其类型、成因、空间分布、发生特点等。

生态恢复和补偿:矿区开采阶段,根据工程进展情况适时对可能绿化的地段、边坡进行绿化、美化;矿山采终后要因地制宜进行生态建设。

6) 结论

从规划符合性、区域环境容量、拟建项目达标排放、污染物排放情况、主要环境影响、公众意见采纳情况、环境保护措施、环境影响经济损益分析、环境管理与监测计划等方面叙述。

公众参与关注受影响人群调查样本的比例。在行业大背景下,充分分析项目建设必要性。

采用低氮氧化物燃烧器技术和分解炉分级燃烧技术;窑尾配套烟气脱硝装置,采用窑尾烟气末端治理技术,确保氮氧化物达标排放并符合准入条件的要求。

7) 水泥行业环境影响评价关注的重点问题

水泥生产属于自然资源、能源消耗密集型的产业,原料开采矿区范围大,开采周期长,生态环境影响持续时间长,不可逆的生态影响横跨施工期、运行期和服务期满后,造成矿区的植被破坏、水土流失严重,具有典型工业污染特点的水泥生产设计的污染因子多,污染物产生和排放量大,环境影响范围大,环境污染严重。

兼有生态影响型和环境污染型双重环境影响特点,在评价过程中以工程分析、大气环境影响评价、地下水环境影响评价、污染防治措施、矿山生态影响与恢复、公众参与等为重点,对项目建设可行性应做全面地分析论证。

水泥工业可持续发展:水泥生产工艺和设备具有协同处理工业固体废物和生活垃圾的功能及优势,在环境影响评价中应有充分体现;回转窑系统余热的综合利用(余热发电)节能减排效果显著。

11.5　环境思政材料

把好环境影响评价这道生态保护重要关口

环境影响评价是生态环境保护的第一道"关口"。通过环境影响评价,对规划和建设项目实施后可能造成的环境影响进行分析、预测和评估,提出预防或者减轻不良环境影响的对策和措施,并进行跟踪监测,这是国际通行的环保制度。环境影响评价质量和生态环境质量、经济发展质量密切相关,质量是环境影响评价报告的生命线。

此外,进一步推进信息公开和公众参与,对去除环境影响评价"抄袭""走形式"等沉疴也是至关重要的。环境影响评价信息公开透明、公众参与渠道畅通,能够使公众了解规划和项目的情况,监督企业、建设单位履行环境责任,促使环境影响评价机构自觉把好环境影响评价质量关,更好地为无言的大自然"代言"。

在发展中保护、在保护中发展,是处理经济发展和生态保护的一条重要原则,也是各类工程项目必须遵循的一个重要前提。经济发展不应是对资源和生态环境的竭泽而渔,生态环境保护也不应是舍弃经济发展的缘木求鱼。做规划、上项目时,也不能"萝卜快了不洗泥",不能把绿色发展、生态环境保护抛到脑后。"人类只有遵循自然规律才能有效防止在开发利用自然上走弯路,人类对大自然的伤害最终会伤及人类自身,这是无法抗拒的规律"。那些为了短期 GDP 增长而造成"生态赤字""环境透支"的规划和项目,注定不可持续,将来付出的代价可能更大。做环评要"真走心",不能"走形式",环境影响评价审批要快速高效,但不能忽视质量,这是绿色发展、可持续发展的必然要求。

习近平总书记在浙江考察时强调:"实践证明,经济发展不能以破坏生态为代价,生态本身就是经济,保护生态就是发展生产力"。切实践行"绿水青山就是金山银山"理念,严格落实环境影响评价等环境管理制度,坚决打好污染防治攻坚战,更好地实现生产发展、生活富裕、生态良好。

本章扩展思政材料

思考题

1. 环境影响评价的程序与基本内容是什么?
2. 环境影响评价的基本原则有哪些?
3. 中国环境影响评价制度的特征?
4. 建设项目环境影响评价报告的主要内容有哪些?
5. 中国环境影响评价的法律依据有哪些?
6. 简述二氧化碳环境影响评价的工作程序和评价内容。

第12章

可持续发展与循环经济

12.1 可持续发展理论

12.1.1 可持续发展概述

1. 可持续发展的概念

可持续发展(sustainable development)亦称"持续发展"。

从代际角度定义可持续发展:1987年挪威首相布伦特兰夫人在她任主席的联合国世界环境与发展委员会的报告《我们共同的未来》中,把可持续发展定义为"既满足当代人的需要,又不对后代人满足其需要的能力构成危害的发展",这一定义得到广泛接受,并在1992年联合国环境与发展大会上取得共识。我国学者对这一定义做了补充:可持续发展是不断提高人群生活质量和环境承载能力的、满足当代人需求又不损害子孙后代满足其需求能力的、满足一个地区或一个国家需求又未损害别的地区或国家人群满足其需求能力的发展。

从自然属性定义:生态可持续,旨在说明自然资源及其开发利用程度间的生态平衡,以满足社会经济发展所带来的对生态资源不断增长的需求。

从社会属性定义:1991年由世界自然保护同盟、联合国环境规划署和世界野生生物基金会共同发表的《保护地球:可持续生存战略》,将可持续发展定义为:"在生存不超出维持生态系统承载能力的情况下,改善人类的生活品质",着重指出可持续发展的最终落脚点是人类社会,即改善人类的生活质量,创造美好的生活环境。

从经济属性定义:该类定义有多种表达,但核心都是经济发展。经济的可持续发展要求不仅注重经济增长的数量,更要注重经济增长的质量,实现经济发展与生态环境要素的协调统一,而不是以牺牲生态环境为代价。

从科技属性定义:实施可持续发展,除了政策和管理因素外,科技进步起着重大作用。认为可持续发展是转向更清洁、更有效的技术——尽可能接近"零排放"或"密闭性"工艺方法——尽可能减少能源和其他自然资源的消耗;建立极少产生废料和污染物的工艺或技术系统。

2. 可持续发展的提出

意大利的著名实业家、学者A.佩切伊和英国科学家A.金为主创始人的罗马俱乐部对西方长期以来流行的高增长理论进行了深刻反思,并于1972年提交了俱乐部成立以来的第一份研究报告——《增长的极限》。该报告从人口、粮食、自然资源、工业生产和污染方面进行深刻阐述,认为这些是最终决定和限制全球增长的基本因素。报告提出:如果世界人口、工业化、污染、粮食生产和资源消耗按照现有的趋势继续发展下去,地球增长的极限最终会在今后 100 年中发生。最有可能导致人口和工业生产力都出现突然和不可控制的衰退。人口增长、粮食生产、工业发展、资源消耗和环境污染这五项基本因素的运行方式是指数增长而非线性增长,全球的增长将会因为粮食短缺和环境破坏于 21 世纪某个时段内达到极限。世界将会面临一场灾难性的崩溃。而解决的唯一办法就是限制增长,即"零增长"。

《增长的极限》一经发表便引起国际社会的强烈反响,并触发了一场激烈的学术之争。虽然由于多种因素的局限,该报告中的一些结论与观点尚存在十分明显的缺陷,但是该报告是以"系统动力学"的方法建立一个动态的世界模型,在该模型的基础上进行的深入阐述。因此,该报告中关于对地球潜伏的危机和发展面临的困境的警告,是冷静而客观的,表现出了对人类发展前途的"严肃忧虑",唤起了人类自身的觉醒。报告中阐述的"合理的、持久的均衡发展",为可持续发展的思想萌芽提供了土壤。

1972 年斯德哥尔摩召开的人类环境大会上提出了人类面临的由于资源利用不当而造成的广泛的生态破坏和多方面的环境污染问题;提出了经济与环境必须协调发展的观点。首次在世界范围内正视经济发展和资源环境之间的相互关系,尽管并未提出明确的可持续发展思想,但使人们认识到资源和环境对经济发展具有十分重要的作用。

可持续发展一词最早出现于 1980 年的联合国文件。世界环境与发展委员会在 1987 年提出了《我们共同的未来》的研究报告,报告中指出:"本委员会相信:人民有能力建设一个更加繁荣、更加正义和更加安全的未来。我们认为,这种发展对于摆脱发展中世界许多国家正在日益加深的巨大贫困是完全不可缺少的"。这份研究报告把环境与发展两个密切联系的问题作为一个整体加以考虑。并将可持续发展定义为"既满足当代人的需要,又不对后代人满足其需要的能力构成危害的发展"。

1992 年 6 月,联合国环境与发展大会在巴西里约热内卢召开,会议通过的《里约环境与发展宣言》和《21 世纪议程》强调环境与经济发展协调一致的重要性,标志着"可持续发展"正式从理论走向实践。大会提出人类应与自然和谐统一,可持续地发展并为后代提供良好的生存发展空间这一可持续发展的新观念和新战略。自此,可持续发展理念作为一种新发展观,逐步被世界各国纳入本国的发展战略,可持续发展也成为全球发展合作的核心内容。1994 年 3 月,中国也发表了相应的《中国 21 世纪议程》,表明中国正式选择了可持续发展战略。

人类已深刻认识环境与发展是密不可分的对立统一的整体。在两者的关系中起着主导作用,环境不能与人类活动、愿望和需求相割裂而独立存在;发展的概念也不应单纯强调国民生产总值的增长。持续发展的观念包括经济持续、生态持续和社会持续三个相互关联的部分,即只有做到经济持续快速增长,生态保持稳定平衡,科技进步,人口有计划的增长和素质持续提高才是真正的发展。

3. 可持续发展的原则

可持续发展是一个内容很丰富的概念。就其经济观而言,主张建立在保护地球自然系统基础上的持续经济发展;就其社会观而言,主张公平分配,既满足当代人又要满足后代人的社会需求;就其自然观而言,主张人类与自然和谐相处。因此,可持续发展应遵守以下原则:

1) 公平性原则

可持续发展中蕴涵一个全新的价值追求,即实现社会公平的发展。这种公平包含两方面的内容,即代内公平和代际公平。

（1）代内公平

代内公平指发展要满足整代人的需求,而不是只满足一部分人的需求,同代人要依照公正、合理的原则担负各自的责任。可持续发展强调在满足全人类基本需求上的公平性和在社会财富分配上或以社会财富为基础的社会福利事业、社会文化发展分享上的公平性,即生存与发展权利上的公平性。发展是为了给人们创造更好的生存与发展条件,让全人类分享物质财富增长和社会进步所带来的好处。如果日益增加的物质财富和精神财富仅为少数阶层、少数集团享用,大多数民众所得很少,甚至成为经济增长的牺牲品,生活处于贫困状态,就可以说没有实现真正意义的发展。建立公平分配的格局,给当代人以公平的生存与发展权,是实现可持续发展的首要任务。

（2）代际公平

可持续发展承认并遵守新的伦理准则,讲求代际公平,即当代人的发展与后代人的可持续发展的公平性。由于资源是有限的,所以,可持续发展要求当代人的发展不能以损害后代人满足其需求所必需的自然资源和环境为代价,强调今天的发展不能损害后代人满足需求的能力,应让后代人享有公平的自然资源和环境的利用权。代际之间应依照公正、合理的原则去使用和管理属于全人类的资源与环境。

2）持续性原则

持续性原则强调的是人类的经济活动和社会发展不能超越自然资源与环境的承载能力,也就是说,可持续发展要求在人与自然之间实现和谐。这意味着人类的发展要以大气、水、土壤、生物等自然资源与环境的承受能力为限度,一旦这一基础遭到破坏,则人类的生存将受到威胁,发展更是无从谈起。

3）共同性原则

可持续发展以全人类的发展为前提,将之定位为全球性和全人类的可持续发展,把实现可持续发展目标视为全球的联合行动,它关系到人类共有的家园——地球,进而关系到每一个国家、地区、每一个产业和企业,关系到每一个民族、每一个社会群体和家庭,关系到地球上的每一个人。因此,可持续发展是全球的发展目标。

可持续发展的共同性原则,在《我们共同的未来》中得到了具体体现。该报告强调指出,无论是发达国家还是发展中国家,无论是市场经济国家还是计划经济国家,其经济和社会发展的目标必须根据可持续性原则加以确定。解释可以不一,但必然有一些共同特点必须从可持续发展的基本概念上和实现可持续发展大战略的共同认识出发。

12.1.2　可持续发展的基本理论

1. 可持续发展的基础理论

1）经济学理论

经济学理论包括增长的极限理论和知识经济理论。增长的极限理论是 D. H. Meadows 在其《增长的极限》一文中提出的有关可持续发展的理论,该理论的基本要点是运用系统动力学的方法,将支配世界系统的物质关系、经济关系和社会关系进行综合,提出人口不断增长、消费日益提高,而资源则不断减少、污染日益严重,制约了生产的增长。虽然科技不断进步能起到促进生产的作用,但这种作用是有一定限度的,因此生产的增长是有限的。知识经济理论认为经济发展的主要驱动力是知识和信息技术,知识经济将是未来人类可持续发展的基础。

2)生态学理论

生态学理论是指根据生态系统的可持续性要求,提出人类的经济社会发展要遵循生态学三个定律:一是高效原理,即能源的高效利用和废弃物的循环再生产;二是和谐原理,即系统中各个组成部分之间的和睦共生,协同进化;三是自我调节原理,即协同的演化着眼于其内部各组织的自我调节功能的完善和持续性,而非外部的控制或结构的单纯增长。

3)人口承载力理论

人口承载力理论是指地球系统的资源与环境,由于自身自组织与自我恢复能力存在一个阈值,在特定技术水平和发展阶段下对于人口的承载能力是有限的。人口数量及特定数量人口的社会经济活动对于地球系统的影响必须控制在这个限度之内,否则,就会影响或危及人类的持续生存与发展。这一理论被喻为20世纪人类最重要的三大发现。

4)人地系统理论

人地系统理论是指人类社会是地球系统的一个组成部分,是生物圈的重要组成,是地球系统的主要子系统。它是由地球系统所产生的,同时又与地球系统的各个子系统之间存在相互联系、相互制约、相互影响的密切关系。人类社会的一切活动,包括经济活动,都受到地球系统的气候(大气圈)、水文与海洋(水圈)、土地与矿产资源(岩石圈)及生物资源(生物圈)的影响,地球系统是人类赖以生存和社会经济可持续发展的物质基础和必要条件。而人类的社会活动和经济活动,又直接或间接影响了大气圈(大气污染、温室效应、臭氧洞)、岩石圈(矿产资源枯竭、沙漠化、土壤退化)及生物圈(森林减少、物种灭绝)的状态。人地系统理论是地球系统科学理论的核心,是陆地系统科学理论的重要组成部分,是可持续发展的理论基础。

2. 可持续发展的核心理论

可持续发展的核心理论尚处于探索和形成之中。目前已具雏形的流派大致可分为以下几种。

1)资源永续利用理论

资源永续利用理论流派的认识论基础在于,认为人类社会能否可持续发展取决于人类社会赖以生存发展的自然资源是否可以被永远地使用下去。基于这一认识,该流派致力于探讨使自然资源得到永续利用的理论和方法。

2)外部性理论

外部性理论流派的认识论基础在于,认为环境日益恶化和人类社会出现不可持续发展现象和趋势的根源,是人类迄今一直把自然(资源和环境)视为可以免费享用的公共物品,不承认自然资源具有经济学意义上的价值,并在经济生活中把自然的投入排除在经济核算体系之外。基于这一认识,该流派致力于从经济学的角度探讨把自然资源纳入经济核算体系的理论与方法。

3)财富代际公平分配理论

财富代际公平分配理论流派的认识论基础在于,认为人类社会出现不可持续发展现象和趋势的根源是当代人过多地占有和使用了本应属于后代人的财富,特别是自然财富。基于这一认识,该流派致力于探讨财富(包括自然财富)在代际之间能够得到公平分配的理论和方法。

4）三种生产理论

三种生产理论认为,世界系统本质上是一个由人类社会与自然环境组成的复杂巨系统,可称之为环境社会系统。在这个系统中,人与环境之间有着密切的联系,这种联系具体表现在两者之间的物质、能量和信息的流动上。在这三种流动中,物质的流动是基本,它是另外两个流动的基础和载体。在物质运动这个基础层次上,又可以划分为三个子系统,即物资生产子系统、人口生产子系统和环境生产子系统。事实上,整个世界系统的运动与变化取决于这三个子系统自身内在的物质运动,以及各子系统之间的联系状况,也就是这里所说的生产,即有输入、输出的物质转变活动的全过程。三种生产理论是环境社会系统发展学的核心理论,其概念模型如图 12-1 所示。

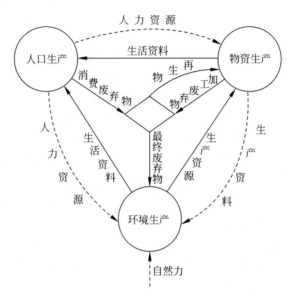

图 12-1　三种生产理论的概念模型

可见,三种生产的关系呈环状结构。其中任何一种生产不畅都会危害整个世界系统的持续运行;也可以说,人和环境这个大系统中物质流动的畅通程度取决于三种生产之间的协同程度。

（1）物资生产指人类从环境中索取生产资源并接受人口生产环节产生的消费再生物,并将它们转化为生活资料的总过程。该过程生产出生活资料去满足人类的物质需求,同时产生加工废弃物返回环境。物资生产环节,其基本参量是社会生产力和资源利用率。社会生产力对应于生产生活资料的总能力,而资源利用率表示物资生产从环境中索取的资源和从人口生产环节取得的消费再生物被转化为生活资料的比例。资源利用率越高,意味着在同等生活资料需求下,物资生产过程从环境中索取的资源越少,加载到环境中的废弃物越少。总的说来,社会生产力迅速增大,加工链节急剧增多,资源利用率急剧下降,是工业文明在物资生产方面的基本特征。

（2）人口生产指人类生存和繁衍的总过程。该过程消费物资生产提供的生活资料和环境生产提供的生活资源,产生人力资源以支持物资生产和环境生产,同时产生消费废弃物返回环境,产生消费再生物返回物资生产环节。人口生产环节,其基本参量是人口数量、人口素质和消费方式。人口数量和消费方式决定了社会总消费,这是三个生产环状运行的基本动力,而社会总消费的无限增长,则是世界系统失控的根本原因。人口素质涵盖人的科技知识水平和文化道德修养,它不但应决定人参加物资生产、环境生产的态度和能力,而且还应表现为调节自我生产和消费方式的能力。因此,人口素质的提高不仅会体现在物资生产和环境生产的提高和人口生产的改善上,更重要的是还会体现在调节三种生产间关系的能力提高上。

消费方式是反映人的物质生活水平和文化道德水准的一个重要指标。穷奢极侈的唯享乐的生活方式为人类新文明所不齿。而提倡绿色消费、清洁消费、重视文化生活,是建立符合可持续发展要求的消费模式的主要内容。在工业文明时代,刺激消费恶性膨胀的理论和做法成为决定消费方式和消费水准的主要因素;人类的需求异化为商品,人成为商品生产的奴隶,从而无限加大了对环境资源的索取和对环境污染的载荷,这是工业文明发展模式不可持续的一大根源。

(3) 环境生产则是指在自然力和人力共同作用下环境对其自然结构、功能和状态的维持与改善,包括消纳污染和产生资源。环境生产环节,其基本变量是污染消纳力和资源生产力。环境接受从物资生产环节返回的加工废弃物和从人的生产环节返回的消费废弃物,其消解这些废弃物的能力有一个极限,称为污染消纳力;当环境所接受的废弃物的种类和数量超过其污染消纳力后,就会使环境品质急剧降低。环境产生或再生生活资源和生产资源的速度也有极限,称为资源生产力。当物资生产过程从环境中索取资源的速度超过了环境的资源生产力时,就会导致作为资源的环境要素的存量降低。

因此,随着社会总消费的提高,仅仅保护环境是不够的,还必须主动地去建设环境,加强环境生产,提高环境的污染消纳力和资源生产力。认识到污染消纳力和资源生产力对世界系统运行的基本参数地位,将环境建设发展成为一种新的基础产业,才能使环境生产担负起其在可持续发展中的应有使命。在人口基数消费水准一时难以降低,而社会总消费和社会生产力又不断提高的现实前提下,加强环境生产最具紧迫性和长远意义。

12.1.3 可持续发展的重点战略任务

1. 采取有效措施,防治工业污染

坚持"预防为主,防治结合,综合治理"等指导原则,严格控制新污染,积极治理老污染,推行清洁生产,主要措施如下。

(1) 预防为主,防治结合,严格按照法律规定,对初建、扩建、改建的工业项目要先评价、后建设,严格执行"三同时"制度,技术起点要高。对现有工业结合产业和产品结构调整,加强技术改进,提高资源利用率,最大限度地实现"三废"资源化。积极引导和依法管理,防治乡镇企业污染,严禁对资源的滥挖乱采。

(2) 集中控制和综合管理,这是提高污染防治规模效益的必由之路。综合治理要做到合理利用环境自净能力与人为措施相结合,生态工程与环境工程相结合,集中控制与分散治理相结合,技术措施与管理措施相结合。

(3) 转变经济增长方式,推行清洁生产,走资源节约型、科技先导型、质量效益型道路,防治工业污染。大力推行清洁生产,全过程控制工业污染。

2. 加强城市环境综合整治,认真治理城市"四害"

城市环境综合整治包括加强城市基础设施建设,合理开发利用城市的水资源、土地资源及生活资源,防治工业污染、生活污染和交通污染,建立城市绿化系统,改善城市生态结构和功能,促进经济与环境协调发展,全面改善城市环境质量。当前主要任务是通过工程设施和管理措施,有重点地减轻和逐步消除废气、废水、废渣和噪声这城市"四害"的污染。

3. 提高能源利用率,改善能源结构

通过电厂节煤,严格控制热效率低、浪费能源的小工业锅炉的发展,推广民用型煤、发展城市煤气化和集中供热方式、逐步改变能源价格体系等措施,提高能源利用率,大力节约能源。调整能源结构,增加清洁能源比重,降低煤炭在中国能源结构中的比重。尽快发展水电、核电,因地制宜地开发和推广太阳能等清洁能源。

4. 推广生态农业,坚持植树造林,加强生物多样性保护

推广生态农业,提高粮食产量,改善生态环境。植树造林,确保森林资源的稳定增长。通过扩大自然保护区面积,有计划地建设野生珍稀物种及优良家禽、家畜、作物和药物良种的保护及繁育中心,加强对生物多样性的保护。

12.1.4　中国可持续发展战略总目标

联合国环境与发展大会之后,中国政府重视自己承担的国际义务,积极参与全球可持续发展理论的建立与健全工作。中国制定的第一份环境与发展方面的纲领性文件就是 1992 年 8 月党中央国务院批准转发的《中国环境与发展十大对策》。1994 年 3 月《中国 21 世纪议程》公布,这是全球第一部国家级的"21 世纪议程",把可持续发展原则贯穿到各个方案领域。《中国 21 世纪议程》阐明了中国可持续发展的战略和对策,它将成为我国制定国民经济和社会发展中长期计划的一个指导性文件。

中国可持续发展战略的总体目标是:用 50 年的时间,全面达到世界中等发达国家的可持续发展水平,进入世界可持续发展能力的 20 名行列;在整个国民经济中科技进步的贡献率达到 70% 以上;单位能量消耗和资源消耗所创造的价值在 2000 年基础上提高 10～12 倍;人均预期寿命达到 85 岁;人文发展指数进入世界前 50 名;全国平均受教育年限在 12 年以上;能有效克服人口、粮食、能源、资源、生态环境等制约可持续发展的瓶颈;确保中国的食物安全、经济安全、健康安全、环境安全和社会安全。2030 年实现人口数量的"零增长";2040 年实现能源资源消耗的"零增长";2050 年实现生态环境退化的"零增长",全面实现进入可持续发展的良性循环。

12.2　循环经济

12.2.1　循环经济的科学内涵

循环经济(circular economy)的概念最早由英国环境经济学家戴维·皮尔斯(David Pearce)和凯利·特纳(Kerry Turner)于 1990 年正式提出。1996 年,德国开始实施《循环经济与废物处置法》。随后法国、英国等欧洲国家纷纷效仿德国,发展循环经济逐渐成为全球

共识。作为一种科学的、全新的经济发展模式,循环经济改变了传统的"开采—生产—废弃"的线性经济模式,实现了经济发展与资源开采和环境影响的脱钩,能够以更少的资源投入创造出更多的社会经济价值,对于实现碳中和目标具有重要价值。

循环经济是按照一定的生态规律运行能够实现资源循环利用的经济形态。它要求把经济活动组织成一个"资源—产品—再生资源"的物质反复循环流动的过程,其特征是低开采、高利用、低排放。所有的物质和能源要能在这个不断进行的循环中得到合理和持久的利用,以使整个经济系统以及生产和消费过程基本上不产生或只产生很少的废弃物,从根本上消解长期以来环境与发展之间的尖锐冲突。它也是一种保持人与自然和谐相处的新型经济发展模式。循环经济发展模式强调经济活动中的资源循环利用和高效利用,能有效促进生态产业园产业资源的高效组织并形成共生产业链网。

经济发展的产生与演变经历了三个阶段。传统经济阶段:以人类自身需求为中心;生产方式高开采、低利用、高排放;经济运行模式"资源—生产—流通—消费—丢弃",即"资源—产品—污染物"。末端治理阶段:进入工业化中后期,环境污染成为阻碍经济发展的主要因素,发达国家开始采取末端治理模式。"先污染后治理",即在生产链的终点或在废弃物排放到大自然之前进行一系列的处理,降低污染物排放。循环经济产生:萌芽于 20 世纪 60 年代;70 年代前,循环经济还是超前理念;80 年代后,经历了从排放废物、净化废物、利用废物的过程,开始了资源化的方式处理废弃物,但没有从源头考虑;90 年代,源头预防和全过程治理替代末端治理逐渐成为国际社会环境和发展政策的主流。

循环经济理论的科学内涵表现在以下几方面。

1. 循环经济是马克思主义生态经济思想的重要实践平台

马克思物质循环思想孕育了循环经济理论的最早思想萌芽,而发展循环经济是马克思生态经济思想的题中应有之义。马克思不是就事论事地谈技术层次上的物质循环,而是试图发掘造成循环断裂或"物质变换裂缝"的社会深层次原因,进而从经济制度安排上剖析资本主义生产方式的根本性缺陷。根据他的分析,整个资本主义生产都围绕着疯狂获取尽可能多的剩余价值而展开,这种盲目扩大化的再生产势必造成生产消费能力的无限性和地球资源承载力有限性之间的矛盾。马克思指出的上述因生产方式本身所造成的问题在社会主义经济中同样存在。我国在长期工业化进程中取得了瞩目成就,但同时资源能源大量消耗和浪费,面临短缺甚至枯竭,污染物大量排放,生态环境遭到毁灭性破坏,经济不可持续问题十分突出。因此,必须对现行生产方式进行彻底变革。这就要求必须深入贯彻落实科学发展观,倡导"绿色发展理念",加快经济结构调整、转变经济发展方式,实现经济社会可持续发展。

2. 循环经济符合人类与资源环境关系演变的历史规律

就人与环境的关系而言,循环经济区别于以往"先污染后治理"或"边污染边治理"的传统经济模式或末端治理模式,是对经济发展方式的根本性变革,是从根本上缓解当前世界性资源能源紧张和生态环境破坏问题、实现经济健康可持续发展的必然选择。人类自工业革命以来获得了征服自然和改造自然的强大武器即工业化生产方式,但直接造成了日益严重的环境污染和生态破坏问题,同时,资源能源因大量消耗而面临枯竭,可持续发展能力不断遭到破坏,这种高污染、高能耗为特征的粗放型增长方式难以为继,资源环境问题成为困扰人类经济发展的全球性问题。根据环境库兹涅茨曲线,当人均收入由低到高增长时,环境退化与资源消耗速度超过环境净化与资源再生速度,但当经济发展到较高水平时,随着产业结构向现代服务业转变,以及环保意识增强和环保法律法规与技术措施的不断完善,环境恶化现象逐渐缓解甚至最终消失。从直角坐标系中看,经济发展水平与生态环境恶化程度呈倒U形关系。环境库兹涅茨曲线假定已被世界上多数发达国家的经历所证实。德国、日本等国的循环经济探索推动了跨越环境库兹涅茨曲线(图 12-2)拐点的进程。循环经济的努力程度也直接影响了环境库兹涅茨曲线顶点的位置。另外,随着环保产业异军突起,循环经济将成为欧洲国家和美国国民经济的重要支柱之一,循环经济使经济与环境实现良性互动,使其成为改良环境库兹涅茨曲线的最佳经济模式,从而从根本上解决了经济发展与资源环境的历史性矛盾。我国目前进入工业化、城市化加速发展阶段,资源能源消耗不可避免,更要重视发展循环经济,大力推进生态文明建设,加快转变经济发展方式,推动科学发展。

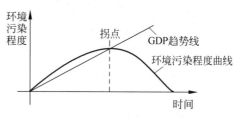

图 12-2　环境库兹涅茨曲线

3. 循环经济契合生态文明建设和绿色发展理念的实践要求

循环经济符合当前实施绿色发展、推进生态文明建设的内在要求。首先,循环经济是一种发展,就是用发展的办法解决发展过程中遇到的环境污染与资源约束困境,而不是单纯地治理污染而导致发展停滞或贻误发展时机。相反,通过发展静脉产业等,还可以形成新的经济增长点。其次,循环经济是一种新型的发展,它有别于传统经济模式和末端治理模式,实现了由重视发展数量向重视发展质量和效益的转变,实现了由单向线性发展方式向循环式发展方式转变,实现了生产方式和消费方式的根本转变。循环经济是一种可持续的发展,在提高资源利用率进而提高经济效益的同时,实现了经济发展与自然生态的有机统一,促进了人与自然和谐相处,增加了发展的可持续性。

4. 循环经济是一种符合可持续发展的经济模式

循环经济又称资源循环型经济,以资源的高效利用和循环利用为目标,以"减量化、再利用、资源化"为原则,以物质闭路循环和能量梯次使用为特征,按照自然生态系统的物质循环和能量流动的方式运行的经济模式。核心是资源的循环利用和节约,最大限度地提高资源的使用效率,其结果是节约资源、提高效率、减少环境污染。循环经济是在长期探索中找到的一种符合可持续发展目标的有效经济模式。

循环经济给人类经济的发展带来质的变化。首先,生态伦理观由"人类中心主义"转向"生态中心伦理",即伦理观从以人类价值为最高转向以生态系统为最高。其次,生态阈值问题受到广泛关注,环境的净化能力和承载能力有限,社会经济发展不可超过生态阈值;从原来仅重视人力生产率的提高转向从根本上提高资源的利用率,在保护生态系统基础上,达到经济发展和环境保护的双重目的。再次,重视自然资源的作用,任何经济发展都需要人力资本、金融资本、加工资本和自然资本。末端治理模式中,是用前三种资本开发自然资本,自然资本始终处于附属、被动的地位。循环经济中,自然资本被列为最重要的地位,减少资源和能源的浪费、提高资源生产率是可持续发展的必由之路。

因此,循环经济相对于传统经济具有以下优势:

(1) 节约了自然界的物质和能量,提高资源利用率,最大限度地减少废物排放,保护生态环境;

(2) 实现社会、经济和环境的和谐发展,实现资源的可持续利用,使社会生产从数量型的物质增长上升到质量型的服务增长;

(3) 不仅在生产方面实现了可持续发展,而且在消费方面也纳入持续的框架中;

(4) 由于模拟"食物链"的形式组织生产,有利于产业结构调整,扩大了就业水平,促进了生活质量的提高和社会的发展。

循环经济主要的理论突破是将社会经济体系纳入整个生态系统中,使得社会经济体系成为生态体系的一部分或一个演变阶段。

12.2.2　循环经济的原则和特征

1. 循环经济的原则

1) 减量化

减量化(reduce)即从源头上减少进入生产和消费过程的物质和能量,预防产生过多的废弃物,而不是仅仅把眼光放在废弃物的治理上。在生产方面,可以通过重新设计工艺流程或完善管理来提高资源利用率和减少废弃物排放,如轻型轿车既节省金属又节省能源;在消费方面,要求人们摒弃消费至上主义,提倡适度消费,如选择包装物较少和经久耐用的物品。

2) 再利用

再利用(reuse)即要求人们尽可能地多次以及尽可能通过多种方式利用已经购买的物品,延长产品的服务寿命,防止过早成为垃圾。例如,制造商可以使用标准尺寸设计各种产品,产品的某一部分损坏后,只需要更换该部分,而不需要更换整个产品;又如,生活中鼓励废旧物品回收、拆解及组装,通过反复使用,尽可能减少废弃物的直接排放。

3) 再循环

再循环(recycle)即废弃物资源化,将废弃物转化为再生产的原材料,重新投入生产过程,尽可能减少资源的投入。其核心是采用技术措施对废弃物进行加工处理,使其再生。如弃用的铝罐经过一系列处理又成为铝罐。

2. 循环经济的特征

1) 物质流动多重循环性

按照自然生态系统的运行规律和模式,组织成"资源—生产—再生资源"的物质反复循环流动过程,使得整个经济系统基本上不产生或只产生很少的废弃物,最大限度地追求废弃物的零排放。

2) 循环经济的开放性

环境系统不再是一个纯粹的自然系统,是人与自然的统一体,系统中能量流动和物质循环的途径和环节是不断发展变化的,具有开放性。

3) 循环经济系统的稳定性

所处环境的不断变化,要求系统自身随之调整与其适应,在这种动态环境中,循环经济系统稳定性的持续实现是动态稳定性。

4）清洁生产

1989 年联合国环境规划署提出在工业生产全过程中控制污染,核心是从污染源产生开始,利用一切措施控制和减少生产和服务过程对环境可能造成的危害。

5）科学技术先导性

以科技进步为先决条件,依靠科技进步,积极采用无害或低害新工艺、新技术,大力降低原材料和能源的消耗,实现少投入、高产出、低污染,尽可能把对环境污染物的排放消除在生产过程中。

6）生态、经济和社会利益的统一性

向自然界索取的资源最小化,向社会提供的效用最大化,向生态环境排放的废弃物趋零化,使生态效益—经济效益—社会效益达到协调统一,实现“三赢”。

7）公众参与性

公众参与是促进循环经济发展的根本动力,循环经济对公众来说是一种新型的、先进的经济形态,普及资源综合利用的科学与法律知识,增强公众合理利用资源的意识和责任感、动员和引导公众参与资源综合利用等非常必要。

12.2.3　发展循环经济的意义与障碍

首先循环经济于全球的可持续发展战略而言有着重要的指导和实践意义。无论是发展中国家还是发达国家,都把循环经济看作自身实施可持续发展战略的重要实现手段和方式。循环经济这一经济模式的运转可以对原有的产业结构进行变革,与此同时,各个国家的科技发展方向也会有所调整,这种经济模式可以帮助人们树立新的价值观念,从根源和表层来帮助人们发展绿色经济。其次循环经济作为可持续发展的有效载体,在资源短缺匮乏的地区,循环经济是国家地区发展的必然选择,循环经济的流程帮助人们实现人与自然和谐共处、相辅共生的模式。但是,循环经济的发展也非容易之事。很多国家在发展循环经济的过程中出现缺乏有效的运作方法和不完善的政策等问题,因为循环经济的运行需要市场机制和政府等机构的支持,此时需要在发展循环经济时紧密结合运营机制和加强政府、企业等机构的联系,这样才能得到有效发展。

12.3　低碳经济

面对日趋严峻的全球气候变化形势,低碳经济的理念和模式应运而生。《联合国气候变化框架公约的京都议定书》促使形成了低碳经济理念。而低碳经济概念最早出现于英国2003 年颁布的《能源白皮书》。2006 年,著名经济学家尼古拉斯·斯特恩发表《气候变化经济学——斯特恩报告》,这份报告指出,低碳经济是一种涵盖低碳产业、低碳技术等内容的新兴经济形态,引发了一场全球性变革,让人类的生产方式、价值观念等均发生了颠覆性变化。低碳经济是转变经济增长方式,培育国家新的竞争优势的重要路径,是一种以低能耗、低污染、低排放为基础的经济发展模式,主要表现为能源效率的提升、能源结构的优化以及消费行为的理性化。虽然低碳经济的理念已经被越来越多的国家政府所认可,低碳经济的发展模式也已逐渐付诸行动,但目前国内外对低碳经济内涵的理解仍各持己见。发达国家更多关注履约,从履行控制温室气体排放的国际义务角度确定其治理目标;而发展中国家着眼于发展,关注如何实现减少排放与经济发展的“双赢”。《能源白皮书》强调低碳经济以建设低碳社会为最终方向,用最小的能源消耗和环境污染,创造最大化的经济产出,主张最大化地利用能源,同时鼓励以可再生和低碳能源作为生产要素,支持研发节能减排技术,促进社会生活向低碳化转变。

所谓低碳经济是在国家可持续发展战略的指导下,以可持续发展理念为导向,通过全面的制度创新,全方位的技术革新,通过主要的产业转型,采用新能源开发等多种有效手段,以最大限度地减少煤炭及石油等高碳能源的消耗,对温室气体排放做到最大限度地减少,既促进经济社会的发展,又很好地保护环境生态,达到两者"双赢"目的,是一种新型经济发展形态,也被列入国家经济可持续发展战略目标之一。

低碳经济理论的最重要的一部分来源于经济学思想,很多人误认为经济学只是关注国家 GDP 数值变化,其实经济学还兼顾人类未来发展等多方面的研究。所以,低碳经济思想是经济学理论范畴的重要组成部分。

低碳经济发展的涉及面很广,其中包括生态循环、绿色及低碳经济。低碳经济的这几个方面都能够帮助人类实现低投入、低消耗等理念,全面系统地为现代化经济做指导,最大限度地为低碳经济的发展奠定基础。

低碳经济的特点主要表现为以下几方面:

1) 遵循市场经营原则

低碳经济的发展完全遵循市场化、经营化的原则,完全遵循市场有关经营机制,完全适合市场经济化的发展原则,具有持续发展的主要特征。

2) 推进环境与经济协调发展

低碳经济的发展就是要保证人们的正常生活水平质量的提高,以及保障相关福利待遇的提升,生活水准的提高,最重要的是人们生存环境的优雅,生态环境的纯真,一切接地气,人们可以尽情地享受自然环境美、绿色生态美,好的生活品质得到有效提升。低碳经济有力地推进环境与经济的协调发展,低碳经济是一种发展的新方向,对于节能减排,降低环境污染起到重要作用。

3) 发挥节能减排的巨大潜力

在低碳经济下,人们在努力改变着传统的消费模式和生活方式。现代社会经济快速发展,各大中小城市,每一户都拥有 1~2 辆小汽车,而绝大多数汽车都选用高碳经济的汽油能源保持车辆运行,这样在人口密集、车辆密集的大城市,车辆排放燃油燃烧后的有害气体量就很大,严重影响人们的身心健康。与此同时,国家在低碳经济理念指导下选择制造新能源汽车,可充电给汽车产生动力保障运行,大大减少了汽油燃烧的有害气体排放量,保障了人们的身心健康。由此,低碳经济具有节能减排的重要特征。

12.4　清洁生产

12.4.1　清洁生产概述

1. 清洁生产的定义

从工业革命至 20 世纪 40 年代,人类生产工业产品而引起的工业废气、废水的处理主要靠稀释排放,即利用自然环境的稀释和自净能力。但这种处理的危害特别大,并未消除污染物的毒性,会引发环境污染。从 60 年代开始,人类逐渐意识到稀释排放的危害性,从而转用废物处理技术控制污染,即对生产过程中产生的各种类型的污染物分别进行相应的技术处理使其达到相应标准后再排出。但是这种技术控制只是注重了污染的末端控制,考虑得过于局限,没有考虑到在生产过程中通过优化从根本上减少污染物的产生。从 70 年代开始,人类采取废物资源化的思想发展废物的循环回收利用技术,即工业废物通过技术处理分离出来并用于其他地方使用。但是,它也有相当大的局限性。例如,并不是所有的工业废物都可以循环利用,有些工业废物分离困难,技术成本过高则不适合循环利用。从 80 年代开始,人类意识到"先污染后治理"的弊端,开始注重预防为主。70 年代,欧洲人提出"无废工艺和无废生产"。80 年代,美国人提出"废物最小量化"。

1996 年,联合国环境规划署与环境规划中心将清洁生产定义为:清洁生产是一种关于产品生产过程的创新型思想,其将整体预防的环境战略持续应用于生产过程和产品中,以便增加生态效率,降低人类和环境的风险。对于生产过程而言,清洁生产包括节省原材料和能源,减少或者不使用有毒原材料,在排放废物离开生产过程之前减少废物的数量并降低废物的毒性;对于产品而言,清洁生产意味着减少产品从原料提炼到产品最终处置的全生命周期的对人类和环境的不良影响。

《中国 21 世纪议程》中清洁生产的定义:清洁生产是指既可满足人们的需要又可合理使用自然资源和能源并保护环境的实用生产方法和措施,其实质是一种物耗和能耗最少的人类生产活动的规划和管理,将废物减量化、资源化和无害化,或消灭于生产过程之中。同时对人体和环境无害的绿色产品的生产亦将随着可持续发展进程的深入而日益成为今后产品生产的主导方向。

2012 年 7 月 1 日起实施的新修订的《中华人民共和国清洁生产促进法》第二条中清洁生产的定义:本法所称清洁生产,是指不断采取改进设计、使用清洁的能源和原料、采用先进的工艺技术与设备、改善管理、综合利用等措施,从源头削减污染,提高资源利用效率,减少或者避免生产、服务和产品使用过程中污染物的产生和排放,以减轻或者消除对人类健康和环境的危害。

2. 清洁生产的基本特征

清洁生产虽然有许多不同的提法,但是它们的基本内涵都是对生产过程、产品及服务采用污染预防的战略以此减少污染物的产生。清洁生产的内涵可以由以下 5 个基本特征来概括。

1) 预防性

传统的末端治理为先污染后治理,而清洁生产侧重于预防,强调从产生污染的源头减少或者消除污染物的产生,并且对最终产生的废物进行循环利用。

2) 综合性

传统的末端治理着重于单一形态的污染控制,很难彻底消除生产对环境的影响。而清洁生产则是通过工艺改造等途径来实现节能、降耗、减污,可以很大程度上提升企业的综合效益。清洁生产具有明显的综合性特征,它将所有的环境介质看作一个整体。

3) 持续性

清洁生产无法通过一次或者几次活动就达到预防的目的,所以清洁生产需要不断持续地进行以实现预防效果。随着技术的不断发展和研究,清洁生产也会不断优化其方法。故清洁生产具有持续性。

4）战略性

清洁生产拥有一定的理论基础、技术和计划,是一个以预防污染为目标的环境战略。

5）统一性

传统的末端处理投入多,难度大,不能将经济与环境效益有机结合。而清洁生产最大程度地利用资源,在生产过程之中就将污染物消除。这样不仅改善了环境,还提高了其经济效益。

3. 清洁生产内涵的表现

清洁生产的内涵十分丰富,主要表现在:采用清洁的原料和能源、清洁的生产和服务过程以及清洁的产品。

1）清洁的原料和能源

原料的选择原则是尽量选择无污染、无毒的原料,少用昂贵的原料。能源要求充分利用,做到节约能源。

2）清洁的生产和服务过程

清洁的生产是通过新工艺和设备来利用减量技术对生产效率起到提高作用,同时减少生产过程中废物的产生率。清洁的服务是在服务过程中充分考虑减少原料、能源的消耗和废物的产生。

3）清洁的产品

产品生产过程中造成的污染小,且使用时不会对环境和人体健康造成危害。产品在进行销售时,包装应当注意合理,选择可降解材料。

4. 实施清洁生产的途径与方法

实施清洁生产的主要途径和方法包括合理布局、产品设计、原料选择、工艺改革、节约能源与原材料、资源综合利用、技术进步、加强管理、开发、生产对环境无害、低害的清洁产品等许多方面,可以归纳如下:

(1) 合理布局,调整和优化经济结构和产业产品结构,以解决影响环境的结构型污染和资源能源的浪费。同时,在科学区划和地区合理布局方面,进行生产力的科学配置,组织合理的工业生态链,建立优化的产业结构体系,以实现资源、能源和物料的闭合循环,并在区域内削减和消除废物。

(2) 在产品设计和原料选择时,优先选择无毒、低毒、少污染的原辅材料替代原有毒性较大的原辅材料,防止原料及产品对人类和环境的危害。

(3) 改革生产工艺,开发新的工艺技术,采用和更新生产设备,淘汰陈旧设备。采用能够使资源和能源利用率高、原材料转化率高、污染物产生量少的新工艺和设备,代替那些资源浪费大、污染严重的落后工艺设备。优化生产程序,减少生产过程中资源浪费和污染物的产生,尽最大努力实现少废或无废生产。

(4) 节约能源和原材料,提高资源利用水平,做到物尽其用。通过资源、原材料的节约和合理利用,使原材料中的所有组分通过生产过程尽可能地转化为产品,消除废物的产生,实现清洁生产。

(5) 开展资源综合利用,尽可能多地采用物料循环利用系统,如水的循环利用及重复利用,以达到节约资源,减少排污的目的。使废弃物资源化、减量化和无害化,减少污染物排放。

（6）依靠科技进步,提高企业技术创新能力,开发、示范和推广无废、少废的清洁生产技术装备。加快企业技术改造步伐,提高工艺技术装备和水平,通过重点技术进步项目（工程）,实施清洁生产方案。

（7）强化科学管理,改进操作。国内外实践表明,工业污染有相当一部分是由于生产过程管理不善造成的,只要改进操作,改善管理,不需花费很大的经济代价,便可获得明显的削减废物和减少污染的效果。主要方法是：落实岗位和目标责任制,杜绝跑、冒、滴、漏,防止生产事故,使人为的资源浪费和污染排放减至最小;加强设备管理,提高设备完好率和运行率;开展物料、能量流程审核;科学安排生产进度,改进操作程序;组织安全文明生产,把绿色文明渗透到企业文化之中等。推行清洁生产过程也是加强生产管理的过程,它在很大程度上丰富和完善了工业生产管理的内涵。

（8）开发、生产对环境无害、低害的清洁产品。从产品抓起,将环保因素预防性地注入产品设计中,并考虑其整个生命周期对环境的影响。

这些途径可单独实施,也可互相组合起来综合实施。应采用系统工程的思想和方法,以资源利用率高、污染物产生量小为目标,综合推进这些工作,并使推行清洁生产与企业开展的其他工作相互促进,相得益彰。

12.4.2 清洁生产审核

《清洁生产审核办法》中对清洁生产审核的定义：本办法所称清洁生产审核,是指按照一定程序,对生产和服务过程进行调查和诊断,找出能耗高、物耗高、污染重的原因,提出降低能耗、物耗、废物产生以及减少有毒有害物料的使用、产生和废弃物资源化利用的方案,进而选定并实施技术经济及环境可行的清洁生产方案的过程。

清洁生产审核的目标如下：①核对有关单元操作、原材料、产品、用水、能源和废弃物的资料;②确定废弃物的来源、数量以及类型,确定废弃物削减的目标,制订经济有效的削减废弃物产生的对策;③提高企业对由削减废弃物获得效益的认识和知识;④判定企业效率低的瓶颈部位和管理不善的地方;⑤提高企业经济效益、产品和服务质量。

企业组织实施清洁生产审核是推行清洁生产的有效途径。由国家清洁生产中心开发的清洁生产审核程序包括 7 个阶段。整个清洁生产审核过程可以分为第一时段审核和第二时段审核。其中,第一时段审核包括筹划和组织、预审核、审核、方案的产生和筛选;第二时段审核包括方案的可行性分析、方案实施和持续清洁生产。在完成第一时段审核后,应提出清洁生产审核中期报告以对其进行阶段性总结。在完成第二时段审核后,应提交清洁生产审核最终报告。

1. 筹划和组织

筹划和组织的目的是通过培训和宣传使企业领导和员工对清洁生产有一个初步且比较正确的认识,让他们对清洁生产审核的内容、要求及工作程序有大致了解。这一阶段的工作重点是取得企业高层领导的支持和参与、组建清洁生产审核小组、制订审核工作计划和宣传清洁生产思想。

清洁生产审核涉及面很广,企业的各个部门都会参与其中,审核的工作重点会随着审核工作深入而发生变化,同时也需要及时调整参与审核的工作部门和人员。首先需要取得高层领导对审核工作的大力支持,这可以很好地保证审核工作的顺利实施。从实际来看,越是领导支持的企业,审核工作的进展越是顺利。

2. 预审核

审核工作虽然是在整个企业范围内开展的,但受到时间、财力等方面的限制,必须将主要力量集中在一个重点上。所以,预审核的目的就是通过对企业生产情况进行定性和定量分析确定清洁生产审核重点。本阶段的工作步骤如下:①企业现状调研;②现场考察;③评价产污排污状况;④确定审核重点;⑤设置清洁生产目标;⑥提出和实施无/低费方案。其中,确定审核重点和设置清洁生产目标是本阶段工作重点。

确定审核重点常用权重总和计分排序法。该法是一种将定量数据与定性判断相结合的加权评分方法。在确定审核重点阶段中,首先确定备选审核重点,然后确定审核重点。对于工艺流程简单,产品类型单一的小型企业,可以直接根据定性分析来确定审核重点,不需要对其备选。设置清洁生产目标时,需要满足以下原则:①容易被人理解,且易于实现;②清洁生产指标是针对审核重点的定量化、可操作的指标,要求有减污、降耗或节能的绝对量和相对量指标;③设置清洁生产目标要分为近期目标和远期目标。

3. 审核

本阶段是针对组织审核重点的原材料、生产过程以及浪费的产生进行审核。审核这个阶段是通过对审核重点的物料平衡、水平衡、能量衡算和污染因子平衡,分析物料、能量流失和其他浪费的环节,发现废物产生的原因,查找物料储存、生产运行和管理等方面存在的问题,找出其与国内外先进水平的差距从而更好地确定清洁生产方案。本阶段的工作步骤如下:①准备审核重点资料;②实测输入输出物流;③建立物料平衡;④清洁生产潜力与机会分析。其中,建立物料平衡是本阶段的工作重点。

物料平衡是通过测定和计算确定输出系统物流的量和输入系统物流的量之间的相符情况。理论上,物料平衡应该满足输出系统物流的量等于输入系统物流的量。其需要先进行预平衡测算,然后编制物料平衡图,最后根据之前步骤来阐述物料平衡结果。

4. 方案的产生和筛选

本阶段的目的是通过对物料流失、资源浪费、污染物产生和排放进行分析,为下一阶段进行可行性分析确定几个可能实施的清洁生产中/高费方案。本阶段的工作步骤如下:①产生方案;②分类汇总方案;③筛选方案;④方案编制。

首先,应当发动群众收集各类方案,方案需要思路创新、满足物料平衡、充分利用国内外先进技术、全面系统;其次,对所有的清洁生产方案进行分类整理并汇总;然后,筛选、研制方案,继续实施无/低费方案并核定其效果;最后,编写清洁生产中期审核报告。

5. 可行性分析

本阶段是通过对各个清洁生产方案进行市场调研、环境评估、技术评估以及经济评估来选择一个最佳且可操作性强的方案。最佳的方案是指技术先进、经济上合理且不对环境产生危害作用的方案。

6. 方案实施

方案实施的目的是通过所提出的可行的清洁生产方案的实施,深化和巩固清洁生产的成果,实现技术进步,获得比较显著的经济效益和环境效益。本阶段工作程序包括:实施前准备、实施方案、评估方案实施效果。

7. 持续清洁生产

本阶段的目的是使清洁生产可以在企业中长时间保持下去。本阶段工作程序包括:建立和完善清洁生产组织,建立和完善清洁生产管理制度,制订持续清洁生产计划,编写清洁生产审核报告。

12.5 环境思政材料

可持续发展思想与中华优秀传统文化

中国共产党提出的生态文明思想是对可持续发展思想的发展与升华,而中国生态文明观的特色和优势之一就是充分吸收自己固有文化中的天人调谐思想。中国古代的天人调谐思想是中国传统文化的精华,它强调人与自然的协调统一,既改造自然,又顺应自然;既不屈从自然,又不破坏自然。人既不是大自然的主宰,也不是大自然的奴隶,而是大自然的朋友,要参与大自然造化养育万物的活动。

西方哲学中,价值判断普遍是人以自身为尺度的,自然的价值仅限于对人的工具性价值。中国哲学从一开始就明确肯定自然本身具有内在价值和客观规律。《易传》说,"天地之大德曰生",又说"生生之谓易"。"易"是自然创化的本质,是自然的事实;而自然的创化又是自然生生之德的实现,这是自然的价值。同是一个自然,从事实的角度讲,其本质是永恒的变化;从价值的角度讲,其意义在于生生不息的创造活力。自然不仅有其内在价值,而且有其普遍规律,尊重其内在价值就要服从其普遍规律,服从其普遍规律才算真正尊重其内在价值。中国传统文化认为,人类和万物一样,是天地自然而然的产物,人类社会是自然发展的结果,人是自然的一部分。在生生不息的天地间、万物中,人应当"与天地合其德,与日月合其明,与四时合其序"(《易经·文言传》),并能够将仁爱之心推及天下,泽及草木禽兽有生之物,达到天地万物人我一体的境界,天、地、人合德并进,圆融无间,这就是天人调谐的最高境界。

中国传统文化的主流思想主张天人调谐,但反对泯灭人的天赋特殊性,不主张通过弃绝工具,返回原始状态来追求天人调谐,而是强调人的特殊性与主观能动性,重视人类自身的生存与发展,强调要善用自然规律为自身服务,同时,恪尽人类对天地万物"参赞化育"的责任。可以说,中国的天人调谐思想是一种全面又积极的天人关系思想,一方面强调天、地、人相统一;另一方面强调人的特殊性,将人与自然的关系定位在一种积极的调谐关系上。所谓积极的调谐关系就是既要立足天人相分的事实和自然规律的客观性,遵循自然的生态学季节节律(天地之道)和物质循环法则(天地之宜),又要利用人的天赋智慧,积极研究利用自然规律,为己所用,为万物所用。在当代,讲可持续发展,讲爱护环境保护生态,都不可能要求人类全面放弃自己的科学文化知识,放弃自己的生产力,回到工业化以前的社会经济状态。今天,我们讲可持续发展,讲科学发展,就是积极的天人调谐,是坚持发展的天人调谐,是天人调谐基础上的发展。

中国文化的基本特质是追求心与物、人与人、人与自然的普遍和谐。追求普遍和谐是中国传统文化几乎所有各家各派共同具有的价值取向。以儒家而言,对普遍和谐的追求自孔子起就已奠定了基本精神方向。他明确提出了对日后整个中国哲学产生深刻影响的"和而不同"思想。《中庸》指出:"中也者,天下之大本也;和也者,天下之达道也。致中和,天地位焉,万物育焉"。建立在"中"这一天下之大本基础上的"和"是天下之达道,人能够达致天下之达道,则可以使天地万物达到各安其所的理想境界。可以说,人作为天地间唯一具有主观能动性因而最为珍贵的存在者,其重要的存在使命就是消除不和谐状态,促成"天地位焉,万物育焉"的和谐状态,以充分体现天道之"仁"。对于怎样才能完成这样的使命,实现这样的理想,中国文化则提供了两个法宝,一是"中",一是"和"。

中国古代天人调谐思想不仅是思辨与审美,也是政策与实践。如《尚书》中有正确使用自然资源的较早论述,在春秋战国时期也已经有要保护正在怀孕和产卵的鸟兽鱼鳖以利于"永续利用"的思想和封山育林定期开禁的法令;《吕氏春秋·义赏》中也提出了"竭泽而渔,岂不获得,而明年无鱼;焚薮而田,岂不获得,而明年无兽"的持续利用可更新资源的思想;《国语》还记载了公元前550年周灵王儿子太子晋关于治水治山、合理开发自然资源的主张。《论语·述而》和《逸周书·文传解》中分别提出了"钓而不纲,弋不射宿"和"山林非时不升斤斧,以成草木之长;川泽非时不入网罟,以成鱼鳖之长"的主张,意在告诫人们要适度利用自然,注意不要破坏动植物本身的生长规律。管仲也从发展经济、富国强兵的目标出发,强调要注意保护山林川泽及其生物资源,反对过度开采,认为"为人君而不能谨守其山林菹泽草莱,不可以为天下王"(《管子·地数》)。战国时期的荀子也把自然资源的保护视为治国安邦之策,特别注重遵从生态学的季节规律,重视自然资源的持续保存和永续利用。1975年在湖北云梦秦墓中发掘出的《田律》竹简上记载着:"春二月,毋敢伐树木山林及雍堤水。不夏月,毋敢夜草为灰,取生荔,毋……毒鱼鳖,置阱罔,到七月而纵之"。这是我国和世界上最早的有关环保方面的法律,它充分体现了古代人们的可持续发展思想。

本章扩展思政材料

思考题

1. 什么是"可持续发展"？可持续发展的原则有哪些?
2. 简述可持续发展的基本理论。
3. 什么是循环经济?
4. 循环经济的原则和特征是什么?
5. 简述低碳经济的概念和特点。
6. 简述清洁生产内涵和实施途径。
7. 简述清洁生产审核程序。

附　　录

附录 1　中华人民共和国环境保护法

中华人民共和国环境保护法

(1989 年 12 月 26 日第七届全国人民代表大会常务委员会第十一次会议通过
2014 年 4 月 24 日第十二届全国人民代表大会常务委员会第八次会议修订)

第一章　总　　则

第一条　为保护和改善环境,防治污染和其他公害,保障公众健康,推进生态文明建设,促进经济社会可持续发展,制定本法。

第二条　本法所称环境,是指影响人类生存和发展的各种天然的和经过人工改造的自然因素的总体,包括大气、水、海洋、土地、矿藏、森林、草原、湿地、野生生物、自然遗迹、人文遗迹、自然保护区、风景名胜区、城市和乡村等。

第三条　本法适用于中华人民共和国领域和中华人民共和国管辖的其他海域。

第四条　保护环境是国家的基本国策。

国家采取有利于节约和循环利用资源、保护和改善环境、促进人与自然和谐的经济、技术政策和措施,使经济社会发展与环境保护相协调。

第五条　环境保护坚持保护优先、预防为主、综合治理、公众参与、损害担责的原则。

第六条　一切单位和个人都有保护环境的义务。

地方各级人民政府应当对本行政区域的环境质量负责。

企业事业单位和其他生产经营者应当防止、减少环境污染和生态破坏,对所造成的损害依法承担责任。

公民应当增强环境保护意识,采取低碳、节俭的生活方式,自觉履行环境保护义务。

第七条　国家支持环境保护科学技术研究、开发和应用,鼓励环境保护产业发展,促进环境保护信息化建设,提高环境保护科学技术水平。

第八条　各级人民政府应当加大保护和改善环境、防治污染和其他公害的财政投入,提高财政资金的使用效益。

第九条　各级人民政府应当加强环境保护宣传和普及工作,鼓励基层群众性自治组织、社会组织、环境保护志愿者开展环境保护法律法规和环境保护知识的宣传,营造保护环境的良好风气。

教育行政部门、学校应当将环境保护知识纳入学校教育内容,培养学生的环境保护意识。

新闻媒体应当开展环境保护法律法规和环境保护知识的宣传,对环境违法行为进行舆论监督。

第十条　国务院环境保护主管部门,对全国环境保护工作实施统一监督管理;县级以上地方人民政府环境保护主管部门,对本行政区域环境保护工作实施统一监督管理。

县级以上人民政府有关部门和军队环境保护部门,依照有关法律的规定对资源保护和污染防治等环境保护工作实施监督管理。

第十一条　对保护和改善环境有显著成绩的单位和个人,由人民政府给予奖励。

第十二条　每年6月5日为环境日。

第二章　监 督 管 理

第十三条　县级以上人民政府应当将环境保护工作纳入国民经济和社会发展规划。

国务院环境保护主管部门会同有关部门,根据国民经济和社会发展规划编制国家环境保护规划,报国务院批准并公布实施。

县级以上地方人民政府环境保护主管部门会同有关部门,根据国家环境保护规划的要求,编制本行政区域的环境保护规划,报同级人民政府批准并公布实施。

环境保护规划的内容应当包括生态保护和污染防治的目标、任务、保障措施等,并与主体功能区规划、土地利用总体规划和城乡规划等相衔接。

第十四条　国务院有关部门和省、自治区、直辖市人民政府组织制定经济、技术政策,应当充分考虑对环境的影响,听取有关方面和专家的意见。

第十五条　国务院环境保护主管部门制定国家环境质量标准。

省、自治区、直辖市人民政府对国家环境质量标准中未作规定的项目,可以制定地方环境质量标准;对国家环境质量标准中已作规定的项目,可以制定严于国家环境质量标准的地方环境质量标准。地方环境质量标准应当报国务院环境保护主管部门备案。

国家鼓励开展环境基准研究。

第十六条　国务院环境保护主管部门根据国家环境质量标准和国家经济、技术条件,制定国家污染物排放标准。

省、自治区、直辖市人民政府对国家污染物排放标准中未作规定的项目,可以制定地方污染物排放标准;对国家污染物排放标准中已作规定的项目,可以制定严于国家污染物排放标准的地方污染物排放标准。地方污染物排放标准应当报国务院环境保护主管部门备案。

第十七条　国家建立、健全环境监测制度。国务院环境保护主管部门制定监测规范,会同有关部门组织监测网络,统一规划国家环境质量监测站(点)的设置,建立监测数据共享机制,加强对环境监测的管理。

有关行业、专业等各类环境质量监测站(点)的设置应当符合法律法规规定和监测规范的要求。

监测机构应当使用符合国家标准的监测设备,遵守监测规范。监测机构及其负责人对监测数据的真实性和准确性负责。

第十八条　省级以上人民政府应当组织有关部门或者委托专业机构,对环境状况进行调查、评价,建立环境资源承载能力监测预警机制。

第十九条　编制有关开发利用规划,建设对环境有影响的项目,应当依法进行环境影响评价。

未依法进行环境影响评价的开发利用规划,不得组织实施;未依法进行环境影响评价的建设项目,不得开工建设。

第二十条　国家建立跨行政区域的重点区域、流域环境污染和生态破坏联合防治协调机制,实行统一规划、统一标准、统一监测、统一的防治措施。

前款规定以外的跨行政区域的环境污染和生态破坏的防治,由上级人民政府协调解决,或者由有关地方人民政府协商解决。

第二十一条　国家采取财政、税收、价格、政府采购等方面的政策和措施,鼓励和支持环境保护技术装备、资源综合利用和环境服务等环境保护产业的发展。

第二十二条　企业事业单位和其他生产经营者,在污染物排放符合法定要求的基础上,进一步减少污染物排放的,人民政府应当依法采取财政、税收、价格、政府采购等方面的政策和措施予以鼓励和支持。

第二十三条　企业事业单位和其他生产经营者,为改善环境,依照有关规定转产、搬迁、关闭的,人民政府应当予以支持。

第二十四条　县级以上人民政府环境保护主管部门及其委托的环境监察机构和其他负有环境保护监督管理职责的部门,有权对排放污染物的企业事业单位和其他生产经营者进行现场检查。被检查者应当如实反映情况,提供必要的资料。实施现场检查的部门、机构及其工作人员应当为被检查者保守商业秘密。

第二十五条　企业事业单位和其他生产经营者违反法律法规规定排放污染物,造成或者可能造成严重污染的,县级以上人民政府环境保护主管部门和其他负有环境保护监督管理职责的部门,可以查封、扣押造成污染物排放的设施、设备。

第二十六条　国家实行环境保护目标责任制和考核评价制度。县级以上人民政府应当将环境保护目标完成情况纳入对本级人民政府负有环境保护监督管理职责的部门及其负责人和下级人民政府及其负责人的考核内容,作为对其考核评价的重要依据。考核结果应当向社会公开。

第二十七条　县级以上人民政府应当每年向本级人民代表大会或者人民代表大会常务委员会报告环境状况和环境保护目标完成情况,对发生的重大环境事件应当及时向本级人民代表大会常务委员会报告,依法接受监督。

第三章　保护和改善环境

第二十八条　地方各级人民政府应当根据环境保护目标和治理任务,采取有效措施,改善环境质量。

未达到国家环境质量标准的重点区域、流域的有关地方人民政府,应当制定限期达标规划,并采取措施按期达标。

第二十九条　国家在重点生态功能区、生态环境敏感区和脆弱区等区域划定生态保护红线,实行严格保护。

各级人民政府对具有代表性的各种类型的自然生态系统区域,珍稀、濒危的野生动植物自然分布区域,重要的水源涵养区域,具有重大科学文化价值的地质构造、著名溶洞和化石分布区、冰川、火山、温泉等自然遗迹,以及人文遗迹、古树名木,应当采取措施予以保护,严禁破坏。

第三十条　开发利用自然资源,应当合理开发,保护生物多样性,保障生态安全,依法制定有关生态保护和恢复治理方案并予以实施。

引进外来物种以及研究、开发和利用生物技术,应当采取措施,防止对生物多样性的破坏。

第三十一条　国家建立、健全生态保护补偿制度。

国家加大对生态保护地区的财政转移支付力度。有关地方人民政府应当落实生态保护补偿资金,确保其用于生态保护补偿。

国家指导受益地区和生态保护地区人民政府通过协商或者按照市场规则进行生态保护补偿。

第三十二条　国家加强对大气、水、土壤等的保护,建立和完善相应的调查、监测、评估和修复制度。

第三十三条　各级人民政府应当加强对农业环境的保护,促进农业环境保护新技术的使用,加强对农业污染源的监测预警,统筹有关部门采取措施,防治土壤污染和土地沙化、盐渍化、贫瘠化、石漠化、地面沉降以及防治植被破坏、水土流失、水体富营养化、水源枯竭、种源灭绝等生态失调现象,推广植物病虫害的综合防治。

县级、乡级人民政府应当提高农村环境保护公共服务水平,推动农村环境综合整治。

第三十四条　国务院和沿海地方各级人民政府应当加强对海洋环境的保护。向海洋排放污染物、倾倒废弃物,进行海岸工程和海洋工程建设,应当符合法律法规规定和有关标准,防止和减少对海洋环境的污染损害。

第三十五条　城乡建设应当结合当地自然环境的特点,保护植被、水域和自然景观,加强城市园林、绿地和风景名胜区的建设与管理。

第三十六条　国家鼓励和引导公民、法人和其他组织使用有利于保护环境的产品和再生产品,减少废弃物的产生。

国家机关和使用财政资金的其他组织应当优先采购和使用节能、节水、节材等有利于保护环境的产品、设备和设施。

第三十七条　地方各级人民政府应当采取措施,组织对生活废弃物的分类处置、回收利用。

第三十八条　公民应当遵守环境保护法律法规,配合实施环境保护措施,按照规定对生活废弃物进行分类放置,减少日常生活对环境造成的损害。

第三十九条　国家建立、健全环境与健康监测、调查和风险评估制度;鼓励和组织开展环境质量对公众健康影响的研究,采取措施预防和控制与环境污染有关的疾病。

第四章　防治污染和其他公害

第四十条　国家促进清洁生产和资源循环利用。

国务院有关部门和地方各级人民政府应当采取措施,推广清洁能源的生产和使用。

企业应当优先使用清洁能源,采用资源利用率高、污染物排放量少的工艺、设备以及废弃物综合利用技术和污染物无害化处理技术,减少污染物的产生。

第四十一条　建设项目中防治污染的设施,应当与主体工程同时设计、同时施工、同时投产使用。防治污染的设施应当符合经批准的环境影响评价文件的要求,不得擅自拆除或者闲置。

第四十二条　排放污染物的企业事业单位和其他生产经营者,应当采取措施,防治在生产建设或者其他活动中产生的废气、废水、废渣、医疗废物、粉尘、恶臭气体、放射性物质以及噪声、振动、光辐射、电磁辐射等对环境的污染和危害。

排放污染物的企业事业单位,应当建立环境保护责任制度,明确单位负责人和相关人员的责任。

重点排污单位应当按照国家有关规定和监测规范安装使用监测设备,保证监测设备正常运行,保存原始监测记录。

严禁通过暗管、渗井、渗坑、灌注或者篡改、伪造监测数据,或者不正常运行防治污染设施等逃避监管的方式违法排放污染物。

第四十三条　排放污染物的企业事业单位和其他生产经营者,应当按照国家有关规定缴纳排污费。排污费应当全部专项用于环境污染防治,任何单位和个人不得截留、挤占或者挪作他用。

依照法律规定征收环境保护税的,不再征收排污费。

第四十四条　国家实行重点污染物排放总量控制制度。重点污染物排放总量控制指标由国务院下达,省、自治区、直辖市人民政府分解落实。企业事业单位在执行国家和地方污染物排放标准的同时,应当遵守分解落实到本单位的重点污染物排放总量控制指标。

对超过国家重点污染物排放总量控制指标或者未完成国家确定的环境质量目标的地区,省级以上人民政府环境保护主管部门应当暂停审批其新增重点污染物排放总量的建设项目环境影响评价文件。

第四十五条　国家依照法律规定实行排污许可管理制度。

实行排污许可管理的企业事业单位和其他生产经营者应当按照排污许可证的要求排放污染物;未取得排污许可证的,不得排放污染物。

第四十六条　国家对严重污染环境的工艺、设备和产品实行淘汰制度。任何单位和个人不得生产、销售或者转移、使用严重污染环境的工艺、设备和产品。

禁止引进不符合我国环境保护规定的技术、设备、材料和产品。

第四十七条　各级人民政府及其有关部门和企业事业单位,应当依照《中华人民共和国突发事件应对法》的规定,做好突发环境事件的风险控制、应急准备、应急处置和事后恢复等工作。

县级以上人民政府应当建立环境污染公共监测预警机制,组织制定预警方案;环境受到污染,可能影响公众健康和环境安全时,依法及时公布预警信息,启动应急措施。

企业事业单位应当按照国家有关规定制定突发环境事件应急预案,报环境保护主管部门和有关部门备案。在发生或者可能发生突发环境事件时,企业事业单位应当立即采取措施处理,及时通报可能受到危害的单位和居民,并向环境保护主管部门和有关部门报告。

突发环境事件应急处置工作结束后,有关人民政府应当立即组织评估事件造成的环境影响和损失,并及时将评估结果向社会公布。

第四十八条 生产、储存、运输、销售、使用、处置化学物品和含有放射性物质的物品,应当遵守国家有关规定,防止污染环境。

第四十九条 各级人民政府及其农业等有关部门和机构应当指导农业生产经营者科学种植和养殖,科学合理施用农药、化肥等农业投入品,科学处置农用薄膜、农作物秸秆等农业废弃物,防止农业面源污染。

禁止将不符合农用标准和环境保护标准的固体废物、废水施入农田。施用农药、化肥等农业投入品及进行灌溉,应当采取措施,防止重金属和其他有毒有害物质污染环境。

畜禽养殖场、养殖小区、定点屠宰企业等的选址、建设和管理应当符合有关法律法规规定。从事畜禽养殖和屠宰的单位和个人应当采取措施,对畜禽粪便、尸体和污水等废弃物进行科学处置,防止污染环境。

县级人民政府负责组织农村生活废弃物的处置工作。

第五十条 各级人民政府应当在财政预算中安排资金,支持农村饮用水水源地保护、生活污水和其他废弃物处理、畜禽养殖和屠宰污染防治、土壤污染防治和农村工矿污染治理等环境保护工作。

第五十一条 各级人民政府应当统筹城乡建设污水处理设施及配套管网,固体废物的收集、运输和处置等环境卫生设施,危险废物集中处置设施、场所以及其他环境保护公共设施,并保障其正常运行。

第五十二条 国家鼓励投保环境污染责任保险。

第五章 信息公开和公众参与

第五十三条 公民、法人和其他组织依法享有获取环境信息、参与和监督环境保护的权利。

各级人民政府环境保护主管部门和其他负有环境保护监督管理职责的部门,应当依法公开环境信息、完善公众参与程序,为公民、法人和其他组织参与和监督环境保护提供便利。

第五十四条 国务院环境保护主管部门统一发布国家环境质量、重点污染源监测信息及其他重大环境信息。省级以上人民政府环境保护主管部门定期发布环境状况公报。

县级以上人民政府环境保护主管部门和其他负有环境保护监督管理职责的部门,应当依法公开环境质量、环境监测、突发环境事件以及环境行政许可、行政处罚、排污费的征收和使用情况等信息。

县级以上地方人民政府环境保护主管部门和其他负有环境保护监督管理职责的部门,应当将企业事业单位和其他生产经营者的环境违法信息记入社会诚信档案,及时向社会公布违法者名单。

第五十五条 重点排污单位应当如实向社会公开其主要污染物的名称、排放方式、排放浓度和总量、超标排放情况,以及防治污染设施的建设和运行情况,接受社会监督。

第五十六条 对依法应当编制环境影响报告书的建设项目,建设单位应当在编制时向可能受影响的公众说明情况,充分征求意见。

负责审批建设项目环境影响评价文件的部门在收到建设项目环境影响报告书后,除涉及国家秘密和商业秘密的事项外,应当全文公开;发现建设项目未充分征求公众意见的,应当责成建设单位征求公众意见。

第五十七条　公民、法人和其他组织发现任何单位和个人有污染环境和破坏生态行为的,有权向环境保护主管部门或者其他负有环境保护监督管理职责的部门举报。

公民、法人和其他组织发现地方各级人民政府、县级以上人民政府环境保护主管部门和其他负有环境保护监督管理职责的部门不依法履行职责的,有权向其上级机关或者监察机关举报。

接受举报的机关应当对举报人的相关信息予以保密,保护举报人的合法权益。

第五十八条　对污染环境、破坏生态,损害社会公共利益的行为,符合下列条件的社会组织可以向人民法院提起诉讼:

(一)依法在设区的市级以上人民政府民政部门登记;

(二)专门从事环境保护公益活动连续五年以上且无违法记录。

符合前款规定的社会组织向人民法院提起诉讼,人民法院应当依法受理。

提起诉讼的社会组织不得通过诉讼牟取经济利益。

第六章　法　律　责　任

第五十九条　企业事业单位和其他生产经营者违法排放污染物,受到罚款处罚,被责令改正,拒不改正的,依法做出处罚决定的行政机关可以自责令改正之日的次日起,按照原处罚数额按日连续处罚。

前款规定的罚款处罚,依照有关法律法规按照防治污染设施的运行成本、违法行为造成的直接损失或者违法所得等因素确定的规定执行。

地方性法规可以根据环境保护的实际需要,增加第一款规定的按日连续处罚的违法行为的种类。

第六十条　企业事业单位和其他生产经营者超过污染物排放标准或者超过重点污染物排放总量控制指标排放污染物的,县级以上人民政府环境保护主管部门可以责令其采取限制生产、停产整治等措施;情节严重的,报经有批准权的人民政府批准,责令停业、关闭。

第六十一条　建设单位未依法提交建设项目环境影响评价文件或者环境影响评价文件未经批准,擅自开工建设的,由负有环境保护监督管理职责的部门责令停止建设,处以罚款,并可以责令恢复原状。

第六十二条　违反本法规定,重点排污单位不公开或者不如实公开环境信息的,由县级以上地方人民政府环境保护主管部门责令公开,处以罚款,并予以公告。

第六十三条　企业事业单位和其他生产经营者有下列行为之一,尚不构成犯罪的,除依照有关法律法规规定予以处罚外,由县级以上人民政府环境保护主管部门或者其他有关部门将案件移送公安机关,对其直接负责的主管人员和其他直接责任人员,处十日以上十五日以下拘留;情节较轻的,处五日以上十日以下拘留:

(一)建设项目未依法进行环境影响评价,被责令停止建设,拒不执行的;

(二)违反法律规定,未取得排污许可证排放污染物,被责令停止排污,拒不执行的;

(三)通过暗管、渗井、渗坑、灌注或者篡改、伪造监测数据,或者不正常运行防治污染设施等逃避监管的方式违法排放污染物的;

(四)生产、使用国家明令禁止生产、使用的农药,被责令改正,拒不改正的。

第六十四条　因污染环境和破坏生态造成损害的,应当依照《中华人民共和国侵权责任法》的有关规定承担侵权责任。

第六十五条　环境影响评价机构、环境监测机构以及从事环境监测设备和防治污染设施维护、运营的机构,在有关环境服务活动中弄虚作假,对造成的环境污染和生态破坏负有责任的,除依照有关法律法规规定予以处罚外,还应当与造成环境污染和生态破坏的其他责任者承担连带责任。

第六十六条　提起环境损害赔偿诉讼的时效期间为三年,从当事人知道或者应当知道其受到损害时起计算。

第六十七条　上级人民政府及其环境保护主管部门应当加强对下级人民政府及其有关部门环境保护工作的监督。发现有关工作人员有违法行为,依法应当给予处分的,应当向其任免机关或者监察机关提出处分建议。

依法应当给予行政处罚,而有关环境保护主管部门不给予行政处罚的,上级人民政府环境保护主管部门可以直接做出行政处罚的决定。

第六十八条　地方各级人民政府、县级以上人民政府环境保护主管部门和其他负有环境保护监督管理职责的部门有下列行为之一的,对直接负责的主管人员和其他直接责任人员给予记过、记大过或者降级处分;造成严重后果的,给予撤职或者开除处分,其主要负责人应当引咎辞职:

(一) 不符合行政许可条件准予行政许可的;

(二) 对环境违法行为进行包庇的;

(三) 依法应当做出责令停业、关闭的决定而未做出的;

(四) 对超标排放污染物、采用逃避监管的方式排放污染物、造成环境事故以及不落实生态保护措施造成生态破坏等行为,发现或者接到举报未及时查处的;

(五) 违反本法规定,查封、扣押企业事业单位和其他生产经营者的设施、设备的;

(六) 篡改、伪造或者指使篡改、伪造监测数据的;

(七) 应当依法公开环境信息而未公开的;

(八) 将征收的排污费截留、挤占或者挪作他用的;

(九) 法律法规规定的其他违法行为。

第六十九条　违反本法规定,构成犯罪的,依法追究刑事责任。

第七章　附　　则

第七十条　本法自 2015 年 1 月 1 日起施行。

附录 2　中共中央　国务院关于全面加强生态环境保护　坚决打好污染防治攻坚战的意见

（2018 年 6 月 16 日）

良好生态环境是实现中华民族永续发展的内在要求，是增进民生福祉的优先领域。为深入学习贯彻习近平新时代中国特色社会主义思想和党的十九大精神，决胜全面建成小康社会，全面加强生态环境保护，打好污染防治攻坚战，提升生态文明，建设美丽中国，现提出如下意见。

一、深刻认识生态环境保护面临的形势

党的十八大以来，以习近平同志为核心的党中央把生态文明建设作为统筹推进"五位一体"总体布局和协调推进"四个全面"战略布局的重要内容，谋划开展了一系列根本性、长远性、开创性工作，推动生态文明建设和生态环境保护从实践到认识发生了历史性、转折性、全局性变化。各地区各部门认真贯彻落实党中央、国务院决策部署，生态文明建设和生态环境保护制度体系加快形成，全面节约资源有效推进，大气、水、土壤污染防治行动计划深入实施，生态系统保护和修复重大工程进展顺利，核与辐射安全得到有效保障，生态文明建设成效显著，美丽中国建设迈出重要步伐，我国成为全球生态文明建设的重要参与者、贡献者、引领者。

同时，我国生态文明建设和生态环境保护面临不少困难和挑战，存在许多不足。一些地方和部门对生态环境保护认识不到位，责任落实不到位；经济社会发展同生态环境保护的矛盾仍然突出，资源环境承载能力已经达到或接近上限；城乡区域统筹不够，新老环境问题交织，区域性、布局性、结构性环境风险凸显，重污染天气、黑臭水体、垃圾围城、生态破坏等问题时有发生。这些问题，成为重要的民生之患、民心之痛，成为经济社会可持续发展的瓶颈制约，成为全面建成小康社会的明显短板。

进入新时代，解决人民日益增长的美好生活需要和不平衡不充分的发展之间的矛盾对生态环境保护提出许多新要求。当前，生态文明建设正处于压力叠加、负重前行的关键期，已进入提供更多优质生态产品以满足人民日益增长的优美生态环境需要的攻坚期，也到了有条件有能力解决突出生态环境问题的窗口期。必须加大力度、加快治理、加紧攻坚，打好标志性的重大战役，为人民创造良好生产生活环境。

二、深入贯彻习近平生态文明思想

习近平总书记传承中华民族传统文化、顺应时代潮流和人民意愿，站在坚持和发展中国特色社会主义、实现中华民族伟大复兴中国梦的战略高度，深刻回答了为什么建设生态文明、建设什么样的生态文明、怎样建设生态文明等重大理论和实践问题，系统形成了习近平生态文明思想，有力指导生态文明建设和生态环境保护取得历史性成就、发生历史性变革。

坚持生态兴则文明兴。建设生态文明是关系中华民族永续发展的根本大计，功在当代、利在千秋，关系人民福祉，关乎民族未来。

坚持人与自然和谐共生。保护自然就是保护人类,建设生态文明就是造福人类。必须尊重自然、顺应自然、保护自然,像保护眼睛一样保护生态环境,像对待生命一样对待生态环境,推动形成人与自然和谐发展现代化建设新格局,还自然以宁静、和谐、美丽。

坚持绿水青山就是金山银山。绿水青山既是自然财富、生态财富,又是社会财富、经济财富。保护生态环境就是保护生产力,改善生态环境就是发展生产力。必须坚持和贯彻绿色发展理念,平衡和处理好发展与保护的关系,推动形成绿色发展方式和生活方式,坚定不移走生产发展、生活富裕、生态良好的文明发展道路。

坚持良好生态环境是最普惠的民生福祉。生态文明建设同每个人息息相关。环境就是民生,青山就是美丽,蓝天也是幸福。必须坚持以人民为中心,重点解决损害群众健康的突出环境问题,提供更多优质生态产品。

坚持山水林田湖草是生命共同体。生态环境是统一的有机整体。必须按照系统工程的思路,构建生态环境治理体系,着力扩大环境容量和生态空间,全方位、全地域、全过程开展生态环境保护。

坚持用最严格制度最严密法治保护生态环境。保护生态环境必须依靠制度、依靠法治。必须构建产权清晰、多元参与、激励约束并重、系统完整的生态文明制度体系,让制度成为刚性约束和不可触碰的高压线。

坚持建设美丽中国全民行动。美丽中国是人民群众共同参与共同建设共同享有的事业。必须加强生态文明宣传教育,牢固树立生态文明价值观念和行为准则,把建设美丽中国化为全民自觉行动。

坚持共谋全球生态文明建设。生态文明建设是构建人类命运共同体的重要内容。必须同舟共济、共同努力,构筑尊崇自然、绿色发展的生态体系,推动全球生态环境治理,建设清洁美丽世界。

习近平生态文明思想为推进美丽中国建设、实现人与自然和谐共生的现代化提供了方向指引和根本遵循,必须用以武装头脑、指导实践、推动工作。要教育广大干部增强"四个意识",树立正确政绩观,把生态文明建设重大部署和重要任务落到实处,让良好生态环境成为人民幸福生活的增长点、成为经济社会持续健康发展的支撑点、成为展现我国良好形象的发力点。

三、全面加强党对生态环境保护的领导

加强生态环境保护、坚决打好污染防治攻坚战是党和国家的重大决策部署,各级党委和政府要强化对生态文明建设和生态环境保护的总体设计和组织领导,统筹协调处理重大问题,指导、推动、督促各地区各部门落实党中央、国务院重大政策措施。

(一)落实党政主体责任。落实领导干部生态文明建设责任制,严格实行党政同责、一岗双责。地方各级党委和政府必须坚决扛起生态文明建设和生态环境保护的政治责任,对本行政区域的生态环境保护工作及生态环境质量负总责,主要负责人是本行政区域生态环境保护第一责任人,至少每季度研究一次生态环境保护工作,其他有关领导成员在职责范围内承担相应责任。各地要制定责任清单,把任务分解落实到有关部门。抓紧出台中央和国家机关相关部门生态环境保护责任清单。各相关部门要履行好生态环境保护职责,制订生态环境保护年度工作计划和措施。各地区各部门落实情况每年向党中央、国务院报告。

健全环境保护督察机制。完善中央和省级环境保护督察体系,制定环境保护督察工作规定,以解决突出生态环境问题、改善生态环境质量、推动高质量发展为重点,夯实生态文明建设和生态环境保护政治责任,推动环境保护督察向纵深发展。完善督查、交办、巡查、约谈、专项督察机制,开展重点区域、重点领域、重点行业专项督察。

(二)强化考核问责。制定对省(自治区、直辖市)党委、人大、政府以及中央和国家机关有关部门污染防治攻坚战成效考核办法,对生态环境保护立法执法情况、年度工作目标任务完成情况、生态环境质量状况、资金投入使用情况、公众满意程度等相关方面开展考核。各地参照制定考核实施细则。开展领导干部自然资源资产离任审计。考核结果作为领导班子和领导干部综合考核评价、奖惩任免的重要依据。

严格责任追究。对省(自治区、直辖市)党委和政府以及负有生态环境保护责任的中央和国家机关有关部门贯彻落实党中央、国务院决策部署不坚决不彻底、生态文明建设和生态环境保护责任制执行不到位、污染防治攻坚任务完成严重滞后、区域生态环境问题突出的,约谈主要负责人,同时责成其向党中央、国务院做出深刻检查。对年度目标任务未完成、考核不合格的市、县,党政主要负责人和相关领导班子成员不得评优评先。对在生态环境方面造成严重破坏负有责任的干部,不得提拔使用或者转任重要职务。对不顾生态环境盲目决策、违法违规审批开发利用规划和建设项目的,对造成生态环境质量恶化、生态严重破坏的,对生态环境事件多发高发、应对不力、群众反映强烈的,对生态环境保护责任没有落实、推诿扯皮、没有完成工作任务的,依纪依法严格问责、终身追责。

四、总体目标和基本原则

(一)总体目标。到 2020 年,生态环境质量总体改善,主要污染物排放总量大幅减少,环境风险得到有效管控,生态环境保护水平同全面建成小康社会目标相适应。

具体指标:全国细颗粒物($PM_{2.5}$)未达标地级及以上城市浓度比 2015 年下降 18% 以上,地级及以上城市空气质量优良天数比率达到 80% 以上;全国地表水 Ⅰ～Ⅲ 类水体比例达到 70% 以上,劣 Ⅴ 类水体比例控制在 5% 以内;近岸海域水质优良(一、二类)比例达到 70% 左右;二氧化硫、氮氧化物排放量比 2015 年减少 15% 以上,化学需氧量、氨氮排放量减少 10% 以上;受污染耕地安全利用率达到 90% 左右,污染地块安全利用率达到 90% 以上;生态保护红线面积占比达到 25% 左右;森林覆盖率达到 23.04% 以上。

通过加快构建生态文明体系,确保到 2035 年节约资源和保护生态环境的空间格局、产业结构、生产方式、生活方式总体形成,生态环境质量实现根本好转,美丽中国目标基本实现。到 21 世纪中叶,生态文明全面提升,实现生态环境领域国家治理体系和治理能力现代化。

(二)基本原则

——坚持保护优先。落实生态保护红线、环境质量底线、资源利用上线硬约束,深化供给侧结构性改革,推动形成绿色发展方式和生活方式,坚定不移走生产发展、生活富裕、生态良好的文明发展道路。

——强化问题导向。以改善生态环境质量为核心,针对流域、区域、行业特点,聚焦问题、分类施策、精准发力,不断取得新成效,让人民群众有更多获得感。

——突出改革创新。深化生态环境保护体制机制改革,统筹兼顾、系统谋划,强化协调、整合力量,区域协作、条块结合,严格环境标准,完善经济政策,增强科技支撑和能力保障,提升生态环境治理的系统性、整体性、协同性。

——注重依法监管。完善生态环境保护法律法规体系,健全生态环境保护行政执法和刑事司法衔接机制,依法严惩重罚生态环境违法犯罪行为。

——推进全民共治。政府、企业、公众各尽其责、共同发力,政府积极发挥主导作用,企业主动承担环境治理主体责任,公众自觉践行绿色生活。

五、推动形成绿色发展方式和生活方式

坚持节约优先,加强源头管控,转变发展方式,培育壮大新兴产业,推动传统产业智能化、清洁化改造,加快发展节能环保产业,全面节约能源资源,协同推动经济高质量发展和生态环境高水平保护。

(一)促进经济绿色低碳循环发展。对重点区域、重点流域、重点行业和产业布局开展规划环评,调整优化不符合生态环境功能定位的产业布局、规模和结构。严格控制重点流域、重点区域环境风险项目。对国家级新区、工业园区、高新区等进行集中整治,限期进行达标改造。加快城市建成区、重点流域的重污染企业和危险化学品企业搬迁改造,2018年年底前,相关城市政府就此制定专项计划并向社会公开。促进传统产业优化升级,构建绿色产业链体系。继续化解过剩产能,严禁钢铁、水泥、电解铝、平板玻璃等行业新增产能,对确有必要新建的必须实施等量或减量置换。加快推进危险化学品生产企业搬迁改造工程。提高污染排放标准,加大钢铁等重点行业落后产能淘汰力度,鼓励各地制定范围更广、标准更严的落后产能淘汰政策。构建市场导向的绿色技术创新体系,强化产品全生命周期绿色管理。大力发展节能环保产业、清洁生产产业、清洁能源产业,加强科技创新引领,着力引导绿色消费,大力提高节能、环保、资源循环利用等绿色产业技术装备水平,培育发展一批骨干企业。大力发展节能和环境服务业,推行合同能源管理、合同节水管理,积极探索区域环境托管服务等新模式。鼓励新业态发展和模式创新。在能源、冶金、建材、有色、化工、电镀、造纸、印染、农副食品加工等行业,全面推进清洁生产改造或清洁化改造。

(二)推进能源资源全面节约。强化能源和水资源消耗、建设用地等总量和强度双控行动,实行最严格的耕地保护、节约用地和水资源管理制度。实施国家节水行动,完善水价形成机制,推进节水型社会和节水型城市建设,到2020年,全国用水总量控制在6700亿立方米以内。健全节能、节水、节地、节材、节矿标准体系,大幅降低重点行业和企业能耗、物耗,推行生产者责任延伸制度,实现生产系统和生活系统循环链接。鼓励新建建筑采用绿色建材,大力发展装配式建筑,提高新建绿色建筑比例。以北方采暖地区为重点,推进既有居住建筑节能改造。积极应对气候变化,采取有力措施确保完成2020年控制温室气体排放行动目标。扎实推进全国碳排放权交易市场建设,统筹深化低碳试点。

(三)引导公众绿色生活。加强生态文明宣传教育,倡导简约适度、绿色低碳的生活方式,反对奢侈浪费和不合理消费。开展创建绿色家庭、绿色学校、绿色社区、绿色商场、绿色餐馆等行动。推行绿色消费,出台快递业、共享经济等新业态的规范标准,推广环境标志产品、有机产品等绿色产品。提倡绿色居住,节约用水用电,合理控制夏季空调和冬季取暖室内温度。大力发展公共交通,鼓励自行车、步行等绿色出行。

六、坚决打赢蓝天保卫战

编制实施打赢蓝天保卫战三年作战计划,以京津冀及周边、长三角、汾渭平原等重点区域为主战场,调整优化产业结构、能源结构、运输结构、用地结构,强化区域联防联控和重污染天气应对,进一步明显降低 $PM_{2.5}$ 浓度,明显减少重污染天数,明显改善大气环境质量,明显增强人民的蓝天幸福感。

(一)加强工业企业大气污染综合治理。全面整治"散乱污"企业及集群,实行拉网式排查和清单式、台账式、网格化管理,分类实施关停取缔、整合搬迁、整改提升等措施,京津冀及周边区域 2018 年年底前完成,其他重点区域 2019 年年底前完成。坚决关停用地、工商手续不全并难以通过改造达标的企业,限期治理可以达标改造的企业,逾期依法一律关停。强化工业企业无组织排放管理,推进挥发性有机物排放综合整治,开展大气氨排放控制试点。到 2020 年,挥发性有机物排放总量比 2015 年下降 10% 以上。重点区域和大气污染严重城市加大钢铁、铸造、炼焦、建材、电解铝等产能压减力度,实施大气污染物特别排放限值。加大排放高、污染重的煤电机组淘汰力度,在重点区域加快推进。到 2020 年,具备改造条件的燃煤电厂全部完成超低排放改造,重点区域不具备改造条件的高污染燃煤电厂逐步关停。推动钢铁等行业超低排放改造。

(二)大力推进散煤治理和煤炭消费减量替代。增加清洁能源使用,拓宽清洁能源消纳渠道,落实可再生能源发电全额保障性收购政策。安全高效发展核电。推动清洁低碳能源优先上网。加快重点输电通道建设,提高重点区域接受外输电比例。因地制宜、加快实施北方地区冬季清洁取暖五年规划。鼓励余热、浅层地热能等清洁能源取暖。加强煤层气(煤矿瓦斯)综合利用,实施生物天然气工程。到 2020 年,京津冀及周边、汾渭平原的平原地区基本完成生活和冬季取暖散煤替代;北京、天津、河北、山东、河南及珠三角区域煤炭消费总量比 2015 年均下降 10% 左右,上海、江苏、浙江、安徽及汾渭平原煤炭消费总量均下降 5% 左右;重点区域基本淘汰每小时 35 蒸吨以下燃煤锅炉。推广清洁高效燃煤锅炉。

(三)打好柴油货车污染治理攻坚战。以开展柴油货车超标排放专项整治为抓手,统筹开展油、路、车治理和机动车船污染防治。严厉打击生产销售不达标车辆、排放检验机构检测弄虚作假等违法行为。加快淘汰老旧车,鼓励清洁能源车辆、船舶的推广使用。建设"天地车人"一体化的机动车排放监控系统,完善机动车遥感监测网络。推进钢铁、电力、电解铝、焦化等重点工业企业和工业园区货物由公路运输转向铁路运输。显著提高重点区域大宗货物铁路水路货运比例,提高沿海港口集装箱铁路集疏港比例。重点区域提前实施机动车国六排放标准,严格实施船舶和非道路移动机械大气排放标准。鼓励淘汰老旧船舶、工程机械和农业机械。落实珠三角、长三角、环渤海京津冀水域船舶排放控制区管理政策,全国主要港口和排放控制区内港口靠港船舶率先使用岸电。到 2020 年,长江干线、西江航运干线、京杭运河水上服务区和待闸锚地基本具备船舶岸电供应能力。2019 年 1 月 1 日起,全国供应符合国六标准的车用汽油和车用柴油,力争重点区域提前供应。尽快实现车用柴油、普通柴油和部分船舶用油标准并轨。内河和江海直达船舶必须使用硫含量不大于 10 毫克/千克的柴油。严厉打击生产、销售和使用非标车(船)用燃料行为,彻底清除黑加油站点。

(四)强化国土绿化和扬尘管控。积极推进露天矿山综合整治,加快环境修复和绿化。开展大规模国土绿化行动,加强北方防沙带建设,实施京津风沙源治理工程、重点防护林工程,增加林草覆盖率。在城市功能疏解、更新和调整中,将腾退空间优先用于留白增绿。落实城市道路和城市范围内施工工地等扬尘管控。

（五）有效应对重污染天气。强化重点区域联防联控联治,统一预警分级标准、信息发布、应急响应,提前采取应急减排措施,实施区域应急联动,有效降低污染程度。完善应急预案,明确政府、部门及企业的应急责任,科学确定重污染期间管控措施和污染源减排清单。指导公众做好重污染天气健康防护。推进预测预报预警体系建设,2018 年年底前,进一步提升国家级空气质量预报能力,区域预报中心具备 7～10 天空气质量预报能力,省级预报中心具备 7 天空气质量预报能力并精确到所辖各城市。重点区域采暖季节,对钢铁、焦化、建材、铸造、电解铝、化工等重点行业企业实施错峰生产。重污染期间,对钢铁、焦化、有色、电力、化工等涉及大宗原材料及产品运输的重点企业实施错峰运输;强化城市建设施工工地扬尘管控措施,加强道路机扫。依法严禁秸秆露天焚烧,全面推进综合利用。到 2020 年,地级及以上城市重污染天数比 2015 年减少 25%。

七、着力打好碧水保卫战

深入实施水污染防治行动计划,扎实推进河长制湖长制,坚持污染减排和生态扩容两手发力,加快工业、农业、生活污染源和水生态系统整治,保障饮用水安全,消除城市黑臭水体,减少污染严重水体和不达标水体。

（一）打好水源地保护攻坚战。加强水源水、出厂水、管网水、末梢水的全过程管理。划定集中式饮用水水源保护区,推进规范化建设。强化南水北调水源地及沿线生态环境保护。深化地下水污染防治。全面排查和整治县级及以上城市水源保护区内的违法违规问题,长江经济带于 2018 年年底前、其他地区于 2019 年年底前完成。单一水源供水的地级及以上城市应当建设应急水源或备用水源。定期监(检)测、评估集中式饮用水水源、供水单位供水和用户水龙头水质状况,县级及以上城市至少每季度向社会公开一次。

（二）打好城市黑臭水体治理攻坚战。实施城镇污水处理"提质增效"三年行动,加快补齐城镇污水收集和处理设施短板,尽快实现污水管网全覆盖、全收集、全处理。完善污水处理收费政策,各地要按规定将污水处理收费标准尽快调整到位,原则上应补偿到污水处理和污泥处置设施正常运营并合理盈利。对中西部地区,中央财政给予适当支持。加强城市初期雨水收集处理设施建设,有效减少城市面源污染。到 2020 年,地级及以上城市建成区黑臭水体消除比例达 90%以上。鼓励京津冀、长三角、珠三角区域城市建成区尽早全面消除黑臭水体。

（三）打好长江保护修复攻坚战。开展长江流域生态隐患和环境风险调查评估,划定高风险区域,从严实施生态环境风险防控措施。优化长江经济带产业布局和规模,严禁污染型产业、企业向上中游地区转移。排查整治入河入湖排污口及不达标水体,市、县级政府制定实施不达标水体限期达标规划。到 2020 年,长江流域基本消除劣 Ⅴ 类水体。强化船舶和港口污染防治,现有船舶到 2020 年全部完成达标改造,港口、船舶修造厂环卫设施、污水处理设施纳入城市设施建设规划。加强沿河环湖生态保护,修复湿地等水生态系统,因地制宜建设人工湿地水质净化工程。实施长江流域上中游水库群联合调度,保障干流、主要支流和湖泊基本生态用水。

（四）打好渤海综合治理攻坚战。以渤海海区的渤海湾、辽东湾、莱州湾、辽河口、黄河口等为重点,推动河口海湾综合整治。全面整治入海污染源,规范入海排污口设置,全部清理非法排污口。严格控制海水养殖等造成的海上污染,推进海洋垃圾防治和清理。率先在渤海实施主要污染物排海总量控制制度,强化陆海污染联防联控,加强入海河流治理与监管。实施最严格的围填海和岸线开发管控,统筹安排海洋空间利用活动。渤海禁止审批新增围填海项目,引导符合国家产业政策的项目消化存量围填海资源,已审批但未开工的项目要依法重新进行评估和清理。

（五）打好农业农村污染治理攻坚战。以建设美丽宜居村庄为导向,持续开展农村人居环境整治行动,实现全国行政村环境整治全覆盖。到 2020 年,农村人居环境明显改善,村庄环境基本干净整洁有序,东部地区、中西部城市近郊区等有基础、有条件的地区人居环境质量全面提升,管护长效机制初步建立；中西部有较好基础、基本具备条件的地区力争实现90％左右的村庄生活垃圾得到治理,卫生厕所普及率达到 85％左右,生活污水乱排乱放得到管控。减少化肥农药使用量,制修订并严格执行化肥农药等农业投入品质量标准,严格控制高毒高风险农药使用,推进有机肥替代化肥、病虫害绿色防控替代化学防治和废弃农膜回收,完善废旧地膜和包装废弃物等回收处理制度。到 2020 年,化肥农药使用量实现零增长。坚持种植和养殖相结合,就地就近消纳利用畜禽养殖废弃物。合理布局水产养殖空间,深入推进水产健康养殖,开展重点江河湖库及重点近岸海域破坏生态环境的养殖方式综合整治。到 2020 年,全国畜禽粪污综合利用率达到 75％以上,规模养殖场粪污处理设施装备配套率达到 95％以上。

八、扎实推进净土保卫战

全面实施土壤污染防治行动计划,突出重点区域、行业和污染物,有效管控农用地和城市建设用地土壤环境风险。

（一）强化土壤污染管控和修复。加强耕地土壤环境分类管理。严格管控重度污染耕地,严禁在重度污染耕地种植食用农产品。实施耕地土壤环境治理保护重大工程,开展重点地区涉重金属行业排查和整治。2018 年年底前,完成农用地土壤污染状况详查。2020 年年底前,编制完成耕地土壤环境质量分类清单。建立建设用地土壤污染风险管控和修复名录,列入名录且未完成治理修复的地块不得作为住宅、公共管理与公共服务用地。建立污染地块联动监管机制,将建设用地土壤环境管理要求纳入用地规划和供地管理,严格控制用地准入,强化暂不开发污染地块的风险管控。2020 年年底前,完成重点行业企业用地土壤污染状况调查。严格土壤污染重点行业企业搬迁改造过程中拆除活动的环境监管。

（二）加快推进垃圾分类处理。到 2020 年,实现所有城市和县城生活垃圾处理能力全覆盖,基本完成非正规垃圾堆放点整治；直辖市、计划单列市、省会城市和第一批分类示范城市基本建成生活垃圾分类处理系统。推进垃圾资源化利用,大力发展垃圾焚烧发电。推进农村垃圾就地分类、资源化利用和处理,建立农村有机废弃物收集、转化、利用网络体系。

（三）强化固体废物污染防治。全面禁止洋垃圾入境,严厉打击走私,大幅减少固体废物进口种类和数量,力争 2020 年年底前基本实现固体废物零进口。开展"无废城市"试点,推动固体废物资源化利用。调查、评估重点工业行业危险废物产生、储存、利用、处置情况。完善危险废物经营许可、转移等管理制度,建立信息化监管体系,提升危险废物处理处置能力,实施全过程监管。严厉打击危险废物非法跨界转移、倾倒等违法犯罪活动。深入推进长江经济带固体废物大排查活动。评估有毒有害化学品在生态环境中的风险状况,严格限制高风险化学品生产、使用、进出口,并逐步淘汰、替代。

九、加快生态保护与修复

坚持自然恢复为主,统筹开展全国生态保护与修复,全面划定并严守生态保护红线,提升生态系统质量和稳定性。

(一)划定并严守生态保护红线。按照应保尽保、应划尽划的原则,将生态功能重要区域、生态环境敏感脆弱区域纳入生态保护红线。到2020年,全面完成全国生态保护红线划定、勘界定标,形成生态保护红线全国"一张图",实现一条红线管控重要生态空间。制定实施生态保护红线管理办法、保护修复方案,建设国家生态保护红线监管平台,开展生态保护红线监测预警与评估考核。

(二)坚决查处生态破坏行为。2018年年底前,县级及以上地方政府全面排查违法违规挤占生态空间、破坏自然遗迹等行为,制订治理和修复计划并向社会公开。开展病危险尾矿库和"头顶库"专项整治。持续开展"绿盾"自然保护区监督检查专项行动,严肃查处各类违法违规行为,限期进行整治修复。

(三)建立以国家公园为主体的自然保护地体系。到2020年,完成全国自然保护区范围界限核准和勘界立标,整合设立一批国家公园,自然保护地相关法规和管理制度基本建立。对生态严重退化地区实行封禁管理,稳步实施退耕还林还草和退牧还草,扩大轮作休耕试点,全面推行草原禁牧休牧和草畜平衡制度。依法依规解决自然保护地内的矿业权合理退出问题。全面保护天然林,推进荒漠化、石漠化、水土流失综合治理,强化湿地保护和恢复。加强休渔禁渔管理,推进长江、渤海等重点水域禁捕限捕,加强海洋牧场建设,加大渔业资源增殖放流。推动耕地草原森林河流湖泊海洋休养生息。

十、改革完善生态环境治理体系

深化生态环境保护管理体制改革,完善生态环境管理制度,加快构建生态环境治理体系,健全保障举措,增强系统性和完整性,大幅提升治理能力。

(一)完善生态环境监管体系。整合分散的生态环境保护职责,强化生态保护修复和污染防治统一监管,建立健全生态环境保护领导和管理体制、激励约束并举的制度体系、政府企业公众共治体系。全面完成省以下生态环境机构监测监察执法垂直管理制度改革,推进综合执法队伍特别是基层队伍的能力建设。完善农村环境治理体制。健全区域流域海域生态环境管理体制,推进跨地区环保机构试点,加快组建流域环境监管执法机构,按海域设置监管机构。建立独立权威高效的生态环境监测体系,构建天地一体化的生态环境监测网络,实现国家和区域生态环境质量预报预警和质控,按照适度上收生态环境质量监测事权的要求加快推进有关工作。省级党委和政府加快确定生态保护红线、环境质量底线、资源利用上线,制定生态环境准入清单,在地方立法、政策制定、规划编制、执法监管中不得变通突破、降低标准,不符合不衔接不适应的于2020年年底前完成调整。实施生态环境统一监管。推行生态环境损害赔偿制度。编制生态环境保护规划,开展全国生态环境状况评估,建立生态环境保护综合监控平台。推动生态文明示范创建、绿水青山就是金山银山实践创新基地建设活动。

严格生态环境质量管理。生态环境质量只能更好、不能变坏。生态环境质量达标地区要保持稳定并持续改善;生态环境质量不达标地区的市、县级政府,要于 2018 年年底前制定实施限期达标规划,向上级政府备案并向社会公开。加快推行排污许可制度,对固定污染源实施全过程管理和多污染物协同控制,按行业、地区、时限核发排污许可证,全面落实企业治污责任,强化证后监管和处罚。在长江经济带率先实施入河污染源排放、排污口排放和水体水质联动管理。2020 年,将排污许可证制度建设成为固定源环境管理核心制度,实现"一证式"管理。健全环保信用评价、信息强制性披露、严惩重罚等制度。将企业环境信用信息纳入全国信用信息共享平台和国家企业信用信息公示系统,依法通过"信用中国"网站和国家企业信用信息公示系统向社会公示。监督上市公司、发债企业等市场主体全面、及时、准确地披露环境信息。建立跨部门联合奖惩机制。完善国家核安全工作协调机制,强化对核安全工作的统筹。

(二)健全生态环境保护经济政策体系。资金投入向污染防治攻坚战倾斜,坚持投入同攻坚任务相匹配,加大财政投入力度。逐步建立常态化、稳定的财政资金投入机制。扩大中央财政支持北方地区清洁取暖的试点城市范围,国有资本要加大对污染防治的投入。完善居民取暖用气用电定价机制和补贴政策。增加中央财政对国家重点生态功能区、生态保护红线区域等生态功能重要地区的转移支付,继续安排中央预算内投资对重点生态功能区给予支持。各省(自治区、直辖市)合理确定补偿标准,并逐步提高补偿水平。完善助力绿色产业发展的价格、财税、投资等政策。大力发展绿色信贷、绿色债券等金融产品。设立国家绿色发展基金。落实有利于资源节约和生态环境保护的价格政策,落实相关税收优惠政策。研究对从事污染防治的第三方企业比照高新技术企业实行所得税优惠政策,研究出台"散乱污"企业综合治理激励政策。推动环境污染责任保险发展,在环境高风险领域建立环境污染强制责任保险制度。推进社会化生态环境治理和保护。采用直接投资、投资补助、运营补贴等方式,规范支持政府和社会资本合作项目;对政府实施的环境绩效合同服务项目,公共财政支付水平同治理绩效挂钩。鼓励通过政府购买服务方式实施生态环境治理和保护。

(三)健全生态环境保护法治体系。依靠法治保护生态环境,增强全社会生态环境保护法治意识。加快建立绿色生产消费的法律制度和政策导向。加快制定和修改土壤污染防治、固体废物污染防治、长江生态环境保护、海洋环境保护、国家公园、湿地、生态环境监测、排污许可、资源综合利用、空间规划、碳排放权交易管理等方面的法律法规。鼓励地方在生态环境保护领域先于国家进行立法。建立生态环境保护综合执法机关、公安机关、检察机关、审判机关信息共享、案情通报、案件移送制度,完善生态环境保护领域民事、行政公益诉讼制度,加大生态环境违法犯罪行为的制裁和惩处力度。加强涉生态环境保护的司法力量建设。整合组建生态环境保护综合执法队伍,统一实行生态环境保护执法。将生态环境保护综合执法机构列入政府行政执法机构序列,推进执法规范化建设,统一着装、统一标识、统一证件、统一保障执法用车和装备。

(四)强化生态环境保护能力保障体系。增强科技支撑,开展大气污染成因与治理、水体污染控制与治理、土壤污染防治等重点领域科技攻关,实施京津冀环境综合治理重大项目,推进区域性、流域性生态环境问题研究。完成第二次全国污染源普查。开展大数据应用和环境承载力监测预警。开展重点区域、流域、行业环境与健康调查,建立风险监测网络及风险评估体系。健全跨部门、跨区域环境应急协调联动机制,建立全国统一的环境应急预案电子备案系统。国家建立环境应急物资储备信息库,省、市级政府建设环境应急物资储备库,企业环境应急装备和储备物资应纳入储备体系。落实全面从严治党要求,建设规范化、标准化、专业化的生态环境保护人才队伍,打造政治强、本领高、作风硬、敢担当,特别能吃苦、特别能战斗、特别能奉献的生态环境保护铁军。按省、市、县、乡不同层级工作职责配备相应工作力量,保障履职需要,确保同生态环境保护任务相匹配。加强国际交流和履约能力建设,推进生态环境保护国际技术交流和务实合作,支撑核安全和核电共同走出去,积极推动落实2030年可持续发展议程和绿色"一带一路"建设。

(五)构建生态环境保护社会行动体系。把生态环境保护纳入国民教育体系和党政领导干部培训体系,推进国家及各地生态环境教育设施和场所建设,培育普及生态文化。公共机构尤其是党政机关带头使用节能环保产品,推行绿色办公,创建节约型机关。健全生态环境新闻发布机制,充分发挥各类媒体作用。省、市两级要依托党报、电视台、政府网站,曝光突出环境问题,报道整改进展情况。建立政府、企业环境社会风险预防与化解机制。完善环境信息公开制度,加强重特大突发环境事件信息公开,对涉及群众切身利益的重大项目及时主动公开。2020年年底前,地级及以上城市符合条件的环保设施和城市污水垃圾处理设施向社会开放,接受公众参观。强化排污者主体责任,企业应严格守法,规范自身环境行为,落实资金投入、物资保障、生态环境保护措施和应急处置主体责任。实施工业污染源全面达标排放计划。2018年年底前,重点排污单位全部安装自动在线监控设备并同生态环境主管部门联网,依法公开排污信息。到2020年,实现长江经济带入河排污口监测全覆盖,并将监测数据纳入长江经济带综合信息平台。推动环保社会组织和志愿者队伍规范健康发展,引导环保社会组织依法开展生态环境保护公益诉讼等活动。按照国家有关规定表彰对保护和改善生态环境有显著成绩的单位和个人。完善公众监督、举报反馈机制,保护举报人的合法权益,鼓励设立有奖举报基金。

新思想引领新时代,新使命开启新征程。让我们更加紧密地团结在以习近平同志为核心的党中央周围,以习近平新时代中国特色社会主义思想为指导,不忘初心、牢记使命,锐意进取、勇于担当,全面加强生态环境保护,坚决打好污染防治攻坚战,为决胜全面建成小康社会、实现中华民族伟大复兴的中国梦不懈奋斗。

参 考 文 献

[1] 刘克峰,张颖..环境学导论[M].北京：中国林业出版社,2012.
[2] 窦贻俭,朱继业.环境科学导论[M].南京：南京大学出版社,2013.
[3] 成岳,刘媚.环境科学概论[M].上海：华东理工大学出版社,2012.
[4] 孙强.环境科学概论[M].北京：化学工业出版社,2012.
[5] 刘培桐,薛纪渝.环境学概论[M].北京：高等教育出版社,1995.
[6] 李洪枚.环境学[M].北京：知识产权出版社,2011.
[7] 李正风,丛杭青,王前,等.工程伦理[M].北京：清华大学出版社,2016.
[8] 管华.环境学概论[M].北京：科学出版社,2018.
[9] 叶文虎,张勇.环境管理学[M].北京：高等教育出版社,2013.
[10] 苏志华.环境学概论[M].北京：科学出版社,2018.
[11] 田大伦.高级生态学[M].北京：科学出版社,2008.
[12] 曲向荣.环境生态学[M].北京：清华大学出版社,2012.
[13] 盛连喜.环境生态学导论[M].北京：高等教育出版社,2002.
[14] 苏玉萍.环境学[M].北京：化学工业出版社,2020.
[15] 蔡振兴,李一龙,王玲维.新能源技术概论[M].北京：北京邮电大学出版社,2017.
[16] 李北罡,付渊.资源环境学[M].武汉：武汉大学出版社,2016.
[17] 胡筱敏.环境学概论[M].武汉：华中科技大学出版社,2010.
[18] 秦勇.化石能源地质学导论[M].徐州：中国矿业大学出版社,2017.
[19] 韦保仁.资源与环境概论[M].北京：中国建材工业出版社,2011.
[20] 王敬国.环境学概论[M].北京：中国农业大学出版社,2018.
[21] 刘芃岩.环境保护概论[M].北京：化学工业出版社,2018.
[22] 孟繁明,李花兵,高建强.环境概论[M].北京：冶金工业出版社,2018.
[23] 郝吉明,马广大.大气污染控制工程[M].4版.北京：高等教育出版社,2021.
[24] 赵景联,史小妹.环境学导论[M].2版.北京：机械工业出版社,2016.
[25] 全学军,徐云兰,程治良,等.难降解废水高级氧化技术[M].北京：化学工业出版社,2018.
[26] 刘玥,彭赵旭,闫怡新,等.水处理高级氧化技术及工程应用[M].郑州：郑州大学出版社,2014.
[27] 张桂斋.两类持久性有机污染和重金属在南四湖食物链中的分布和生物累积[D].济南：山东大学,2014.
[28] 高艳玲.固体废物处理处置与资源化[M].北京：高等教育出版社,2007.
[29] 陈昆柏,郭春霞.危险废物处理与处置[M].河南：河南科学技术出版社,2017.
[30] 李登新.固体废物的处理与处置[M].北京：中国环境出版社,2014.
[31] 马越,张晓辉.环境保护概论[M].北京：中国轻工业出版社,2011.
[32] 崔灵周,王传花,肖继波.环境科学导论[M].北京：化学工业出版社,2014.
[33] 宁平.固体废物处理与处置[M].北京：高等教育出版社,2018.
[34] 李登新.固体废物的处理与处置[M].北京：中国环境出版社,2014.
[35] 崔灵周,王传花,肖继波.环境科学导论[M].北京：化学工业出版社,2014.
[36] 张颖,伍钧.土壤污染与防治[M].北京：中国林业出版社,2012.
[37] 刘立忠.环境规划与管理[M].北京：中国建材出版社,2015.
[38] 郭春梅,赵朝成,陈进富,等.环境工程概论[M].东营：中国石油大学出版社,2018.
[39] 高晓露.环境法学总论[M].大连：大连海事大学出版社,2017.
[40] 朴光洙.环境法与环境执法[M].北京：中国环境科学出版社,2015.
[41] 吕忠梅,张忠民,赵立新,等.环境损害赔偿法的理论与实践[M].北京：中国政法大学出版社,2013.
[42] 江西省司法厅司法鉴定管理局,江西省司法鉴定协会.环境损害司法鉴定业务相关资料汇编

[Z].2018.

[43] 生态环境部.生态环境损害赔偿磋商十大典型案例[Z].2020.

[44] 吴春山,成岳.环境影响评价[M].武汉:华中科技大学出版社,2020.

[45] 曾广能,王大州.建设项目环境影响评价[M].成都:西南交通大学出版社,2019.

[46] 重点行业建设项目碳排放环境影响评价试点技术指南(试行)[Z].中华人民共和国生态环境
部,2021.

[47] 中华人民共和国生态环境部.规划环境影响评价技术导则　总纲:HJ 130—2019[S].北京:中国环
境出版集团有限公司,2019.

[48] 黄梅波,吴仪君.2030年可持续发展议程与国际发展治理中的中国角色[J].国际展望,2016,8(1):
17-33,153.

[49] 郭强.可持续发展思想与可持续发展政策[J].社会治理,2019(1):26-34.

[50] 习近平.在第七十五届联合国大会一般性辩论上的讲话[J].中华人民共和国国务院公报,2020(28):
5-7.

[51] 中华人民共和国中央人民政府.习近平在联合国生物多样性峰会上的讲话[N/OL].[2020-09-30].
http://www.gov.cn/xinwen/2020-09/30/content_5548767.htm.

[52] 中共中央党校.习近平在第三届巴黎和平论坛的致辞[N/OL].[2020-11-12].https://www.ccps.
gov.cn/xxsxk/zyls/202011/t20201113_144791.shtml.

[53] 在二十国集团领导人利雅得峰会"守护地球"主题边会上的致辞[N/OL].[2020-11-22].https://
baijiahao.baidu.com/s?id=1684066011251675070&wfr=spider&for=pc.

[54] 中共中央党校.习近平在气候雄心峰会上的讲话[N/OL].[2020-12-12].https://www.ccps.gov.
cn/xxsxk/zyls/202012/t20201213_145612.shtml.

[55] 李克强在十三届全国人大四次会议上作的政府工作报告[N/OL].[2021-03-06].https://m.gmw.
cn/baijia/2021-03/06/34664668.html.

[56] 中共中央党校.习近平出席《生物多样性公约》第十五次缔约方大会领导人峰会并发表主旨讲话[N/
OL].[2021-10-12].https://www.ccps.gov.cn/xtt/202110/t20211012_150830.shtml.

[57] 韩立新,逯达.碳中和背景下保护和发展蓝碳的法治路径[J].西北民族大学学报(哲学社会科学
版),2022(1):65-77.

[58] 胡鞍钢,周绍杰,鄢一龙,等."十四五"大战略与2035远景[M].北京:东方出版社,2020.

[59] 胡鞍钢.中国:创新绿色发展[M].北京:中国人民大学出版社,2012.

[60] 任佳晖,王欲然.全面阐释"人与自然生命共同体"理念习近平重要讲话彰显中国信心中国行动[EB/
OL].[2021-04-24].http://cpc.people.com.cn/n1/2021/0424/c164113-32086765.html.

[61] 共同构建人与自然生命共同体[EB/OL].2021-04-22[2022-05-26].http://politics.people.com.cn/
n1/2021/0423/c1024-32085368.html.

[62] 中国气象局气象宣传与科普中心.雾的影响与危害[EB/OL].2018-11-08[2022-05-26].http://
www.cma.gov.cn/2011xzt/kpbd/Haze/2018050902/201811/t20181108_482828.html.

[63] 第一位从事大气环境化学领域系统研究和教学的科学家——唐孝炎[EB/OL].[2022-06-25].
http://www.cnwomen.com.cn/2019/08/29/99170440.html.

[64] 张志会.都江堰:天人合一、多元交融的伟大杰作[EB/OL].[2022-06-28].http://www.mzb.com.
cn/html/report/210732180-1.htm.

[65] 罗清霞.南水北调精神融入思政课教学的实践探索——以思想道德修养与法律基础课为例[J].河
南教育(高等教育),2021(7):92-94.

[66] 卢纯."共抓长江大保护"若干重大关键问题的思考[J].河海大学学报(自然科学版),2019,
47(4):283-295.

[67] TANG S,GAO L,GAO H,et al.Microplastics pollution in China water ecosystems:a review of
the abundance,characteristics,fate,risk and removal[J].Water Science & Technology,2020,
82(8):1495-1508.

[68] 张春晖,刘育,唐佳伟,等.典型工业废水中全氟化合物处理技术研究进展[J].中国环境科学,2021,

41(3)：1109-1118.

[69] 黄付晏,陈钦畅,谭皓月,等.内分泌干扰物对核受体二聚化影响的研究进展[J/OL].生态毒理学报：1-21.[2021-12-03].http://kns.cnki.net/kcms/detail/11.5470.x.20210809.1126.006.html.

[70] CHEN F, GONG Z, KELLY B C. Bioaccumulation behavior of pharmaceuticals and personal care products in adult zebrafish (Danio rerio)：Influence of physical-chemical properties and biotransformation. environ[J]. Environmental Science & Technology，2017, 51(19)：11085-11095.

[71] 国家发展改革委员会,住房城乡建设部."十四五"城镇生活垃圾分类和处理设施发展规划[Z].2021.

[72] 张一琪.垃圾分类,人人受益[EB/OL].2022-01-24[2022-05-28].http://health.people.com.cn/n1/2022/0124/c14739-32338084.html.

[73] 垃圾分类"泰安模式"成全国典型案例[EB/OL].2021-09-10[2022-05-28].http://sd.people.com.cn/n2/2021/0910/c386910-34908731.html.

[74] 新华社《中共中央 国务院关于深入打好污染防治攻坚战的意见》[EB/OL].[2021-11-08].http://www.gov.cn/zhengce/2018-06/24/content_5300953.htm.

[75] 中华人民共和国生态环境部."生态保护红线、环境质量底线、资源利用上线和环境准入负面清单"编制技术指南(试行)[Z].2017.

[76] 国家发展改革委员会.产业结构调整指导目录(2019年本)[Z].[2020-08-07].

[77] 国家发展改革委员会.《国家发展改革委关于修改〈产业结构调整指导目录(2019年本)〉的决定》(2021年第49号令)[Z].2022.

[78] 路长明,段雄波,陈成.习近平生态文明思想研究[J].学理论,2020(11)：5-7.

[79] 习近平.生态文明建设是关系到中华民族永续发展的根本大计[EB/OL].2019-02-28[2022-05-26].https://www.sohu.com/a/298147094_120038816.

[80] 城市怎么办.如何坚持"可持续发展"——西溪湿地综保工程六大原则详解(之五)[EB/OL].2021-03-30[2022-05-26].http://www.urbanchina.org/content/content_7937189.html.

[81] 国务院新闻办公室.《中国的生物多样性保护》白皮书[EB/OL].2021-10-09[2022-05-26].https://www.sohu.com/a/494066122_100303543.

[82] 田家庄网评.谈"塞罕坝精神"[EB/OL].2021-09-07[2022-05-26].https://www.163.com/dy/article/GJA8GGHP0552ISJX.html.

[83] 张文风."绿色"发展指引中华民族永续发展[EB/OL].[2022-06-25].https://baijiahao.baidu.com/s?id=1669006546000334343&wfr=spider&for=pc.

[84] 中华人民共和国生态环境部.生态环境部公布打击危险废物环境违法犯罪典型案件办理进展情况(第二批)[EB/OL].[2022-06-25].https://www.mee.gov.cn/xxgk/hjyw/202012/t20201228_815140.shtml.

[85] 张田勘.噪声污染不能忍,更不能等闲视之[EB/OL].[2022-06-25].https://guancha.gmw.cn/zhuanlan/2019/07/10/content_32988997.htm.

[86] 刁大明.核污水不能"一排了之"[EB/OL].[2022-06-25].https://epaper.gmw.cn/gmrb/html/2022-04/13/nw.D110000gmrb_20220413_2-02.htm.

[87] 张田勘.长江抗生素含量超标,水质改善任重道远[EB/OL].[2022-06-25].https://guancha.gmw.cn/zhuanlan/2020-04/26/content_33773549.htm.

[88] 张田勘.让"大自然的回礼"减少,仍有很长的路要走[EB/OL].[2022-06-25].https://guancha.gmw.cn/zhuanlan/2021/07/27/content_35031697.htm.

[89] 张田勘.禁塑太难,就得为它找出路[EB/OL].[2022-06-25].https://m.gmw.cn/2022-05/12/content_35729331.htm.

[90] 于瑶.无序开发造成生态危机 宁夏贺兰山立"愚公志"还绿色本质[EB/OL].[2022-06-25].https://m.gmw.cn/2022-05/19/content_1302954241.htm.

[91] 3个典型案例 环评弄虚作假,环评单位受处罚并扣分,建设单位也罚款[EB/OL].[2022-06-25].https://www.sohu.com/a/546649362_121123779.